RICHARD DAWKINS
FORSCHER AUS LEIDENSCHAFT

RICHARD DAWKINS

FORSCHER AUS LEIDENSCHAFT
GEDANKEN EINES
VERNUNFTMENSCHEN

Herausgegeben von Gillian Somerscales

Aus dem Englischen
von Sebastian Vogel

Ullstein

Die Originalausgabe erschien 2017 unter dem Titel
Sciene in the Soul. Selected Writings of a Passionate Rationalist
bei Penguin Random House, New York.

MIX
Papier aus verantwor-
tungsvollen Quellen
FSC
www.fsc.org   FSC® C014496

ISBN 978-3-550-05026-8
2. Auflage

Richard Dawkins, »Netzgewinn«. Aus: John Brockman (Hrsg.),
Wie hat das Internet Ihr Denken verändert?
Aus dem Amerikanischen von Jürgen Schröder.
© S. Fischer Verlag GmbH, Frankfurt am Main 2011
Lektorat: Susanne Warmuth, Darmstadt
Gesetzt aus der Quadraat
bei LVD GmbH, Berlin
Druck und Bindearbeiten: GGP Media GmbH, Pößneck
Printed in Germany

In memoriam
Christopher Hitchens

Inhaltsverzeichnis

Einleitung des Autors

Diese Zeilen schreibe ich zwei Tage nach einem atemberaubenden Besuch des Grand Canyons in Arizona. Für viele Völker der amerikanischen Ureinwohner ist der Grand Canyon ein heiliger Ort, Schauplatz zahlreicher Ursprungsmythen für Gruppen von den Havasupai bis zu den Zuni und heimliche Ruhestätte der Toten für die Hopi. Wenn man mich zwingen würde, mich für eine Religion zu entscheiden, so könnte ich mich mit einer solchen anfreunden. Der Grand Canyon verleiht der Religion Format. Er deklassiert die Kleinkariertheit der abrahamitischen Bekenntnisse, jener drei zänkischen Kulte, die aufgrund historischer Zufälle noch heute die Welt quälen.

In dunkler Nacht wanderte ich am Südrand des Canyons entlang, legte mich auf eine niedrige Mauer und blickte hinauf zur Milchstraße. Ich blickte in die Vergangenheit, wurde Zeuge einer Szene aus der Zeit vor hunderttausend Jahren – damals machte sich das Licht auf eine lange Reise, um schließlich in meine Pupillen einzutauchen und auf meinen Netzhäuten Funken zu schlagen. Im Morgengrauen des folgenden Tages kehrte ich noch einmal zu der Stelle zurück, schauderte schwindelnd, als mir klar wurde, wo ich in der Dunkelheit gelegen hatte, und sah hinunter zum Boden des Canyons. Wieder blickte ich in die Vergangenheit, zwei Milliarden Jahre in diesem Fall, zurück in eine Zeit, als nur Mikroorganismen blind unter der Milchstraße wimmelten. Wenn die Seelen der Hopi in diesem majestätischen Schweigen ruhten, leisteten ihnen die im Stein gefangenen Geister der Trilobiten und Schlangensterne Gesellschaft, ebenso die der Armfüßer und Belemniten, der Ammoniten und sogar der Dinosaurier.

Gab es im Verlauf der Evolution, die über fast zweitausend Meter in Schichten den Canyon hinaufzieht, irgendwo eine Stelle, von der man sagen könnte, dass dort eine »Seele« ins Dasein trat wie ein Licht, das plötzlich eingeschaltet wird? Oder schlich sich »die Seele« klammheimlich in die Welt: eine trübe Tausendstelseele in einem pulsierenden Röhrenwurm, eine Zehntelseele in einem Quastenflosser, eine halbe Seele in einem Koboldmaki, dann eine typisch menschliche Seele und schließlich eine Seele vom Format eines Beethoven oder Mandela? Oder ist es einfach töricht, überhaupt von Seelen zu sprechen?

Es ist nicht töricht, wenn man damit so etwas wie das überwältigende Gefühl einer subjektiven, persönlichen Identität meint. Dass wir sie besitzen, weiß jeder von uns, auch wenn viele moderne Denker beteuern, sie sei eine Illusion – eine Täuschung, die, so könnten Darwinisten spekulieren, ihre Entstehung einem kohärenten, nur einem einzigen Zweck, dem Überleben, dienenden System verdankt.

Optische Täuschungen wie der Necker-Würfel

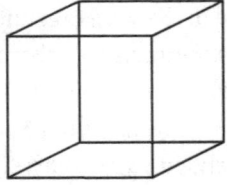

oder Penrose' unmögliches Dreieck

oder die Tiefenumkehr (englisch *Hollow-Mask illusion*) machen deutlich, dass die »Realität«, die wir sehen, aus eingeschränkten Modellen besteht, die im Gehirn konstruiert werden. Das zweidimensionale Linienmuster des Necker-Würfels auf dem Papier lässt sich mit zwei möglichen Konstruktionen eines dreidimensionalen Würfels vereinbaren, und diese Modelle macht sich das Gehirn abwechselnd zu eigen: Der Wechsel ist spürbar, und seine Häufigkeit kann man sogar messen. Die Linien des Penrose-Dreiecks auf dem Papier sind mit keinem realen Gegenstand zu vereinbaren. Solche Illusionen fordern die Modellbausoftware des Gehirns heraus und offenbaren so, dass sie existiert.

Auf die gleiche Weise konstruiert das Gehirn in seiner Software auch die nützliche Illusion einer persönlichen Identität, eines »Ichs«, das scheinbar unmittelbar hinter den Augen angesiedelt ist, eines »Handelnden«, der frei seine Entscheidungen trifft, einer einheitlichen Persönlichkeit, die nach Zielen strebt und Gefühle empfindet. Die Konstruktion der Persönlichkeit findet nach und nach in der frühen Kindheit statt, vielleicht indem Bruchstücke, die zuvor getrennt waren, zusammengefügt werden. Manche psychologischen Störungen werden als »gespaltene Persönlichkeit« interpretiert, als Fehler beim Vereinen von Fragmenten. Die Spekulation, dass sich beim allmählichen Heranwachsen des Bewusstseins im Kleinkind etwas Ähnliches abspielt wie im weit größeren Zeitmaßstab der Evolution, ist nicht unvernünftig. Könnte beispielsweise ein Fisch ansatzweise so viel bewusstes Ich-Gefühl besitzen wie ein menschlicher Säugling?

Über die Evolution der Seele können wir Spekulationen anstellen, allerdings nur dann, wenn wir mit dem Wort so etwas wie das innere, konstruierte Modell eines »Selbst« meinen. Ganz anders sieht die Sache aus, wenn wir unter »Seele« ein Gespenst verstehen, das den Tod des Körpers überlebt. Die persönliche Identität erwächst aus der materiellen Aktivität des Gehirns; wenn das Gehirn zerfällt, muss sie sich auflösen und in das Nichts der Zeit vor der Geburt zurückkehren. »Seele« und ähnliche Wörter werden aber

auch in poetischen Bedeutungen gebraucht, und die mache ich mir
schamlos zu eigen. In einem Essay, der in meiner früheren Anthologie A Devil's Chaplain erschienen ist, pries ich mit solchen Worten
den großen Lehrer F. W. Sanderson, der meine spätere Schule noch
vor meiner Geburt geleitet hatte. Der stets gegenwärtigen Gefahr
zum Trotz, missverstanden zu werden, schrieb ich über den »Geist«
(spirit) und den »Geist« (ghost) des verstorbenen Sanderson:

> Sein Geist lebte in Oundle weiter. Kenneth Fisher, sein unmittelba-
> rer Nachfolger, leitete gerade eine Mitarbeiterkonferenz, da klopfte
> es zaghaft an der Tür, und ein kleiner Junge kam herein: »Bitte, Sir,
> unten am Fluss sind Trauerseeschwalben.« – »Das hier kann war-
> ten«, sagte Fisher entschieden zu den Versammelten. Er erhob sich,
> griff nach seinem Fernglas neben der Tür und radelte in Begleitung
> des kleinen Ornithologen davon. Und man kann sich nicht der Vor-
> stellung erwehren, dass ihnen Sandersons Geist mit seinem gut-
> mütigen, runzeligen Gesicht strahlend nachblickte.

Im weiteren Verlauf schrieb ich von Sandersons »Schatten«. Zuvor
hatte ich eine andere Szene aus meiner eigenen Schulzeit geschildert: Ioan Thomas, ein höchst anregender Lehrer für Naturwissenschaften (der an die Schule gekommen war, weil er Sanderson bewunderte, obwohl er jung war und den alten Direktor nicht mehr
kennengelernt haben konnte), brachte uns einmal eindringlich bei,
wie wichtig es ist, Unwissen einzugestehen. Er stellte uns einem
nach dem anderen eine Frage, auf die wir alle mit wüsten Vermutungen antworteten. Schließlich war unsere Neugier (»Sir! Sir!«)
auf die wahre Antwort geweckt. Mr Thomas wartete dramatisch
ab, bis es ruhig war, und sagte mit effektvollen Pausen nach jedem
Wort: »Ich weiß es nicht! Ich ... weiß ... es ... nicht!«

> Wieder kicherte in der Ecke Sandersons väterlicher Schatten, und
> keiner von uns wird diese Schulstunde je vergessen. Entscheidend
> sind nicht die Tatsachen, sondern die Art, wie man sie entdeckt

und über sie nachdenkt: Das ist Bildung im eigentlichen Sinn und etwas ganz anderes als die heutige bewertungsbesessene Prüfungskultur.

Bestand die Gefahr, dass Leser meines damaligen Essays die Formulierung, Sandersons »Geist« habe »weitergelebt«, missverstanden? Oder dass sein »Geist« strahle? Dass sein »Schatten« in der Ecke kicherte? Ich glaube nicht, obwohl es in der Welt weiß Gott (da haben wir's schon wieder) genügend Leute gibt, die geradezu nach Missverstehen lechzen.

Nach meiner Überzeugung ist es höchste Zeit, dass der Literatur-Nobelpreis an einen Naturwissenschaftler verliehen wird. Der nächstliegende Präzedenzfall, das muss ich leider sagen, ist ein sehr schlechtes Beispiel: Henri Bergson, mehr Mystiker als wahrer Wissenschaftler, dessen vitalistischer *élan vital* von Julian Huxley mit einer satirischen Eisenbahn, die vom *élan locomotif* angetrieben wird, verspottet wurde. Aber im Ernst: Warum sollte nicht ein wahrer Wissenschaftler den Literaturpreis bekommen? Carl Sagan ist leider nicht mehr unter uns, um ihn in Empfang zu nehmen, aber wer würde abstreiten, dass seine Schriften von nobelpreiswürdiger literarischer Qualität sind und auf einer Stufe mit denen von großen Romanautoren, Historikern und Dichtern stehen? Was ist mit Loren Eiseley? Lewis Thomas? Peter Medawar? Stephen Jay Gould? Jacob Bronowski? D'Arcy Thompson?

Aber abgesehen von den Verdiensten einzelner Autoren, die wir benennen können: Ist nicht die Wissenschaft selbst ein würdiges Thema für die besten Autoren, und ist sie nicht mehr als in der Lage, Anregungen für große Literatur zu liefern? Und welche Eigenschaften es auch sein mögen, derentwegen die Wissenschaft so ist – die gleichen Eigenschaften, derentwegen auch große Dichtung und nobelpreisgekrönte Romane so sind: Haben wir hier nicht einen guten Ansatz, um die Bedeutung von »Seele« zu begreifen?

Ein anderes Wort, mit dem man literarische Wissenschaft im Stile Sagans beschreiben könnte, lautet »spirituell«. Allgemein herrscht die Vorstellung, Physiker würden sich häufiger selbst als religiös bezeichnen als Biologen. Dafür gibt es sogar statistische Belege von den Mitgliedern der Londoner Royal Society und der US-amerikanischen National Academy of Sciences. Die Erfahrung legt aber eine Vermutung nahe: Wenn man bei solchen Elitewissenschaftlern genauer nachfragt, so stellt man fest, dass selbst die zehn Prozent, die sich zu irgendeiner Form von Religiosität bekennen, in den meisten Fällen nicht an Übernatürliches glauben: Es gibt für sie keinen Gott, keinen Schöpfer, kein Streben nach einem Jenseits. Was sie besitzen – und das sagen sie bei genauem Nachfragen auch –, ist ein »spirituelles« Bewusstsein. Ihnen gefällt vielleicht die abgedroschene Phrase vom »ehrfurchtsvollen Staunen«, und wer wollte es ihnen vorwerfen? Sie zitieren vielleicht – wie auch ich in diesem Buch – den indischen Astrophysiker Subrahmanyan Chandrasekhar, der »vor dem Schönen schauderte«, oder den amerikanischen Physiker John Archibald Wheeler:

> Hinter alledem steht sicher eine so einfache, so schöne Idee, dass wir dann, wenn wir sie begreifen – in einem Jahrzehnt, einem Jahrhundert oder einem Jahrtausend –, alle zueinander sagen werden: »Wie könnte es anders sein? Wie konnten wir so blind sein?«

Einstein selbst erklärte sehr deutlich, dass er zwar spirituell sei, aber in keiner Form an einen persönlichen Gott glaube.

> Was Sie über meine religiösen Überzeugungen lesen, ist natürlich eine Lüge, und zwar eine, die systematisch wiederholt wird. Ich glaube nicht an einen persönlichen Gott und habe das auch nie verhehlt, sondern immer klar zum Ausdruck gebracht. Wenn in mir etwas ist, das man als religiös bezeichnen kann, so ist es die grenzenlose Bewunderung für den Aufbau der Welt, soweit unsere Wissenschaft ihn offenbaren kann.

Und bei einer anderen Gelegenheit:

Ich bin ein tiefreligiöser Ungläubiger. Das ist eine irgendwie neue Art von Religion.

Ich selbst würde es zwar nicht genauso formulieren, aber in diesem Sinn eines »tiefreligiösen Ungläubigen« halte auch ich mich für einen »spirituellen« Menschen, und in diesem Sinn verwende ich die »Seele« im Titel dieses Buches, ohne mich dafür zu entschuldigen. Wissenschaft ist wunderbar und notwendig. Wunderbar für die Seele – beispielsweise wenn man sich am Rand des Grand Canyons in den fernen Weltraum und ferne Zeiten versenkt. Aber sie ist auch notwendig: für die Gesellschaft, für unser Wohlergehen, für unsere kurz- und langfristige Zukunft. Beide Aspekte sind in dieser Anthologie vertreten.

Ich habe während meines gesamten Erwachsenenlebens Wissenschaft gelehrt, und die meisten hier gesammelten Essays stammen aus den Jahren, in denen ich die erste Charles-Simonyi-Professur für die Förderung des Wissenschaftsverständnisses in der Öffentlichkeit innehatte. Wenn ich mich für Wissenschaft einsetze, vertrete ich schon seit Langem die Carl-Sagan-Denkschule, wie ich sie nenne: die visionäre, poetische Seite der Wissenschaft – Wissenschaft zur Anregung der Fantasie im Gegensatz zur »Teflonpfannen-Denkschule«. Mit Letzterer meine ich die Neigung, beispielsweise den Aufwand für die Weltraumforschung mit dem Hinweis auf Nebenprodukte wie die teflonbeschichtete Bratpfanne zu rechtfertigen – eine Neigung, die ich mit dem Versuch verglichen habe, Musik als gute Übung für den rechten Arm des Geigers zu rechtfertigen. Das ist billig und abwertend, und vermutlich könnte man meiner satirischen Beschreibung vorwerfen, dass sie die Billigkeit übertreibt. Dennoch benutze ich sie weiterhin, um meine Vorliebe für die Romantik der Wissenschaft zum Ausdruck zu bringen. Zur Rechtfertigung der Weltraumforschung würde ich mich eher auf das berufen, was von Arthur C. Clarke gerühmt und von John Wyndham als »Drang nach draußen« bezeichnet wurde: die moderne Version des Dranges, der Magellan, Columbus und

Vasco da Gama dazu trieb, sich ins Unbekannte aufzumachen. Aber ja, die »teflonbeschichtete Bratpfanne« ist eine unfaire Herabwürdigung der Denkschule, die ich mit dieser Kurzbezeichnung belege, und ich werde mich jetzt dem ernsten, praktischen Wert der Wissenschaft in unserer Gesellschaft zuwenden, denn von ihm handeln viele Aufsätze in diesem Buch. Wissenschaft ist für das Leben wirklich wichtig – und mit »Wissenschaft« meine ich nicht die schlichten wissenschaftlichen Tatsachen, sondern die wissenschaftliche Denkweise.

Diese Zeilen schreibe ich im November 2016, einem düsteren Monat in einem düsteren Jahr, in dem sich einem die Formulierung »Barbaren vor den Toren« ohne jede Ironie aufdrängt. Treffender noch wäre »innerhalb der Tore«, denn die Katastrophen, von denen die beiden bevölkerungsreichsten Völker der englischsprachigen Welt 2016 betroffen waren, sind hausgemacht: Es sind Wunden, die nicht durch ein Erdbeben oder einen militärischen Staatsstreich geschlagen wurden, sondern durch den demokratischen Prozess selbst. Mehr denn je ist es notwendig, dass die Vernunft in den Mittelpunkt rückt.

Gefühle abzuwerten liegt mir fern – ich liebe Musik, Literatur, Dichtung und die geistige wie auch körperliche Wärme menschlicher Zuneigung. Aber Gefühle sollten ihren Platz kennen. Politische Entscheidungen, Entscheidungen des Staates, zukünftige Vorgehensweisen sollten aus der klarsichtigen, rationalen Abwägung aller Möglichkeiten erwachsen, aller Belege, die für sie von Bedeutung sind, und ihrer voraussichtlichen Folgen. Bauchgefühle sollten selbst dann, wenn sie nicht aus den aufgewühlten dunklen Untiefen von Fremdenfeindlichkeit, Frauenfeindlichkeit oder anderen blinden Vorurteilen aufsteigen, aus der Wahlkabine verbannt werden. Lange waren solche trüben Emotionen weitgehend unter der Oberfläche geblieben. Aber im Jahr 2016 brachten politische Feldzüge auf beiden Seiten des Atlantiks sie ans Licht und machten sie vielleicht nicht respektabel, aber zumindest konnte man sie ungehindert äußern. Demagogen wurden zum Vorbild und erklärten

Vorurteile, die man ein halbes Jahrhundert verschämt in heimliche Winkel verbannt hatte, für salonfähig.

Welches auch die innersten Gefühle einzelner Wissenschaftler sein mögen, Wissenschaft selbst funktioniert durch strenges Festhalten an objektiven Werten. Es gibt in der Welt eine objektive Wahrheit, und unsere Aufgabe ist es, sie zu finden. Wissenschaft verfügt über festgelegte Vorsichtsmaßnahmen gegen persönliche Voreingenommenheiten, Bestätigungsfehler, vorzeitige Urteile über Fragen, bevor man die Fakten kennt. Experimente werden wiederholt, Doppelblindversuche schließen das verzeihliche Bestreben von Wissenschaftlern aus, recht behalten zu wollen – aber auch die lobenswerten Bemühungen, möglichst viele Gelegenheiten zur Widerlegung zu schaffen. Ein Experiment, das in New York angestellt wurde, kann man in einem Labor in Neu-Delhi wiederholen, und wir rechnen damit, dass man ungeachtet der geografischen Lage und unabhängig von den kulturellen oder historischen Voreingenommenheiten der Wissenschaftler zu dem gleichen Ergebnis gelangt. Könnte man doch nur über andere akademische Fachgebiete wie die Theologie das Gleiche sagen! Philosophen sprechen fröhlich von der »kontinentalen Philosophie« im Gegensatz zur »analytischen Philosophie«. An amerikanischen oder britischen Universitäten bemühen sich die philosophischen Fakultäten unter Umständen um eine Neuberufung, um »die kontinentale Tradition fortzuführen«. Kann man sich ein naturwissenschaftliches Institut vorstellen, das in einer Stellenanzeige einen neuen Professor sucht, der die »kontinentale Chemie« fortführen soll? Oder »die östliche Tradition in der Biologie«? Schon die Idee ist ein schlechter Witz. Dies sagt etwas über die Werte der Wissenschaft aus und ist nicht nett gegenüber den Werten der Philosophie.

Nachdem ich also von der Romantik der Wissenschaft und dem »Drang nach draußen« ausgegangen bin, habe ich mich nun den Werten der Wissenschaft und der wissenschaftlichen Denkweise zugewandt. Manch einer hält es vielleicht für seltsam, dass ich die Nützlichkeit wissenschaftlicher Kenntnisse völlig hintanstelle, aber in dieser Reihenfolge spiegeln sich meine persönlichen Prioritäten wider. Natürlich sind medizinische Wohltaten wie Impfung, Antibiotika und Anästhesie ungeheuer wichtig, und sie sind auch so bekannt, dass ich sie hier nicht noch einmal durchkauen muss. Das Gleiche gilt für den Klimawandel (düsteren Warnungen zufolge könnte es schon zu spät sein) und für die darwinistische Evolution der Antibiotikaresistenz. Ich möchte hier aber auf eine weitere Warnung aufmerksam machen, die weniger unmittelbar und weniger bekannt ist. Sie fügt sich nahtlos an die drei Themen des Dranges nach draußen, der wissenschaftlichen Nützlichkeit und der wissenschaftlichen Denkweise an. Ich meine damit die unausweichliche, wenn auch nicht zwangsläufig unmittelbar bevorstehende Gefahr einer katastrophalen Kollision mit einem großen Objekt aus dem Weltraum, höchstwahrscheinlich einem, das unter dem Gravitationseinfluss des Jupiter aus dem Asteroidengürtel abgelenkt wurde.

Die Dinosaurier wurden – mit der bemerkenswerten Ausnahme der Vögel – durch einen massiven Einschlag aus dem Weltraum ausgelöscht, einen Einschlag, wie er sich früher oder später erneut ereignen wird. Stichhaltigen indirekten Indizien zufolge schlug ein großer Meteorit oder Komet vor rund 66 Millionen Jahren auf der Halbinsel Yucatán ein. Mit seiner Masse (so groß wie ein stattlicher Berg) und seiner Geschwindigkeit (vielleicht 70.000 Stundenkilometer) setzte das Objekt beim Einschlag eine Energie frei, die plausiblen Schätzungen zufolge mehreren Milliarden gleichzeitig explodierender Hiroshima-Bomben entsprach. Auf die sengenden Temperaturen und die gewaltige Druckwelle des ersten Einschlags folgte ein langer »nuklearer Winter«, der vielleicht zehn Jahre dauerte. Zusammen töteten diese Ereignisse alle Dinosaurier, die keine Vögel waren, außerdem Pterosaurier, Ichthyosaurier, Plesiosaurier, Ammoniten, die meisten Fische und viele andere Lebewesen. Zu unserem Glück überlebten einige Säugetiere, die vielleicht geschützt waren, weil sie in ihrer Version von unterirdischen Bunkern ausharrten.

Eine Katastrophe gleichen Ausmaßes wird auch wieder drohen. Wann, weiß niemand, denn die Einschläge sind Zufallsereignisse. Sie werden in keiner Hinsicht wahrscheinlicher, wenn der zeitliche Abstand zwischen ihnen wächst. Es könnte zu unseren Lebzeiten geschehen, aber das ist unwahrscheinlich, denn der durchschnittliche Zeitraum zwischen solchen riesigen Einschlägen liegt in der Größenordnung von hundert Millionen Jahren. Kleinere, aber immer noch gefährliche Asteroiden, die aufgrund ihrer Größe eine Stadt wie Hiroshima zerstören können, treffen die Erde ungefähr alle ein- bis zweihundert Jahre. Dass wir uns deshalb nicht beunruhigen, liegt daran, dass die Oberfläche unseres Planeten zum größten Teil unbewohnt ist. Und natürlich gilt auch hier, dass sie nicht regelmäßig einschlagen; wir können also nicht auf den Kalender blicken und sagen: »Jetzt ist aber wieder einer fällig.«

Für Beratung und Informationen zu solchen Themen bin ich dem berühmten Astronauten Rusty Schweickart zu Dank verpflichtet. Er ist zum hochkarätigsten Vertreter der Ansicht geworden, man solle das Risiko ernst nehmen und sich bemühen, etwas dagegen zu tun. Was können wir dagegen tun? Was hätten die Dinosaurier tun können, wenn sie Teleskope, Ingenieure und Mathematiker gehabt hätten?

Die erste Aufgabe besteht darin, ein näher kommendes Geschoss zu erkennen. »Näher kommen« vermittelt einen falschen Eindruck vom Wesen des Problems. Es handelt sich hier nicht um Kanonenkugeln, die geradewegs auf uns zukommen und sichtbar werden, wenn sie herannahen. Die Erde und das Geschoss kreisen auf elliptischen Bahnen um die Sonne. Wenn wir einen Asteroiden entdeckt haben, müssen wir seine Umlaufbahn vermessen – was wir mit umso größerer Genauigkeit tun können, je mehr Messwerte wir berücksichtigen – und dann berechnen, ob der Asteroid während eines zukünftigen Umlaufs zu irgendeinem Zeitpunkt – der vielleicht Jahrzehnte in der Zukunft liegt – mit unserer eigenen Umlaufbahn zusammentreffen wird. Nachdem man einen

Asteroiden entdeckt und seine Umlaufbahn genau aufgezeichnet hat, ist der Rest nur noch Mathematik.

Das pockennarbige Gesicht des Mondes bietet ein beunruhigendes Bild der Verheerungen, die uns wegen der schützenden Erdatmosphäre erspart geblieben sind. An der statistischen Verteilung von Mondkratern mit unterschiedlichem Durchmesser können wir ablesen, was dort draußen vor sich geht; sie stellen quasi eine Grundlinie dar, an der wir den mageren Erfolg unserer eigenen Versuche, Geschosse im Vorhinein ausfindig zu machen, abgleichen können.

Je größer ein Asteroid ist, desto leichter kann man ihn erkennen. Da kleine Himmelskörper – darunter auch solche, die ganze Städte zerstören können – schwer vorab auszumachen sind, ist es durchaus möglich, dass uns nur eine sehr kurze oder gar keine Vorwarnzeit bleibt. Wir müssen unsere Fähigkeit verbessern, Asteroiden zu erkennen. Und das bedeutet, dass wir eine größere Zahl von Weitwinkel-Überwachungsteleskopen brauchen, die Ausschau nach ihnen halten, darunter auch Infrarotteleskope, die sich in Umlaufbahnen außerhalb der Reichweite der von der Erdatmosphäre verursachten Verzerrungen befinden.

Angenommen, wir haben einen gefährlichen Asteroiden identifiziert, dessen Umlaufbahn die unsere irgendwann zu kreuzen droht: Was tun wir dann? Wir müssen seine Umlaufbahn verändern – entweder indem wir ihn so beschleunigen, dass er in eine größere Umlaufbahn übergeht, später an dem Überschneidungspunkt ankommt und eine Kollision vermeidet, oder wir verlangsamen ihn so, dass sich seine Umlaufbahn verkleinert und er zu früh kommt. Erstaunlicherweise reicht für beide Maßnahmen schon eine sehr geringfügige Geschwindigkeitsveränderung aus: Sie muss nicht größer als 45 Meter in der Stunde sein. Auch ohne zu starken Explosionen zu greifen, können wir dies mit der vorhandenen – wenn auch teuren – Technik erreichen, einer Technik nicht unähnlich der spektakulären Leistung der Europäischen Raumfahrtagentur, die im Rahmen ihrer Rosetta-Mission eine Raumsonde auf einem Kometen landen ließ, nachdem diese zwölf Jahre zuvor, im Jahr 2004, gestartet war. Wird hier nicht deutlich, was ich meinte, als ich davon sprach, den »Drang nach draußen« der Fantasie mit den nüchtern-praktischen Themen einer nützlichen Wissenschaft und der Strenge des wissenschaftlichen Denkens in Einklang zu bringen? Darüber hinaus macht dieses Beispiel einen anderen Aspekt der wissenschaftlichen Denkweise deutlich, einen weiteren Vorteil dessen, was wir als Seele der Wissenschaft bezeichnen können. Wer außer einem Wissenschaftler könnte exakt den Zeitpunkt einer weltweiten Katastrophe voraussagen, die hunderttausend Jahre in der Zukunft liegt, und dann einen sehr präzisen Plan vorlegen, um sie zu verhindern?

Obwohl die Essays in diesem Buch über einen sehr langen Zeitraum verfasst wurden, finde ich nur wenig, was ich heute ändern würde. Ich hätte alle Hinweise auf das ursprüngliche Erscheinungsdatum tilgen können, aber ich habe mich entschlossen, das nicht zu tun. In einigen Fällen handelt es sich um große Reden, die ich bei bestimmten Gelegenheiten gehalten habe, beispielsweise bei einer Ausstellungseröffnung oder als Nachruf auf einen verstorbenen Menschen. Ich habe sie unverändert gelassen, wie sie ursprünglich gehalten wurden. Sie haben immer noch ihre innere Unmittelbarkeit, und die wäre verloren gegangen, hätte ich alle Anspielungen auf die jeweilige Zeit gestrichen. Bei Aktualisierungen habe ich mich auf Anmerkungen und Nachworte beschränkt – kurze Ergänzungen und Reflexionen, die man vielleicht parallel zum Haupttext als Dialog zwischen meinem heutigen Ich und dem Autor des ursprünglichen Artikels lesen kann.

Zusammen mit Gillian Somerscales habe ich aus meinen Essays, Vorträgen und journalistischen Schriften 41 Beispiele ausgewählt und in acht Abschnitten gruppiert. Neben der Wissenschaft selbst enthalten sie meine Überlegungen über den Wert der Wissenschaft, die Geschichte der Wissenschaft und die Rolle der Wissenschaft in der Gesellschaft; außerdem gibt es ein wenig Polemik, einen kleinen, sanften Blick in die Kristallkugel, etwas Satire und

Humor und auch persönliche Traurigkeit, mit der ich hoffentlich kurz vor dem Punkt der Selbstgefälligkeit aufhöre. Jeder Abschnitt beginnt mit einer feinfühligen Einleitung aus Gillians Feder. Dass ich dazu noch etwas hinzufüge, wäre überflüssig, aber wie bereits erwähnt, habe ich meine eigenen Anmerkungen und Nachworte ergänzt.

Gegenüber Gillian empfinde ich grenzenlose Dankbarkeit. Außerdem danke ich Susanna Wadeson von Transworld und Hilary Redmon von Penguin Random House USA für ihren begeisterten Glauben an das Projekt und ihre nützlichen Vorschläge. Miranda Hales Internetkenntnisse halfen Gillian, vergessene Essays ausfindig zu machen. Es liegt in der Natur einer Anthologie, deren Beiträge viele Jahre überspannen, dass die Schuld der Dankbarkeit die gleichen Jahre überspannt. Sie wurde in den Originalartikeln zum Ausdruck gebracht, und man wird hoffentlich verstehen, dass ich sie hier nicht alle wiederholen kann. Das Gleiche gilt für die bibliografischen Angaben zu den Zitaten. Wer sich dafür interessiert, kann sie in den Originalartikeln nachschlagen, zu denen sich in der Liste am Ende des Buches alle Details finden.

Einleitung der Herausgeberin

Richard Dawkins hat sich stets dem Kategoriendenken entzogen. Als ein bedeutender, mathematisch orientierter Biologe The Selfish Gene (dt. Das egoistische Gen) und The Extended Phenotype (dt. Der erweiterte Phänotyp) rezensierte, fand er zu seiner Verblüffung wissenschaftliche Arbeiten vor, die offensichtlich frei von logischen Fehlern waren und doch keine einzige Zeile Mathematik enthielten; damit konnte er nur zu einer einzigen Schlussfolgerung gelangen, auch wenn es ihm unbegreiflich erschien: Dawkins dachte offensichtlich in Prosa.

Dass er in Prosa denkt, ist ein Glück. Hätte er nicht in Prosa gedacht – in Prosa gelehrt, in Prosa sinniert, in Prosa gestaunt, in Prosa argumentiert –, wir besäßen nicht das beglückend breite Spektrum von Arbeiten dieses vielseitigsten aller Wissenschaftsvermittler. Das gilt nicht nur für seine dreizehn Bücher, auf deren Qualitäten ich hier nicht noch einmal hinweisen muss, sondern auch für die atemberaubende Fülle seiner kleineren Schriften auf vielen Plattformen – in Tageszeitungen und Wissenschaftsjournalen, in Hörsälen und Onlineforen, in Streitschriften, Periodika, Rezensionen und Retrospektiven –, aus denen wir gemeinsam die vorliegende Sammlung herausdestilliert haben. Sie enthält neben vielen aktuellen Arbeiten auch einige ältere Klassiker, die sich in den reichhaltigen Schätzen aus der Zeit vor und nach seiner ersten Anthologie A Devil's Chaplain fanden.

Angesichts seines Rufes als streitbarer Mensch erscheint es mir umso wichtiger, gebührende Aufmerksamkeit auf Richard Dawkins' Wirken als Hersteller von Verbindungen zu lenken, als unermüdlicher Erbauer von Wortbrücken über die Kluft zwischen wissenschaftlichem Diskurs und einem breiten Spektrum öffentlicher Debatten. Ich halte ihn für einen Elite-Gleichmacher: Er will komplexe Wissenschaft nicht nur zugänglich, sondern *begreiflich* machen, und das ohne »verdummende Vereinfachung«. Immer besteht er auf Klarheit und Richtigkeit, und dabei dient ihm die Sprache als Präzisionswerkzeug, als chirurgisches Instrument.

Wenn er Sprache als Stoßdegen und manchmal sogar als Keule benutzt, dann um die Luft aus Vernebelung und Anmaßung zu lassen, um Ablenkung und Konfusion aus dem Weg zu räumen. Schwindel – ob er nun als falscher Glaube, falsche Wissenschaft, falsche Politik oder falsches Gefühl daherkommt – ist ihm ein Gräuel. Als ich die Artikel, die als Kandidaten für dieses Buch infrage kamen, immer und immer wieder las, dachte ich mir eine Gruppe aus, die man »Pfeile« nennen könnte: kurze, pointierte Texte, manche lustig, manche voll glühendem Zorn, manche voll herzzerreißendem Schmerz oder atemberaubender Unhöflichkeit. Ich war versucht, eine Sammlung solcher Stücke als eigene Gruppe zu präsentieren, aber nach längerem Nachdenken entschloss ich mich, einige davon zwischen die längeren, nachdenklicheren, getragenen Aufsätze einzustreuen, einerseits um einen besseren Überblick über das Spektrum der Schriften zu vermitteln, und andererseits um dem Leser das unmittelbare Erlebnis der Tempo- und Tonartwechsel zu verschaffen, die den Reiz der Dawkins-Lektüre ausmachen.

Hier finden sich Extreme von Vergnügen und Verhöhnung und auch Zorn – aber nie Zorn über das, was gegen ihn selbst gesagt wird, sondern stets Zorn über Schaden, den andere erleiden: insbesondere Kinder, Tiere und Menschen, die unterdrückt werden, weil sie sich dem Diktat von Autoritäten widersetzen. Diese Wut und dahinter die Traurigkeit über all das, was geschädigt wird und verloren geht, erinnern mich – und ich muss betonen, dass es nicht Richards, sondern meine Wahrnehmung ist – an den tragischen Aspekt seiner Schriftsteller- und Rednerlaufbahn seit Erscheinen des Buches *The Selfish Gene* (dt. *Das egoistische Gen*). Wer »tragisch« für ein zu starkes Wort hält, sollte Folgendes bedenken: In jenem ersten Aufsehen erregenden Buch erläuterte er, wie die Evolution durch natürliche Selektion einer Logik folgt, die ihren Ausdruck im unbarmherzigen, selbstsüchtigen Verhalten der winzigen Replikatoren findet, aus denen die Lebewesen aufgebaut sind. Anschließend wies er darauf hin, dass allein wir Menschen die Macht haben, uns über das Diktat unserer egoistischen Replikationsmoleküle hinwegzusetzen, uns selbst und die Welt in die Hand zu nehmen, unsere Zukunft zu konzipieren und sie dann zu beeinflussen. Als erste Spezies sind wir in der Lage, unegoistisch zu sein. Das ist eine Art Weckruf. Und da liegt die Tragödie: Statt anschließend seine vielfältigen Begabungen der Aufgabe widmen zu können, die Menschen zu ermahnen, damit sie das kostbare Attribut ihres Bewusstseins und die stetig wachsenden Erkenntnisse von Wissenschaft und Vernunft nutzen, um sich über die egoistischen Triebe unserer evolutionsbedingten Programmierung hinwegzusetzen, musste er einen großen Teil seiner Energie und Fähigkeit darauf verwenden, die Menschen davon zu überzeugen, dass die Evolution wirklich wahr ist. Eine triste Aufgabe, vielleicht, aber irgendjemand musste sie übernehmen, denn »die Natur kann niemanden verklagen«, wie er es formuliert. Und wie er in einem der hier wiedergegebenen Aufsätze anmerkt: »Aber ich habe seither gelernt, dass strenger gesunder Menschenverstand für große Teile der Welt keineswegs auf der Hand liegt. Manchmal ist es sogar notwendig, den gesunden Menschenverstand mit nicht nachlassender Wachsamkeit zu verteidigen.« Richard Dawkins ist nicht nur der Prophet der Vernunft, er ist auch unser unermüdlicher Wächter.

Dass in Verbindung mit Sorgfalt und Klarheit so viele brutale Adjektive – »unerbittlich«, »gnadenlos«, »erbarmungslos« – gebraucht werden, ist eine Schande, sind Richards Prinzipien doch durch und durch von Mitgefühl, Großzügigkeit und Freundlichkeit durchtränkt. Selbst seine Kritik ist nicht nur streng im Urteil, sondern auch von bissiger Witzigkeit, so wenn er in einem Brief an den

Premierminister die Baroness Warsi erwähnt, »Ihre Ministerin ohne Geschäftsbereich (und ohne Wahl)«, oder wenn er einen fiktiven Blair-Gefolgsmann auftreten lässt, der sich für den Einsatz seines Chefs für die religiöse Vielfalt engagiert: »Wir werden die Einführung von Scharia-Gerichten unterstützen, aber nur auf rein freiwilliger Basis – nur für diejenigen, deren Ehemänner und Väter sich aus freien Stücken dafür entschieden haben.«

Ich bevorzuge klare Bilder: Prägnanz, kriminalistische Aufmerksamkeit für Logik und Details, durchdringende Ausleuchtung. Und ich bezeichne einen solchen Schreibstil nicht als schlagend, sondern eher als sportlich – er ist nicht nur ein Instrument der Kraft und Stärke, sondern auch einer Flexibilität, die sich auf praktisch jeden Leser, jedes Publikum und jedes Thema einstellen kann. Es gibt wahrlich nicht viele Autoren, denen es gelingt, Kraft und Raffinesse, Wirkung und Präzision mit so viel Eleganz und Humor zu verbinden.

Zum ersten Mal arbeitete ich mit Richard Dawkins vor über zehn Jahren bei The God Delusion (dt. Der Gotteswahn) zusammen. Wenn diejenigen, die die hier folgenden Seiten lesen, nicht nur die gedankliche Klarheit und die leichte Ausdrucksweise des Autors zu schätzen wissen, die Furchtlosigkeit, mit der er sehr großen Elefanten in sehr kleinen Räumen gegenübertritt, die Energie, mit der er sich der Erläuterung des Komplizierten und Schönen in der Wissenschaft widmet, sondern ein wenig auch die Großzügigkeit, Freundlichkeit und Höflichkeit, die meinen Umgang mit Richard Dawkins in den Jahren seit unserer ersten Zusammenarbeit stets geprägt haben, hat der vorliegende Band eines seiner Ziele bereits erreicht.

Ein weiteres Ziel ist erreicht, wenn sich ein Zustand einstellt, der in einem hier wiedergegebenen Aufsatz sehr treffend beschrieben wird: »Harmonische Teile gedeihen in ihrer gegenseitigen Gegenwart, und daraus erwächst die Illusion eines harmonischen Ganzen.« Ich glaube sogar, dass die Harmonie, die aus dieser Sammlung erwächst, keine Illusion ist, sondern das Echo einer der lebhaftesten und lebendigsten Stimmen unserer Zeit.

TEIL I

Wert(e) der Wissenschaft

Wir beginnen beim Kern der Sache: der Wissenschaft. Was ist sie, was macht sie, wie betreibt man sie (am besten)? Der Vortrag, den Richard 1997 bei den Oxford Amnesty Lectures hielt, trug den Titel »Die Werte der Wissenschaft und die Wissenschaft der Werte«. Mit dieser Verschränkung der Begriffe deckte er ein riesiges Terrain ab und verfolgte mehrere Themen, die in der vorliegenden Sammlung an anderer Stelle weiterentwickelt werden: den überragenden Respekt der Wissenschaft für objektive Wahrheit, das moralische Gewicht, das der Leidensfähigkeit beigemessen wird, und die Gefahren des »Speziesismus«, die wichtige Unterscheidung, »ob man mit rhetorischen Mitteln deutlich machen will, was nach eigener Überzeugung wirklich der Fall ist, oder ob man sich der Rhetorik bedient, um das, was wirklich der Fall ist, wissentlich zu verschleiern«. Das ist die Stimme des Wissenschaftsvermittlers, der entschlossen daran festhält, sich der Sprache zu bedienen, um die Wahrheit mitzuteilen, und nicht, um eine künstliche »Wahrheit« zu erschaffen. Schon der allererste Absatz trifft eine wichtige Unterscheidung: Das eine sind die Werte, die der Wissenschaft zugrunde liegen, ein stolzes, kostbares System von Prinzipien, die es zu verteidigen gilt, weil von ihnen der Fortbestand unserer Zivilisation abhängt; ein ganz anderes, verdächtigeres Unternehmen sind die Versuche, Werte aus wissenschaftlichen Kenntnissen abzuleiten. Wir müssen den Mut haben, uns einzugestehen, dass wir von einem ethischen Vakuum ausgehen, dass wir unsere eigenen Werte erfinden.

Der Autor dieses Vortrags ist kein faktenverhafteter Gradgrind, kein trockener Erbsen-(oder Knochen-)zähler. Die Passagen über den ästhetischen Wert der Wissenschaft, die poetische Vision eines Carl Sagan, Subrahmanyan Chandrasekhars »Erschaudern vor dem Schönen« sind Musterbeispiele für Leidenschaft und Begeisterung angesichts der Pracht, der Schönheit und der Möglichkeiten einer Wissenschaft, Freude in unser Leben und Hoffnung in unsere Zukunft zu bringen.

Anschließend wechseln wir sowohl das Tempo als auch die Plattform, und die Sprachebene verschiebt sich vom Ausführlichen, Nachdenklichen zum Prägnanten und Pointierten, das heißt zu dem, was ich mir gern als »Dawkins-Pfeil« vorstelle. Hier verfolgt Richard mit eiserner Höflichkeit mehrere Aussagen weiter, die er in seinem Amnesty-Vortrag vertreten hat: Er erinnert Großbritanniens nächsten Monarchen daran, wie gefährlich es ist, sich nicht von evidenzbasierter Wissenschaft, sondern von einer »inneren Weisheit« leiten zu lassen. Wie es für ihn typisch ist, entbindet er die Menschen nicht davon, ihr Urteilsvermögen im Hinblick auf die Möglichkeiten einzusetzen, die Wissenschaft und Technologie bieten: »Die hysterische Opposition wegen *möglicher* Risiken gentechnisch manipulierter Nutzpflanzen hat den beunruhigenden Aspekt, dass sie die Aufmerksamkeit von den *tatsächlichen* Gefahren ablenkt, die bereits gut bekannt sind, aber im Wesentlichen ignoriert werden.«

»Wissenschaft und Sensibilität«, der dritte Aufsatz in diesem Abschnitt, ist wiederum ein ausführlicher Vortrag, der mit einer charakteristischen Kombination aus Bedeutungsschwere und Brillanz gehalten wurde. Auch hier erleben wir eine messianische Begeisterung für Wissenschaft – die aber durch die nüchterne Betrachtung der Frage gedämpft wird, wie weit wir zur Jahrtausendwende hätten kommen können und welche Strecken wir noch nicht zurückgelegt haben. Wie es für ihn typisch ist, wird dies nicht als Rezept für Verzweiflung präsentiert, sondern als Ansporn zu verdoppelten Anstrengungen.

Und woher kommt all diese unstillbare Neugier, dieser Hunger nach Wissen, diese kämpferische Leidenschaft? Der Abschnitt schließt mit »Dolittle und Darwin«, einem liebevollen Rückblick darauf, wie die Werte der Wissenschaft in die Erziehung eines Kindes eingeflossen sind – einschließlich einer Lektion zur Unterscheidung zwischen zentralen Werten und ihrer vorübergehenden historischen und kulturellen Färbung.

In allen diesen ganz unterschiedlichen Texten stechen die Kernaussagen deutlich hervor. Es ist nicht gut, den Überbringer der Nachricht zu erschießen, nicht gut, sich illusorischen Tröstungen hinzugeben, nicht gut, das *Ist* mit dem *Sollte* zu verwechseln oder mit dem, *was uns vielleicht lieb wäre.* Letztlich sind es positive Aussagen: Die klare, nachhaltige Konzentration auf die Frage, wie Dinge funktionieren, führt in Verbindung mit der intelligenten Fantasie des unheilbar Neugierigen zu Erkenntnissen, die inspirieren, herausfordern und anregen. So entwickelt sich Wissenschaft immer weiter, das Verständnis wächst, die Kenntnisse erweitern sich. Zusammengenommen bilden diese Texte ein Manifest der Wissenschaft und einen Aufruf, für sie zu kämpfen.

G. S.

Die Werte der Wissenschaft und die Wissenschaft der Werte[1]

Die Werte der Wissenschaft – was bedeutet das? In einem schwachen Sinn meine ich damit – und ich werde sie wohlwollend betrachten – die Werte, von denen man erwarten kann, dass Wissenschaftler sie vertreten, soweit sie durch ihren Beruf beeinflusst sind. Es gibt aber auch einen starken Sinn: Danach werden wissenschaftliche Kenntnisse unmittelbar benutzt, um Werte abzuleiten wie aus einem heiligen Buch. Werte in diesem Sinn lehne ich nachdrücklich[2] ab. Das Buch der Natur mag als Quelle von Werten, nach denen man leben kann, nicht schlechter sein als ein traditionelles heiliges Buch, aber das hat nicht viel zu sagen.

Mit der Wissenschaft der Werte – der anderen Hälfte meines Titels – meine ich die wissenschaftliche Erforschung der Frage, woher unsere Werte stammen. Von sich aus sollte das eine wertfreie, akademische Frage sein, die nicht automatisch stärker umstritten ist als die Frage, woher unsere Knochen stammen. Man könnte damit zu der Schlussfolgerung gelangen, dass unsere Werte unserer Evolutionsvergangenheit nichts verdanken, aber das ist nicht die Schlussfolgerung, die ich ziehen werde.

Die Werte der Wissenschaft im schwachen Sinn

Ich bezweifle, dass Wissenschaftler ihre Partner oder die Steuerbehörden seltener (oder häufiger) betrügen als andere Menschen. In ihrem Berufsleben dagegen haben Wissenschaftler besondere Gründe, die einfache Wahrheit zu schätzen. Grundlage ihres Beru-

fes ist die Überzeugung, dass es so etwas wie eine objektive Wahrheit gibt, die über kulturelle Unterschiede hinausgeht; wenn demnach zwei Wissenschaftler die gleiche Frage stellen, gelangen sie
unabhängig von ihren vorgegebenen Überzeugungen, ihrer kulturellen Herkunft und innerhalb gewisser Grenzen auch ihrer Fähigkeiten zu der gleichen Antwort. Dem widerspricht auch die häufig
wiederholte philosophische Überzeugung nicht, dass Wissenschaftler keine Wahrheiten beweisen, sondern Hypothesen vertreten, die sie nicht widerlegen konnten. Der Philosoph mag uns davon überzeugen, dass unsere Fakten nur unwiderlegte Theorien
sind, aber bei manchen Theorien würden wir unser letztes Hemd
darauf verwetten, dass man sie nie widerlegen wird; solche Theorien bezeichnen wir dann in der Regel als wahr.[3] Verschiedene Wissenschaftler werden sich selbst dann, wenn geografisch und kulturell Welten zwischen ihnen liegen, in der Regel auf die gleichen
nicht widerlegten Theorien einigen.

Eine solche Weltsicht ist meilenweit entfernt von modischem
Geplapper wie dem Folgenden[4]:

> So etwas wie eine objektive Wahrheit gibt es nicht. Wir machen
> uns unsere eigene Wahrheit. So etwas wie eine objektive Wirk-
> lichkeit gibt es nicht. Wir machen uns unsere eigene Wirklich-
> keit. Es gibt spirituelle, mystische oder innere Möglichkeiten des
> Wissens, die unseren gewöhnlichen Möglichkeiten des Wissens
> überlegen sind.[5] Wenn ein Erlebnis wirklich zu sein scheint, dann
> ist es wirklich. Wenn einem eine Idee richtig vorkommt, dann ist
> sie richtig. Wir sind außerstande, Wissen über das wahre Wesen
> der Wirklichkeit zu gewinnen. Die Wissenschaft an sich ist irrati-
> onal oder mystisch. Sie ist nur irgendein Glaube, Glaubenssystem
> oder Mythos, der nicht mehr gerechtfertigt ist als irgendein ande-
> rer. Es spielt keine Rolle, ob Anschauungen wahr sind oder nicht,
> solange sie für jemanden von Bedeutung sind.

In dieser Richtung liegt der Wahnsinn. Am besten kann ich die Werte eines Wissenschaftlers verdeutlichen, indem ich sage: Wenn eine Zeit kommt, in der alle so denken, möchte ich nicht mehr weiterleben. Dann sind wir in ein neues dunkles Mittelalter eingetreten, allerdings nicht in eines, »das durch das Licht einer pervertierten Wissenschaft noch düsterer und länger wurde«[6] – denn dann gäbe es keine Wissenschaft mehr, die man pervertieren könnte.

Ja, Newtons Gravitationsgesetz ist nur näherungsweise richtig, und vielleicht wird auch Einsteins Allgemeine Theorie zu gegebener Zeit überflüssig gemacht. Aber dadurch steigen sie nicht in die gleiche Liga ab wie die mittelalterliche Hexenkunst oder der Aberglaube von Stammesvölkern. Newtons Gesetze sind Näherungslösungen, denen wir unser Leben anvertrauen können und regelmäßig anvertrauen. Wenn es um eine Flugreise geht, würde unser kultureller Relativist auf Levitation oder auf Physik setzen, auf den fliegenden Teppich oder auf McDonnell Douglas? Ganz gleich, in welchem Kulturkreis wir aufgewachsen sind, das Bernoulli-Prinzip wird nicht auf einmal unwirksam, wenn wir in den nicht-»westlichen« Luftraum eintreten. Oder worauf würden Sie Ihr Geld verwetten, wenn es darum ginge, eine Beobachtung vorherzusagen? Wie Carl Sagan erklärt hat, könnten wir die Barbaren von Relativismus und New Age nach Art eines modernen Rider-Haggard-Helden verblüffen, indem wir eine totale Sonnenfinsternis, die sich in tausend Jahren ereignen wird, auf die Sekunde genau vorhersagen.

Carl Sagan ist vor einem Monat gestorben. Ich bin nur einmal mit ihm zusammengetroffen, aber ich mag seine Bücher und werde ihn als »Kerze in der Dunkelheit«[7] vermissen. Ich widme diesen Vortrag seinem Andenken und werde Zitate aus seinen Schriften verwenden. Die Bemerkung über die Vorhersage von Sonnenfinsternissen stammt aus The Demon-Haunted World (dt. Der Drache in meiner Garage), dem letzten Buch, das vor seinem Tod erschien. Dort fährt er fort:

Sie können zum Medizinmann gehen, damit er den Zauber aufhebt, der Ihre perniziöse Anämie verursacht, oder Sie können Vitamin B_{12} nehmen. Wenn Sie Ihr Kind vor Kinderlähmung bewahren wollen, können Sie beten oder es zur Schluckimpfung schicken. Wenn Sie wissen wollen, welches Geschlecht Ihr ungeborenes Kind hat, können Sie natürlich alle möglichen spiritistischen Pendler konsultieren ... aber sie haben im Durchschnitt eben nur zu fünfzig Prozent recht. Wenn Sie echte Genauigkeit haben wollen ..., versuchen Sie es mit Fruchtblasenpunktion und Ultraschall. Probieren Sie es mit der Wissenschaft.

Natürlich sind Wissenschaftler häufig unterschiedlicher Meinung. Aber sie sind stolz darauf, dass sie sich darüber einigen können, welche neuen Belege notwendig wären, damit sie ihre Ansichten ändern. Der Weg zu jeder Entdeckung wird veröffentlicht, und wer die gleiche Route einschlägt, sollte zu den gleichen Ergebnissen gelangen. Wer lügt – wer Abbildungen türkt oder nur den Teil der Befunde veröffentlicht, die für eine bevorzugte Schlussfolgerung sprechen –, wird wahrscheinlich entlarvt. Ohnehin wird man mit Wissenschaft nicht reich – warum also sollte man es überhaupt tun, wenn man doch durch Lügen den einzigen Sinn des Unternehmens hinfällig macht? Ein Wissenschaftler wird gegenüber seiner Partnerin oder einem Steuerfahnder mit viel größerer Wahrscheinlichkeit lügen als gegenüber einer Fachzeitschrift.

Zugegeben: Es gibt auch in der Wissenschaft Fälle von Betrug, und zwar wahrscheinlich nicht nur die, welche ans Licht kommen. Ich behaupte nur, dass die Verfälschung von Daten in der Wissenschaftlergemeinde die Ursünde ist, und sie ist so unverzeihlich, dass es sich in die Begriffe jedes anderen Berufes kaum übertragen lässt. Diese extreme Wertschätzung hat die unglückselige Folge, dass Wissenschaftler einen außerordentlich großen Widerwillen dagegen haben, Kollegen anzuschwärzen, wenn Grund zu dem Verdacht besteht, dass Zahlen gefälscht wurden. Es ist, als würde man jemanden des Kannibalismus oder des Kindesmissbrauchs beschuldigen. Ein derart düsterer Verdacht wird unterdrückt, bis die Belege so überwältigend sind, dass man sie nicht mehr ignorieren kann, und dann ist unter Umständen bereits viel Schaden angerichtet. Wenn wir unsere Spesenabrechnung frisieren, werden die Kollegen wahrscheinlich Nachsicht zeigen. Wenn wir den Gärtner bar bezahlen und damit die Schwarzarbeit zum Nachteil der Steuerbehörden unterstützen, werden wir gesellschaftlich nicht ausgestoßen. Aber ein Wissenschaftler, der bei der Manipulation seiner Forschungsergebnisse erwischt wird, ist ein Ausgestoßener. Er wird von seinen Kollegen geschnitten und gnadenlos für alle Zeiten aus dem Berufsstand verbannt.

Wenn ein Anwalt sich seiner Beredsamkeit bedient, um seine Sache selbst dann so gut wie möglich zu vertreten, wenn er nicht daran glaubt, und wenn er zu diesem Zweck nur günstige Tatsachen nennt und Indizien manipuliert, wird er wegen seines Erfolges bewundert und belohnt.[8] Ein Wissenschaftler, der das Gleiche tut, alle rhetorischen Register zieht, sich in jede Richtung windet und wendet, um Unterstützung für eine Lieblingstheorie zu gewinnen, wird im Vergleich zumindest mit leichtem Misstrauen betrachtet.

Im typischen Fall sehen die Werte der Wissenschaftler so aus, dass der Vorwurf, jemand sei ein Fürsprecher – oder, noch schlimmer, ein *geschickter* Fürsprecher –, einer Antwort bedarf.[9] Es ist aber ein wichtiger Unterschied, ob man mit rhetorischen Mitteln deutlich machen will, was nach eigener Überzeugung wirklich der Fall ist, oder ob man sich der Rhetorik bedient, um das, was wirklich der Fall ist, wissentlich zu verschleiern. Einmal trat ich an einer Universität in einer Podiumsdiskussion über Evolution auf. Der eindrucksvollste kreationistische Redebeitrag stammte von einer jungen Frau, die zufällig beim anschließenden Abendessen neben mir saß. Als ich ihr Komplimente für ihren Vortrag machte, erklärte sie mir sofort, sie habe selbst kein Wort davon geglaubt. Sie hatte nur ihre Geschicklichkeit im Diskutieren geübt und dazu leidenschaftlich das genaue Gegenteil dessen vertreten, was sie für die Wahrheit hielt. Sie wird zweifellos eine gute Anwältin abgeben. Ich

konnte nun nichts anderes mehr tun, als gegenüber meiner Tischnachbarin höflich zu bleiben, aber das sagt etwas über die Werte
aus, die ich mir als Wissenschaftler in meiner bisherigen Laufbahn
angeeignet habe.

Eigentlich möchte ich damit sagen, dass Wissenschaftler eine
Werteskala besitzen, nach der die Wahrheit der Natur fast etwas
Heiliges hat. Das mag der Grund sein, warum manche von uns so
hitzig auf Astrologen, Löffelbieger und ähnliche Scharlatane reagieren, die von anderen nachsichtig als harmlose Unterhaltungskünstler toleriert werden. Der Verleumdungsparagraf bestraft denjenigen, der wissentlich Lügen über andere Menschen verbreitet.
Wer aber Geld damit verdient, dass er Lügen über die Natur verbreitet – die keine Klage erheben kann –, kommt ungeschoren davon.
Meine Werte mögen verschroben sein, aber ich würde es begrü
ßen, wenn die Natur vor Gericht ebenso vertreten würde wie ein
misshandeltes Kind.[10]

Die Wahrheitsliebe hat aber auch eine Kehrseite: Sie kann
Wissenschaftler dazu veranlassen, ihr ungeachtet aller unglücklichen Konsequenzen zu folgen.[11] Wissenschaftler tragen eine
große Verantwortung, die Gesellschaft vor solchen Konsequenzen
zu warnen. Von dieser Gefahr sprach Einstein, als er sagte: »Wenn
ich es vorher gewusst hätte, wäre ich Schlosser geworden.« Natürlich wäre er in Wirklichkeit nicht Schlosser geworden. Und als sich
die Gelegenheit bot, unterschrieb er den berühmten Brief, in dem
er Roosevelt vor den Möglichkeiten und Gefahren der Atombombe
warnte. Teilweise ist die Feindseligkeit, die Wissenschaftlern entgegengebracht wird, gleichbedeutend mit der Ermordung des
Nachrichtenüberbringers. Wenn Astronomen uns auf einen gro
ßen Asteroiden aufmerksam machen, der sich auf Kollisionskurs
zur Erde befindet, wäre es vor dem Einschlag der letzte Gedanke
vieler Menschen, es sei die Schuld »der Wissenschaftler«. Ein Element der Ermordung des Überbringers steckt auch in unserer Reaktion auf BSE.[12] Anders als im Fall des Asteroiden lag die Schuld
hier wirklich bei den Menschen. Einen Teil davon müssen Wissen-

schaftler auf sich nehmen, einen anderen die Landwirtschafts- und Lebensmittelindustrie mit ihrer Habgier.

Carl Sagan stellt dazu fest, er werde häufig gefragt, ob er an intelligentes Leben im Weltraum glaube. Er neigt zu einem zurückhaltenden Ja, das er aber voller Vorsicht und Unsicherheit ausspricht.

> Oft werde ich dann gefragt: »Und was glauben Sie wirklich?«
> Ich erwidere: »Ich habe Ihnen doch gerade gesagt, was ich wirklich denke.«
> »Ja, schon, aber was glauben Sie aus dem Bauch heraus?«
> Aber ich versuche nicht mit dem Bauch zu denken. Wenn ich ernsthaft die Welt verstehen will, dann bekomme ich wahrscheinlich Probleme, wenn ich mit etwas anderem als meinem Gehirn denken will, so verlockend dies sein könnte. Es ist wirklich okay, so lange mit dem Urteil zu warten, bis die Beweise vorliegen.

Misstrauen gegenüber inneren, privaten Offenbarungen ist, wie mir scheint, ein weiterer Wert, der durch das Erlebnis, Wissenschaft zu betreiben, gestärkt wird. Private Offenbarungen passen nicht gut zu den Lehrbuchidealen der wissenschaftlichen Methode: Überprüfbarkeit, Unterstützung durch Evidenz, Präzision, Quantifizierbarkeit, Widerspruchsfreiheit, Intersubjektivität, Reproduzierbarkeit, Allgemeingültigkeit und Unabhängigkeit vom kulturellen Umfeld.

Es gibt aber auch Werte der Wissenschaft, die man vermutlich am besten ähnlich behandelt wie ästhetische Werte. Einstein wurde zu diesem Thema schon häufig genug zitiert, deshalb nenne ich hier stattdessen den großen indischen Astrophysiker Subrahmanyan Chandrasekhar; er sagte 1975, als er 65 Jahre alt war, in einem Vortrag[13]:

> In meinem ganzen wissenschaftlichen Leben ... hat mich keine Erfahrung stärker erschüttert als die Erkenntnis, dass eine exakte Lösung der Einsteinschen Gleichungen der Allgemeinen Relati-

vitätstheorie ... die absolut genaue Darstellung unzählig vieler massereicher schwarzer Löcher liefert, die das Weltall bevölkern. Dieses »Erschaudern vor dem Schönen«, diese unglaubliche Tatsache, dass eine von der Suche nach dem Schönen in der Mathematik motivierte Entdeckung eine genaue Entsprechung in der Natur hat, veranlasst mich zu sagen, Schönheit sei das, worauf der menschliche Geist am tiefsten reagiert.

Ich finde das bewegend auf eine Art, die im launischen Dilettantismus der berühmten Zeilen von Keats völlig fehlt:

> Schönheit ist Wahrheit, Wahrheit schön – dies wisst
> Auf Erden, und nur dies ist wissenswert.

Wenn wir ein wenig über die Ästhetik hinausblicken, schätzen Wissenschaftler in der Regel das Langfristige auf Kosten des Kurzfristigen; sie beziehen Inspiration aus den großen, offenen Räumen des Kosmos und den langsam mahlenden Mühlen der erdgeschichtlichen Zeiträume, aber nicht aus den engstirnigen Besorgnissen der Menschheit. Insbesondere neigen sie dazu, Dinge *sub specie aeternitatis* zu betrachten, selbst wenn sie sich damit der Gefahr aussetzen, dass man ihnen eine düstere, kalte, lieblose Einstellung gegenüber den Menschen vorwirft.

Pale Blue Dot (dt. *Blauer Punkt im All*), das vorletzte Buch von Carl Sagan, ist rund um das poetische Bild unserer Welt aufgebaut, wie man sie aus der Ferne des Weltraums erkennt.

> Sehen Sie sich diesen Punkt noch einmal an. Hier leben wir, hier sind wir zu Hause ... Die Erde ist eine kleine Bühne im großen Theater des Kosmos. Man denke nur an die Ströme von Blut, die von Generälen und Feldherren vergossen werden, um für einen winzigen Augenblick zu Herrschern über den Bruchteil dieses Punktes aufzusteigen. Man denke an die endlosen Grausamkeiten, die die Bewohner eines Winkels auf diesem Pixel den kaum

anders gearteten Bewohnern eines anderen Winkels auf diesem Pixel zufügen, wie wenig sie sich verstehen, wie gern sie sich gegenseitig umbringen, wie glühend ihr Hass ist. Unsere Anmaßung, unsere eingebildete Wichtigkeit, die wahnwitzige Vorstellung, dass wir im Universum einen besonderen Platz einnehmen, wird von diesem schwachen Lichtpunkt infrage gestellt. Unser Planet ist ein einsames Körnchen im großen Dunkel des Weltalls. Und es ist nicht wahrscheinlich, dass von draußen jemand kommt, um uns vor uns selbst zu schützen.

In der Passage, die ich gerade vorgelesen habe, gibt es für mich nur einen düsteren Aspekt: die Erkenntnis, dass ihr Autor mittlerweile für immer schweigt. Ob man es für düster hält, wenn die Menschheit aus wissenschaftlichen Gründen auf Normalmaß zurückgestutzt wird, ist eine Frage der Einstellung. Es mag ein Aspekt der wissenschaftlichen Werte sein, dass solche großen Visionen auf viele von uns nicht kalt und leer wirken, sondern erhebend und begeisternd. Wir erwärmen uns auch für eine Natur, die Gesetzen folgt und nicht launisch ist. Es gibt Geheimnisse, aber niemals Magie, und Geheimnisse sind umso schöner, wenn sie am Ende gelüftet werden. Dinge sind erklärbar, und wir haben das Privileg, sie zu erklären. Die Prinzipien, die hier wirksam sind, gelten auch dort – und »dort« heißt draußen in entfernten Galaxien. Am Ende seines *Origin of Species* (dt. *Entstehung der Arten*), in der berühmten Passage über die »dicht bewachsene Uferstrecke« stellt Charles Darwin fest, dass die gesamte Komplexität des Lebendigen »durch Gesetze hervorgebracht ist, welche noch fort und fort um uns wirken«. Dann fährt er fort:

So geht aus dem Kampfe der Natur, aus Hunger und Tod unmittelbar die Lösung des nächsten Problems hervor, das wir zu fassen vermögen, die Erzeugung immer höherer und vollkommenerer Tiere. Es ist wahrlich eine großartige Ansicht, dass der Schöpfer den Keim alles Lebens, das uns umgibt, nur wenigen oder nur einer einzigen Form eingehaucht hat, und dass, während

unser Planet den strengsten Gesetzen der Schwerkraft folgend
sich im Kreise geschwungen, aus so einfachem Anfange sich eine
endlose Reihe der schönsten und wundervollsten Formen entwickelt hat und immer noch entwickelt.

Die schiere Zeit, die für die Evolution der Arten notwendig war, ist
ein beliebtes Argument für ihre Erhaltung. Schon das beinhaltet
ein Werturteil, das vermutlich allen, die in die Tiefen der erdgeschichtlichen Zeiträume hinabsteigen, wesensverwandt ist. In einem früheren Werk habe ich den erschütternden Bericht von Oria
Douglas-Hamilton über die Dezimierung von Elefantenbeständen
in Simbabwe zitiert:

> Ich betrachtete einen der weggeworfenen Rüssel und dachte da-
> rüber nach, wie viele Jahrmillionen die Evolution wohl gebraucht
> haben mochte, um ein solches Wunderwerk zustande zu bringen.
> Ein Rüssel, ausgestattet mit fünfzigtausend Muskeln und gesteu-
> ert von einem ebenso komplexen Gehirn, kann mit gewaltiger
> Kraft tonnenschwere Gegenstände zerren und stoßen. Doch
> gleichzeitig vermag er die feinsten Arbeiten durchzuführen ...
> Und hier lag er nun, amputiert wie so viele andere Elefantenrüs-
> sel, die ich überall in Afrika gesehen hatte.

So bewegend der Absatz auch ist, ich zitiere ihn nur, um deutlich
zu machen, welche wissenschaftlichen Werte Mrs Douglas-Hamilton dazu veranlassten, auf die Jahrmillionen hinzuweisen, die für
die Evolution des komplexen Elefantenrüssels notwendig waren,
statt beispielsweise das Schwergewicht auf die Rechte der Elefanten oder ihre Leidensfähigkeit zu legen oder auch auf den Wert wil-
der Tiere, die unser menschliches Erleben bereichern oder die Tou-
rismuseinnahmen eines Landes steigern.

Das heißt nicht, dass Kenntnisse über die Evolution für Fragen von Rechten und Leiden ohne Bedeutung wären. Ich werde
mich in Kürze für die Ansicht aussprechen, dass man aus wissen-

schaftlichen Erkenntnissen keine grundlegenden moralischen Werte ableiten kann. Aber utilitaristische Moralphilosophen, nach deren Ansicht es überhaupt keine absoluten moralischen Werte gibt, beanspruchen für sich dennoch zu Recht eine wichtige Rolle, wenn es darum geht, Widersprüche und Unstimmigkeiten innerhalb bestimmter Wertesysteme zu entlarven.[14] Evolutionsforscher bringen gute Voraussetzungen mit, um Widersprüche zu beobachten, wenn die Rechte der Menschen absolutistisch über die aller anderen biologischen Arten gestellt werden.

»Lebensschützer« stellen die unhinterfragte Behauptung auf, Leben sei unendlich kostbar, und gleichzeitig mampfen sie fröhlich ein großes Steak. Bei dem »Leben«, das solche Leute »schützen« wollen, handelt es sich nur allzu eindeutig um menschliches Leben. Nun ist das nicht zwangsläufig falsch, aber der Evolutionsforscher wird uns zumindest vor einem Widerspruch warnen. Dass die Abtreibung eines einen Monat alten menschlichen Fötus ein Mord ist, das Erschießen eines vollständig gefühlsbegabten ausgewachsenen Elefanten oder Berggorillas aber nicht, liegt nicht ohne Weiteres auf der Hand.

Vor etwa sechs oder sieben Millionen Jahren lebte in Afrika ein Menschenaffe, der zum gemeinsamen Vorfahren aller heutigen Menschen und aller heutigen Gorillas wurde. Zufällig sind die Zwischenformen, die uns mit diesem Vorfahren verbinden – *Homo erectus*, *Homo habilis*, verschiedene Mitglieder der Gattung *Australopithecus* und andere –, ausgestorben. Ebenso ausgestorben sind die Zwischenglieder, die denselben gemeinsamen Vorfahren mit den heutigen Gorillas verbinden. Wenn diese Zwischenformen nicht ausgestorben wären, wenn in den Urwäldern und Savannen Afrikas noch Restpopulationen auftauchen würden, hätte dies heikle Folgen. Wir wären dann in der Lage, uns mit jemandem zu paaren und Kinder zu zeugen, der in der Lage wäre, sich mit jemand anderem zu paaren und Kinder zu zeugen, der ... nach einigen weiteren Kettengliedern in der Lage wäre, sich mit einem Gorilla zu paaren und Kinder zu zeugen. Dass einige entscheidende Zwischenglieder in dieser Kette der gegenseitigen Fruchtbarkeit zufällig tot sind, ist schlichtes Pech.

Das Ganze ist kein frivoles Gedankenexperiment. Spielraum für Diskussionen gibt es nur in der Frage, wie viele Zwischenstufen wir in der Kette postulieren müssen. Und die Zahl der Zwischenstufen spielt auch keine Rolle für die Rechtfertigung der folgenden Schlussfolgerung. Die absolutistische Überhöhung des *Homo sapiens* gegenüber allen anderen Arten, die unhinterfragte Bevorzugung eines menschlichen Fötus oder eines hirntoten menschlichen Gemüses vor einem erwachsenen Schimpansen im Vollbesitz seiner Kräfte, unsere Apartheid auf der Ebene der biologischen Arten würde zusammenbrechen wie ein Kartenhaus. Und wenn das nicht der Fall ist, erweist sich der Vergleich mit der Apartheid durchaus nicht als inhaltsleer. Denn wenn wir angesichts eines noch vorhandenen, ununterbrochenen Spektrums von Zwischenstufen immer noch darauf beharren würden, Menschen von Nichtmenschen zu trennen, könnten wir eine solche Trennung nur aufrechterhalten, indem wir uns an Apartheid-Gerichtshöfe wenden, die darüber entscheiden, ob bestimmte Individuen der Zwischenformen »als Menschen durchgehen«.

Eine solche evolutionsorientierte Logik zerstört nicht alle Doktrinen spezifischer Menschenrechte. Sie zerstört aber mit Sicherheit die absolutistischen Versionen, denn sie zeigt, dass die Abtrennung unserer Spezies von Zufällen des Aussterbens abhängt. Wären Moral und Rechte prinzipiell absolut, könnten neue zoologische Entdeckungen im Wald von Budongo sie nicht ins Wanken bringen.

Die Werte der Wissenschaft im starken Sinn

Jetzt möchte ich vom schwachen zum starken Sinn der Werte der Wissenschaft übergehen, zu wissenschaftlichen Befunden als unmittelbarer Quelle für ein Wertesystem. Der vielseitige englische

Biologe Sir Julian Huxley – der, nebenbei bemerkt, auch einer meiner Vorgänger als Tutor für Zoologie am New College war – bemühte sich darum, die Evolution zur Grundlage einer Ethik und fast einer Religion zu machen. Das Gute ist für ihn das, was den Evolutionsprozess voranbringt. Sein angesehenerer, aber nicht geadelter Großvater Thomas Henry Huxley nahm fast den entgegengesetzten Standpunkt ein. Ich selbst sympathisiere mehr mit Huxley senior.[15]

Julian Huxleys ideologische Evolutionsvernarrtheit erwuchs zum Teil aus seiner optimistischen Vorstellung von ihrem *Fortschritt*.[16] Heute ist es in Mode, zu bezweifeln, ob Evolution überhaupt mit Fortschritt verbunden ist. Das ist eine interessante Argumentation, zu der ich auch eine Meinung habe[17], aber sie tritt hinter der vorgelagerten Frage zurück, ob wir unsere Werte überhaupt auf diese oder irgendwelche anderen Erkenntnisse über die Natur stützen sollten.

Eine ähnliche Frage erhebt sich im Zusammenhang mit dem Marxismus. Man kann sich eine akademische Geschichtstheorie zu eigen machen, welche die Diktatur des Proletariats prophezeit. Und man kann einem politischen Glaubensbekenntnis folgen, das die Diktatur des Proletariats für etwas Gutes hält, sodass man sich bemühen sollte, sie voranzubringen. Viele Marxisten tun tatsächlich beides, und eine beunruhigend große Zahl von ihnen – sogar, wie man mit Fug und Recht behaupten kann, Marx selbst – kennt und kannte den Unterschied nicht. Logisch betrachtet, folgt aber die politische Ansicht darüber, was wünschenswert ist, nicht aus der akademischen Geschichtstheorie. Man kann ein akademischer Marxist sein und glauben, dass die Kräfte der Geschichte unausweichlich auf eine Revolution der Werktätigen hindrängen, und gleichzeitig konservativ wählen und alles daransetzen, das Unvermeidliche so weit wie möglich hinauszuschieben. Ein Widerspruch ist das nicht. Man kann aber auch ein leidenschaftlicher politischer Marxist sein, der gerade deshalb besonders angestrengt für die Revolution arbeitet, weil er an der marxistischen Geschichtstheorie zweifelt und das Gefühl hat, die ersehnte Revolution brauche jede nur erdenkliche Unterstützung.

Ähnlich die Evolution: Sie könnte die Eigenschaft der Fortschrittlichkeit haben, die Julian Huxley als akademischer Biologe unterstellte, oder auch nicht. Aber ganz gleich, ob er in der biologischen Frage recht hatte oder nicht, es ist eindeutig nicht notwendig, dass wir eine solche Form der Fortschrittlichkeit nachahmen, wenn wir unsere Wertesysteme aufstellen.

Noch augenfälliger wird das Thema, wenn wir uns von der Evolution mit ihrem angeblichen Fortschrittsimpuls ab- und Darwins Evolutionsmechanismus, dem Überleben des Geeignetsten, zuwenden. T. H. Huxley machte sich 1893 in seiner Romanes-Vorlesung »Evolution und Ethik« keine Illusionen, und damit hatte er recht. Wenn man den Darwinismus als moralisches Lehrstück gebrauchen will, ist er eine entsetzliche Warnung. Die Natur ist tatsächlich rot an Zähnen und Klauen. Die Schwächsten gehen wirklich den Bach hinunter, und die natürliche Selektion begünstigt tatsächlich egoistische Gene. Die läuferische Eleganz von Geparden und Gazellen wurde auf beiden Seiten mit einem gewaltigen Blutzoll und dem Leiden unzähliger Vorfahren erkauft. Urzeitliche Antilopen wurden hingemetzelt, und Fleischfresser hungerten, während ihre stromlinienförmigeren heutigen Gegenstücke allmählich Gestalt annahmen. Das Ergebnis der natürlichen Selektion, das Leben in allen seinen Formen, ist wunderschön und vielfältig. Aber der Prozess ist heimtückisch, brutal und kurzsichtig.

Dass wir darwinistische Wesen sind, ist eine akademische Tatsache. Unser Körper und unser Gehirn wurden von der natürlichen Selektion geformt, dem gleichgültigen, grausamen blinden Uhrmacher. Aber das heißt nicht, dass es uns gefallen muss. Im Gegenteil: Eine darwinistische Gesellschaft ist nicht das Umfeld, in dem irgendeiner meiner Freunde gern leben würde. »Darwinistisch« ist keine schlechte Definition für genau die Art der Politik, bei der ich hundert Meilen laufen würde, um nicht von ihr, einer

Art auf die Spitze getriebenem, angeborenem Thatcherismus, regiert zu werden.

Hier sei mir eine persönliche Bemerkung erlaubt, denn ich bin es leid, dass man mich mit einer heimtückischen Politik der gnadenlosen Konkurrenz identifiziert und mir vorwirft, ich würde den Egoismus als Lebensform befürworten. Kurz nachdem Thatcher 1979 die Wahl gewonnen hatte, schrieb Professor Steven Rose im *New Scientist*:

> Ich unterstelle nicht, dass Saatchi und Saatchi ein Team von Soziobiologen engagiert haben, damit diese die Thatcher-Drehbücher schreiben, und ich sage auch nicht, dass gewisse Professoren aus Oxford und Sussex nun über diesen praktischen Ausdruck der einfachen Wahrheiten über egoistische Gene, die sie uns mit viel Mühe vermitteln wollten, in Jubel ausbrechen. Das zufällige Zusammentreffen einer modischen Theorie mit politischen Ereignissen ist komplizierter. Eines aber glaube ich: Wenn eines Tages die Geschichte der späten 1970er-Jahre mit ihrer Bewegung nach rechts geschrieben wird, die Geschichte des Überganges von Law and Order zum Monetarismus und des (stärker umstrittenen) Angriffs auf staatliche Eingriffe, dann wird man auch den Wechsel der wissenschaftlichen Mode, selbst wenn er nur den Übergang von Modellen der Gruppen- zur Verwandtenselektion in der Evolutionstheorie betrifft, als Teil der Gezeitenwelle betrachten, die die Thatcheristen und ihr Konzept einer festgelegten, konkurrenzorientierten, fremdenfeindlichen menschlichen Natur nach Art des 19. Jahrhunderts an die Macht gespült hat.

Der »Professor aus Sussex«, auf den er anspielt, war John Maynard Smith, und der gab in der nächsten Ausgabe des *New Scientist* die angemessene Antwort: Was hätten wir tun sollen – die Gleichungen manipulieren?

Rose war zu jener Zeit der führende Kopf eines marxistisch motivierten Angriffs auf die Soziobiologie. Es ist ganz und gar typisch: Genau wie diese Marxisten nicht in der Lage waren, ihre akademische Geschichtstheorie von ihren normativen politischen Überzeugungen zu trennen, so gingen sie auch davon aus, dass wir nicht in der Lage seien, unsere Biologie von unserer Politik zu trennen. Sie konnten einfach nicht begreifen, dass man akademische Überzeugungen über den Verlauf der Evolution in der Natur haben kann und gleichzeitig die Übertragung solcher akademischer Überzeugungen in die Politik für alles andere als wünschenswert hält. So gelangten sie zu der unhaltbaren Schlussfolgerung, dass der genetische Darwinismus wissenschaftlich nicht richtig sein *darf*, weil er in seiner Anwendung auf Menschen zu unerwünschten politischen Konnotationen führt.[18]

Den gleichen Fehler begehen sie und viele andere auch im Zusammenhang mit der positiven Eugenik. Sie gehen von der Prämisse aus, dass die selektive Züchtung von Menschen im Hinblick auf Fähigkeiten wie Laufgeschwindigkeit, Musikalität oder mathematische Begabung politisch und moralisch nicht zu verteidigen ist. Deshalb ist sie nicht möglich (*darf nicht* möglich sein) – sie wird von der Wissenschaft ausgeschlossen. Nun kann jeder sehen, dass diese Folgerung nicht logisch ist, und zu meinem Bedauern muss ich Ihnen sagen, dass die positive Eugenik von der Wissenschaft nicht ausgeschlossen wird. Es gibt keinen Anlass daran zu zweifeln, dass Menschen auf selektive Züchtung genauso ansprechen würden wie Kühe, Hunde, Getreidepflanzen und Hühner. Ich muss hoffentlich nicht ausdrücklich betonen, dass dies nicht bedeutet, dass ich dafür wäre.

Dann gibt es jene, die sich mit der Machbarkeit der körperlichen Eugenik abfinden, die Grenzlinie aber vor der geistigen Eugenik ziehen. Vielleicht, so räumen sie ein, könnte man eine Rasse von Olympia-Schwimmchampions züchten, aber man wird niemals höhere Intelligenz züchten können, entweder weil es keine allgemein anerkannte Methode zur Messung der Intelligenz gibt oder weil Intelligenz keine einzelne Größe ist, die nur in einer Richtung schwankt, oder weil Intelligenz nicht aus genetischen

Gründen schwankt oder weil diese drei Punkte in irgendeiner Form zusammenkommen.

Wenn jemand Zuflucht bei solchen Gedankengängen sucht, ist es wieder einmal meine unerfreuliche Pflicht, zu desillusionieren. Dass wir uns nicht darauf einigen können, wie man Intelligenz messen soll, spielt keine Rolle: Wir können dennoch in Richtung jedes umstrittenen Maßstabes oder einer Kombination solcher Maßstäbe züchten. Es mag auch schwierig sein, sich auf eine Definition für den Gehorsam von Hunden zu einigen, aber das hält uns nicht davon ab, in diese Richtung zu züchten. Es spielt auch keine Rolle, dass Intelligenz keine einzelne Variable ist: Das Gleiche gilt vermutlich für die Milchleistung von Kühen und für die Lauffähigkeit von Pferden. Wir können dennoch daraufhin züchten, selbst wenn wir darüber streiten, wie man sie messen soll oder ob jede davon eine einzelne Schwankungsdimension darstellt.

Und was die Vermutung angeht, Intelligenz – gemessen mit dieser oder jener Methode oder irgendeiner Kombination davon – würde nicht aus genetischen Ursachen schwanken, so kann sie eigentlich nicht stimmen. Die logische Begründung erfordert nur, dass wir eines anerkennen: Wir sind – nach jeder Definition, die wir uns aussuchen – intelligenter als Schimpansen und alle anderen Menschenaffen. Wenn wir intelligenter sind als der Affe, der vor sechs Millionen Jahren lebte und den wir als Vorfahren mit den Schimpansen gemeinsam haben, dann gab es in unserer Abstammungslinie einen evolutionären Trend in Richtung höherer Intelligenz. Mit Sicherheit gab es einen Evolutionstrend in Richtung einer wachsenden Gehirngröße: Er ist eine der auffälligsten Entwicklungen in den Fossilfunden von Wirbeltieren. Evolutionstrends können sich nicht einstellen, wenn es im Hinblick auf die betreffenden Eigenschaften – in diesem Fall die Gehirngröße und vermutlich die Intelligenz – keine genetisch bedingten Schwankungen gibt. Genetisch bedingte Intelligenzunterschiede waren bei unseren Vorfahren also vorhanden. Man könnte sich zwar vorstellen, dass dies heute nicht mehr der Fall ist, aber das wäre ein höchst bizarrer, ungewöhnlicher Umstand. Selbst wenn die Belege aus Zwillingsstudien[19] nicht dafür sprächen – was aber der Fall ist –, könnten wir allein aufgrund der Logik der Evolution den sicheren Schluss ziehen, dass wir genetisch bedingte Intelligenzschwankungen aufweisen, wobei wir Intelligenz unter allen Gesichtspunkten definieren können, in denen wir uns von unseren Affenvorfahren unterscheiden. Mit der gleichen Definition könnten wir – wenn wir wollten – die künstliche selektive Züchtung auch dazu benutzen, den gleichen Evolutionstrend fortzusetzen.

Um zu erkennen, dass eine solche eugenische Politik politisch und moralisch falsch wäre, bedarf es keiner großen Überzeugungsarbeit[20], aber wir müssen ganz klar feststellen, dass ein solches Werturteil der richtige Grund ist, darauf zu verzichten. Wir dürfen nicht zulassen, dass unsere Werturteile uns zu der falschen wissenschaftlichen Überzeugung verleiten, Eugenik sei bei Menschen nicht möglich. Die Natur ist glücklicher- oder unglücklicherweise gleichgültig gegenüber etwas so Engstirnigem wie menschlichen Werten.

Rose schrieb später zusammen mit Leon Kamin, einem der führenden Gegner von IQ-Messungen in Amerika, und mit dem angesehenen marxistischen Genetiker Richard Lewontin ein Buch, in dem sie diese und andere Denkfehler wiederholten.[21] Sie räumten auch ein, die Soziobiologen wollten weniger faschistisch sein, als unsere Wissenschaft uns nach ihrer (falschen) Ansicht eigentlich machen müsste, aber sie bemühten sich (ebenfalls fälschlicherweise), uns in einem Widerspruch zu der mechanistischen Interpretation des Geistes zu ertappen, der wir – und vermutlich auch sie – anhängen.

Diese Position stimmt vollkommen – oder sollte es eigentlich tun – mit den von Wilson[22] oder Dawkins vorgetragenen Prinzipien der Soziobiologie überein. Würden die beiden Autoren diese Position tatsächlich übernehmen, müssten sie das Dilemma bewältigen, dass sie einerseits weite Bereiche – gerade auch als Liberale – unerfreulichen menschlichen Verhaltens (Gehässigkeit,

Indoktrination und so weiter) als angeboren behaupten ... Um dieses Problem zu umgehen, reklamieren Dawkins und Wilson einen freien Willen, der uns befähigt, wenn wir nur wollen, gegen das Diktat unserer Gene anzugehen.

Das, so klagen sie, sei eine Rückkehr zum uneingeschränkten cartesianischen Dualismus. Man kann nicht glauben, so sagen Rose und seine Kollegen, dass wir Überlebensmaschinen sind, die von unseren Genen programmiert werden, und gleichzeitig den Drang verspüren, gegen sie zu rebellieren.

Wo liegt das Problem? Ohne sich in die schwierige Philosophie des Determinismus und des freien Willens zu vertiefen[23], kann man leicht beobachten, dass wir uns tatsächlich gegen das Diktat unserer Gene wenden. Wir rebellieren jedes Mal dagegen, wenn wir verhüten, obwohl wir wirtschaftlich in der Lage wären, ein Kind großzuziehen. Wir rebellieren dagegen, wenn wir Vorträge halten, Bücher schreiben oder Sonaten komponieren, statt unsere Zeit und Energie zielstrebig allein auf die Verbreitung unserer Gene zu verwenden.

Das alles ist einfach; philosophische Schwierigkeiten gibt es dabei überhaupt nicht. Die natürliche Selektion egoistischer Gene hat uns ein großes Gehirn gegeben, das ursprünglich in rein utilitaristischem Sinn für das Überleben nützlich war. Nachdem es die großen Gehirne mit ihren sprachlichen und sonstigen Fähigkeiten erst einmal gab, liegt kein Widerspruch mehr in der Behauptung, dass sie sich in ganz neue, »emergente« Richtungen auf den Weg machten, darunter auch solche, die den Interessen der egoistischen Gene widersprechen.

Emergente Eigenschaften als solche haben nichts Widersprüchliches. Elektronische Computer wurden ursprünglich als Rechenmaschinen erdacht, entwickelten sich dann aber emergent zu Textverarbeitungsmaschinen, Schachspielern, Enzyklopädien, Telefonvermittlungen und sogar, wie ich zu meinem Bedauern sagen muss, zu elektronischen Horoskopen. Grundsätzliche Widersprüche, die bei Philosophen die Alarmglocken läuten lassen würden, gibt es nicht. Das Gleiche gilt für die Aussage, dass unser Gehirn seine darwinistische Herkunft hinter sich gelassen und sich dabei sogar übernommen hat. Genau wie wir unsere egoistischen Gene düpieren, wenn wir gezielt den Spaß am Sex von seiner darwinistischen Funktion trennen, so können wir uns auch zusammensetzen und mit unserer Sprache eine Politik, eine Ethik und Werte entwickeln, die in ihrer Zielrichtung heftig antidarwinistisch sind. Auf diesen Punkt werde ich am Ende zurückkommen.

Eine der von Hitler pervertierten Wissenschaften war ein entstellter Darwinismus und natürlich die Eugenik. Aber so unbequem es auch sein mag, es einzugestehen: Hitlers Ansichten waren im ersten Teil des 20. Jahrhunderts nichts Ungewöhnliches. Ich zitiere aus einem Kapitel über die »Neue Republik«, einer 1902 verfassten, angeblich darwinistischen Utopie:

> Und wie wird die Neue Republik die minderwertigen Rassen behandeln? Wie wird sie mit den Schwarzen umgehen? Wie wird sie mit dem gelben Mann umgehen? ... Mit jenen Schwärmen von schwarzen und braunen und schmutzig weißen und gelben Menschen, die nicht zu den neuen Notwendigkeiten der Effizienz passen? Nun, die Welt ist eine Welt und keine wohltätige Einrichtung, und ich gehe davon aus, dass sie gehen müssen ... Und das ethische System dieser Männer der Neuen Republik, das ethische System, welches den Weltstaat beherrschen wird, wird so gestaltet sein, dass es vorwiegend die Fortpflanzung dessen begünstigt, was an der Menschheit gut und effizient und schön ist – ein schöner, starker Körper, ein klarer und leistungsfähiger Geist.

Der Autor dieser Zeilen ist nicht Adolf Hitler, sondern H. G. Wells[24], der sich selbst für einen Sozialisten hielt. Solches Zeug (und es gibt noch viel mehr von den Sozialdarwinisten) hat dem Darwinismus in den Sozialwissenschaften einen schlechten Ruf verschafft. Und wie! Aber noch einmal: Wir dürfen nicht versuchen, aus den Tatsachen der Natur auf diese oder jene Weise unsere Politik oder unsere

Moral abzuleiten. Gegenüber beiden Huxleys ist David Hume zu bevorzugen: Moralische Richtlinien lassen sich nicht aus deskriptiven Voraussetzungen gewinnen, oder, um es umgangssprachlicher zu definieren, man kann aus einem »Ist« kein »Sollte« herleiten. Woher kommt dann aus evolutionärer Sicht unser »Sollte«? Woher beziehen wir unsere moralischen und ästhetischen, ethischen und politischen Werte? Jetzt ist es an der Zeit, von den Werten der Wissenschaft zur Wissenschaft der Werte zu kommen.

Die Wissenschaft der Werte

Haben wir unsere Werte von unseren entfernten Vorfahren geerbt? Die Beweislast liegt bei denen, die es leugnen. Der Stammbaum des Lebens, Darwins Stammbaum, ist ein riesiges, buschiges Dickicht aus dreißig Millionen Zweigen.[25] Wir sind nur ein winziger Zweig, der irgendwo in den äußeren Schichten versteckt ist. Er entspringt aus einem kleinen Ast zusammen mit unseren Vettern, den Menschenaffen, und nicht weit entfernt vom größeren Ast unserer Kleinaffenvettern, in Sichtweite unserer noch weiter entfernten Vettern Känguru, Tintenfisch und Staphylococcus. Auch alle übrigen dreißig Millionen Zweige haben ihre Eigenschaften zweifellos von ihren Vorfahren geerbt, und wir Menschen verdanken unseren Vorfahren nach allen Maßstäben vieles von dem, was wir sind und wie wir aussehen. Wir haben von unseren Urahnen – mit mehr oder weniger großen Abwandlungen – unsere Knochen und Augen geerbt, unsere Ohren und Oberschenkel, ja sogar, daran gibt es kaum einen Zweifel, unsere Lustgefühle und unsere Ängste. Zunächst einmal scheint es keinen naheliegenden Grund zu geben, warum das Gleiche nicht auch für unsere höheren geistigen Fähigkeiten gelten sollte, für Kunst und Moral, unser Gefühl für natürliche Gerechtigkeit, unsere Werte. Können wir diese höheren Ausdrucksformen unseres Menschseins aus dem ausschließen, was Darwin als »unauslöschliche Spur unserer niederen Herkunft« bezeich-

nete? Oder hatte Darwin recht, wenn er formlos, nur für sich
selbst, in einem seiner Notizbücher bemerkte: »Wer einen Pavian
versteht, tut mehr für die Metaphysik als Locke«? Ich werde hier
nicht den Versuch unternehmen, einen Überblick über die Literatur
zu geben, aber die Frage nach der darwinistischen Evolution von
Werten und Moral wurde häufig und ausführlich diskutiert.

Der Darwinismus hat folgende grundlegende Logik: Jeder hat
Vorfahren, aber nicht jeder hat Nachkommen. Wir alle haben die
Gene geerbt, mit denen wir Vorfahre werden können, und das auf
Kosten der Gene, die es verhindern würden, Vorfahre zu werden.
Vorfahre zu sein ist der höchste darwinistische Wert. In einer rein
darwinistischen Welt sind alle anderen Werte zweitrangig. Oder,
was das Gleiche bedeutet, das Überleben der Gene ist der höchste
darwinistische Wert. Zunächst einmal kann man erwarten, dass
alle Pflanzen und Tiere sich unermüdlich um das langfristige
Überleben der Gene bemühen, die in ihnen mitreisen.

Die Welt ist gespalten: hier diejenigen, für die diese einfache
Logik so klar ist wie der helle Tag, dort die anderen, die sie nicht
begreifen, ganz gleich, wie oft man sie ihnen erklärt. Alfred Wallace erwähnte das Problem[26] in einem Brief an den Mitentdecker
der natürlichen Selektion: »Mein lieber Darwin – ich war wiederholt verblüfft darüber, dass intelligente Menschen vollkommen
unfähig sind, die automatischen, notwendigen Auswirkungen der
natürlichen Selektion klar oder überhaupt zu erkennen ...«

Diejenigen, die es nicht begreifen, gehen entweder davon aus,
dass im Hintergrund eine handelnde Person steht, die die Entscheidungen trifft, oder sie fragen sich, warum der Einzelne das
Überleben seiner Gene wertschätzen soll und nicht beispielsweise
das Überleben der eigenen Spezies oder des Ökosystems, zu dem er
gehört. Wenn die Spezies oder das Ökosystem nicht überlebt, so
sagen die Angehörigen der zweiten Gruppe, überlebt auch das Individuum nicht, also muss es im Interesse des Individuums sein,
die Spezies und das Ökosystem wertzuschätzen. Wer entscheidet,
so fragen sie, dass das Überleben der Gene der höchste Wert ist?

Niemand entscheidet. Es ergibt sich automatisch aus der Tatsache, dass Gene in den von ihnen aufgebauten Körpern liegen und die einzigen Dinge sind, die (in Form codierter Kopien) von einer Körpergeneration zur nächsten überdauern können. Es ist die moderne Version der Aussage, die Wallace mit seiner zutreffenden Formulierung von »automatischen Auswirkungen« traf. Individuen sind nicht auf wundersame Weise oder kognitiv mit Werten und Zielen ausgestattet, die sie auf den Weg des Überlebens der Gene lenken. Tiere verhalten sich einzig und allein deshalb so, *als ob* sie nach den zukünftigen Werten der Gene streben würden, die sie in sich tragen, weil sie von Genen beeinflusst werden, die in der Vergangenheit über Generationen von Vorfahren hinweg überlebt haben. Diese Vorfahren haben sich zu ihrer Zeit so verhalten, als würden sie alles wertschätzen, das dem zukünftigen Überleben ihrer Gene dient, und haben dann genau diese Gene an ihre Nachkommen weitergegeben. Deshalb verhalten sich ihre Nachkommen so, als würden sie ihrerseits das zukünftige Überleben ihrer Gene wertschätzen.

Das Ganze ist ein völlig ungeplanter, automatischer Prozess, und er läuft so lange, wie die Bedingungen in der Zukunft denen der Vergangenheit einigermaßen ähnlich sind. Ist das nicht der Fall, kommt er zum Stillstand, und dann ist oftmals Aussterben die Folge. Wer das verstanden hat, versteht den Darwinismus. Das Wort »Darwinismus« wurde übrigens von dem stets großzügigen Wallace geprägt. Meine weitere darwinistische Analyse der Werte werde ich am Beispiel der Knochen vornehmen, denn sie werden wahrscheinlich niemanden auf die Palme bringen und deshalb auch nicht ablenken.

Knochen sind nicht vollkommen; manchmal brechen sie. Wenn sich ein Wildtier ein Bein bricht, wird es in der brutalen, von Konkurrenz geprägten Natur wahrscheinlich nicht überleben. Es fällt besonders leicht natürlichen Feinden zum Opfer oder kann keine Beute mehr fangen. Warum lässt die natürliche Selektion also Knochen nicht so dick werden, dass sie niemals brechen? Wir

Menschen könnten durch künstliche Selektion zum Beispiel eine Hunderasse züchten, deren Beine so robust sind, dass keine Brüche mehr vorkommen. Warum tut die Natur nicht das Gleiche? Wegen der Kosten, und das lässt auf ein Wertesystem schließen.

Ingenieure und Architekten erhalten nie den Auftrag, unzerstörbare Gebäude oder unüberwindliche Mauern zu konstruieren. Man gibt ihnen vielmehr einen Finanzrahmen vor, und innerhalb dieser Grenzen sollen sie dann nach bestimmten Kriterien das Bestmögliche erreichen. Oder vielleicht sagt man ihnen auch: Die Brücke muss ein Gewicht von zehn Tonnen tragen können und Windböen widerstehen, die dreimal so stark sind wie die stärksten, die in dieser Schlucht jemals gemessen wurden. Konstruiere eine Brücke, die diese Vorgaben einhält, mit den geringstmöglichen Kosten. Technische Sicherheitsfaktoren bedeuten immer eine finanzielle Bewertung menschlichen Lebens. Konstrukteure von Passagierflugzeugen sind risikoscheuer als Konstrukteure von Militärmaschinen. Jedes Flugzeug und jede Bodenkontrollstelle könnte noch sicherer sein, wenn man mehr Geld ausgeben würde. Man könnte mehr doppelte Sicherungen einbauen und von einem Piloten eine größere Zahl von Flugstunden verlangen, bevor er lebende Passagiere befördern darf. Das Gepäck könnte man strenger und mit höherem Zeitaufwand überprüfen.

Dass wir keine solchen Schritte unternehmen, um das Leben sicherer zu machen, liegt vor allem an den Kosten. Wir sind bereit, viel Geld, Zeit und Mühe für die Sicherheit der Menschen aufzuwenden, aber die Menge ist nicht unbegrenzt. Ob es uns gefällt oder nicht: Wir sind gezwungen, menschlichem Leben einen finanziellen Wert zuzuordnen. In der Werteskala der meisten Menschen steht menschliches Leben höher als das Leben von Tieren, aber auch dieses hat nicht den Wert null. Immer wieder finden sich Berichte in der Presse, wonach Menschen Leben, das zu ihrer eigenen ethnischen Gruppe gehört, höher einschätzen als menschliches Leben im Allgemeinen. In Kriegszeiten ändert sich sowohl die absolute als auch die relative Bewertung menschlichen Lebens dramatisch. Wer es irgendwie für boshaft hält, über eine finanzielle Bewertung menschlichen Lebens zu sprechen – wer aus gefühlsmäßigen Gründen erklärt, jedes einzelne Menschenleben habe einen unendlich großen Wert –, lebt im Wolkenkuckucksheim.

Auch die darwinistische Selektion optimiert innerhalb wirtschaftlicher Grenzen, und man kann behaupten, dass sie in dem gleichen Sinn ebenfalls Werte hat. John Maynard Smith sagte einmal: »Gäbe es für das Mögliche keine Beschränkungen, würde der beste Phänotyp ewig leben; er wäre für natürliche Feinde nicht zu bezwingen, würde eine unendliche Zahl von Eiern legen, und so weiter.«

Nicholas Humphrey führt die Argumentation mit einem weiteren Vergleich aus der Technik weiter:

> Henry Ford, so wird gesagt[27], gab einmal eine Untersuchung auf amerikanischen Schrottplätzen in Auftrag, weil er wissen wollte, welche Teile des Ford-Modells T nie versagten. Seine Arbeiter kamen mit Berichten über nahezu alle nur denkbaren Ausfälle zurück: Achsen, Bremsen, Kolben – alle konnten kaputtgehen. Sie machten aber auch auf eine bemerkenswerte Ausnahme aufmerksam: Die Achsbolzen der Schrottautos hatten ausnahmslos noch ein langes Leben vor sich. Mit erbarmungsloser Logik gelangte Ford zu dem Schluss, dass die Achsbolzen des Modells T für ihre Aufgabe zu gut waren, und deshalb gab er die Anweisung, sie zukünftig nach niedrigeren Leistungsvorgaben herzustellen ... Die Natur ist sicher ein mindestens ebenso pingeliger Sparfuchs wie Henry Ford.

Humphrey wandte die Lektion auf die Evolution der Intelligenz an, aber sie gilt ebenso für Knochen oder alles andere. Angenommen, wir geben eine Untersuchung toter Gibbons in Auftrag, weil wir wissen wollen, ob es Knochen gibt, die niemals versagen. Dabei beobachten wir, dass jeder Knochen im Körper hin und wieder bricht, allerdings mit einer bemerkenswerten Ausnahme: Wir stellen fest, dass der Oberschenkelknochen niemals bricht (was recht unplausibel ist). Henry Ford hätte keine Zweifel gehabt. In Zukunft wäre der Oberschenkelknochen mit geringeren Anforderungen hergestellt worden.

Damit wäre auch die natürliche Selektion einverstanden. Individuen mit geringfügig dünneren Oberschenkelknochen würden besser überleben, weil sie das gesparte Material für andere Zwecke einsetzen können, beispielsweise für den Aufbau anderer Knochen, die damit weniger leicht brechen. Weibchen könnten das Calcium, das bei der Dicke des Oberschenkelknochens eingespart würde, auch in die Milch stecken und die Überlebenschancen ihrer Nachkommen verbessern – und damit auch die Überlebenschancen der Gene, die für solche Sparmaßnahmen sorgen.

Bei einer Maschine wie auch bei einem Tier wäre es (vereinfacht gesagt) der Idealfall, dass sich alle Teile gleichmäßig abnutzen. Wenn die Lebensdauer eines bestimmten Teils immer noch hoch ist, während alle anderen verschlissen sind, ist dieses Teil zu gut konstruiert. Das Material, das in seinen Aufbau geflossen ist, wäre stattdessen besser für andere Teile verwendet worden. Verschleißt ein Teil immer wieder vor allen anderen, ist es zu schlecht konstruiert. Man sollte es besser bauen und dazu Material von anderen Teilen abzweigen. Die natürliche Selektion erhält in der Regel ein Gleichgewicht aufrecht: »Schwäche starke Knochen und stärke die schwachen, bis alle gleich stark sind.«

Dass dies eine übermäßig vereinfachte Darstellung ist, liegt daran, dass nicht alle Teile eines Tiers oder einer Maschine gleichermaßen wichtig sind. Deshalb sind die Filmbildschirme in Flugzeugen glücklicherweise häufiger defekt als Steuerruder oder Düsentriebwerke. Ein Gibbon kommt mit einem gebrochenen Oberschenkel vielleicht besser zurecht als mit einem gebrochenen Oberarm. Bei seiner Lebensweise ist er darauf angewiesen, sich an den Armen durch die Bäume zu hangeln. Ein Gibbon mit einem gebrochenen Bein könnte so lange leben, dass er noch ein weiteres

Kind bekommt. Ist ein Arm gebrochen, gelingt ihm dies wahrscheinlich nicht. Die erwähnte Gleichgewichtsregel muss also modifiziert werden: »Schwäche starke Knochen und stärke die schwachen, bis du die Überlebensrisiken ausgeglichen hast, die sich aus einem Bruch aller Skelettteile ergeben.«

Aber wer ist das »du«, das in der Gleichgewichtsregel angesprochen wird? Der einzelne Gibbon ist es sicher nicht, denn wir gehen davon aus, dass er nicht in der Lage ist, an seinen eigenen Knochen ausgleichende Veränderungen vorzunehmen. Das »du« ist eine Abstraktion. Man kann es sich als eine Abstammungslinie von Gibbons vorstellen, die untereinander in der Beziehung von Vorfahren und Nachkommen stehen und durch ihre gemeinsamen Gene repräsentiert werden. Solange sich die Linie fortsetzt, überleben Vorfahren, deren Gene die richtigen Anpassungen vornehmen, und hinterlassen Nachkommen, die solche Gene, die ein richtiges Gleichgewicht herstellen, erben. In der Welt sehen wir normalerweise diejenigen Gene, die ein geeignetes Gleichgewicht schaffen, denn sie haben in einer langen Linie erfolgreicher Vorfahren überlebt, die nicht unter dem Bruch zu schlecht konstruierter oder unter der Verschwendung zu gut konstruierter Knochen gelitten haben.

So weit die Knochen. Jetzt müssen wir unter darwinistischen Gesichtspunkten der Frage nachgehen, was Werte für Tiere und Pflanzen leisten. Knochen stabilisieren Gliedmaßen, aber was tun Werte für ihre Besitzer? Mit Werten meine ich jetzt die Kriterien im Gehirn, nach denen Tiere über ihr Verhalten entscheiden.

Die Dinge im Universum streben in ihrer Mehrzahl nicht aktiv nach irgendetwas. Sie sind einfach nur da. Mir geht es um die Minderheit, die nach etwas strebt, um Gebilde, die anscheinend auf ein Ziel hinarbeiten und damit aufhören, wenn sie es erreicht haben. Diese wenigen Dinge bezeichne ich als »wertgetrieben«. Dabei kann es sich um Tiere und Pflanzen handeln oder um von Menschen gemachte Maschinen.

Thermostaten, Luft-Luft-Lenkwaffen mit Infrarot-Suchkopf und zahlreiche physiologische Systeme in Tieren und Pflanzen werden durch negative Rückkopplung gesteuert. In dem System gibt es einen definierten Zielwert. Abweichungen vom Zielwert werden wahrgenommen und wieder in das System eingespeist, wo sie dafür sorgen, dass sich der Zustand in Richtung einer Verminderung der Abweichung verändert.

Andere nach Werten strebende Systeme verbessern sich durch Erfahrung. Wenn man die Definition von Werten in lernenden Systemen betrachtet, ist *Verstärkung* der Schlüsselbegriff. Verstärkende Faktoren können positiv (»Belohnungen«) oder negativ (»Bestrafungen«) sein. Belohnungen sind Zustände der Welt, die ein Tier, das auf sie trifft, dazu veranlassen, das zuletzt Getane noch einmal zu tun. Bestrafungen sind Zustände der Welt, die ein Tier, das auf sie trifft, dazu veranlassen, das zuletzt Getane in Zukunft zu vermeiden.

Die Reize, die von Tieren als Belohnung oder Bestrafung behandelt werden, kann man als Werte betrachten. Psychologen treffen eine weitere Unterscheidung zwischen primären und sekundären Verstärkern (bei denen es sich jeweils sowohl um Belohnungen als auch um Bestrafungen handeln kann). Schimpansen lernen, sich für Futter als primäre Belohnung anzustrengen, aber sie lernen auch, für die Entsprechung zu Geld – eine sekundäre Belohnung – zu arbeiten: für Plastikchips, von denen sie zuvor gelernt haben, dass man sie in einen Automaten stecken kann und dann Futter erhält.

Manche psychologischen Theoretiker vertreten die Ansicht, es gebe nur einen primären, eingebauten Belohnungsmechanismus (»Triebverminderung« oder »Bedürfnisverminderung«), auf dem alle anderen aufbauen. Nach Ansicht anderer – einer von ihnen war Konrad Lorenz, der große alte Mann der Verhaltensforschung[28] – gibt es in der darwinistischen natürlichen Selektion komplizierte eingebaute Belohnungsmechanismen, die im Detail für jede Spezies anders ausgeprägt sind und jeweils zu ihrer einzigartigen Lebensweise passen.

Beispiele für primäre Werte mit den vielleicht raffiniertesten

Einzelheiten findet man im Gesang der Vögel. Die Gesänge entwickeln sich bei verschiedenen Arten auf unterschiedlichen Wegen. Die Amerikanische Singammer ist eine faszinierende Mischung. Jungvögel, die vollkommen allein aufwachsen, lassen am Ende den normalen Gesang ihrer Spezies hören. Anders als beispielsweise die Gimpel lernen sie also nicht durch Nachahmung. Aber sie lernen. Junge Singammern bringen sich selbst das Singen bei, indem sie zufällig vor sich hin zwitschern und die Melodiefragmente wiederholen, die zu einer vorgegebenen Matrize passen. Bei der Matrize handelt es sich um eine genetisch festgelegte Voreinstellung, wie der Gesang einer Singammer klingen sollte. Man könnte also sagen: Die Information ist in den Genen eingebaut, allerdings im sensorischen Teil des Gehirns. Erst durch Lernen wird sie auf die motorische Seite übertragen. Und die Empfindung, die von der Matrize festgelegt wird, ist definitionsgemäß eine Belohnung: Der Vogel wiederholt Tätigkeiten, die sie hervorrufen. Aber wie es mit Belohnungen so ist: Das Ganze ist sehr kompliziert und im Detail genau festgelegt.

Solche Beispiele waren für Lorenz der Anlass, sich in seinen langwierigen Versuchen zur Lösung der uralten Diskussion um angeborene und umweltbedingte Fähigkeiten des anschaulichen Begriffs »angeborener Schulmeister« (oder »angeborener Lehrmechanismus«) zu bedienen. Seine entscheidende Aussage lautete: So wichtig das Lernen auch ist, es muss einen angeborenen Leitfaden für das geben, was wir lernen sollen. Insbesondere muss jede Spezies mit ihren eigenen Vorgaben ausgestattet werden, die darüber bestimmen, was als Belohnung und was als Bestrafung wirkt. *Primäre* Werte, so erklärte Lorenz, müssten aus der darwinistischen natürlichen Selektion erwachsen.

Wenn wir genug Zeit hätten, sollten wir demnach in der Lage sein, durch künstliche Selektion eine Tierrasse zu züchten, die Freude an Schmerzen hat und Annehmlichkeiten verabscheut. Nach der neuen Definition solcher Tiere ist eine derartige Aussage natürlich ein Widerspruch in sich. Ich möchte sie anders formulieren. Durch künstliche Selektion könnten wir die bisherigen Definitionen von Freud und Leid umkehren.[29]

Die so modifizierten Tiere wären weniger überlebensfähig als ihre wilden Vorfahren. Denn diese wurden von der natürlichen Selektion so gestaltet, dass sie sich über Reize freuen, die ihr Überleben wahrscheinlich begünstigen, und als schmerzliche Reize nehmen sie jene wahr, die statistisch mit der höchsten Wahrscheinlichkeit zu ihrem Tod führen werden. Eine Verletzung des Körpers, ein Stich in die Haut, ein Knochenbruch: All das wird aus nachvollziehbaren darwinistischen Gründen als schmerzhaft wahrgenommen. Unsere künstlich selektionierten Tiere mögen es, wenn ihre Haut verletzt wird, sie werden aktiv danach streben, sich die Knochen zu brechen, und sie werden sich bei so hohen oder tiefen Temperaturen wohlfühlen, dass ihr Überleben gefährdet ist.

Eine ähnliche künstliche Selektion würde auch beim Menschen funktionieren. Man kann nicht nur auf Geschmack züchten, sondern auch auf Herzlosigkeit, Mitgefühl, Loyalität, Faulheit, Pietät, Niedertracht oder protestantische Arbeitsmoral. Diese Behauptung ist weniger radikal, als sie sich anhört: Gene legen Verhalten nicht deterministisch fest, sondern tragen nur quantitativ zu statistischen Tendenzen bei. Und wie wir im Zusammenhang mit den Werten der Wissenschaft bereits erfahren haben, besagt sie ebenso wenig, dass es für jede dieser komplizierten Eigenschaften ein einzelnes Gen gibt, wie die Tatsache, dass man Rennpferde züchten kann, auf ein einziges Geschwindigkeitsgen schließen lässt. Ohne künstliche Züchtung werden unsere Werte vermutlich von der natürlichen Selektion unter Bedingungen beeinflusst, die in der Epoche des Pleistozän in Afrika herrschten.

Menschen sind in vielerlei Hinsicht einzigartig. Vielleicht unser offensichtlichstes einzigartiges Merkmal ist die Sprache. Während Augen in der Evolution des Tierreichs vierzig- bis sechzigmal unabhängig voneinander entstanden sind[30], hat sich die Sprache nur einmal entwickelt.[31] Sie scheint erlernt zu sein, wobei aber der Lernprozess einer strengen genetischen Aufsicht unterliegt. Die jeweilige Sprache, die wir sprechen, ist erlernt, aber die Neigung, *Sprache* statt irgendwelcher anderen alten Dinge zu erlernen, ist ererbt und spezifisch in der Evolution unserer menschlichen Abstammungslinie entstanden. Ebenso erben wir die in der Evolution entstandenen Regeln der Grammatik. Im Einzelnen werden diese Regeln von einer Sprache zur anderen unterschiedlich ausgeprägt, aber ihre Tiefenstruktur ist in den Genen festgelegt und vermutlich ebenso in der Evolution durch natürliche Selektion entstanden wie unsere Lustgefühle und unsere Knochen. Stichhaltigen Indizien zufolge enthält das Gehirn ein »Sprachmodul«, eine Art Rechenmechanismus, der aktiv danach strebt, Sprache zu erlernen, und sich aktiv grammatikalischer Regeln bedient, um ihr eine Struktur zu geben.

Glaubt man dem jungen, aufstrebenden Fachgebiet der Evolutionspsychologie, ist das Sprachenlernmodul ein Beispiel für eine ganze Gruppe ererbter Rechenmodule, die besonderen Zwecken dienen. Man kann mit Modulen für Sexualität und Fortpflanzung rechnen, für die Analyse von Verwandtschaftsverhältnissen (was wichtig ist, um mit Altruismus hauszuhalten und genetisch schädliche Inzucht zu vermeiden), für die Berechnung von Schulden und die Überwachung von Verpflichtungen, zur Beurteilung von Fairness und natürlicher Gerechtigkeit, vielleicht auch für das präzise Werfen von Wurfgeschossen auf weit entfernte Ziele und für die Klassifikation nützlicher Tiere und Pflanzen. Diese Module werden vermutlich durch spezifische, eingebaute Werte vermittelt.[32]

Wenn wir unser modernes, zivilisiertes Ich und unsere Vorlieben – unsere ästhetischen Werte, unsere Vergnügungsfähigkeit – mit darwinistischem Blick betrachten wollen, ist es wichtig, dass wir eine ausgeklügelte Spezialbrille aufsetzen. Wir sollten nicht fragen, wie der Ehrgeiz eines Managers der mittleren Ebene, der einen größeren Schreibtisch und einen weicheren Büroteppich zum Ziel hat, seinen egoistischen Genen nützt. Stattdessen sollten wir die Frage stellen, wie solche urbanen Wünsche einem mentalen Modul entstammen könnten, das an einem anderen Ort und zu einer anderen Zeit zu einem anderen Zweck selektioniert wurde. Statt Büroteppich können wir vielleicht (und ich meine wirklich *vielleicht*) weiche, warme Tierhäute lesen, deren Besitz ein Zeichen für Jagderfolg war. Wenn wir darwinistische Denkweisen auf die moderne, domestizierte Menschheit anwenden wollen, besteht die Kunst ausschließlich darin, die richtigen Übersetzungsregeln zu finden. Wir fragen nach den Begehrlichkeiten einer zivilisierten, urbanen Menschheit und schreiben sie dann für die Zeit vor einer halben Million Jahre und für die afrikanischen Steppen um.

Evolutionspsychologen haben für die Gesamtheit der Bedingungen, unter denen die Evolution unserer wilden Vorfahren stattgefunden hat, den Begriff »Umwelt der evolutionären Angepasstheit« (*environment of evolutionary adaptedness*, EEA) geprägt. Im Zusammenhang mit der EEA gibt es noch vieles, was wir nicht wissen; die fossilen Belege sind begrenzt. Ein Teil unserer Vermutungen ergibt sich über eine Art analytischer Technik aus der Erforschung unserer selbst und dem Bemühen, Rückschlüsse auf die Umwelt zu ziehen, in der unsere Eigenschaften gut angepasst gewesen wären.

Wir wissen, dass die EEA in Afrika lag; vermutlich – sicher ist es nicht – war sie eine Strauchsavanne. Möglicherweise lebten unsere Vorfahren in solchen Verhältnissen als Jäger und Sammler, und zwar vielleicht auf ähnliche Weise wie die heutigen Stämme der Jäger und Sammler in der Kalahari, aber zumindest in der Anfangszeit mit einer weniger hoch entwickelten Technik. Das Feuer wurde bekanntermaßen vor mehr als einer Million Jahren vom Homo erectus gezähmt, der Spezies, die vermutlich in der Evolution unser unmittelbarer Vorläufer war. Wann unsere Vorfahren sich von Afrika aus verbreiteten, ist umstritten. Wir wissen, dass es den Homo erectus vor einer Million Jahren in Asien gab, aber nach Ansicht vieler Fachleute stammt heute niemand mehr von diesen frühen Auswanderern ab, sondern alle derzeit lebenden Menschen sind die Nachkommen einer zweiten, späteren Auswanderungswelle des Homo sapiens aus Afrika.[33]

Ganz gleich, wann die Auswanderung stattfand, offensichtlich hatten die Menschen Zeit genug, sich an nicht afrikanische Bedingungen anzupassen. Die Menschen der Arktis unterscheiden sich von denen der Tropen. Wir Bewohner des Nordens verloren die schwarze Pigmentierung, die unsere afrikanischen Vorfahren vermutlich besaßen. Die Zeit reichte, damit sich die Biochemie je nach der Ernährung auseinanderentwickeln konnte. Manche Völker – vielleicht solche mit einer Tradition als Viehzüchter – behalten bis ins Erwachsenenalter die Fähigkeit, Milch zu verdauen. Bei anderen sind nur Kinder dazu in der Lage, die Erwachsenen leiden an einem Zustand namens Laktoseintoleranz. Die Unterschiede haben sich vermutlich in verschiedenen kulturell bedingten Umfeldern durch natürliche Selektion entwickelt. Wenn die natürliche Selektion Zeit genug hatte, unseren Körper und unsere Biochemie zu prägen, seit manche von uns aus Afrika auswanderten, sollte die Zeit auch gereicht haben, unser Gehirn und unsere Werte zu prägen. Wir müssen also nicht unbedingt unsere gesamte Aufmerksamkeit auf die spezifisch afrikanischen Aspekte der EEA richten. Allerdings hat die Gattung *Homo* mindestens neun Zehntel ihrer Existenz in Afrika verbracht, und bei den Homininen waren es sogar 99 Prozent; soweit wir also unsere Werte von unseren Vorfahren geerbt haben, können wir noch heute mit einem beträchtlichen afrikanischen Einfluss rechnen.

Verschiedene Wissenschaftler, insbesondere Gordon Orians von der University of Washington, haben die ästhetischen Vorlieben für verschiedene Landschaftsformen untersucht. Welche Umwelten versuchen wir in unseren Gärten nachzubilden? Die Forscher verfolgen das Ziel, einen Zusammenhang zwischen Orten, die wir heute reizvoll finden, und den Regionen herzustellen, auf die unsere wilden Vorfahren trafen, als sie in der EEA als Nomaden von einem Lager zum nächsten wanderten. Man könnte beispielsweise damit rechnen, dass wir Bäume der Gattung *Acacia* oder andere, ähnliche Arten besonders gern mögen. Vielleicht ziehen wir Landschaften mit niedrigen, einzeln stehenden Bäumen dichten

Waldlandschaften oder Wüsten vor, die beide auf uns bedrohlich wirken könnten. Offensichtlich gibt es Gründe, solchen Arbeiten gegenüber misstrauisch zu sein. Weniger gerechtfertigt wäre eine allgemeine Skepsis gegenüber der Annahme, etwas so Komplexes oder Hochgestochenes wie die Vorliebe für eine Landschaft könne überhaupt in den Genen programmiert sein. Im Gegenteil: Dass solche Werte ererbt sein könnten, ist von sich aus nicht unplausibel. Auch hier fallen einem wieder sexuelle Parallelen ein. Wenn wir den Geschlechtsakt leidenschaftslos betrachten, ist er ziemlich bizarr. Der Gedanke, es könnte Gene »dafür« geben, dass dieser absurd unwahrscheinliche Akt des rhythmischen Eindringens und Zurückziehens Spaß macht, erscheint uns äußerst unplausibel. Und doch ist er unausweichlich, wenn wir anerkennen, dass die sexuelle Begierde sich durch darwinistische Selektion entwickelt hat. Darwinistische Selektion funktioniert aber nicht, wenn es keine Gene gibt, die selektioniert werden könnten. Und wenn wir Gene für den Spaß am Eindringen des Penis erben, ist zunächst einmal auch nichts Unplausibles an dem Gedanken, dass wir Gene dafür geerbt haben, bestimmte Landschaften zu bewundern, uns über bestimmte Formen von Musik zu freuen, den Geschmack von Mangos oder sonst irgendetwas nicht zu mögen.

Höhenangst, die ihren Ausdruck in Schwindelgefühlen und den verbreiteten Träumen vom Stürzen findet, könnte durchaus eine natürliche Eigenschaft von Arten sein, die wie unsere Vorfahren einen beträchtlichen Teil ihrer Zeit auf Bäumen zubrachten. Die Furcht vor Spinnen, Schlangen und Skorpionen könnte jeder afrikanischen Spezies nützen, die sie besitzt. Wer Albträume von Schlangen hat, träumt möglicherweise nicht von symbolischen Phalli, sondern tatsächlich von *Schlangen*. Biologen ist schon häufig aufgefallen, dass sich Phobiereaktionen oft gegen Schlangen und Spinnen richten, aber fast nie gegen Glühlampenfassungen oder Autos. Und das, obwohl Schlangen und Spinnen in unserer urbanen Welt mit ihrem gemäßigten Klima keine Gefahr mehr darstellen, während Glühlampenfassungen und Autos potenziell tödliche Wirkungen haben können.

Autofahrer davon zu überzeugen, dass sie bei Nebel das Tempo drosseln oder bei hoher Geschwindigkeit nicht zu dicht auffahren sollen, ist von berüchtigter Schwierigkeit. Der Wirtschaftswissenschaftler Armen Alchian machte den Vorschlag, die Sicherheitsgurte abzuschaffen und zwangsweise in allen Autos einen spitzen Speer anzubringen, der von der Mitte des Lenkrades unmittelbar auf das Herz des Fahrers zielt. Ich glaube, das würde mich überzeugen, selbst wenn ich die dahinterstehenden urtümlichen Gründe nicht kenne. Überzeugend ist auch folgende Berechnung: Wenn sich ein Auto mit einer Geschwindigkeit von 130 Stundenkilometern bewegt und dann durch Auffahren abrupt zum Stillstand gebracht wird, entspricht dies dem Aufprall auf dem Boden nach dem Sturz von einem hohen Gebäude. Mit anderen Worten: Wenn wir schnell fahren, ist es so, als würden wir an einem so dünnen Faden von einem Hochhaus herunterhängen, dass die Wahrscheinlichkeit, dass er reißt, ebenso groß ist wie die Wahrscheinlichkeit, dass der Fahrer vor uns etwas wirklich Dummes tut. Ich kenne fast niemanden, der fröhlich auf dem Fensterbrett eines Hochhauses sitzt, und nur die wenigsten haben eindeutig Spaß am Bungee-Jumping. Dagegen fahren fast alle vergnügt mit hoher Geschwindigkeit über die Autobahn, obwohl sie vom Verstand her wissen, welcher Gefahr sie sich aussetzen. Ich halte es für sehr plausibel, dass wir genetisch darauf programmiert sind, uns vor Höhe und scharfen Spitzen zu fürchten, während wir erst lernen müssen (was wir nicht sehr gut können), Angst vor dem schnellen Fahren zu haben.

Auch soziale Verhaltensweisen, die bei allen Völkern verbreitet sind, wie Lachen, Lächeln, Weinen, Religion und eine statistische Neigung zur Vermeidung von Inzest, waren wahrscheinlich bereits bei unseren gemeinsamen Vorfahren vorhanden. Hans Hass und Irenäus Eibl-Eibesfeld reisten durch die Welt und filmten heimlich die Gesichtsausdrücke der Menschen; dabei gelangten sie zu dem Schluss, dass es beim Flirten, Drohen und einem recht komplizierten Repertoire von Gesichtsausdrücken kulturübergreifende Gemeinsamkeiten gibt. Unter anderem filmten sie ein blind geborenes Kind, bei dem das Lächeln und andere Gefühlsausdrücke normal aussahen, obwohl es nie ein anderes Gesicht gesehen hatte.

Kinder sind berühmt für ihren hoch entwickelten Sinn für natürliche Gerechtigkeit, und »ungerecht« ist einer der ersten Ausdrücke, die einem unzufriedenen Kleinkind über die Lippen kommen. Damit ist natürlich nicht gezeigt, dass ein Gerechtigkeitsgefühl allgemein in den Genen eingebaut ist, aber man könnte es für ebenso vielsagend halten wie das Lächeln des blind geborenen Kindes. Es wäre sehr schön, wenn verschiedene Kulturkreise auf der ganzen Welt die gleichen Vorstellungen von natürlicher Gerechtigkeit teilen würden. Es gibt aber auch einige beunruhigende Unterschiede. Die meisten, die diesen Vortrag hören, würden es für ungerecht halten, jemanden für die Verbrechen seines Großvaters zu bestrafen. Und doch gibt es Kulturkreise, in denen generationenübergreifende Blutrache eine Selbstverständlichkeit ist und vermutlich von Natur aus als gerecht gilt.[34] Dies legt vielleicht die Vermutung nahe, dass unser Gefühl für natürliche Gerechtigkeit zumindest in den Einzelheiten recht dehnbar und variabel ist.

Aber setzen wir unsere Vermutungen über die EEA, die Umwelt unserer Vorfahren, fort: Es besteht Grund zu der Annahme, dass sie in stabilen Gruppen lebten und entweder wie heutige Paviane herumstreiften und nach Nahrung suchten oder vielleicht auch sesshaft waren und in Dörfern lebten wie die heutigen Yanomami aus dem Amazonasdschungel oder andere Jäger und Sammler. In beiden Fällen hat die Stabilität der Gruppe zur Folge, dass Individuen während ihres Lebens immer wieder mit den gleichen Artgenossen zusammentreffen. Aus darwinistischer Sicht könnten sich daraus wichtige Folgerungen für die Evolution unserer Werte ergeben. Insbesondere können wir damit vielleicht besser verstehen, warum wir aus Sicht unserer egoistischen Gene so absurd nett zueinander sind.

Aber ganz so absurd, wie es aus naiver Sicht erscheinen mag, ist es nicht. Gene mögen egoistisch sein, aber damit ist keineswegs gesagt, dass auch einzelne Lebewesen hart und egoistisch sein müssten. Die Lehre von den egoistischen Genen erfüllt einen wichtigen Zweck: Sie erklärt, wie Egoismus auf der Ebene der Gene zu Altruismus auf der Ebene des einzelnen Lebewesens führen kann. Bei diesem Altruismus handelt es sich allerdings um eine Art von verkapptem Egoismus: Erstens wird der Altruismus nur gegenüber Verwandten (Nepotismus) ausgeübt, und zweitens gewähren wir Vorteile in der mathematischen Erwartung einer Gegenleistung (du hilfst mir, und ich mache es später wieder gut).

An dieser Stelle kann unsere Annahme, dass das Leben in Dörfern oder Stammesgruppen stattgefunden hat, auf zweierlei Weise hilfreich sein. Erstens gab es, wie mein Kollege W. D. Hamilton dargelegt hat, wahrscheinlich ein gewisses Maß an Inzucht. Menschen geben sich zwar wie viele andere Säugetiere große Mühe, extreme Inzucht zu bekämpfen, aber Nachbarstämme sprechen häufig Sprachen, die die jeweils anderen nicht verstehen, und praktizieren unverträgliche Religionen, was die Vermischung zwangsläufig einschränkt. Hamilton ging von der Annahme aus, dass zwischen den Dörfern nur wenig Migration stattfindet, und berechnete das erwartete Niveau der genetischen Ähnlichkeiten innerhalb der Stämme im Vergleich zu den Ähnlichkeiten zwischen den Stämmen. Dabei gelangte er zu dem Schluss, dass Bewohner des gleichen Dorfes verglichen mit Außenstehenden aus anderen Dörfern unter bestimmten (plausiblen) Bedingungen ebenso gut Brüder sein könnten.

Solche Bedingungen in der EEA begünstigen die Fremdenfeindlichkeit: »Sei unfreundlich zu Leuten, die nicht aus deinem eigenen Dorf kommen, denn die statistische Wahrscheinlichkeit ist gering, dass Fremde Gene mit dir teilen.« Zu einfach wäre allerdings die Schlussfolgerung, die natürliche Selektion würde umgekehrt in Stammesdörfern zwangsläufig einen allgemeinen Altruismus begünstigen: »Sei nett zu jedem, der dir begegnet, denn wahrscheinlich teilt jeder, der dir begegnet, die Gene für allgemeinen Altruismus mit dir.«[35] Es könnte aber weitere Umstände geben, unter denen es tatsächlich so ist; und das war Hamiltons Erkenntnis.

Die andere Konsequenz des Dörferbeispiels ergibt sich aus der Theorie des gegenseitigen Altruismus, die 1984 durch das Buch *The Evolution of Cooperation* (dt. *Die Evolution der Kooperation*) von Robert Axelrod neuen Schub erhielt. Axelrod ging von der Spieltheorie und insbesondere vom Spiel des Gefangenendilemmas aus; durch Hamilton angeregt[36], betrachtete er sie mithilfe einfacher, aber genialer Computermodelle unter Evolutionsgesichtspunkten. Seine Arbeiten sind heute allgemein bekannt; ich möchte sie hier nicht im Detail beschreiben, sondern nur einige wichtige Schlussfolgerungen zusammenfassen.

In einer Evolutionswelt mit völlig egoistischen Gebilden kommt es mit überraschend hoher Wahrscheinlichkeit dazu, dass kooperierende Individuen gedeihen. Grundlage der Kooperation ist kein unterschiedsloses Vertrauen, sondern das schnelle Erkennen und Bestrafen von Betrug. Axelrod fand ein Maß, das angibt, für wie lange Zeit Individuen weiterhin mit einem Zusammentreffen rechnen können; er bezeichnete es als »Schatten der Zukunft«. Wenn der Schatten der Zukunft kurz ist oder die eindeutige Identifizierung der Beteiligten Schwierigkeiten bereitet, entwickelt sich wahrscheinlich kein gegenseitiges Vertrauen, und Betrug wird die Regel. Bei einem langen Schatten der Zukunft dagegen entwickeln sich wahrscheinlich zunächst einmal Vertrauensbeziehungen, die durch das Misstrauen, man könne betrogen werden, gedämpft werden. So dürfte es auch im Fall der EEA gewesen sein, wenn unsere Spekulationen über Stammesdörfer oder herumstreifende Gruppen richtig sind. Wir können also damit rechnen, dass wir in uns selbst tief sitzende Neigungen für »Vertrauen ist gut, aber ...« finden, wie man es nennen könnte.

Außerdem sollten wir bei uns selbst mit spezialisierten Gehirnmodulen für die Berechnung von Schulden und deren Rückzahlung rechnen; mit diesen Modulen können wir ausrechnen, wer wem wie viel schuldet, wir können uns freuen, wenn wir gewinnen (aber uns vielleicht auch noch mehr ärgern, wenn wir verlieren), und sie können das bereits erwähnte Gefühl der natürlichen Gerechtigkeit vermitteln.

Im weiteren Verlauf wandte Axelrod seine Version der Spieltheorie auf den Sonderfall an, in dem Individuen auffällige Markierungen tragen. Angenommen, die Population besteht aus zwei Typen, die wir willkürlich als Rote und Grüne bezeichnen können. Axelrod gelangte zu dem Schluss, dass unter plausiblen Bedingungen eine Strategie mit der folgenden Form in der Evolution stabil wäre: »Wenn du Rot bist, sei nett zu Roten, aber unfreundlich zu Grünen; wenn du Grün bist, sei nett zu Grünen und unfreundlich zu Roten.« Diese Folgerung gilt unabhängig davon, worum es sich bei Rotsein und Grünsein tatsächlich handelt, und auch unabhängig davon, ob die beiden Typen sich überhaupt in irgendeiner anderen Hinsicht unterscheiden. Sie überlagert also das erwähnte »Vertrauen ist gut, aber ...«, und wir sollten uns nicht wundern, wenn wir solche Unterschiede beobachten.

Was könnte im wirklichen Leben die Entsprechung zu »Rot« und »Grün« sein? Plausibel wäre, dass es sich um den einen und den anderen Stamm handelt. Damit sind wir mithilfe einer anderen Theorie zu der gleichen Schlussfolgerung gelangt wie Hamilton mit seinen Berechnungen zur Inzucht. Das »Dörfermodell« führt uns also auf zwei ganz unterschiedlichen theoretischen Linien zu der Erwartung, dass Altruismus innerhalb der Gruppe mit Neigung zur Fremdenfeindlichkeit einhergeht.

Nun sind egoistische Gene keine kleinen Agenten, die ein Bewusstsein haben und Entscheidungen zu ihrem eigenen zukünftigen Wohl treffen. Vielmehr überleben diejenigen Gene, die urtümliche Gehirne mit geeigneten Faustregeln ausgestattet haben, mit Handlungen, die in der vorzeitlichen Umwelt dem Überleben und der Fortpflanzung nutzten. Unsere moderne, urbane Umwelt sieht ganz anders aus, aber wir können nicht damit rechnen, dass die Gene sich bereits darauf eingestellt haben – der langsame Prozess der natürlichen Selektion hatte noch nicht genügend Zeit, mit der Veränderung Schritt zu halten. Die gleichen Faustregeln werden also auch heute noch ausgeprägt, als wäre nichts geschehen. Aus Sicht der egoistischen Gene ist das ein Fehler, ähnlich wie unsere Vorliebe für Zucker in einer modernen Welt, in der Zucker nicht mehr knapp ist, sondern unsere Zähne verfaulen lässt. Dass es solche Fehler gibt, ist absolut zu erwarten. Wenn wir Mitleid mit einem Bettler auf der Straße haben und ihm helfen, sind wir das fehlgeleitete Instrument einer darwinistischen Faustregel, die in einer Stammesvergangenheit aufgestellt wurde, als ganz andere Verhältnisse herrschten. Ich muss aber sofort hinzufügen, dass ich das Wort »fehlgeleitet« im streng darwinistischen Sinn verwende und nicht als Ausdruck meiner eigenen Wertvorstellungen.

So weit, so gut, aber vermutlich besteht Tugend noch aus mehr. Viele von uns scheinen weit über das hinaus, was sich aus Gründen des »verkappten Egoismus« auszahlen würde, großzügig zu sein, selbst wenn man davon ausgeht, dass wir früher in Gruppen lebten, in denen Inzucht herrschte und in denen man sein Leben lang mit Gelegenheiten für eine Revanche im positiven oder negativen Sinne rechnen konnte. Wenn ich in einer solchen Welt lebe, profitiere ich am Ende, wenn ich mir den Ruf der Vertrauenswürdigkeit erworben habe, den Ruf eines Menschen, mit dem man einen Handel abschließen kann, ohne dass man fürchten muss, betrogen zu werden. Mein Kollege Matt Ridley formuliert es in seinem bewundernswerten Buch The Origins of Virtue (dt. Die Biologie der Tugend) so: »Nun hatte man einen weiteren überzeugenden Grund, freundlich zu sein: Man möchte andere Partner dazu bewegen, mit einem zu spielen.« Er zitiert experimentelle Befunde des Wirtschaftswissenschaftlers Robert Frank, wonach Menschen in einem Zimmer voller Fremder sehr schnell herausfinden können, wem man trauen kann und wer wahrscheinlich nicht vertrauenswürdig ist. Aber selbst das ist in einem gewissen Sinn noch verkappter Egoismus. Für die folgende Vermutung gilt das vielleicht nicht.

Nach meiner Überzeugung sind wir im Tierreich einzigartig,

weil wir die unschätzbar wertvolle Gabe der Voraussicht nutzen können. Entgegen einem verbreiteten Missverständnis kann die natürliche Selektion nicht in die Zukunft blicken. Das ist nicht möglich, weil DNA nur ein Molekül ist, und Moleküle denken nicht. Wären sie dazu in der Lage, hätten sie erkannt, welche Gefahr in der Empfängnisverhütung steckt, und sie hätten sie schon vor langer Zeit im Ansatz ausgemerzt. Mit dem Gehirn sieht die Sache anders aus. Wenn ein Gehirn groß genug ist, kann es mit seiner Fantasie alle möglichen hypothetischen Szenarien durchspielen und die Folgen verschiedener Handlungsweisen berechnen. Wenn ich dieses oder jenes tue, werde ich kurzfristig profitieren. Tue ich aber jenes oder dieses, muss ich vielleicht auf meine Belohnung warten, wenn sie dann aber kommt, ist sie größer. Die normale Evolution durch natürliche Selektion ist zwar eine ungeheuer leistungsfähige Kraft für technische Verbesserungen, sie kann aber auf ihrem Weg nicht vorausschauen.[37]

Unser Gehirn wurde mit der Fähigkeit ausgestattet, sich Ziele zu setzen und Absichten zu haben. Ursprünglich standen diese Ziele ausschließlich im Dienste des Überlebens der Gene: Es war das unmittelbare Ziel, einen Büffel zu töten, eine neue Wasserstelle zu finden, ein Feuer nicht ausgehen zu lassen und so weiter. Im weiteren Überlebensinteresse der Gene war es auch ein Vorteil, solche Ziele so flexibel wie möglich zu gestalten. Damit begann die Evolution neuer Gehirnapparate, die eine Hierarchie von Unterzielen innerhalb der Ziele aufbauen konnten.

Ein solches fantasievolles Vorausschauen war ursprünglich nützlich, aber irgendwann lief es (aus der Sicht der Gene) aus dem Ruder. Wie ich bereits dargelegt habe, kann ein Gehirn, das so groß ist wie unseres, sich aktiv gegen die Diktatur der von der natürlichen Selektion gestalteten Gene, die es aufgebaut haben, auflehnen. Mittels der Sprache, jener zweiten einzigartigen Gabe des aufgeblähten menschlichen Gehirns, können wir uns zusammentun und politische Institutionen gestalten, ebenso Gesetze und Justiz, Steuersysteme, Polizeiaufgaben, Sozialleistungen, Gemeinnützigkeit und Betreuung von Benachteiligten. Wir können unsere eigenen Werte erfinden. Die natürliche Selektion lässt sie nur indirekt entstehen, indem sie das Gehirn so groß werden lässt. Aus Sicht der egoistischen Gene ist unser Gehirn mit seinen emergenten Eigenschaften durchgebrannt, und dies betrachtet mein persönliches Wertesystem als ein eindeutig positives Zeichen.

Die Tyrannei der Texte

Eine Ursache der Skepsis gegenüber meiner Vorstellung von einer Rebellion gegen die egoistischen Gene habe ich bereits aus dem Weg geräumt. Radikale, links orientierte Wissenschaftler wittern zu Unrecht einen versteckten cartesianischen Dualismus. Eine andere Form der Skepsis entspringt religiösen Quellen. Immer und immer wieder haben religiöse Kritiker mir ungefähr Folgendes gesagt: Gegen die Tyrannei der egoistischen Gene zu den Waffen zu rufen ist schön und gut, aber wie entscheiden Sie, was an ihre Stelle treten soll? Es ist schön und gut, mit unseren großen Gehirnen und unserer Gabe der Voraussicht am grünen Tisch zu sitzen, aber wie sollen wir uns auf ein Wertesystem einigen, wie sollen wir entscheiden, was gut und was schlecht ist? Wie sieht es aus, wenn irgendjemand am Tisch Kannibalismus als Antwort auf den weltweiten Proteinmangel befürwortet, und auf welche letzte Autorität können wir uns berufen, um ihn davon abzubringen? Begeben wir uns nicht in ein ethisches Vakuum, in dem mangels einer starken, in Texten festgelegten Autorität alles möglich ist? Selbst wenn man nicht an die Existenzbehauptungen der Religion glaubt – brauchen wir Religion nicht dennoch als Quelle letzter Werte?

Das ist ein wirklich schwieriges Problem. Nach meiner Überzeugung befinden wir uns im Großen und Ganzen tatsächlich in einem ethischen Vakuum, und damit meine ich uns alle. Wenn der hypothetische Befürworter des Kannibalismus darauf achtet, sich auf Verkehrstote zu beschränken, die bereits gestorben sind, könnte er für sich sogar eine moralische Überlegenheit gegenüber jenen in Anspruch nehmen, die Tiere töten, um sie zu essen. Natürlich gibt es immer noch gute Gegenargumente: Das Argument des »Kummers der Angehörigen« gilt beispielsweise für Menschen stärker als für andere Arten; außerdem gibt es das Argument der schiefen Bahn (»Wenn wir uns daran gewöhnen, Verkehrstote zu essen, ist es nur noch ein kleiner Schritt zu ...« und so weiter).

Ich will also die Schwierigkeiten nicht kleinreden. Eines aber möchte ich sagen, und ich drücke es noch mild aus: Wir wären nicht *schlechter* dran, als wenn wir auf uralte Texte zurückgreifen. Das moralische Vakuum, in dem wir uns nach unserer eigenen Empfindung heute befinden, war immer da, selbst wenn wir es nicht erkannt haben. Religiöse Menschen haben sich bereits vollständig daran gewöhnt, auszuwählen und zu entscheiden, nach *welchen* Texten aus den heiligen Büchern sie sich richten und welche sie ablehnen. In der jüdisch-christlichen Bibel gibt es Abschnitte, denen kein moderner Christ oder Jude folgen wollte. Die Geschichte der nur knapp abgewendeten Opferung Isaaks durch seinen Vater Abraham erscheint uns heutigen Menschen als schockierender Fall von Kindesmisshandlung, ganz gleich, ob wir sie wörtlich oder im übertragenen Sinn lesen.

Jehovas Appetit auf den Geruch verbrannten Fleisches hat für den modernen Geschmack keinen Reiz. Im Buch der Richter, Kapitel 11, legt Jeftah vor Gott einen Eid ab: Wenn Gott dafür sorgt, dass er die Ammoniter besiegt, »so soll, was mir aus meiner Haustür entgegengeht, wenn ich von den Ammonitern heil zurückkomme, dem Herrn gehören, und ich will's als Brandopfer darbringen«. Wie der Zufall es will, stellt sich heraus, dass es sich dabei um Jeftas eigene Tochter und einziges Kind handelt. Verständlicherweise zerreißt er seine Kleider, aber er kann nichts tun, und aus Anstand erklärt sich seine Tochter bereit, sich opfern zu lassen. Sie bittet nur darum, dass er sie für zwei Monate ins Gebirge gehen lässt, damit sie ihre Jungfernschaft beweinen kann. Am Ende dieser Frist schlachtet Jeftah seine eigene Tochter und bringt sie als Brandopfer dar, wie Abraham es beinahe auch mit seinem Sohn getan hätte. Dieses Mal sah Gott sich nicht veranlasst einzugreifen.

Bei vielem, was wir über Jehovah lesen, fällt es uns schwer, in ihm ein gutes Vorbild zu sehen, ganz gleich, ob wir ihn für eine reale oder eine fiktive Gestalt halten. Die Texte zeigen, dass er eifersüchtig, nachtragend, gehässig, launisch, humorlos und grausam ist.[38] Außerdem war er nach heutigen Maßstäben ein Sexist, und er stachelte zum Rassenhass auf. Als Josua »alles zerstörte, was in der Stadt war, mit der Schärfe des Schwertes Mann und Weib, Jung und Alt, Rinder, Schafe und Esel«, könnte man sich fragen, was die Bürger Jerichos getan hatten, dass sie ein derart schreckliches Schicksal verdienten. Die Antwort ist peinlich einfach: Sie gehörten zum falschen Stamm. Gott hatte den Kindern Israel einen gewissen Lebensraum versprochen, und da war die ansässige Bevölkerung im Weg.

> Aber in den Städten dieser Völker hier, die dir der Herr, dein Gott, zum Erbe geben wird, sollst du nicht leben lassen, was Odem hat, sondern du sollst an ihnen den Bann vollstrecken, nämlich an den Hetitern, Amoritern, Kanaanitern, Perisitern, Hiwitern und Jebusitern, wie dir der Herr, dein Gott, geboten hat.[39]

Nun bin ich hier natürlich entsetzlich unfair. Ein Historiker darf ein Zeitalter nie nach den Maßstäben einer späteren Ära beurteilen. Aber genau darum geht es mir. Man kann nicht beides haben. Wer für sich das Recht in Anspruch nimmt, auszusuchen, die netten Teile der Bibel zu wählen und die unangenehmen Stellen unter den Teppich zu kehren, hat sich bereits verraten. Er hat zugegeben, dass er seine Werte in Wirklichkeit nicht aus einem uralten, maßgeblichen heiligen Buch bezieht. Die Werte stammen nachweislich aus irgendeiner modernen Quelle, irgendeinem heutigen, liberalen Konsens oder wie man es sonst nennen will. Denn nach welchem Kriterium wählen wir sonst die guten Abschnitte der Bibel aus, während wir zum Beispiel die klare Vorschrift aus dem Fünften

Buch Mose ablehnen, wonach Bräute, die keine Jungfrauen sind, gesteinigt werden sollen?

Woher dieser zeitgenössische liberale Konsens auch stammen mag, ich habe das Recht, auf ihn zurückzugreifen, wenn ich ausdrücklich die Autorität meines uralten Textes – der DNA – ablehne, genau wie Sie das Recht haben, darauf zurückzugreifen, wenn Sie unausgesprochen weniger alte Texte aus Schriften der Menschen ablehnen. Wir können uns zusammensetzen und festlegen, nach welchen Werten wir uns richten wollen. Ob wir über viertausend Jahre alte Pergamentrollen oder eine viertausend Millionen Jahre alte DNA reden, wir alle haben das Recht, die Tyrannei der Texte abzuschütteln.

Nachwort

Wenn es um die Beantwortung der Frage geht, wo religiöse Menschen den modernen Konsens finden, nach dem sie entscheiden, welches die guten und welches die entsetzlichen Verse der Bibel sind, liegt die Beweislast zwar nicht bei mir, aber an dieser Stelle lauert dennoch eine wirklich interessante Frage. Woher kommen unsere Werte des 21. Jahrhunderts im Gegensatz zu den relativ hässlichen Wertvorstellungen früherer Zeiten? Was hat sich so geändert, dass »Frauenwahlrecht« in den 1920er-Jahren ein gewagter, radikaler Vorstoß war, der zu Unruhen auf den Straßen führte, während es heute als regelrechter Skandal gilt, Frauen das Wählen zu verbieten? Im Rückblick auf frühere Jahrhunderte dokumentieren Steven Pinker in The Better Angels of our Nature (dt. Gewalt: eine neue Geschichte der Menschheit) und Michael Shermer in The Moral Arc eine unaufhaltsame Verbesserung unserer Werte. Verbesserung nach wessen Maßstäben? Nach den Maßstäben der modernen Zeit natürlich – ein Gedankengang, der zwar im Kreis führt, aber kein Zirkelschluss ist.

Denken wir nur an den Sklavenhandel oder an das Töten als
Zuschauerbelustigung im römischen Kolosseum, an Bären-
hatz, Verbrennungen auf dem Scheiterhaufen oder die Behandlung von Gefangenen – auch Kriegsgefangenen – vor der
Genfer Konvention. Denken wir an die Kriegsführung selbst
und daran, dass in den 1940er-Jahren ganze Städte absichtlich
bombardiert wurden, während moderne Luftstreitkräfte es für
notwendig halten, sich zu entschuldigen, wenn versehentlich
zivile Ziele getroffen werden. Der moralische Bogen verläuft
ein wenig im Zickzack, aber der Trend zeigt eindeutig in eine
Richtung. Was auch die Veränderung verursacht haben mag,
die Religion war es nicht. Aber was dann?

Lag »irgendetwas in der Luft«? Das hört sich mystisch an,
aber man kann es auch in sinnvolle Begriffe fassen. Ich vergleiche den Prozess gern mit dem Moore-Gesetz, wonach die
Leistungsfähigkeit der Computer über Jahrzehnte hinweg mit
einer bestimmten Geschwindigkeit gewachsen ist, obwohl
eigentlich niemand weiß, warum. Nun, unter allgemeinen
Gesichtspunkten verstehen wir es, aber wir wissen nicht, warum es sich dabei um eine so wunderschöne Gesetzmäßigkeit
handelt (eine gerade Linie, wenn man sie auf logarithmischem
Papier aufzeichnet). Aus irgendeinem Grund wirken die Verbesserungen von Hardware und Software, die ihrerseits die
Summe der Auswirkungen zahlreicher verschiedener Einzel-
verbesserungen sind und sich in unterschiedlichen Unternehmen in verschiedenen Teilen der Welt abgespielt haben, zusammen und liefern das Moore-Gesetz. Welches sind die
entsprechenden Trends, die in ihrer Summe den sich wan-
delnden moralischen Zeitgeist mit seiner insgesamt gerichteten (wenn auch ein wenig unregelmäßigeren) Linie ausmachen? Auch hier liegt die Beweislast, sie zu benennen, nicht
bei mir, aber nach meiner Vermutung handelt es sich um eine
Kombination folgender Faktoren:

- juristische Entscheidungen von Gerichtshöfen
- Reden und Abstimmungen in Parlamenten und Häusern des Kongresses
- Vorträge, Artikel und Bücher von Moral- und Rechtsphilosophen
- journalistische Beiträge und Zeitungsleitartikel;
- Alltagsunterhaltungen beim Abendessen und in Kneipen, in Radio und Fernsehen.

Damit sind wir bei der naheliegenden nächsten Frage. Wohin wird der moralische Bogen in zukünftigen Jahrzehnten und Jahrhunderten führen? Können wir uns etwas vorstellen, das wir 2017 mit Gleichmut hinnehmen, während zukünftige Jahrhunderte es mit der gleichen Abscheu betrachten werden wie wir heute den Sklavenhandel oder die Eisenbahnwaggons mit Bestimmungsort Bergen-Belsen oder Buchenwald? Ich glaube, man braucht nicht viel Fantasie, um sich zumindest einen Kandidaten vorzustellen. Fallen uns nicht unangenehmerweise die Güterwagen nach Bergen-Belsen ein, wenn wir hinter einem jener verschlossenen Lastwagen herfahren, aus denen verwirrte, angstvolle Augen durch die Lüftungsschlitze blicken?

Eintreten für die Wissenschaft:
ein offener Brief an Prinz Charles

Königliche Hoheit,
Ihre Reith-Vorlesung[40] hat mich betrübt. Ich empfinde tiefe Sympathie für Ihre Ziele und bewundere Ihre Aufrichtigkeit. Aber Ihre Feindseligkeit gegenüber der Wissenschaft dient diesen Zielen nicht, und indem Sie sich ein Sammelsurium widersprüchlicher Alternativen zu eigen machen, verlieren Sie den Respekt, den Sie nach meiner Auffassung verdienen. Ich weiß nicht mehr, wer[41] einmal bemerkte: »Natürlich sollen wir einen offenen Geist haben, aber er soll nicht so offen sein, dass das Gehirn heraustropft.«

Betrachten wir einmal einige der philosophischen Alternativen, die Sie offenbar der wissenschaftlichen Vernunft vorziehen. Da ist zunächst einmal die Intuition, die Weisheit des Herzens, die »durch die Blätter säuselt wie eine Brise«. Leider hängt es davon ab, wessen Intuition man wählt. Was die Ziele (wenn auch nicht die Methoden) betrifft, stimmen Ihre Intuitionen mit meinen überein. Ich teile von ganzem Herzen Ihr Ziel eines verantwortungsvollen Umgangs mit unserem Planeten und seiner vielgestaltigen, komplexen Biosphäre.[42]

Aber wie steht es mit der instinktiven Weisheit im schwarzen Herzen von Saddam Hussein?[43] Was zeichnete den wagnerianischen Wind aus, der durch Hitlers verbogene Zweige wehte? Der Ripper von Yorkshire hörte in seinem Kopf religiöse Stimmen, die ihn zum Töten drängten. Wie entscheiden wir, *welchen* intuitiven inneren Stimmen wir folgen?

Dieses Dilemma – und das müssen wir einräumen – kann die Wissenschaft nicht lösen. Meine eigene leidenschaftliche Sorge bezüglich eines verantwortungsbewussten Umgangs mit der Erde ist ebenso emotional wie Ihre. Doch selbst wenn ich zulasse, dass Gefühle meine Ziele beeinflussen, werde ich, wenn es darum geht, mit welcher Methode ich sie am besten erreiche, lieber nicht fühlen, sondern denken. Und denken heißt hier wissenschaftlich denken. Eine leistungsfähigere Methode gibt es nicht. Gäbe es sie, die Wissenschaft würde sie übernehmen.

Als Nächstes, Sir, haben Sie nach meiner Auffassung eine überzogene Vorstellung von der Natürlichkeit einer »traditionellen« oder »biologischen« Landwirtschaft. Landwirtschaft war immer unnatürlich. Unsere Spezies wich erst vor zehntausend Jahren erstmals von ihrer natürlichen Lebensweise als Jäger und Sammler ab – ein Zeitraum, der so kurz ist, dass man ihn mit den Maßstäben der Evolution nicht messen kann.

Weizen, und sei er auch noch so vollwertig und steingemahlen, ist für den *Homo sapiens* keine natürliche Nahrung. Auch Milch ist es nicht, außer für Kinder. Fast alle unsere Nahrungsmittel sind genetisch modifiziert – zugegebenermaßen meist nicht durch künstliche Mutation, sondern durch künstliche Selektion, aber das Ergebnis ist das gleiche. Ein Weizenkorn ist ein genetisch modifizierter Grassamen, genau wie ein Pekinese ein genetisch modifizierter Wolf ist. Gott spielen? Wir spielen schon seit Jahrhunderten Gott!

Die großen, anonymen Menschenmassen, in denen wir heute baden, entstanden seit der landwirtschaftlichen Revolution, und ohne Landwirtschaft könnte nur ein winziger Bruchteil unserer derzeitigen Zahl überleben. Unsere große Bevölkerung ist ein Kunstprodukt der Landwirtschaft (und der Technik und Medizin). Sie ist *weitaus* unnatürlicher als die Methoden zur Bevölkerungsbegrenzung, die vom Papst als unnatürlich verurteilt werden. Ob es uns gefällt oder nicht, wir müssen bei der Landwirtschaft bleiben, und Landwirtschaft – *alle* Landwirtschaft – ist unnatürlich. Der Zug ist vor zehntausend Jahren abgefahren.

Heißt das, dass wir keine Wahl zwischen verschiedenen Formen der Landwirtschaft hätten, wenn es um das nachhaltige Wohlergehen unseres Planeten geht? Natürlich nicht. Manche Formen sind viel schädlicher als andere, aber wenn man entscheiden will, welche das sind, nützt es nichts, an die »Natur« oder den »Instinkt« zu appellieren. Vielmehr müssen wir die Belege untersuchen, und zwar nüchtern und vernünftig – wissenschaftlich. Brandrodung (nebenbei bemerkt, kommt kein anderes System der Landwirtschaft dem Begriff »traditionell« näher) zerstört unsere uralten Wälder. Überweidung (die ebenfalls in »traditionellen« Kulturkreisen verbreitet praktiziert wird) führt zu Bodenerosion und macht fruchtbares Weideland zu Wüsten. Und wenn wir unseren eigenen, modernen Stamm betrachten, ist auch die Monokultur, die durch Kunstdünger und Gifte genährt wird, schlecht für die Zukunft; noch schlimmer ist der wahllose Einsatz von Antibiotika zur Wachstumsförderung bei Nutztieren.

Nebenbei bemerkt, hat die hysterische Opposition wegen der *möglichen* Risiken gentechnisch manipulierter Nutzpflanzen den beunruhigenden Aspekt, dass sie die Aufmerksamkeit von den *tatsächlichen* Gefahren ablenkt, die bereits gut bekannt sind, aber im Wesentlichen ignoriert werden. Die Evolution antibiotikaresistenter Bakterienstämme hätte ein Darwinist von dem Tag an, an dem die Antibiotika entdeckt wurden, vorhersehen können. Leider waren die warnenden Stimmen aber recht leise, und jetzt werden sie durch das wütende »Genmanipulation, Genmanipulation!«-Geschrei erstickt.

Und wenn meine Erwartung zutrifft, dass sich die düsteren Prophezeiungen der Gentechnikgegner nicht bewahrheiten werden, könnte das Gefühl der Enttäuschung auch zu Selbstzufriedenheit im Hinblick auf echte Risiken führen. Ist Ihnen schon einmal die Idee gekommen, dass das derzeitige Bohei um die Genmanipulation vielleicht ein schrecklicher Fall von falschem Alarm ist?

Selbst wenn Landwirtschaft natürlich sein könnte, und selbst wenn wir irgendeine Form einer instinktiven Übereinstimmung mit den Wirkungsweisen der Natur entwickeln könnten, stellt sich die Frage: Wäre die Natur ein gutes Vorbild? Hier müssen wir sorgfältig nachdenken. In einem gewissen Sinn sind Ökosysteme tatsächlich ausgeglichen und harmonisch, und manche der Arten, die zu ihnen gehören, werden gegenseitig voneinander abhängig. Das ist ein Grund, warum das rücksichtslose Vorgehen der Konzerne bei der Zerstörung der Regenwälder ein so großes Verbrechen ist.

Andererseits müssen wir uns aber auch vor einer weitverbreiteten falschen Vorstellung vom Darwinismus hüten. Tennyson schrieb seine Werke vor Darwin, aber er verstand die Sache richtig. Die Natur ist tatsächlich rot an Zähnen und Klauen. So gern wir auch etwas anderes glauben würden: Die natürliche Selektion, die innerhalb jeder Spezies wirkt, begünstigt verantwortungsvollen Umgang nicht. Sie begünstigt den kurzfristigen Gewinn. Holzfäller, Walfänger und andere Profiteure, welche die Zukunft für ihre gegenwärtige Habgier verspielen, tun nur das, was wilde Lebewesen schon seit drei Milliarden Jahren getan haben.

Kein Wunder, dass T. H. Huxley, Darwins Bulldogge, seine Ethik auf eine Zurückweisung des Darwinismus stützte. Natürlich nicht auf eine Zurückweisung des Darwinismus als Wissenschaft, denn die Wahrheit kann man nicht zurückweisen. Aber gerade weil der Darwinismus wahr ist, wird es für uns umso wichtiger, gegen die von ihrem Wesen her egoistischen, ausbeuterischen Tendenzen der Natur anzukämpfen. Das können wir. Vermutlich kann es keine andere Tier- oder Pflanzenart. Wir sind dazu in der Lage, weil unser Gehirn (das uns zugegebenermaßen aus Gründen des kurzfristigen darwinistischen Gewinns von der natürlichen Selektion gegeben wurde) so groß ist, dass es in die Zukunft blicken und langfristige Folgen absehen kann. Natürliche Selektion ist wie ein Roboter, der nur bergauf klettern kann, auch wenn er dann auf dem Gipfel eines armseligen Hügels hängen bleibt. Es gibt keinen Mechanismus, mit dem sie bergab gehen und das Tal bis zu den unteren Abhängen des höheren Berges auf der anderen Seite durchqueren könnte. Es gibt keine natürliche Voraussicht, keinen Mechanismus, der warnen könnte, dass gegenwärtige egoistische

Gewinne zum Artensterben führen – und tatsächlich sind 99 Prozent aller Arten, die jemals gelebt haben, ausgestorben.

Das Gehirn des Menschen kann – was vermutlich in der gesamten Evolutionsgeschichte einmalig ist – das Tal überblicken und einen Kurs weg vom Aussterben und hin zu weit entfernten Höhen einschlagen. Langfristige Planung – und damit überhaupt erst die Möglichkeit des verantwortungsvollen Umgangs – ist auf der Erde etwas völlig Neues und sogar Fremdartiges. Sie existiert nur im Gehirn der Menschen. Die Zukunft ist in der Evolution eine Neuerfindung. Sie ist kostbar. Und zerbrechlich. Um sie zu schützen, müssen wir unsere gesamte wissenschaftliche Kunstfertigkeit aufwenden.

Es mag paradox erscheinen, aber wenn wir unseren Planeten nachhaltig in die Zukunft führen wollen, müssen wir als Erstes aufhören, Ratschläge von der Natur anzunehmen. Die Natur ist ein kurzfristiger darwinistischer Profiteur. Das sagte auch Darwin selbst: »Welch ein Buch könnte des Teufels Kaplan[44] schreiben, über die ungeschickten, verschwenderischen, fehlerhaft niederträchtigen und grausamen Werke der Natur!«

Natürlich ist das eine düstere Aussicht, aber kein Gesetz besagt, dass die Wahrheit fröhlich sein muss. Es ist witzlos, den Überbringer der Nachricht – die Wissenschaft – zu erschießen, und es hat keinen Sinn, eine alternative Weltsicht zu bevorzugen, nur weil sie sich besser anfühlt. Ohnehin ist die Wissenschaft nicht nur düster. Und im Übrigen ist die Wissenschaft auch keine arrogante Allwissende. Jeder Wissenschaftler, der den Namen verdient, wird sich für Ihr Sokrates-Zitat erwärmen können: »Weisheit heißt wissen, dass man nichts weiß.« Was sonst sollte uns antreiben, etwas herauszufinden?

Am meisten betrübt mich, Sir, dass Ihnen so vieles entgeht, wenn Sie der Wissenschaft den Rücken kehren. Ich habe mich selbst bemüht, über das poetische Staunen in der Wissenschaft zu schreiben[45], aber darf ich mir die Freiheit erlauben, Ihnen das Buch eines anderen Autors vorzustellen? Ich spreche von *The Demon-*

Haunted World (dt. *Der Drache in meiner Garage*) des leider verstorbenen Carl Sagan. Insbesondere möchte ich Ihre Aufmerksamkeit auf den Untertitel lenken: *Science as a Candle in the Dark* (»Wissenschaft als Kerze im Dunkel«).

Nachwort

Ein wichtiges Prinzip hätte ich in meinem Brief an Prinz Charles namentlich erwähnen sollen: das Vorsorgeprinzip. In einem hat er sicher recht: Wenn es um neue, unerprobte Technologie geht, sollten wir zur Vorsicht neigen. Wenn etwas nicht erprobt ist und wir die Folgen nicht kennen, ist es angebracht, auf der vorsichtigen Seite zu bleiben, insbesondere wenn die langfristige Zukunft auf dem Spiel steht. Das Vorsorgeprinzip verlangt, dass offenkundig vielversprechende neue Krebsmedikamente durch Reifen und über Hürden springen müssen, bevor sie für die allgemeine Verwendung zugelassen werden. Derartige Hürden können lächerliche Höhen erreichen, beispielsweise wenn man Patienten, die bereits an der Schwelle des Todes stehen, den Zugang zu experimentellen Wirkstoffen verweigert, die ihnen das Leben retten könnten, denen aber die »Ungefährlichkeit« noch nicht bescheinigt wurde. Patienten im Endstadium einer Krankheit haben von »Ungefährlichkeit« eine andere Vorstellung. Im Allgemeinen jedoch lässt sich kaum leugnen, dass das Vorsorgeprinzip klug ist und in einem sinnvollen Gleichgewicht zu den gewaltigen Vorteilen stehen sollte, die wissenschaftliche Neuerungen mit sich bringen können.

Aber obwohl ich das Vorsorgeprinzip befürworte, sei es mir verziehen, wenn ich in die Tagespolitik abschweife. Normalerweise halte ich mich bei hochaktuellen Fragen zurück, weil ich fürchte, sie könnten in späteren Auflagen des Buches zu Anachronismen werden. Die ansonsten bewundernswerten

Schriften von J. B. S. Haldane und Lancelot Hogben aus den 1930er-Jahren werden durch spitze politische Bemerkungen beeinträchtigt, die heute auf unangenehme Weise unverständlich sind. Leider aber besteht bei zwei politischen Ereignissen des Jahres 2016 – der britischen Volksabstimmung mit dem Ergebnis, die Europäische Union zu verlassen, und der Weigerung der Vereinigten Staaten, sich an internationale Abkommen zum Klimawandel zu halten – kaum eine Aussicht auf kurzfristige Begrenzung. Also spreche ich über die Politik von 2016, ohne mich zu entschuldigen.

Im Jahr 2016 gab unser damaliger Premierminister David Cameron dem Druck seiner Hinterbänkler nach und hielt ein Referendum über die britische Mitgliedschaft in der EU ab. Es war eine Frage von ungeheurer Komplexität, für die vielschichtige wirtschaftliche Überlegungen eine Rolle spielten. In ihrem ganzen Ausmaß wurde das erst später im Jahr deutlich, als man Heerscharen von Anwälten und Beamten damit beschäftigen musste, die administrativen und juristischen Aufgaben zu bewältigen. Wenn es jemals ein Thema für ausführliche Parlamentsdebatten und Kabinettsdiskussionen gab, das der eingehenden Beratung durch hoch qualifizierte Experten bedurft hätte, war es die Mitgliedschaft in der EU. Konnte es eine Frage geben, die sich *weniger* für ein einziges Plebiszit eignete? Und doch wurde uns gesagt, wir sollten den Experten misstrauen (»hier sind Sie, die Wähler und Wählerinnen, die Experten«), und das von Politikern, die vermutlich verlangen würden, dass ein erfahrener Chirurg ihren Blinddarm entfernt und ein erfahrener Pilot ihr Flugzeug steuert. Also wurde die Entscheidung an Nichtexperten wie mich übertragen und sogar an Menschen, die als Motiv für ihre Stimmabgabe ausdrücklich »Veränderungen sind doch was Schönes« oder »Der alte blaue Pass war mir lieber als der dunkelrote europäische« angaben. Um des kurzfristigen politischen Manövers in seiner eigenen Partei willen spielte David

Cameron russisches Roulette mit der langfristigen Zukunft seines Landes, Europas und sogar der ganzen Welt. Damit sind wir wieder beim Vorsorgeprinzip. In dem Referendum ging es um eine große Veränderung, um eine politische Umwälzung, deren umfassende Auswirkungen sich für Jahrzehnte oder noch länger bemerkbar machen werden. Eine gewaltige verfassungsrechtliche Veränderung, einen Wandel, für den das Vorsorgeprinzip in jedem Fall hätte im Mittelpunkt stehen sollen. Wenn es um Ergänzungen der Verfassung geht, ist in den Vereinigten Staaten eine Zweidrittelmehrheit in beiden Häusern des Kongresses erforderlich, auf die dann die Ratifizierung durch drei Viertel aller Parlamente der Bundesstaaten folgt. Man kann die Ansicht vertreten, dass diese Schranke ein wenig zu hoch liegt, aber das Prinzip hat Hand und Fuß. In David Camerons Referendum dagegen wurde nur eine einfache Mehrheit in einer einfachen Ja/Nein-Frage gefordert. Kam ihm nie die Idee, dass ein solcher radikaler verfassungsrechtlicher Schritt die Bestätigung durch eine Zweidrittelmehrheit erfordern könnte? Oder zumindest sechzig Prozent? Oder vielleicht eine Mindestwahlbeteiligung, mit der sichergestellt würde, dass eine so wichtige Entscheidung nicht von einer Minderheit der Wählerschaft gefällt wurde? Vielleicht eine zweite Abstimmung zwei Wochen später, um zu gewährleisten, dass die Bevölkerung es wirklich so meinte? Oder eine zweite Runde nach einem Jahr, wenn die Bedingungen und Folgen des Austritts zumindest in einem Mindestmaß deutlich sind? Aber nein, Cameron verlangte nur irgendetwas über fünfzig Prozent in einer einzigen Ja/Nein-Abstimmung, und das zu einer Zeit, als die Meinungsumfragen auf und ab gingen und das voraussichtliche Ergebnis sich von Tag zu Tag änderte. Man sagt, eine alte Bestimmung des britischen bürgerlichen Rechts schreibe vor, dass »kein Idiot zum Parlament zugelassen werden soll«. Man sollte zumindest meinen, dass diese Forderung auch für Premierminister gilt.

Ähnlich wie Prinz Charles' Ablehnung mancher Aspekte der wissenschaftlichen Lebensmittelproduktion, sollte man auch das Vorsorgeprinzip umsichtig anwenden. Man kann es zu weit treiben, und wie ich bereits erwähnt habe, kann man durchaus die Ansicht vertreten, dass die Hürde für Verfassungsänderungen in den Vereinigten Staaten zu hoch liegt. Allgemein ist man sich einig, dass das Wahlmännergremium ein undemokratischer Anachronismus ist, aber ebenso wird allgemein hingenommen, dass es wegen der hohen Hürden für Verfassungsänderungen fast unmöglich ist, den Anachronismus abzuschaffen. Wenn es um Verfassungsänderungen und andere große Entscheidungen mit weitreichenden Folgen geht, muss die Beachtung des Vorsorgeprinzips in der Politik ganz offensichtlich irgendwo zwischen ihren derzeitigen Positionen angesiedelt werden, zwischen den allzu risikoscheuen Vereinigten Staaten, wo die schriftlich niedergelegte Verfassung zu einem Gegenstand nahezu heiliger Verehrung erstarrt ist, und Großbritannien, dessen ungeschriebene Verfassung die Tür für die rücksichtslose Verantwortungslosigkeit wie Camerons EU-Referendum offen lässt.

Und da diese Abhandlung über das Vorsorgeprinzip am Ende eines Briefes an den Thronfolger steht, stellt sich schließlich die Frage: Wie steht es mit der historischen Vorschrift unserer ungeschriebenen britischen Verfassung, der Erbmonarchie selbst? Die Monarchin ist natürlich auch Oberhaupt der Kirche von England. Zu ihren vielen Titeln gehört auch »Verteidigerin des Glaubens«, und das, da darf man sich nicht irren, heißt insbesondere, dass sie die Religion gegen konkurrierende Religionen oder Bekenntnisse verteidigen soll. Als der Titel erfunden wurde, kam die Möglichkeit, dass ein Thronfolger als Atheist aufwächst (was mehr als wahrscheinlich ist, wenn die derzeitigen Trends sich fortsetzen) oder einen muslimischen Stiefvater hat (was nach lebhafter Erinnerung fast geschehen wäre), niemandem in den Sinn.

Die Monarchin hat zwar die diktatorische Macht ihrer früheren Vorgänger zum größten Teil verloren, aber sie verfügt immer noch über die Macht der Beratung (und Elisabeth II. hat in deren Gebrauch große Erfahrung, hat sie doch nicht weniger als vierzehn Premierminister miterlebt). In extremen Fällen steht der Monarchin das verfassungsmäßige Recht offen, das Parlament aus eigener Initiative aufzulösen, womit sie allerdings eine Krise mit unsicherem, gefährlichem Ausgang auslösen würde. Selbst wenn man diese unwahrscheinliche Möglichkeit einmal beiseitelässt, ist die Vorstellung von einer Erbmonarchie in den Augen vieler Menschen kaum zu rechtfertigen, und manche setzen sich dafür ein, die Institution nach dem Tod der gegenwärtigen Königin auf respektvolle Weise abzuschaffen – also nach einem Ereignis, das zumindest nach meiner Hoffnung noch weit in der Zukunft liegt.

Immer wenn ich mit eifrigen britischen Republikanern spreche, kann ich es mir nicht verkneifen, zumindest eine flüchtige Anspielung auf das Vorsorgeprinzip einzuflechten. Die Monarchie hat sich seit über tausend Jahren in ihren verschiedenen Formen gut geschlagen. Was soll an ihre Stelle treten? Eine Facebook-Abstimmung über das Staatsoberhaupt? König Becks und Königin Posh an Bord der königlichen Yacht *Boaty MacBoatface*? Es gibt zweifellos bessere Alternativen als meine schamlos elitäre Satire. In früheren Zeiten hätte ich auf die Vereinigten Staaten als Vorbild verwiesen. Aber das war, bevor das Jahr 2016 uns gezeigt hat, was das edle demokratische Ideal hervorbringen kann, wenn es anfängt zu verrotten.

Wissenschaft und Sensibilität

Voller Herzklopfen und Demut stelle ich fest, dass ich auf dieser Liste von Vortragenden der einzige Naturwissenschaftler bin.[46] Fällt mir wirklich ganz allein die Aufgabe zu, den »Widerhall des Jahrhunderts« für die Naturwissenschaft ertönen zu lassen und darüber nachzudenken, welche Wissenschaft wir unseren Erben hinterlassen? Das 20. Jahrhundert könnte man als das goldene Jahrhundert der Wissenschaft bezeichnen: Es war das Zeitalter von Einstein, Hawking und der Relativitätstheorie, von Watson, Crick, Sanger und der Molekularbiologie, von Turing, von Neumann und den Computern, das von Wiener, Shannon und der Kybernetik, von Plattentektonik und radiometrischer Datierung, von Hubbles Rotverschiebung und dem nach ihm benannten Teleskop, das von Fleming, Florey und dem Penicillin, von Mondlandungen und – lassen wir das Thema nicht unter den Tisch fallen – von Wasserstoffbomben. George Steiner hat darauf aufmerksam gemacht, dass heute mehr Wissenschaftler tätig sind als in allen anderen Jahrhunderten zusammen. Aber – um diese Zahl in einen beunruhigenden Zusammenhang zu stellen – heute leben auch mehr Menschen, als seit Anbeginn der geschichtlichen Aufzeichnungen verstorben sind.

Unter den Wörterbuchbedeutungen von »Sensibilität« geht es mir um »Unterscheidungsfähigkeit, Bewusstsein« und »die Fähigkeit, auf ästhetische Reize anzusprechen«. Man hätte hoffen können, dass die Wissenschaft zum Ende des Jahrhunderts in unsere Kultur eingeflossen ist und dass unser Sinn für Ästhetik so weit gewachsen ist, dass er auch die Poesie der Wissenschaft kennt. Ohne den Pessimismus eines C. P. Snow aus der Mitte des Jahrhunderts wiederbeleben zu wollen, stelle ich widerstrebend fest, dass sich diese Hoffnungen bis jetzt nicht erfüllt haben, und es liegen nur noch zwei Jahre vor uns. Wissenschaft ruft mehr Ablehnung hervor als je zuvor – manchmal mit gutem Grund, oft aber auch bei Menschen, die nichts über sie wissen und ihre Ablehnung als Ausrede benutzen, um nichts lernen zu müssen. Bedrückenderweise hängen immer noch viele Menschen dem überholten Klischee an, wissenschaftliche Erklärungen würden poetische Sensibilität zunichtemachen. Bücher über Astrologie verkaufen sich besser als solche über Astronomie. Das Fernsehen ebnet den Weg zu zweitklassigen Taschenspielern, die sich als Medium oder Hellseher ausgeben. Anführer von Sekten schlachten die Jahrtausendwende aus und fördern reichlich Leichtgläubigkeit zutage: Heaven's Gate, Waco, Giftgas in der U-Bahn von Tokio. Der größte Unterschied zur letzten Jahrtausendwende besteht darin, dass zum Volkschristentum die Volks-Science-Fiction hinzugekommen ist.

Es hätte auch ganz anders kommen können. Bei der letzten Jahrtausendwende gab es eine gewisse Ausrede. Im Jahr 1066 konnte der Halley-Komet – wenn auch nur in rückblickender Betrachtung – Hastings prophezeien und damit sowohl Harolds Schicksal als auch Williams' Sieg besiegeln. Mit dem Kometen Hale-Bopp hätte es 1997 anders sein können. Warum empfinden wir Dankbarkeit, wenn ein Zeitungsastrologe seinen Lesern versichert, Hale-Bopp sei nicht *unmittelbar* verantwortlich für den Tod von Prinzessin Diana? Und was spielt sich ab, wenn 39 Menschen, getrieben von einer Theologie, die aus *Star Trek* und dem Buch der Offenbarung zusammengebastelt wurde, adrett gekleidet und mit Wochenendköfferchen neben sich kollektiven Selbstmord begehen, weil sie alle glauben, Hale-Bopp werde von einem Raumschiff begleitet, das gekommen sei, um »sie auf eine neue Daseinsebene zu heben«? Nebenbei bemerkt: Die gleiche Heaven's-Gate-Kommune hatte zuvor ein astronomisches Teleskop bestellt, um Hale-Bopp zu beobachten. Als es eintraf, schickten sie es zurück: Es sei offensichtlich defekt, denn es zeigte das begleitende Raumschiff nicht.

Die Vereinnahmung durch Pseudowissenschaft und schlechte Science-Fiction ist eine Bedrohung für unser legitimes Gefühl des Staunens. Eine andere ist die Ablehnung durch Akademiker, die in modischen Fachgebieten anerkannt sind – darauf werde ich noch zurückkommen. Eine dritte ist populistische Anpassung an den Massengeschmack. Die Bewegung für das »öffentliche Verständnis für Wissenschaft«, die in Amerika durch den Sputnik angeregt und in Großbritannien durch die Beunruhigung über den Rückgang der Bewerber für wissenschaftliche Studiengänge vorangetrieben wurde, wird immer umgangssprachlicher. Eine Flut von »Wissenschaftswochen« und Ähnlichem verrät das verzweifelte Streben von Wissenschaftlern nach Beliebtheit. Schräge Typen mit lustigen Hüten und fröhlicher Stimme führen Explosionen und verrückte Kunststücke vor, um zu beweisen, dass Wissenschaft nur Spaß, Spaß, Spaß ist.

Kürzlich nahm ich an einer Beratungssitzung teil, bei der Wissenschaftler gedrängt wurden, »Events« in Einkaufszentren zu veranstalten und so den Menschen die Freuden der Wissenschaft schmackhaft zu machen. Man riet uns, nichts zu tun, was möglicherweise ein »Abturner« sein könnte. Mache deine Wissenschaft immer für normale Menschen »relevant« – für das, was sich in ihrer Küche oder ihrem Badezimmer abspielt. Wenn möglich, wähle für deine Experimente nur Material, das vom Publikum am Ende aufgegessen werden kann. Bei dem letzten Event, das der Vortragende selbst organisiert hatte, erregte vor allem eine wissenschaftliche Errungenschaft echte Aufmerksamkeit: ein Urinal, das automatisch spülte, wenn man einen Schritt zurücktrat. Schon das Wort »Wissenschaft« vermeidet man am besten, denn »normale Menschen« finden es bedrohlich.[47]

Wenn ich dagegen protestiere, werde ich wegen meines »elitären Denkens« gerügt. Ein schreckliches Wort, aber vielleicht keine so schreckliche Sache? Es besteht ein großer Unterschied zwischen exklusivem Snobismus, den niemand stillschweigend hinnehmen sollte, und dem Bestreben, den Menschen zu helfen, damit sie ihren Horizont erweitern und die Elite vergrößern können. Eine berechnete Nivellierung nach unten ist das Schlimmste, denn es ist herablassend und bevormundend. Als ich dies kürzlich bei einem Vortrag in den Vereinigten Staaten sagte, hatte ein Fragesteller am Ende – zweifellos mit einem warmen Glühen in seinem weißen männlichen Herzen – die bemerkenswerte Frechheit zu erklären, die Nivellierung nach unten sei möglicherweise notwendig, um »Minderheiten und Frauen« zur Wissenschaft zu führen.

Ich habe die Sorge, dass eine Reklame, in der Wissenschaft allzu fröhlich und einfach ist, die Schwierigkeiten nur in die Zukunft verschiebt. Aus dem gleichen Grund versprechen Rekrutierungsanzeigen für die Armee keinen Sonntagsausflug. Echte Wissenschaft kann schwierig sein, aber wie bei klassischer Literatur oder dem Violinspiel lohnt sich die Anstrengung. Was geschieht, wenn sich Kinder, die mit der Versprechung leichter Possen in die Wissenschaft oder irgendeine andere lohnende Betätigung gelockt wurden, irgendwann mit der Realität auseinandersetzen müssen? »Spaß« sendet die falschen Signale aus und zieht Rekruten unter Umständen aus den falschen Gründen an.

Die Gefahr, auf ähnliche Weise untergraben zu werden, besteht auch für das Studium der Literaturwissenschaft. Träge Studierende werden zu minderwertigen »kulturwissenschaftlichen Studien« verführt, bei denen sie ihre Zeit darauf verwenden, Seifenopern, Boulevardprinzessinnen und Teletubbies zu »dekonstruieren«. Naturwissenschaft kann wie echte literaturwissenschaftliche Forschung eine schwierige Herausforderung sein, aber Naturwissenschaft ist auch – wiederum wie richtige Literaturwissenschaft – großartig. Außerdem ist Naturwissenschaft auch nützlich, aber sie ist nicht nur nützlich. Naturwissenschaft kann sich bezahlt machen, aber wie große Kunst sollte sie es nicht müssen. Und wir sollten weder verrückte Typen noch Explosionen brauchen, um uns davon zu überzeugen, wie wertvoll es ist, sein

Leben auf die Klärung der Frage zu verwenden, warum es überhaupt Leben gibt. Vielleicht sehe ich das alles zu negativ, aber es gibt Zeiten, da ist ein Pendel zu weit in die eine Richtung geschwungen und braucht einen Stoß in die andere. Natürlich können praktische Vorführungen einen Gedanken augenfällig machen und dafür sorgen, dass er im Gedächtnis bleibt. Von Michael Faradays Weihnachtsvorlesungen bei der Royal Institution bis zu Richard Gregorys Bristol Explanatory waren Kinder immer begeistert vom hautnahen Erlebnis echter Wissenschaft. Ich selbst hatte die Ehre, die Weihnachtsvorlesungen in ihrer modernen, vom Fernsehen übertragenen Form zu halten und dabei eine Fülle lehrreicher Vorführungen zu veranstalten. Faraday nivellierte niemals nach unten. Ich wende mich nur gegen die populistische Hurerei, die das Wunder der Wissenschaft herabwürdigt.

In London findet jedes Jahr ein großes Abendessen statt, bei dem Preise für die besten Wissenschaftsbücher des Jahres verliehen werden. Einer davon ist für Wissenschaftsbücher für Kinder vorgesehen, und er ging kürzlich an ein Buch über Insekten und andere sogenannte »eklige Krabbeltiere«. Eine solche Sprache ist nicht wirklich geeignet, das poetische Gefühl des Staunens zu wecken, aber lassen wir das einmal durchgehen. Schwerer zu verzeihen waren die Possen der Juryvorsitzenden, einer bekannten Fernsehmoderatorin (die sich das Verdienst erworben hatte, echte Wissenschaft zu präsentieren, bevor sie sich an Sendungen über »Paranormales« verkaufte). Sie kreischte so oberflächlich, als wäre sie in einer Gameshow, und stachelte das Publikum auf, es ihr gleichzutun: Mehrmals sollten wir bei der Betrachtung der schrecklichen »ekligen Krabbeltiere« im Chor akustische Grimassen schneiden. »Iiiih! Uuuh! Bäh! Igitt!« Solche Vulgarität entweiht das Wunder der Wissenschaft und birgt die Gefahr, gerade diejenigen Menschen abzustoßen, die am besten dazu geeignet sind, es wertzuschätzen und andere zu inspirieren: echte Dichter und echte Literaturwissenschaftler.

Die wahre Poesie der Wissenschaft, insbesondere der Wissenschaft des 20. Jahrhunderts, veranlasste den verstorbenen Carl Sagan, folgende dringende Frage zu stellen:

> Wie kommt es, dass kaum eine der großen Weltreligionen jemals die wissenschaftlichen Erkenntnisse betrachtete und dann daraus folgerte: »Das ist besser, als wir dachten! Das Universum ist viel größer, als unsere Propheten sagten, viel gewaltiger, subtiler und eleganter. Gott muss größer sein, als wir uns träumen ließen«? Stattdessen sagen sie: »Nein, nein, nein! Mein Gott ist ein kleiner Gott, und ich will, das er klein bleibt.« Eine Religion, die die Größe des Universums im Sinne der modernen Wissenschaft betont, könnte wahrscheinlich auf wesentlich mehr Ehrfurcht und Ehrerbietung hoffen als die herkömmlichen Glaubensrichtungen.

Gäbe es hundert Klone von Carl Sagan, wir könnten vielleicht für das nächste Jahrhundert eine gewisse Hoffnung haben. Vorerst müssen wir das 20. Jahrhundert jedoch in seinen letzten Jahren als Enttäuschung werten, was das Verständnis für Wissenschaft in der Öffentlichkeit betrifft, aber gleichzeitig war es ein spektakulärer, beispielloser Erfolg im Hinblick auf die wissenschaftlichen Errungenschaften selbst.[48]

Wie steht es, wenn wir unsere Sensibilität angesichts der gesamten Wissenschaft des 20. Jahrhunderts spielen lassen? Ist es möglich, ein Thema, ein wissenschaftliches Leitmotiv herauszugreifen? Mein bester Kandidat kann dem reichhaltigen Angebot nicht einmal näherungsweise gerecht werden. Das 20. Jahrhundert ist das digitale Jahrhundert. Die digitale Diskontinuität zieht sich durch die gesamte Technik unserer Zeit, in einem gewissen Sinn greift sie aber auch auf die Biologie und sogar auf die Physik unseres Jahrhunderts über.

Das Gegenteil von digital ist analog. Als die spanische Armada erwartet wurde, entwickelte man ein Signalsystem, mit dem man die Nachricht im ganzen Süden Englands verbreiten konnte. Auf einer Reihe von Berggipfeln wurden Haufen von Feuerholz aufgeschichtet. Wenn ein Beobachter an der Küste die Armada ausmachte, sollte er sein Feuer entzünden. Dieses wurde von den Beobachtern in der Nachbarschaft gesehen, die ebenfalls ihre Feuer entzündeten, und eine Welle von Leuchtfeuern verbreitete die Nachricht mit großer Geschwindigkeit quer durch die Küstenregionen.

Wie könnten wir den Signalfeuer-Telegrafen so abwandeln, dass er mehr Information vermittelt? Nicht nur »Die Spanier sind da«, sondern beispielsweise auch die Größe ihrer Flotte? Das könnte man folgendermaßen machen: Man macht die Größe des Signalfeuers proportional zur Größe der Flotte. Dies ist ein analoger Code. Natürlich addieren sich Ungenauigkeiten. Wenn die Nachricht auf der anderen Seite des Königreiches ankommt, ist die Information über die Flottengröße auf null zusammengeschrumpft. Das ist ein allgemeines Problem bei analogen Codes.

Aber nehmen wir nun einmal einen einfachen Digitalcode. Jetzt spielt die Größe des Feuers keine Rolle. Wir entzünden einfach eine geeignete Flamme und umgeben sie mit einer großen Abschirmung. Diese heben und senken wir, um einen einzelnen Lichtblitz zum nächsten Berg zu senden. Den Lichtblitz wiederholen wir eine bestimmte Zahl von Malen, dann lassen wir die Abschirmung unten und erzeugen eine Phase der Dunkelheit. Noch einmal von vorn. Die Zahl der Lichtblitze je Signalgruppe sollte der Größe der Flotte proportional sein.

Ein solcher digitaler Code hat gegenüber der analogen Version gewaltige Vorteile. Wenn ein Beobachter auf einem Berggipfel acht Lichtblitze sieht, gibt er auch acht Lichtblitze an den nächsten Gipfel in der Kette weiter. Es besteht eine gute Chance, dass die Nachricht ohne schwerwiegende Verfälschung von Plymouth bis Dover verbreitet werden kann. Die überlegene Leistungsfähigkeit digitaler Codes hat man erst im 20. Jahrhundert in vollem Umfang begriffen.

Nervenzellen sind wie Armada-Leuchtfeuer. Sie »feuern«. An einer Nervenfaser läuft kein elektrischer Strom entlang. Das Ganze gleicht eher einer Spur aus Schießpulver, die über den Boden läuft. Zündet man ein Ende mit einem Funken an, frisst sich das Feuer weiter bis zum anderen.

Dass Nervenfasern sich nicht rein analoger Codes bedienen, wissen wir schon lange. So etwas ist nicht möglich, das zeigen theoretische Berechnungen. Sie tun vielmehr etwas, was eher meinen blitzenden Armada-Leuchtfeuern gleicht. Nervenimpulse sind Ketten von Spannungsspitzen, die sich wie bei einem Maschinengewehr wiederholen. Der Unterschied zwischen einer starken und einer schwachen Nachricht wird nicht durch die Höhe der Spitzen vermittelt – das wäre ein analoger Code, und die Nachricht würde verzerrt, bis sie nicht mehr vorhanden wäre. Vielmehr wird sie durch das Muster der Spannungsspitzen weitergetragen, insbesondere durch die Schussfrequenz des Maschinengewehrs. Wenn wir etwas Gelbes sehen oder das eingestrichene C hören, wenn wir Terpentin riechen oder Satin berühren, wenn uns heiß oder kalt ist, immer wird der Unterschied irgendwo in unserem Nervensystem durch eine unterschiedliche Feuerrate von Maschinengewehrpulsen umgesetzt. Wenn wir in das Gehirn hineinhorchen könnten, würde es sich anhören wie die Dritte Flandernschlacht. In unserem Sinne ist es digital. In einem umfassenderen Sinn ist es nach wie vor teilweise analog: Die Feuerrate ist eine kontinuierlich schwankende Größe. Noch zuverlässiger sind vollständig digitale Codes wie das Morsealphabet oder Computercodes, in denen die Impulsmuster ein genau definiertes Alphabet bilden.

Während Nerven also Informationen über die Welt transportieren, wie sie heute ist, sind Gene eine codierte Beschreibung der entfernten Vergangenheit. Diese Erkenntnis ergibt sich aus Sicht der Evolution »egoistischer Gene«.

Lebewesen sind wunderbar gebaut, um in ihrer Umwelt zu überleben und sich fortzupflanzen. Das sagen zumindest die Darwinisten. Aber eigentlich stimmt es nicht ganz. Sie sind wunderbar gebaut, um in der Umwelt ihrer Vorfahren zu überleben. Nur weil die Vorfahren lange genug überlebt haben, um ihre DNA weiterzugeben, sind unsere heutigen Tiere so gut gebaut. Sie haben nämlich die gleiche erfolgreiche DNA geerbt. Die Gene, die über die Generationen hinweg erhalten bleiben, addieren sich letztlich zu einer Beschreibung der Voraussetzungen, die damals zum Überleben notwendig waren. Und das ist gleichbedeutend mit der Aussage, die moderne DNA sei eine codierte Beschreibung der Umwelt, in der die Vorfahren überlebt haben. Ein Überlebenshandbuch wird durch die Generationen weitergegeben. Ein genetisches Totenbuch.[49]

Wie eine lange Kette von Leuchtfeuern, so sind auch die Generationen ungeheuer zahlreich. Deshalb ist es kein Wunder, dass Gene digital sind. Theoretisch hätte das alte DNA-Buch auch analog sein können. Aber aus den gleichen Gründen wie bei unseren analogen Armada-Leuchtfeuern würde auch jedes alte Buch, das in analoger Sprache immer und immer wieder kopiert wird, im Laufe weniger Schreibergenerationen bis zur Bedeutungslosigkeit erodieren. Glücklicherweise ist die Schrift der Menschen zumindest in dem Sinn, um den es hier geht, digital. Und das Gleiche gilt auch für die DNA-Bücher mit der Weisheit unserer Vorfahren, die wir in uns herumtragen. Gene sind digital, und zwar in einem umfassenden Sinn, der für die Nerven nicht zutrifft.

Die digitale Genetik wurde im 19. Jahrhundert entdeckt, aber Gregor Mendel war seiner Zeit voraus und wurde nicht zur Kenntnis genommen. Der einzige ernsthafte Fehler in Darwins Weltbild erwuchs aus dem üblichen Wissen seiner Zeit, wonach Vererbung gleichbedeutend mit »Vermischung« war – analoge Genetik. Schemenhaft erkannte man zu Darwins Zeit, dass sich eine analoge Genetik mit seiner gesamten Theorie der natürlichen Selektion nicht vertrug. Noch weniger war klar, dass sie auch mit offenkundigen Tatsachen der Vererbung nicht in Einklang stand.[50] Die Lösung des Dilemmas musste bis zum 20. Jahrhundert warten, und zwar insbesondere bis zur neodarwinistischen Synthese von Ronald Fisher und anderen in den 1930er-Jahren. Der entscheidende

Unterschied zwischen dem klassischen Darwinismus (der, wie wir heute wissen, nicht hätte funktionieren können) und dem Neodarwinismus (der tatsächlich funktioniert) liegt darin, dass die digitale an die Stelle der analogen Genetik getreten ist.

Aber was die digitale Genetik angeht, wussten Fisher und seine Kollegen noch nicht einmal die Hälfte. Erst Watson und Crick öffneten die Schleusen für eine Umwälzung, die nach allen Maßstäben eine spektakuläre intellektuelle Revolution darstellte – auch wenn Peter Medawar zu weit ging, als er 1968 in seiner Rezension über Watsons Buch The Double Helix (dt. *Die Doppelhelix*) schrieb: »Es lohnt sich einfach nicht, mit jemandem zu diskutieren, der begriffsstutzig ist und nicht erkennt, dass dieser Komplex von Entdeckungen die größte wissenschaftliche Errungenschaft des 20. Jahrhunderts darstellt.« So einnehmend ich diese bewusst arrogante Aussage finde, muss ich doch einräumen, dass es mir schwerfiele, sie gegen konkurrierende Behauptungen beispielsweise über Quanten- oder Relativitätstheorie zu verteidigen.

Watsons und Cricks Entdeckung war eine digitale Revolution, und die hat seit 1953 an Fahrt aufgenommen. Heute kann man ein Gen lesen, exakt auf einem Stück Papier niederschreiben, in eine Bibliothek stellen und dann zu jedem zukünftigen Zeitpunkt originalgetreu wieder aufbauen, um es in ein Tier oder eine Pflanze einzuschleusen. Wenn das Human-Genom-Projekt abgeschlossen ist, was voraussichtlich ungefähr 2003 der Fall sein wird[51], wird man das gesamte menschliche Genom auf einigen Standard-CDs aufzeichnen können, wobei noch genug Platz für ein großes Lehrbuch mit Erklärungen bleibt. Schicken wir die Box mit zwei solchen CDs in den Weltraum, dann kann die Menschheit aussterben und dabei recht zuversichtlich sein, dass zumindest eine leise Chance besteht, dass eine außerirdische Zivilisation einen lebenden Menschen rekonstruieren könnte. In einer Hinsicht (allerdings nicht in einer anderen) ist meine Spekulation zumindest plausibler als die Handlung von *Jurassic Park*. Und beide Spekulationen basieren auf der digitalen Genauigkeit der DNA.

Natürlich wurde die Theorie des Digitalen in ihrem vollen Umfang nicht von Neurobiologen oder Genetikern ausgearbeitet, sondern von Elektroingenieuren. Die digitalen Telefone, Fernsehapparate, Musikwiedergabegeräte und Mikrowellenöfen des späten 20. Jahrhunderts sind unvergleichlich viel schneller und genauer als ihre analogen Vorläufer, und das liegt entscheidend daran, dass sie digital sind. Die krönende Errungenschaft des Elektronikzeitalters ist der Digitalcomputer, der in großem Umfang Eingang in die Telefonvermittlung, die Satellitenkommunikation und die Datenübertragung aller Art gefunden hat, auch in das Phänomen des letzten Jahrzehnts, das World Wide Web. Der verstorbene Christopher Evans fasste die Geschwindigkeit der digitalen Revolution im 20. Jahrhundert einmal in einem verblüffenden Vergleich mit der Autoindustrie zusammen.

Die heutigen Autos unterscheiden sich von denen der unmittelbaren Nachkriegszeit in einer ganzen Reihe von Eigenschaften ... Aber nehmen wir einmal einen Augenblick lang an, die Automobilbranche hätte sich mit der gleichen Geschwindigkeit und über den gleichen Zeitraum entwickelt wie die Computer: Um wie viel billiger und leistungsfähiger wären dann die heutigen Modelle? Wer den Vergleich noch nicht kennt, ist von der Antwort erschüttert. Man könnte einen Rolls-Royce für 1,35 Pfund kaufen, und er würde bei einem Verbrauch von 0,00015 Litern auf 100 km so viel Energie liefern, dass er die *Queen Elizabeth II* antreiben könnte. Und wer sich für Miniaturisierung interessiert: Man könnte ein halbes Dutzend davon auf einem Stecknadelkopf unterbringen.

Erst durch die Computer ist uns aufgefallen, dass das 20. Jahrhundert ein digitales Jahrhundert ist; damit können wir das Digitale in der Genetik, der Neurobiologie und – auch wenn mir hier das Selbstvertrauen fundierten Wissens fehlt – in der Physik betrachten. Man könnte nämlich die Ansicht vertreten, dass die Quantentheorie – der hervorstechendste Teil der Physik im 20. Jahrhundert – im Grundsatz digital ist. Der schottische Chemiker Graham Cairns-Smith berichtet, wie er zum ersten Mal mit dieser offensichtlichen Körnigkeit in Berührung kam.

Ich glaube, ich war ungefähr acht Jahre alt, als mein Vater mir erklärte, eigentlich wisse niemand, was Elektrizität ist. Ich kann mich noch erinnern, wie ich am nächsten Tag in die Schule ging und diese Information unter allen meinen Freunden verbreitete. Sie löste nicht das Aufsehen aus, mit dem ich gerechnet hatte, weckte aber die Aufmerksamkeit eines Mitschülers, dessen Vater beim örtlichen Elektrizitätswerk arbeitete. Sein Vater machte doch Elektrizität, also müsste er doch wissen, was das sei. Mein Freund versprach, ihn zu fragen und darüber zu berichten. Nun, am Ende tat er es auch, und ich kann nicht sagen, dass mich das Ergebnis beeindruckte. »Winziges Sandzeug«, sagte er und rieb Daumen und Zeigefinger aneinander, um deutlich zu machen, wie winzig die Körner waren. Anscheinend war er nicht in der Lage, das genauer zu erläutern.

Die experimentellen Vorhersagen der Quantentheorie sind bis zur zehnten Stelle nach dem Komma eingetreten. Jede Theorie, die die Realität in so spektakulärer Weise abbildet, verdient unseren Respekt. Aber ob wir nun zu dem Schluss gelangen, dass das Universum als solches körnig ist oder dass die Diskontinuität ihm nur dann durch eine tiefer liegende Kontinuität aufgezwungen wird, wenn wir versuchen, sie zu messen, weiß ich nicht; Physiker werden merken, dass die Frage für mich zu tiefschürfend ist.

Ich brauche wohl nicht hinzuzufügen, dass mir das keine Befriedigung verschafft. Aber leider gibt es Literaten- und Journalistenkreise, in denen Unkenntnis oder mangelndes Verständnis für Wissenschaft mit Stolz und sogar Heiterkeit herausgestrichen wird. Ich habe das schon so oft gesagt, dass es vielleicht wehleidig klingt. Deshalb möchte ich stattdessen Melvyn Bragg zitieren, einen der zu Recht angesehensten Beobachter der heutigen Kultur:

Es gibt immer noch Leute, die sich damit brüsten, dass sie von Naturwissenschaft keine Ahnung haben – als ob sie das irgendwie zu besseren Menschen machen würde. In Wirklichkeit wirft es ein ziemlich schlechtes Licht auf sie, und sie setzen damit eine längst überkommene britische Tradition fort, den intellektuellen Snobismus, der Wissen generell und insbesondere die Naturwissenschaft als »Handwerk« verachtet.

Etwas Ähnliches sagte auch der beredte Nobelpreisträger Sir Peter Medawar, den ich bereits zitiert habe, über das »Handwerk«:

In China ließen die Mandarine angeblich ihre Fingernägel – oder jedenfalls einen davon – so lang wachsen, dass sie mit den Händen eindeutig keinerlei Tätigkeit mehr ausführen konnten; damit wollten sie allen klarmachen, dass sie verfeinerte, erhabene Geschöpfe waren, die keiner derartigen Beschäftigung mehr nachgingen. Eine solche Geste muss einfach einen großen Reiz für die Engländer haben, die in ihrem Snobismus alle anderen Nationen übertreffen; unser hochnäsiger Widerwille gegenüber angewandter Wissenschaft und Handwerk hat zu einem großen Teil dazu beigetragen, dass England in der Welt heute diesen und keinen anderen Platz einnimmt.

Wenn ich also Schwierigkeiten mit der Quantentheorie habe, dann nicht, weil ich mich nicht darum bemüht hätte, und mit Sicherheit bin ich nicht stolz darauf. Als Evolutionsforscher stehe ich hinter der Ansicht von Steven Pinker, dass die darwinistische natürliche Selektion unser Gehirn dazu konstruiert hat, die langsamen Bewegungen großer Objekte in der afrikanischen Savanne zu verstehen. Vielleicht könnte irgendjemand ein Computerspiel entwickeln, in dem sich Schläger und Bälle wie eine Bildschirmillusion der Quantendynamik verhalten. Für Kinder, die mit einem solchen Spiel aufwachsen, wäre die moderne Physik später vermutlich nicht undurchschaubarer als die Vorstellung von der Verfolgung eines Gnus für uns.

Meine eigenen unscharfen Kenntnisse über das Unschärfeprinzip erinnern mich an ein anderes charakteristisches Merkmal, das mit der Wissenschaft des 20. Jahrhunderts in Verbindung gebracht wird. Dies, so wird man behaupten, ist das Jahrhundert, in dem das deterministische Selbstbewusstsein des vorherigen erschüttert wurde. Zum Teil lag das an der Quantentheorie, zum Teil auch am Chaos (nicht im umgangssprachlichen, sondern im derzeit modischen Sinn). Und teilweise auch am Relativismus (nicht in der vernünftigen Einstein'schen Bedeutung, sondern als kultureller Relativismus).

Quantenunschärfe und Chaostheorie hatten, sehr zur Verärgerung ihrer echten Anhänger, bedauerliche Auswirkungen auf die volkstümliche Kultur. Beide werden regelmäßig von fragwürdigen Gestalten für deren Zwecke genutzt, wobei das Spektrum von professionellen Scharlatanen bis zu dummen New-Age-Anhängern reicht. In Amerika macht die Selbsthilfe-»Heilbranche« Millionenumsätze, und sie zögert auch nicht, das der Quantentheorie eigene, nicht unbeträchtliche Verwirrungspotenzial in bare Münze umzusetzen. Dies dokumentierte der amerikanische Physiker Victor Stenger. Ein finanzstarker Heiler schrieb eine Reihe von Bestsellern über »Quantenheilung«, wie er sie nennt. Ein anderes Buch in meinem Besitz enthält Abschnitte über Quantenpsychologie, Quantenverantwortlichkeit, Quantenmoral, Quantenästhetik, Quantenunsterblichkeit und Quantentheologie.

Ein ebenso fruchtbarer Nährboden für alle, die gern Sinnvolles verunstalten, ist die noch relativ neue Chaostheorie. Die Benennung ist unglücklich, denn »Chaos« lässt auf Zufälligkeit schließen. Chaos im wissenschaftlichen Sinn ist aber alles andere als zufällig. Es ist vollständig vorherbestimmt, hängt aber in großem Umfang und auf seltsame, schwer vorhersagbare Weise von winzigen Unterschieden der Anfangsbedingungen ab. Mathematisch ist sie zweifellos interessant. Auf die Realität angewandt, würde sie Vorhersagen letztlich ausschließen. Wenn das Wetter streng genommen chaotisch abläuft, sind detaillierte Wettervorhersagen unmöglich. Wirbelstürme und andere große Ereignisse könnten durch winzige vergangene Ursachen vorherbestimmt sein, so durch den mittlerweile sprichwörtlichen Flügelschlag eines Schmetterlings. Das heißt nicht, dass Sie mit der Entsprechung eines Flügelschlags darauf hoffen könnten, einen Hurrikan zu erzeugen. Das ist, wie der Physiker Robert Park es formuliert, »ein vollkommen falsches Verständnis für das, worum es beim Chaos geht ... Man kann sich zwar vorstellen, dass der Flügelschlag eines Schmetterlings einen Hurrikan auslöst, aber die Häufigkeit von Wirbelstürmen wird man kaum vermindern, wenn man alle Schmetterlinge tötet.«

Quanten- und Chaostheorie könnten – jeweils auf ihre eigene, besondere Weise – ganz prinzipiell die Vorhersagbarkeit des Universums infrage stellen. Darin kann man einen Rückzug von der Zuversicht des 19. Jahrhunderts sehen. Aber in der Praxis glaubte ohnehin eigentlich niemand, dass man solche feinen Details jemals würde vorhersagen können. Auch der zuversichtlichste Determinist hätte immer eingeräumt, dass die schiere Komplexität interagierender Ursachen in der Praxis einer genauen Vorhersage von Wetter oder Turbulenzen entgegensteht. In der Praxis spielt das Chaos also keine große Rolle. Umgekehrt sind Quantenereignisse in den meisten Bereichen, die für uns von Bedeutung sind, sowieso nur mit großem Aufwand statistisch nachweisbar. Damit ist die Möglichkeit der Vorhersage unter praktischen Gesichtspunkten wiederhergestellt.

In der Praxis war die Vorhersage zukünftiger Ereignisse nie zuverlässiger oder genauer als am Ende des 20. Jahrhunderts. Sehr augenfällig wird dies in den Errungenschaften der Raumfahrtingenieure. In früheren Jahrhunderten konnte man die Wiederkehr des Halley-Kometen vorhersagen. Die Wissenschaft des 20. Jahrhunderts kann ein Geschoss auf die richtige Bahn bringen und ihn abfangen, indem Gravitations- oder Vorbeischwungmanöver (»Swing-by«) im Sonnensystem sehr genau berechnet und ausgenutzt werden.[52] Die Quantentheorie selbst ist bei allen Unbestimmtheiten, die ihr Kernstück bilden, zu spektakulär genauen experimentellen Voraussagen in der Lage. Nach einem Vergleich des verstorbenen Richard Feynman ist diese Genauigkeit gleichbedeutend damit, dass man die Entfernung zwischen New York und Los Angeles auf die Breite eines menschlichen Haares genau ermittelt. Hier ist kein Freiraum für intellektuelle Beliebigkeits-Schaumschläger mit Quantentheologie und Quanten-wasweißich.

Der heimtückischste Mythos des Rückzugs von der viktorianischen Sicherheit im 20. Jahrhundert ist der Kulturrelativismus. Einer Mode zufolge ist Wissenschaft nur einer von vielen kulturellen Mythen, der nicht wahrer oder gültiger ist als die Mythen jeder anderen Kultur. Viele Angehörige der Akademikergemeinde haben eine neue Form der wissenschaftsfeindlichen Rhetorik entdeckt, die manchmal als »postmoderne Wissenschaftskritik« bezeichnet wird. Die gründlichste Entlarvung solcher Dinge vollziehen Paul Gross und Norman Levitt in ihrem großartigen Buch *Higher Superstition: The Academic Left and it's Quarrels with Science*. Der amerikanische Anthropologe Matt Cartmill fasste das grundlegende Glaubensbekenntnis so zusammen:

> Wer behauptet, er besäße objektives Wissen über irgendetwas, versucht uns andere zu lenken und zu beherrschen ... Objektive Tatsachen gibt es nicht. Alle angeblichen »Tatsachen« sind mit Theorien verunreinigt, und alle Theorien sind von moralischen und politischen Weltanschauungen durchtränkt ... Wenn Ihnen also ein Typ im weißen Laborkittel erzählt, dieses oder jenes sei eine objektive Tatsache ... muss hinter seinem gestärkten Kragen ein politisches Programm stecken.

Sogar innerhalb der Naturwissenschaften selbst gibt es eine kleine fünfte Kolonne, die solche Ansichten vertritt und damit uns anderen die Zeit stiehlt.

Nach Cartmills These gibt es eine unerwartete, unheilige Allianz zwischen der nichts wissenden, fundamentalistischen religiösen Rechten und der gelehrten akademischen Linken. Ein bizarrer Ausdruck dieser Allianz ist ihre gemeinsame Ablehnung der Evolutionstheorie. Die Gegnerschaft der Fundamentalisten ist ohne Weiteres zu erkennen. Die der Linken ist eine Mischung aus allgemeiner Wissenschaftsfeindlichkeit, dem »Respekt« gegenüber den Schöpfungsmythen der Ureinwohner und verschiedenen politischen Lehren. Die beiden seltsamen Verbündeten teilen eine Besorgnis um die »Menschenwürde« und betrachten es als Beleidigung, wenn Menschen als »Tiere« bezeichnet werden. Und weiter erklärt Cartmill:

> Beide Lager glauben, dass die großen Wahrheiten über die Welt moralische Wahrheiten sind. Sie betrachten das Universum unter den Gesichtspunkten von Gut und Böse, nicht von Wahr und Falsch. Als Erstes stellen sie im Zusammenhang mit einer angeblichen Tatsache die Frage, ob sie der Sache der Richtigkeit dient.

Dann gibt es noch eine feministische Sichtweise, die mich besonders traurig macht, denn wahrem Feminismus stehe ich mit Sympathie gegenüber.

> Statt junge Frauen aufzufordern, sich durch ein Studium der Naturwissenschaft, Logik und Mathematik mit verschiedenen Fachgebieten vertraut zu machen, lernen Studentinnen in Frauenstudiengängen heute, Logik sei ein Werkzeug der Unterdrückung ... Die üblichen Normen und Methoden naturwissenschaftlicher Forschung gelten als sexistisch, weil sie mit der »weiblichen Art des Wissens« nicht vereinbar seien.[53] Die Autorinnen des preisgekrönten Buches mit diesem Titel berichten, die von ihnen befragten Frauen gehörten in ihrer Mehrzahl zur Kategorie der »subjektiv Wissenden« und seien durch eine »leidenschaftliche Ablehnung von Naturwissenschaft und Naturwissenschaftlern« gekennzeichnet. Diese »Subjektivistinnen« sehen in den Methoden von Logik, Analyse und Abstraktion ein »fremdes Revier, das

den Männern gehört«, und »halten die Intuition für eine unge-
fährlichere, nützlichere Art der Wahrheitsfindung«.

Das Zitat stammt von der Historikerin und Wissenschaftsphiloso-
phin Noretta Koertge. Sie macht sich verständlicherweise Sorgen
wegen einer Unterwanderung des Feminismus, die sich schlecht
auf die Bildung von Frauen auswirken könnte. Tatsächlich steckt in
einer solchen Denkweise ein hässlicher, tyrannischer Aspekt. Bar-
bara Ehrenreich und Janet McIntosh erlebten mit, wie eine Psychologin auf einer interdisziplinären Tagung einen Vortrag hielt. Verschiedene Mitglieder des Publikums attackierten sie wegen ihrer
»unterdrückerischen, sexistischen, imperialistischen und kapita-
listischen wissenschaftlichen Methode. Die Psychologin versuchte,
die Wissenschaft zu verteidigen, und wies auf ihre großen Entdeckungen hin – zum Beispiel auf die DNA. Darauf kam die Antwort:
›Sie glauben an die DNA?‹«

Glücklicherweise gibt es nach wie vor viele intelligente junge
Frauen, die bereit sind, eine Laufbahn als Wissenschaftlerinnen ein-
zuschlagen, und ihrem Mut möchte ich angesichts solcher schika-
nöser Einschüchterungsversuche ausdrücklich meine Anerkennung aussprechen.[54]

Bis hierher habe ich Charles Darwin kaum einmal erwähnt.
Sein Leben erstreckte sich über den größten Teil des 19. Jahrhunderts, und als er starb, hatte er allen Grund, zufrieden zu sein, zufrieden darüber, dass er die Menschheit von ihrer größten, gran-
diosesten Illusion befreit hatte. Darwin hatte das Leben als solches
in die Sphäre des Erklärbaren gerückt. Leben war jetzt kein ver-
blüffendes Rätsel mehr, das einer übernatürlichen Erklärung
bedurfte; mit aller Komplexität und Eleganz, die es auszeich-
nen, wächst es und erwächst es allmählich nach leicht verständli-
chen Regeln aus einfachen Anfängen. Darwins Vermächtnis für
das 20. Jahrhundert war es, das größte aller Rätsel enträtselt zu
haben.

Wäre Darwin darüber erfreut gewesen, wie wir mit diesem

Erbe umgegangen sind und was wir heute an das 21. Jahrhundert weitergeben können? Nach meiner Vermutung würde er eine seltsame Mischung aus Verzückung und Verbitterung empfinden. Verzückung über das detaillierte Wissen, die umfassenden Kenntnisse, die uns die Wissenschaft heute bietet, und die Verfeinerungen, mit denen seine Theorie vervollkommnet wurde. Verbitterung aber über das ignorante Misstrauen gegenüber der Wissenschaft und über den hohlköpfigen Aberglauben, die sich bis heute erhalten haben.

Verbitterung ist eigentlich ein zu schwaches Wort. Darwin könnte mit Fug und Recht betrübt sein, weil wir im Vergleich zu ihm und seinen Zeitgenossen gewaltige Vorteile genießen und doch so wenig getan haben, um unser überlegenes Wissen in unserer Kultur zu verankern. Wie Darwin zu seinem Kummer hätte feststellen können, ist die Zivilisation am Ende des 20. Jahrhunderts zwar von den Produkten und Vorteilen der Wissenschaft durchtränkt und umgeben, aber sie hat die Wissenschaft immer noch nicht in ihre Sensibilität einbezogen. Sind wir nicht in einem gewissen Sinn sogar zurückgefallen, seit Darwins Mitentdecker Alfred Russel Wallace The Wonderful Century schrieb, einen begeisterten wissenschaftlichen Rückblick auf seine Zeit?

Vielleicht herrschte in der Wissenschaft des 19. Jahrhunderts eine ungerechtfertigte Selbstzufriedenheit, weil man glaubte, man habe schon so viel erreicht und es sei kaum noch mit weiteren Fortschritten zu rechnen. William Thomson, der erste Lord Kelvin und Präsident der Royal Society, leistete Pionierarbeit für das Transatlantikkabel, das Symbol des Fortschritts in der viktorianischen Zeit, und formulierte auch den zweiten Hauptsatz der Thermodynamik, C. P. Snows Nagelprobe für wissenschaftliche Bildung. Kelvin werden auch folgende drei selbstbewusste Aussagen zugeschrieben: »Der Funk hat keine Zukunft.« »Flugmaschinen, die schwerer sind als Luft, sind unmöglich.« »Die Röntgenstrahlen werden sich als Scharlatanerie erweisen.«

Kelvin bereitete auch Darwin viel Kummer, weil er mithilfe

des gesamten Prestiges der althergebrachten physikalischen Wissenschaft »bewies«, dass die Sonne zu jung sei und der Evolution nicht genügend Zeit gelassen habe. Sinngemäß sagte Kelvin: »Die Physik spricht gegen die Evolution, also muss Ihre Biologie falsch sein.« Darauf hätte Darwin antworten können: »Die Biologie zeigt, dass die Evolution eine Tatsache ist, also muss Ihre Physik falsch sein.« Stattdessen unterwarf er sich der allgemein herrschenden Annahme, dass die Physik automatisch der Biologie überlegen ist, und machte sich Sorgen. Im 20. Jahrhundert zeigte die physikalische Forschung natürlich, dass Kelvin um mehrere Zehnerpotenzen danebengelegen hatte. Aber Darwin erlebte seine Bestätigung nicht mehr[55], und er hatte nie das Selbstbewusstsein, dem führenden Physiker seiner Zeit zu sagen, wohin die Reise geht.

In meinen Angriffen auf den Jahrtausendwende-Aberglauben muss ich mich vor übermäßigem Kelvin'schen Selbstvertrauen hüten. Zweifellos gibt es vieles, was wir noch nicht wissen. Zu unserem Erbe für das 21. Jahrhundert müssen auch unbeantwortete Fragen gehören, und manche davon sind große Fragen. Die Wissenschaft jedes Zeitalters muss darauf vorbereitet sein, über den Haufen geworfen zu werden. Zu behaupten, unser gegenwärtiges Wissen sei alles, was es zu wissen gibt, wäre arrogant und vorschnell. Heutige Selbstverständlichkeiten wie das Mobiltelefon wären in früheren Zeitaltern als pure Zauberei erschienen. Das sollte uns eine Warnung sein. Der angesehene Romanschriftsteller Arthur C. Clarke, ein Evangelist der unbegrenzten Macht der Wissenschaft, sagte einmal: »Jede ausreichend weit fortgeschrittene Technologie ist von Magie nicht zu unterscheiden.« Das ist Clarkes drittes Gesetz.

Vielleicht werden Physiker eines Tages die Gravitation vollständig verstehen und eine Antigravitationsmaschine bauen. Schwebende Menschen sind dann vielleicht für unsere Nachkommen so selbstverständlich wie Düsenflugzeuge für uns. Wenn also jemand behauptet, er habe einen fliegenden Teppich über die Minarette sausen sehen – sollten wir ihm dann deshalb glauben, weil diejenigen unter unseren Vorfahren, die an der Möglichkeit des Radios zweifelten, unrecht hatten? Nein, natürlich nicht. Aber warum nicht? Clarkes drittes Gesetz gilt nicht in umgekehrter Richtung. Aus der Aussage »Jede ausreichend weit fortgeschrittene Theorie ist von Magie nicht zu unterscheiden« folgt nicht, dass »jede magische Behauptung, die irgendjemand zu irgendeinem Zeitpunkt äußert, nicht von einem technologischen Fortschritt zu unterscheiden ist, der sich irgendwann in der Zukunft ereignen wird«.

Ja, es hat Fälle gegeben, in denen maßgebliche Skeptiker mit Eiern in ihrem dozierenden Gesicht abgetreten sind. Aber eine viel größere Zahl magischer Behauptungen wurde aufgestellt und nie bestätigt. Einige Dinge, die uns heute überraschen würden, werden in der Zukunft Wirklichkeit werden. Aber eine Fülle und Überfülle von Dingen wird sich auch in der Zukunft nicht verwirklichen. Die Geschichte zeigt, dass sehr überraschende Dinge, die Wirklichkeit werden, in der Minderzahl sind. Das Kunststück besteht darin, sie vom Unsinn zu unterscheiden – von Behauptungen, die stets im Bereich von Fiktion und Magie bleiben werden.

Es stimmt: Am Ende unseres Jahrhunderts sollten wir die Demut zeigen, die Kelvin am Ende des seinen nicht besaß. Es stimmt aber auch, dass wir anerkennen müssen, wie viel wir in den letzten hundert Jahren dazugelernt haben. Das digitale Jahrhundert war das beste Einzelthema, das ich nennen konnte. Es macht aber nur einen Bruchteil dessen aus, was die Wissenschaft des 20. Jahrhunderts uns hinterlassen wird. Im Gegensatz zu Darwin und Kelvin wissen wir heute, wie alt die Welt ist: ungefähr 4,6 Milliarden Jahre. Wir wissen etwas, für das Alfred Wegener ausgelacht wurde: dass die geografischen Verhältnisse nicht immer die gleichen waren. Südamerika sieht nicht nur so aus, als würde es wie ein Puzzlestein in die abgeknickte Küstenlinie Westafrikas passen. Es lag früher genau dort, bis die Kontinente sich vor rund 125 Millionen Jahren trennten. Madagaskar berührte früher auf der einen Seite Afrika und auf der anderen Indien. Das war, bevor Indien sich über den größer werdenden Ozean auf den Weg machte, mit Asien kollidierte und den Himalaya in die Höhe schob. Die Weltkarte der Kontinente hat eine zeitliche Dimension, und wir, denen es vergönnt ist, im Zeitalter der Plattentektonik zu leben, wissen genau, wie, wann und warum sie sich verändert hat.

In groben Zügen wissen wir, wie alt das Universum ist und dass sein Alter, das gleichzeitig das Alter der Zeit selbst ist, bei weniger als zwanzig Milliarden Jahren liegt. Es war anfangs eine Singularität mit gewaltiger Masse und Temperatur sowie mit sehr kleinem Volumen, und seither dehnt es sich ständig aus. Im 21. Jahrhundert wird wahrscheinlich die Frage geklärt werden, ob die Expansion sich für alle Zeiten fortsetzt oder irgendwann den Rückwärtsgang einlegt. Die Materie im Kosmos ist nicht homogen, sondern konzentriert sich in einigen Hundert Milliarden Galaxien, von denen jede im Durchschnitt hundert Milliarden Sterne enthält. Die Zusammensetzung jedes Sterns können wir in einigen Einzelheiten ablesen, indem wir sein Licht in einen prachtvollen Regenbogen aufspalten. Unter den Sternen ist unsere Sonne im Großen und Ganzen wenig bemerkenswert. Wenig bemerkenswert ist auch, dass Planeten um sie kreisen – das wissen wir, weil wir im Spektrum anderer Sterne winzige rhythmische Verschiebungen entdeckt haben.[56] Unmittelbare Belege, dass irgendein anderer Planet auch Leben beherbergt, gibt es nicht. Sollte das der Fall sein, sind solche bewohnten Inseln sehr weit verstreut, und es ist unwahrscheinlich, dass eine davon jemals einer anderen begegnet.

Wir wissen auch recht detailliert, welchen Gesetzmäßigkeiten die Evolution auf unserer Insel des Lebens unterliegt. Man kann mit Fug und Recht darauf wetten, dass das Grundprinzip – die darwinistische natürliche Selektion – in irgendeiner Form auch auf anderen Inseln des Lebens die Grundlage bildet, falls es welche geben sollte. Wir wissen, dass unsere Form des Lebens aus Zellen aufgebaut ist, wobei es sich bei einer Zelle entweder um ein Bakterium oder um eine Bakterienkolonie handeln kann. Die ausgefuchsten Mechanismen unserer Form von Leben beruhen auf der nahezu unendlichen Formenvielfalt einer besonderen Klasse von Molekülen, der Proteine. Wir wissen, dass diese überragend wichtigen dreidimensionalen Formen exakt durch einen eindimensionalen Code vorgegeben werden, den genetischen Code, den die DNA-Moleküle, die sich über die Zeiträume der Erdgeschichte hinweg immer wieder verdoppeln, in sich tragen. Wir verstehen, warum es so viele verschiedene biologische Arten gibt, auch wenn wir nicht wissen, wie viele es insgesamt sind. Wir können nicht im Detail vorhersagen, wie die Evolution in Zukunft verlaufen wird, aber die allgemeinen Gesetzmäßigkeiten, mit denen zu rechnen ist, lassen sich sehr wohl vorhersagen.

Welche ungelösten Probleme werden wir unser aller Nachwelt hinterlassen? Physiker wie Steven Weinberg werden auf ihre »Träume von einer endgültigen Theorie« hinweisen, die auch als »große vereinheitlichte Theorie«, »Weltformel« oder »Theorie von allem« bekannt ist. In der Frage, ob man jemals zu ihr gelangen wird, sind die Theoretiker unterschiedlicher Ansicht. Diejenigen, nach deren Ansicht es möglich ist, verlegen den Zeitpunkt für die wissenschaftliche Erleuchtung irgendwann ins 21. Jahrhundert. Wenn Physiker über solche tief greifenden Fragen diskutieren, greifen sie bekanntermaßen gern auf religiöse Formulierungen zurück. Manche von ihnen meinen es sogar so. Die anderen laufen Gefahr, wörtlich verstanden zu werden, wenn sie in Wirklichkeit nicht mehr sagen wollen als ich, wenn ich »Gott weiß« sage und damit meine, dass ich es nicht weiß.

Biologen werden zu Beginn des nächsten Jahrhunderts ihr großes Ziel erreichen, das Genom des Menschen aufzuschreiben. Sie werden entdecken, dass es nicht so endgültig ist, wie manche von ihnen einst gehofft hatten. Das Human-Embryonenprojekt – mit dem man herausfinden will, wie die Gene durch das Zusammenwirken mit ihrer Umwelt einschließlich anderer Gene einen menschlichen Körper entstehen lassen – wird bis zu seinem Abschluss mindestens ebenso viel Zeit in Anspruch nehmen. Aber auch dieses Vorhaben wird irgendwann im 21. Jahrhundert abgeschlossen sein, und wenn es wünschenswert ist, wird man einen künstlichen Mutterleib bauen.

Weniger zuversichtlich bin ich aber in einer Frage, die für mich wie für die meisten Biologen das herausragende verbleibende wissenschaftliche Problem ist: die Frage nach der Funktionsweise des menschlichen Gehirns und insbesondere nach der Natur des subjektiven Bewusstseins. Im letzten Jahrzehnt dieses Jahrhunderts haben wir erlebt, wie sich eine Fülle kluger Köpfe damit beschäftigt hat, darunter kein Geringerer als Francis Crick, aber auch Daniel Dennett, Steven Pinker und Sir Roger Penrose. Es ist ein großes, tief gehendes Problem, das solcher Köpfe wert ist. Natürlich habe auch ich dafür keine Lösung. Hätte ich sie, ich würde einen Nobelpreis verdienen. Es ist noch nicht einmal klar, um welche Art von Problem es sich eigentlich handelt und welche brillante Idee demnach eine Lösung darstellen würde. Manche Fachleute halten das Problem des Bewusstseins für eine Illusion: Da ist niemand zu Hause und kein Problem, das man lösen könnte. Aber bevor Darwin im vorigen Jahrhundert das Rätsel der Herkunft des Lebens löste, hatte nach meiner Vermutung auch niemand eindeutig formuliert, welche Art von Problem es eigentlich war. Erst nachdem Darwin es gelöst hatte, erkannten die meisten Menschen, worum es ursprünglich überhaupt gegangen war. Ich weiß nicht, ob sich das Bewusstsein als großes Problem erweisen wird, das nur von einem Genie gelöst werden kann, oder ob es sich auf unbefriedigende Weise in eine Reihe kleinerer Probleme und Nichtprobleme auflösen wird.

Ich bin keineswegs sicher, dass die Frage nach dem menschlichen Geist im 21. Jahrhundert gelöst wird. Wenn es aber geschieht, könnte es ein zusätzliches Nebenprodukt geben. Unsere Nachfolger sind dann vielleicht in der Lage, ein Paradoxon der Wissenschaft des 20. Jahrhunderts zu verstehen. Auf der einen Seite hat unser Jahrhundert dem menschlichen Wissensvorrat nachweislich so viel Neues hinzugefügt wie alle früheren Jahrhunderte zusammen, auf der anderen gibt es am Ende des 20. Jahrhunderts ungefähr das gleiche Ausmaß von Aberglauben wie im 19., und die regelrechte Wissenschaftsfeindlichkeit dürfte sogar größer sein. Mit Hoffnung – wenn auch nicht mit Zuversicht – blicke ich vorwärts ins 21. Jahrhundert und auf das, was es uns lehren wird.

Dolittle und Darwin[57]

Es wäre schön, wenn ich behaupten könnte, meine frühe Kindheit in Ostafrika habe in mir die Begeisterung für Naturgeschichte im Allgemeinen und die Evolution des Menschen im Besonderen geweckt. Aber so war es nicht. Ich kam erst spät zur Wissenschaft, und zwar durch Bücher.

Meine Kindheit kam einem Idyll so nahe, wie man es angesichts der Tatsache, dass ich mit sieben Jahren auf ein Internat geschickt wurde, erwarten konnte. Ich überlebte diese Erfahrung ebenso gut wie die meisten anderen Jungen, das heißt ziemlich gut (einige tragische Ausnahmen gingen im schikanierten Rand der Verteilungskurve verloren), und mit meiner ausgezeichneten Schulbildung kam ich schließlich nach Oxford, »dieses Athen meiner reiferen Jahre«.[58] Zu Hause – zuerst in Kenia, dann in Njassaland (dem heutigen Malawi) und später in England, auf der Familienfarm in Oxfordshire – war das Leben wirklich idyllisch. Wir waren nicht reich, aber auch nicht arm. Wir hatten kein Fernsehen, aber das lag nur daran, dass meine Eltern mit einer gewissen Berechtigung glaubten, man könne seine Zeit besser nutzen. Und wir hatten Bücher.

Vielleicht pflanzt besessenes Lesen bei einem Kind die Liebe zu Worten ein, und vielleicht hilft ihm das später beim Handwerk des Schreibens. Insbesondere frage ich mich, ob der prägende Einfluss, durch den ich später zum Zoologen wurde, von einem Kinderbuch ausgegangen sein könnte: von The Adventures of Doctor Dolittle (dt. Doktor Dolittle und seine Tiere) von Hugh Lofting, das ich zusammen mit seinen zahlreichen Folgebänden immer und immer wieder las. Diese Buchreihe lenkte mich nicht in einem direkten Sinn zur Wissenschaft, aber Dr. Dolittle war Wissenschaftler, der größte Naturforscher der Welt und ein Denker von rastloser Neugier. Lange bevor alle diese Formulierungen geprägt wurden, war er ein Vorbild, das mein Bewusstsein erweiterte.

John Dolittle war ein liebenswerter Landarzt, der sich von menschlichen Patienten ab- und den Tieren zuwandte. Sein Papagei Polynesia lehrte ihn, die Sprache der Tiere zu sprechen, und um diese einzigartige Fähigkeit kreisten die Handlungen von nahezu einem Dutzend Büchern. Wo andere Kinderbücher (darunter heute die Harry-Potter-Serie) mehr als reichlich auf Übernatürliches als Lösung für alle Schwierigkeiten zurückgreifen, beschränkte sich Hugh Lofting wie in der Science-Fiction auf einen einzigen Unterschied zur Realität. Dr. Dolittle konnte mit Tieren sprechen – daraus ergab sich alles andere. Als er zum Leiter des Postamtes im westafrikanischen Königreich Fantippo ernannt wird, rekrutiert er Zugvögel als ersten Luftpostdienst der Welt. Kleine Vögel tragen jeweils einen einzigen Brief, Störche transportieren große Pakete. Als sein Schiff einen Geschwindigkeitsschub braucht, um den heimtückischen Sklavenhändler Jimmie Bones zu überholen, schleppen ihn Tausende von Möwen ab – und die Fantasie eines Kindes erlebt Höhenflüge.[59] Als er in die Reichweite des Sklavenschiffes kommt, richtet eine Schwalbe mit ihrem scharfen Blick seine Kanone mit übermenschlicher Genauigkeit aus. Als ein Mann wegen Mordes angeklagt wird, kann Dr. Dolittle den Richter überreden, die Bulldogge des Angeklagten als einzigen Zeugen für seine Unschuld zu vernehmen; vorher stellt er seine Fähigkeiten als Dolmetscher in einem Gespräch mit dem Hund des Richters unter Beweis, wobei peinliche Geheimnisse ausgeplaudert werden, die nur der Hund kennen konnte.

Die Leistungen, zu denen Dr. Dolittle mit dieser einen Fähigkeit – mit Tieren zu sprechen – in der Lage war, wurden von seinen Feinden häufig fälschlich für übernatürlich gehalten. Als Dr. Dolittle in Afrika in einen Kerker geworfen wird, wo er hungern soll, bis er nachgibt, wird er immer dicker und fröhlicher. Tausende von Mäusen bringen ihm Krümel für Krümel etwas zu essen, Wasser erhält er in Walnussschalen, und selbst Seifenstückchen sind verfügbar, sodass er sich waschen und rasieren kann. Seine entsetzten Gefängniswärter führen das natürlich auf Hexerei zurück, aber wir, die kindlichen Leser, waren in die einfache, rationale Erklärung eingeweiht. Immer und immer wieder wurde in diesen Büchern die gleiche heilsame Lektion vermittelt. Es mag wie Magie aussehen, und die Bösewichte halten es für Magie, aber in Wirklichkeit gibt es eine rationale Erklärung.

Viele Kinder haben mächtige Träume, in denen ihnen ein Zauber, eine Feenprinzessin oder Gott selbst zu Hilfe kommt. Meine Träume handelten davon, mit Tieren zu sprechen und sie gegen die Ungerechtigkeit zu mobilisieren, die Menschen ihnen zufügten (wie ich unter dem Einfluss meiner tierliebenden Mutter und Dr. Dolittles glaubte). Was Dr. Dolittle in mir erzeugte, war das Bewusstsein für den »Speziesismus«, wie wir es heute nennen würden: die Annahme, dass Menschen im Vergleich zu Tieren eine Sonderbehandlung verdienen, einfach weil wir Menschen sind. Doktrinäre Abtreibungsgegner, die Kliniken in die Luft sprengen und gute Ärzte ermorden, erweisen sich bei genauerem Hinsehen als krasse Speziesisten. Ein ungeborenes Baby verdient nach allen vernünftigen Maßstäben weniger moralisches Mitgefühl als eine ausgewachsene Kuh. Der Lebensschützer schreit »Mord!« angesichts des Abtreibungsarztes, geht dann nach Hause und verzehrt zum Abendessen ein Steak. Kein Kind, das mit Dr. Dolittle aufgewachsen ist, konnte diesen doppelten Maßstab übersehen. Ein Kind, das mit der Bibel aufgewachsen ist, wäre dazu mit ziemlicher Sicherheit in der Lage.

Aber lassen wir die Moralphilosophie einmal beiseite. Dr. Dolittle brachte mir nicht die Evolution selbst bei, aber einen Vorläufer zu ihrem Verständnis: Die menschliche Spezies ist im Spektrum der Tiere nichts Einzigartiges. Darwin selbst verwendete große Mühe auf die gleiche Erkenntnis. Teile von *The Descent of Man* (dt. *Die*

Abstammung des Menschen) und *The Expression of Emotions* (dt. *Der Aus-druck der Gemütsbewegungen*) widmen sich dem Ziel, die Kluft zwischen uns und unseren tierischen Vettern zu verkleinern. Was Darwin für seine ausgewachsenen Leser der viktorianischen Zeit tat, leistete Dr. Dolittle in den 1940er- und 1950er-Jahren für mindestens einen kleinen Jungen. Als ich später *The Voyage of the Beagle* (dt. *Die Reise mit der Beagle*) las, malte ich mir eine Ähnlichkeit zwischen Darwin und Dolittle aus. Dolittles Zylinderhut und Frack sowie der Schiffstyp, den er stets ungeschickt steuerte und gewöhnlich zu Bruch gehen ließ, wiesen ihn als ungefähren Zeitgenossen Darwins aus. Aber das war nur der Anfang. Die Liebe zur Natur, die sanfte Fürsorglichkeit gegenüber der gesamten Schöpfung, die umfassenden Kenntnisse über Naturgeschichte, die vielen Notizbücher mit ihren hingekritzelten Beschreibungen erstaunlicher Entdeckungen in exotischen, fremden Ländern: Dr. Dolittle und der »Philos«, der »Schiffsphilosoph« der *Beagle*, hätten sich sicher in Südamerika oder auf der schwimmenden Insel Popsipetel (ein Anklang an die Plattentektonik) treffen können und wären Seelenverwandte gewesen. Dolittles Stoßmich-Ziehdich, eine Antilope mit gehörnten Köpfen an beiden Enden, war kaum weniger glaubwürdig als manche Fossilien und andere Funde, die der junge Darwin entdeckte.[60] Als Dolittle in Afrika eine Schlucht überqueren muss, greifen Affenrudel einander an Armen und Beinen, um eine lebende Brücke zu bilden. Darwin hätte die Szene sofort wiedererkannt: Genau das Gleiche tun die Wanderameisen, die er in Brasilien beobachtete. Später erforschte Darwin die bemerkenswerte Gewohnheit von Ameisen, Sklaven zu halten, und wie Dolittle war er seiner Zeit mit seiner leidenschaftlichen Ablehnung der Sklaverei unter Menschen voraus. Sie war das Einzige, was die beiden ansonsten sanftmütigen Naturforscher zur Weißglut trieb, und in Darwins Fall führte das zu einem Zerwürfnis mit dem Kapitän FitzRoy.

Eine der ergreifendsten Szenen der gesamten Kinderliteratur findet sich in *Doktor Dolittles Postamt*: Susana, eine Westafrikanerin, deren Mann von dem niederträchtigen Sklavenhändler Davy Bones gefangen genommen wurde, wird ganz allein in einem winzigen Kanu mitten auf dem Ozean entdeckt. Sie ist erschöpft und weint, über ihr Paddel gebeugt, nachdem sie die Verfolgung des Sklavenschiffes aufgegeben hat. Anfangs weigert sie sich, mit dem freundlichen Doktor zu sprechen, weil sie annimmt, jeder Weiße müsse ebenso böse sein wie Davy Bones. Aber schließlich gewinnt er ihr Vertrauen, und dann ruft er die einfallsreiche Armee des Tierreichs zusammen, damit sie in einem erfolgreichen Feldzug den Sklavenhändler überwältigt und Susanas Ehemann rettet. Welche Ironie, dass die Bücher von Hugh Lofting heute von scheinheiligen öffentlichen Bibliothekaren als rassistisch verbannt werden! Der Vorwurf ist nicht ganz unbegründet. Seine Zeichnungen von Afrikanern sind fettsteißige Karikaturen. Prinz Bumpo, der Erbe des Königreiches der Jolliginki und begeisterter Leser von Märchen, hält sich selbst für einen Märchenprinzen, ist aber gleichzeitig überzeugt, dass sein schwarzes Gesicht jedem Dornröschen, das durch seinen Kuss geweckt würde, Angst einflößen müsse. Also überredet er Dr. Dolittle, sein Gesicht mit einer besonderen Arzneimischung weiß zu machen. Im Licht unserer Tage ist das keine gute Bewusstseinserweiterung, und auch im Rückblick kann man dafür keine Entschuldigung finden. Aber die 1920er-Jahre, in denen Hugh Lofting lebte, waren nun einmal nach heutigen Maßstäben rassistisch[61], und natürlich gilt das trotz seiner Ablehnung der Sklaverei auch für Darwin wie für alle, die in viktorianischer Zeit lebten. Statt aalglatt zu zensieren, sollten wir uns unsere eigenen, anerkannten Gewohnheiten ansehen. Welche unserer unauffälligen Ismen werden zukünftige Generationen im Rückblick verurteilen? Der naheliegende Kandidat ist der Speziesismus, und hier wiegt Hugh Loftings positiver Einfluss weit schwerer als das Kavaliersdelikt seiner Insensibilität in Rassenfragen.

Dr. Dolittle ähnelt Charles Darwin auch in seiner Bilderstürmerei. Beide sind Wissenschaftler, die ständig anerkannte Weisheiten und hergebrachtes Wissen infrage stellen, was sowohl an ihrem eigenen Temperament liegt als auch daran, dass sie von ihren tierischen Informanten ins Bild gesetzt wurden. Die Gewohnheit, Autoritäten infrage zu stellen, ist eine der wertvollsten Gaben, die ein Buch oder ein Lehrer einem jungen zukünftigen Wissenschaftler mitgeben kann. Nimm nicht einfach hin, was alle dir sagen, sondern denke selbst. Ich glaube, meine Kindheitslektüre bereitete mich darauf vor, Charles Darwin zu lieben, als er durch meine Erwachsenenlektüre endlich in mein Leben trat.

TEIL II

All ihre gnadenlose Pracht

Während der erste Abschnitt dieses Buches davon handelte, was Wissenschaft *ist*, geht es im zweiten darum, wie diese Wissenschaft *betrieben* wird. Insbesondere beschäftigt er sich mit der Entwicklung und Verfeinerung von Darwins großartiger Theorie, die heute als wissenschaftliche Tatsache anerkannt ist: der Evolution durch natürliche Selektion in »all ihrer gnadenlosen Pracht«, wie Richard es an anderer Stelle einmal formuliert hat.[1] Die nun folgenden Artikel machen deutlich, wie die Theorie durch einen unwahrscheinlichen doppelten Akt der wissenschaftlichen Ehrenhaftigkeit der Öffentlichkeit bekannt gemacht wurde, was sie aussagt und wie weit ihr Einfluss und ihre Gültigkeit möglicherweise reichen, wie sie weiterentwickelt und missverstanden wird. Durch alles zieht sich der ständige Drang, die Anwendung dieser leistungsfähigsten aller wissenschaftlichen Ideen zu verfeinern, klarer zu machen und zu erweitern.

Der erste Text ist eine Rede, die Richard bei der Linnean Society zur Erinnerung an das Jahr 1858 hielt. Damals wurden dort die Aufsätze von Charles Darwin und Alfred Russel Wallace vorgetragen, mit denen sie die Nachricht über ihre welterschütternden Entdeckungen bekannt gaben. Er gibt den Werten der Wissenschaft – und der Wissenschaftler –, die in Teil I aufgezählt und verteidigt werden, eine anschaulichere, konkrete Form. Er berichtet über die gemeinsame Arbeit der beiden großen viktorianischen Wissenschaftler und endet mit der kühnen Annahme, dass die darwinistische natürliche Selektion nicht nur die einzig angemessene Erklärung dafür ist, wie das Leben sich entwickelt *hat*, sondern auch dafür, wie es sich überhaupt entwickeln *kann*. Ehrung der Vorgänger, Herausforderung für die Nachfolger: das sind die Eckpunkte des dawkinsschen wissenschaftlichen Diskurses. Herausforderung für die Nachfolger, aber auch Herausforderung für sich selbst. Der fast zwanzig Jahre früher entstandene Aufsatz über den »universellen Darwinismus« unterwirft die kühne Annahme einem rigorosen Kreuzverhör. Dazu dient eine systematische Übersicht über die sechs alternativen Evolutionstheorien, die der große deutsch-amerikanische Evolutionsbiologe Ernst Mayr benannt hat. Dann geht er einen Schritt weiter und bereitet den Boden für das neue Fachgebiet der »evolutionären Exobiologie«. Unermüdlicher Ehrgeiz im Interesse einer leidenschaftlichen Überzeugung ist nicht so selten, auch kritische Strenge ist nicht so selten, aber die Fähigkeit, Letztere auf die eigenen Wagnisse im Sinne der Ersteren anzuwenden, ist zweifellos seltener als jedes für sich – und noch seltener ist vielleicht die offenkundige Begeisterung für die Aufgabe, die sich hier auftut. Der Lohn? Das unmissverständliche Selbstbewusstsein eines Anwalts der Verteidigung, der überzeugt ist, dass er seine Sache hinreichend begründet hat:

> Der Darwinismus ... ist die einzige mir bekannte Kraft, die prinzipiell die Evolution in Richtung einer anpassungsorientierten Komplexität lenken kann. Sie ist auf unserem Planeten wirksam. Sie leidet an keinem der Schwachpunkte, von denen die andern fünf Theoriegebäude belastet sind, und es besteht kein Grund, daran zu zweifeln, dass sie im ganzen Universum am Werk ist.

Als Darwin selbst seine Theorie darlegte, hatte man die Gene natürlich noch nicht identifiziert, und noch viel weniger hatte man sie als Gegenstand der natürlichen Selektion ausgemacht. Der Beitrag »Eine Ökologie der Replikatoren«, der zuerst in einer Sammlung zu Ehren von Mayr veröffentlicht wurde, nimmt den Diskurs über die Evolution im Zusammenhang der Debatten des 20. Jahrhunderts wieder auf. Es geht um die Frage, auf welcher Ebene die natürliche Selektion stattfindet, und dabei wird mit beispielhafter Klarheit das Gen als einziger Replikator in dem System benannt. Das Kernstück des Artikels ist interessanterweise die Untersuchung einer scheinbaren Meinungsverschiedenheit (mit Mayr selbst) um die Frage, wo sie real und wo sie eine Illusion ist. Wie so oft hat das den Zweck, eine entscheidende Unterscheidung zu treffen, die das Verständnis verbessert und verfeinert, und eine entscheidende Gemeinsamkeit offenzulegen, die sich hinter einer unterschiedlichen Terminologie oder Ausdrucksweise verbirgt.

Ein immer wiederkehrendes Motiv in diesem Abschnitt ist das Beharren auf der Unzulässigkeit der Gruppenselektion, das heißt der Vorstellung, das darwinistische Prinzip könne auf der Ebene einer Familie, eines Stammes oder einer Spezies wirksam werden. »Verwandtenselektion: zwölf Missverständnisse« ist ein Rundumschlag in diesem Feldzug, eine Art akademische Hütehundprüfung, bei der eine Reihe von Abweichungen vom richtigen Weg geduldig und mit Erfolg wieder in Richtung Gehege gelenkt werden. Man könnte erwarten, dass dieser Text, der für eine Fachzeitschrift verfasst wurde und ein großes Themenspektrum abdeckt, trocken, nüchtern und unpersönlich ist. Aber das stimmt nicht. Sätze wie der folgende zeugen von der Seelenverwandtschaft mit Douglas Adams: »So kommt es, dass sensible Verhaltensforscher, die etwas genauer hinhören, ein leises, skeptisches Murren vernehmen, das gelegentlich zu einem selbstgefälligen Geheul anschwillt, wenn einer der ersten Triumphe der Theorie auf neue Probleme stößt.« Wie viele andere Autoren, die für das esoterische Ende des wissenschaftlichen Bücherregals schreiben, würden einen solchen Höhenflug wagen? Ebenso charakteristisch ist die »Entschuldigung« am Ende, in der er betont, dass das Motiv für die vorangegangene kritische Darlegung nicht irgendein Drang war, Punkte gegenüber anderen zu sammeln, sondern das Bestreben, die gemeinsamen Erkenntnisse aller zu erweitern. Jedes Mal steht der Fortschritt der Wissenschaft höher als der Triumph des Einzelnen.

G. S.

»Darwinistischer als Darwin«: die Aufsätze von Darwin und Wallace[2]

Es liegt im Wesen wissenschaftlicher Wahrheiten, dass sie darauf warten, von jedem entdeckt zu werden, der die Fähigkeit dazu besitzt. Wenn zwei Menschen in der Wissenschaft unabhängig voneinander das Gleiche entdecken, handelt es sich um dieselbe Wahrheit. Anders als Kunstwerke verändern wissenschaftliche Wahrheiten ihr Wesen nicht je nachdem, wer sie entdeckt. Das ist das Großartige an der Wissenschaft und gleichzeitig auch eine starke Einschränkung. Hätte Shakespeare nicht gelebt, kein anderer hätte jemals *Macbeth* geschrieben. Hätte Darwin nicht gelebt, ein anderer hätte die natürliche Selektion entdeckt. Tatsächlich entdeckte sie auch ein anderer: Alfred Russel Wallace. Deshalb sind wir heute hier.

Am 1. Juli 1858 wurde der Welt die Theorie der Evolution durch natürliche Selektion vorgestellt, sicher eine der leistungsfähigsten und weitreichendsten Ideen, die jemals ein Mensch hatte. Und sie kam nicht nur einem Menschen, sondern zweien. Hier möchte ich festhalten, dass sich beide, Darwin ebenso wie Wallace, nicht nur mit der Entdeckung einen Namen machten, die ihnen unabhängig voneinander gelang, sondern auch mit der Großzügigkeit und Menschlichkeit, mit der sie dabei die Frage der Priorität lösten. Darwin und Wallace erscheinen mir nicht nur als Symbole für außerordentliche wissenschaftliche Brillanz, sondern auch für den Geist der liebenswürdigen Kooperation, den Wissenschaft in ihrer besten Form fördert.

Der Philosoph Daniel Dennett hat einmal geschrieben: »Ich möchte meine Karten auf den Tisch legen. Wenn ich einen Preis für die beste Einzelidee aller Zeiten vergeben sollte, würde ich ihn Darwin verleihen, noch vor Newton und Einstein und allen anderen.« Ich selbst habe etwas Ähnliches gesagt, allerdings habe ich es nicht gewagt, ausdrücklich den Vergleich mit Newton und Einstein zu ziehen. Die Idee, von der wir hier reden, ist natürlich die Evolution durch natürliche Selektion. Sie ist nicht nur die so gut wie universell anerkannte Erklärung für die Komplexität und Eleganz des Lebendigen, sondern ich habe auch den starken Verdacht, dass sie als einzige Idee überhaupt prinzipiell eine solche Erklärung liefern kann.

Aber Darwin war nicht der Einzige, dem sie einfiel. Als Professor Dennett und ich unsere Bemerkungen machten, haben wir – in meinem Fall bin ich mir sicher, bei Dennett vermute ich, dass er mir zustimmen würde – den Namen Darwin stellvertretend für »Darwin und Wallace« verwendet. Das, so befürchte ich, widerfährt Wallace ziemlich oft. Er wird von der Nachwelt häufig schlecht behandelt, was zum Teil an seinem eigenen, großzügigen Wesen liegt. Wallace selbst prägte den Begriff »Darwinismus« und sprach häufig von Darwins Theorie. Dass uns Darwins Name vertrauter ist als der von Wallace, liegt daran, dass Darwin ein Jahr später *On the Origin of Species* (dt. *Die Entstehung der Arten*) veröffentlichte. Sein Werk erklärte und vertrat nicht nur die Darwin-Wallace-Theorie der natürlichen Selektion als Mechanismus der Evolution, sondern es erläuterte auch die vielfältigen Belege für die *Tatsache* der Evolution selbst – und das erforderte die Länge eines ganzen Buches.

Die dramatische Geschichte über die Ankunft von Wallace' Brief im Down House am 17. Juni 1858, die Darwin in quälende Unentschiedenheit und Sorgen stürzte, ist so bekannt, dass ich sie nicht noch einmal erzählen muss. Aus meiner Sicht ist die ganze Episode eine der verdienstvollsten und schönsten in der ganzen Geschichte der wissenschaftlichen Prioritätsstreitigkeiten – und zwar genau deshalb, weil es keinen Streit gab, obwohl er so leicht hätte ausbrechen können. Er wurde freundschaftlich und mit herzerfrischender Großzügigkeit auf beiden Seiten gelöst, insbeson-

dere von Wallace' Seite. Darwin schrieb später in seiner Autobiografie:

> Anfang des Jahres 1856 riet mir Lyell, ich solle meine Über-
> legungen ausführlich niederschreiben; damit begann ich unver-
> züglich; die Ausführungen waren drei- bis viermal breiter ange-
> legt als das, was ich später in meiner *Entstehung der Arten*
> veröffentlichte; und dabei war es nur eine Zusammenfassung
> des Materials, das ich gesammelt hatte, und ich arbeitete unge-
> fähr bis zur Hälfte des Vorhabens in dieser Breite weiter. Aber
> meine Pläne wurden umgestoßen, denn zu Beginn des Som-
> mers 1858 schickte mir Mr Wallace, der sich damals auf dem
> Malayischen Archipel aufhielt, eine Arbeit *On the Tendency of
> Varieties to depart indefinitely from the Original Type*; und diese Ar-
> beit enthielt dieselbe Theorie wie meine. Mr Wallace bat mich,
> seine Arbeit an Lyell zur Prüfung weiterzuschicken, wenn sie
> mir einleuchte. Genaueres über die Begleitumstände, unter de-
> nen ich auf Bitten von Lyell und Hooker meine Zustimmung
> dazu gab, dass ein Auszug aus meinem Manuskript zusammen
> mit einem Brief an Asa Gray vom 5. September 1857 und gleich-
> zeitig mit Wallace' Arbeit veröffentlicht wurden, ist im *Journal of
> the Proceedings of the Linnean Society* 1858, S. 45, nachzulesen. Ich
> wollte meine Zustimmung zuerst durchaus nicht geben, ich
> dachte nämlich, Mr Wallace fände die gemeinsame Veröffent-
> lichung vielleicht unbillig; damals wusste ich noch nicht, wie
> großzügig und nobel seine Einstellung ist. Der Auszug aus mei-
> nem Manuskript und der Brief an Asa Gray waren beide nicht
> zur Veröffentlichung bestimmt gewesen und nicht gut geschrie-
> ben. Mr Wallace' Artikel dagegen war wunderbar formuliert
> und ganz klar. Trotzdem erregten unsere gemeinsam veröffent-
> lichten Produkte kaum Aufmerksamkeit, und ich kann mich nur
> an eine vernichtende Rezension erinnern, verfasst von Professor
> Haughton aus Dublin: Alles Neue darin sei falsch, und alles
> Richtige altbekannt. Das zeigt, wie notwendig es ist, dass jede

neue Auffassung sehr ausführlich und eingehend dargelegt wird, soll die Öffentlichkeit auf sie aufmerksam werden.

Was seine beiden eigenen Aufsätze anging, war Darwin übermäßig bescheiden. Beide sind Musterbeispiele für die Kunst des Erklärens. Auch der Artikel von Wallace argumentiert sehr klar. Seine Ideen waren denen von Darwin tatsächlich bemerkenswert ähnlich, und es besteht kein Zweifel, dass Wallace unabhängig zu ihnen gelangte. Nach meiner Auffassung muss man den Wallace-Aufsatz in Verbindung mit seinem früheren Artikel lesen, der 1855 in den *Annals and Magazine of Natural History* erschienen war. Darwin las diesen Aufsatz, als er veröffentlicht wurde. Er führte sogar dazu, dass er Wallace in den großen Kreis seiner Korrespondenzpartner aufnahm und sich seiner Dienstleistungen als Sammler versichern wollte. Aber seltsamerweise erkannte Darwin in dem Aufsatz von 1855 keinerlei Warnung, dass Wallace bereits ein überzeugter Evolutionsanhänger höchst darwinistischer Prägung war. Das meine ich im Gegensatz zur lamarckistischen Auffassung der Evolution, nach der alle heutigen Arten auf einer Leiter stehen, wobei die eine sich in die andere verwandelt, wenn sie die Sprossen emporsteigen. Wallace dagegen hatte schon 1855 eine klare Vorstellung von der Evolution als verzweigtem Baum, genau wie Darwins berühmtes Diagramm, das die einzige Abbildung in der *Entstehung der Arten* bildete. Allerdings erwähnt der Artikel von 1855 nirgendwo die natürliche Selektion oder den Kampf ums Dasein.

Das blieb Wallace' Aufsatz von 1858 vorbehalten, der Darwin wie ein Blitz traf. Hier bediente sich Wallace sogar der Formulierung »Kampf ums Dasein«. Außerdem widmet Wallace darin dem exponentiellen Wachstum der Zahlen (auch das ein entscheidender darwinistischer Aspekt) beträchtliche Aufmerksamkeit. Er schrieb:

> Die größere oder geringere Fruchtbarkeit eines Tieres gilt oft als eine der wichtigsten Ursachen für seine Häufigkeit oder Seltenheit; eine genaue Betrachtung der Tatsachen wird uns aber zei-

gen, dass sie in Wirklichkeit wenig oder nichts mit dem Thema zu
tun hat. Selbst die am wenigsten fruchtbaren Tiere würden in ihrer Zahl schnell zunehmen, wenn sie nicht in Schach gehalten
würden, und gleichzeitig liegt es auf der Hand, dass der Tierbe-
stand auf der Erde gleich bleiben oder vielleicht ... abnehmen
muss.

Daraus leitete Wallace ab:

> Die Zahl derer, die jedes Jahr sterben, muss riesig sein; und da das
> individuelle Dasein jedes einzelnen Tieres von ihm selbst ab-
> hängt, müssen diejenigen, die sterben, die schwächsten sein.

Wallace' Schlusswort hätte auch von Darwin selbst stammen können:

> Die kräftigen, zurückziehbaren Krallen der Falken- und Katzen-
> stämme wurden nicht durch die Willenskraft dieser Tiere hervor-
> gebracht oder verstärkt; vielmehr überlebten unter den verschie-
> denen Varianten, welche in den früheren und weniger hoch
> organisierten Formen dieser Gruppen vorkamen, stets jene am
> längsten, welche über die größten Fähigkeiten verfügten, ihre
> Beute zu ergreifen ... Selbst die seltsamen Farben vieler Tiere, ins-
> besondere der Insekten, die so stark dem Boden oder den Blättern
> oder den Stämmen ähneln, auf denen sie gewöhnlich zu Hause
> sind, lassen sich nach dem gleichen Prinzip erklären; denn auch
> wenn im Laufe der Zeitalter Varianten vieler Farbtöne aufgetreten
> sein dürften, würden zwangsläufig diejenigen Rassen, deren Far-
> ben am besten dazu geeignet sind, sich vor ihren Feinden zu ver-
> bergen, am längsten überleben. Wir haben hier also eine tätige
> Ursache zur Erklärung jenes Gleichgewichts, welches man in der
> Natur so häufig beobachtet: Ein Mangel in einer Gruppe von Or-
> ganen wird immer durch eine verstärkte Entwicklung einiger an-
> derer ausgeglichen – kräftige Flügel begleiten schwache Füße,

oder Schnelligkeit macht das Fehlen von Verteidigungswaffen wett; denn es wurde gezeigt, dass alle Varianten, in denen ein nicht ausgeglichener Mangel vorkommt, in ihrem Dasein nicht lange fortdauern können. Die Tätigkeit dieses Prinzips ist genau die des Fliehkraftreglers in einer Dampfmaschine, der alle Unregelmäßigkeiten prüft und korrigiert, fast bevor sie sich überhaupt zeigen.

Das Bild des Fliehkraftreglers ist so stark, dass ich mich nicht des Gefühls erwehren kann, Darwin könne darauf vielleicht neidisch gewesen sein.

Wissenschaftshistoriker haben die Ansicht geäußert, Wallace' Version der natürlichen Selektion sei nicht ganz so darwinistisch gewesen, wie Darwin selbst glaubte. Wallace verwendete die Begriffe »Varietät« oder »Rasse« für die Ebene der Gebilde, auf der die natürliche Selektion wirkt. Außerdem wurde vermutet, Wallace habe – im Gegensatz zu Darwin, der klar erkannte, dass die Selektion zwischen Individuen wählt – sich etwas vorgestellt, was moderne Theoretiker zu Recht als »Gruppenselektion« abqualifizieren. Das würde stimmen, wenn Wallace mit »Varietäten« geografisch getrennte Gruppen oder Rassen von Individuen gemeint hätte. Anfangs habe ich mir auch selbst die Frage gestellt. Aber ich glaube, bei sorgfältiger Lektüre von Wallace' Artikel kann man diese Möglichkeit ausschließen. Nach meiner Überzeugung meinte Wallace mit »Varietät« das, was wir heute als »genetischen Typus« bezeichnen würden oder was ein moderner Autor sogar mit einem Gen meint. Ich bin der Ansicht, dass Wallace in seinem Aufsatz mit »Varietät« nicht beispielsweise eine lokale Adlerrasse meinte, sondern »diejenigen Adlerindividuen, deren Klauen aufgrund von Vererbung ungewöhnlich scharf waren«.

Wenn ich recht habe, handelt es sich hier um ein ähnliches Missverständnis, wie es auch Darwin erleben musste: Dass er im Untertitel der *Entstehung der Arten* das Wort »race« (Rasse) verwendete, wird manchmal fälschlich so interpretiert, als hätte er den

Rassismus unterstützt. Dieser Untertitel oder eigentlich Alternativtitel lautet *The Preservation of Favoured Races in the Struggle for Life* (dt. *Die Erhaltung der begünstigten Rassen im Kampf ums Dasein*). Auch hier meinte Darwin mit »Rasse« einfach »diejenigen Individuen, die ein gemeinsames erbliches Merkmal teilen«, beispielsweise spitze Klauen; er meinte aber nicht eine geografisch abgegrenzte Rasse wie beispielsweise die Nebelkrähe. Hätte er das gemeint, dann hätte sich auch Darwin des Irrtums der Gruppenselektion schuldig gemacht. Ich glaube, dass weder Darwin noch Wallace diesen Fehler beging. Und aus den gleichen Gründen glaube ich auch nicht, dass Wallace von der natürlichen Selektion eine andere Vorstellung hatte als Darwin.

Und was die Verleumdung angeht, Darwin habe bei Wallace abgeschrieben: Das ist Unsinn. Die Belege zeigen sehr deutlich, dass Darwin früher als Wallace über natürliche Selektion nachdachte, auch wenn er es anfangs nicht veröffentlichte. Wir haben seine Zusammenfassung von 1842 und seinen längeren Aufsatz von 1844; beide sind ein ebenso eindeutiger Nachweis für seine Priorität wie sein Brief von 1857 an Asa Gray, der hier an dem Tag, den wir heute feiern, verlesen wurde. Warum er mit der Veröffentlichung so lange zögerte, ist eines der größten Rätsel in der Wissenschaftsgeschichte. Manche Historiker haben die Vermutung geäußert, er habe sich vor den religiösen Auswirkungen gefürchtet, andere nennen die politischen Folgen. Vielleicht war er auch einfach nur ein Perfektionist.

Als Wallace' Brief eintraf, war Darwin überraschter, als es nach unserer heutigen Auffassung gerechtfertigt gewesen wäre. An Lyell schrieb er: »Ich habe nie ein verblüffenderes zufälliges Zusammentreffen erlebt; hätte Wallace meine 1842 verfasste Manuskriptskizze besessen, er hätte keine bessere kurze Zusammenfassung darüber schreiben können. Selbst seine Begriffe sind heute meine Kapitelüberschriften.«

Das zufällige Zusammentreffen erstreckte sich auch darauf, dass sowohl Darwin als auch Wallace Anregungen von Robert Malthus und seinen Ausführungen über Populationen bezogen hatten. Darwin ließ sich nach seiner eigenen Darstellung sofort davon inspirieren, dass Malthus so großes Gewicht auf Überbevölkerung und Konkurrenz legte. In seiner Autobiografie schrieb er:

> Im Oktober 1838, fünfzehn Monate nachdem ich mit meiner Untersuchung begonnen hatte, las ich zufällig zum Vergnügen Malthus' Buch über *Population*, und weil ich durch meine lange Beobachtung der Verhaltensweisen von Tieren und Pflanzen wohl darauf vorbereitet war, anzuerkennen, dass ein Kampf ums Dasein überall stattfindet, wurde mir sofort deutlich, dass unter solchen Bedingungen vorteilhafte Variationen eher erhalten bleiben und unvorteilhafte eher vernichtet werden. Das Ergebnis dieser Tendenz musste die Bildung neuer Arten sein. Jetzt hatte ich endlich eine Theorie, mit der ich arbeiten konnte.

Wallace erlebte seine Erleuchtung nach der Malthus-Lektüre erst mit Verzögerung, aber als sie dann kam, war sie in gewisser Hinsicht noch dramatischer – sie stellte sich in seinem überhitzten Gehirn auf der Insel Ternate im Molukken-Archipel inmitten eines Malariaanfalls ein:

> Ich litt an einem heftigen Anfall von Wechselfieber und musste mich jeden Tag während der Kälte- und nachfolgenden Hitzeanfälle mehrere Stunden hinlegen. Während dieser Zeit hatte ich nichts anderes zu tun, als über alle Themen nachzudenken, die mich damals besonders interessierten …
> Eines Tages brachte mir irgendetwas Malthus' »Principles of Population« wieder in Erinnerung. Ich dachte an seine klaren Erläuterungen über »die positiven Einschränkungen der Vermehrung« – Krankheit, Unfälle, Krieg und Hungersnot –, welche die Population wilder Rassen auf einem so viel niedrigeren Durchschnitt festhalten als die der zivilisierteren Völker. Da fiel mir ein …

Anschließend fährt Wallace mit seiner eigenen bewundernswert klaren Darlegung der natürlichen Selektion fort.

Es gibt neben Darwin und Wallace noch andere Kandidaten für die Priorität. Ich rede natürlich hier nicht von dem Gedanken der Evolution selbst; dafür gibt es zahlreiche Vorläufer, unter ihnen auch Erasmus Darwin. Die natürliche Selektion jedoch wurde in viktorianischer Zeit noch von zwei anderen Vorreitern vertreten, und zwar ungefähr mit dem gleichen Eifer, den auch Baconisten an den Tag legen, wenn sie über die Autorschaft Shakespeares diskutieren. Diese beiden Personen waren Patrick Matthew und Edward Blyth; Darwin selbst erwähnt aus noch früherer Zeit W. C. Wells. Matthew beschwerte sich, Darwin habe ihn übersehen, und daraufhin erwähnte dieser ihn in späteren Auflagen der *Entstehung der Arten*. Der folgende Absatz stammt aus der Einleitung zur fünften Auflage:

> Im Jahre 1831 erschien das Buch von Patrick Matthew:»Naval Timber and Arboriculture«, in welchem er genau dieselbe Ansicht von dem Ursprunge der Arten entwickelt wie die ... von Mr. Wallace und mir im»Linnean Journal« entwickelte und wie die in dem vorliegenden Bande weiter ausgeführt dargestellte. Unglücklicherweise jedoch teilte Matthew seine Ansicht an einzelnen zerstreuten Stellen in dem Anhange zu einem Werke über einen ganz anderen Gegenstand mit, sodass sie völlig unbeachtet blieb, bis er selbst 1860 im»Gardener's Chronicle« ... die Aufmerksamkeit darauf lenkte.

Wie bei Edward Blyth, der vor allem durch Loren Eiseley bekannt wurde, so ist nach meiner Auffassung auch bei Matthew keineswegs klar, ob er die Bedeutung der natürlichen Selektion wirklich begriff. Die Belege lassen sich auch mit der Ansicht vereinbaren, dass diese angeblichen Vorläufer von Darwin und Wallace die natürliche Selektion für eine ausschließlich negative Kraft hielten, die Fehlanpassungen beseitigt, aber nicht die gesamte Evolution des Lebendigen aufbaut (eine falsche Vorstellung, mit der auch manche modernen Kreationisten sich noch herumschlagen). Wenn man wirklich begriffen hat, dass man auf einer der größten Ideen sitzt, die jemals einem Menschen gekommen sind, dann, dieses Gefühls kann ich mich nicht erwehren, würde man sie nicht in verstreuten Absätzen eines Anhangs zu einer Monografie über Schiffsbauholz verstecken. Und man würde später auch nicht den *Gardener's Chronicle* als das Organ auswählen, in dem man die eigene Priorität beansprucht. Dass Wallace die gewaltige Bedeutung seiner Entdeckung begriff, steht dagegen außer Zweifel.

Darwin und Wallace stimmten nicht immer und überall überein. Wallace liebäugelte im höheren Alter mit dem Spiritismus (während Darwin trotz seines ehrwürdigen Äußeren kein sehr hohes Alter erreichte), und schon in früheren Zeiten hatte Wallace seine Zweifel, ob man mit der natürlichen Selektion die besonderen Fähigkeiten des menschlichen Geistes erklären könne. Der wichtigere Konflikt zwischen den beiden entzündete sich aber an der sexuellen Selektion, und seine Auswirkungen sind, wie Helena Cronin in ihrem wunderschönen Buch *The Ant and the Peacock* deutlich gemacht hat, noch heute zu spüren. Wallace sagte einmal über sich: »Ich bin darwinistischer als Darwin selbst.« Er hielt die natürliche Selektion für einen erbarmungslosen Utilitaristen und mochte Darwins Interpretation, wonach die Schwänze von Paradiesvögeln und ähnlich bunte Färbungen auf sexuelle Selektion zurückzuführen sind, nicht schlucken. Auch Darwin hatte in dieser Hinsicht Schluckbeschwerden. Er schrieb: »Der Anblick einer Feder im Schwanz eines Pfaus verursacht mir jedes Mal, wenn ich ihn anstarre, Übelkeit.« Dennoch machte Darwin seinen Frieden mit der sexuellen Selektion und begeisterte sich regelrecht dafür. Eine ästhetische Neigung der Weibchen, die unter Männchen wählen, war eine ausreichende Erklärung für den Schwanz des Pfaus und ähnliche Überspanntheiten. Wallace gefiel das alles nicht. Genauso ging es nahezu allen seinen Zeitgenossen mit Ausnahme Darwins selbst, und das manchmal aus unverhohlen frauenfeindlichen Gründen. Um Helena Cronin zu zitieren:

Mehrere Autoritäten gingen noch einen Schritt weiter und wiesen
auf den berühmt-berüchtigten Wankelmut der Frauen hin. Nach
Ansicht von Mivart »ist eine boshafte weibliche Laune so instabil
beschaffen, dass durch selektive Tätigkeit keine Konstanz der
Färbung hervorgebracht werden kann«. Geddes und Thomson
vertraten die düstere frauenfeindliche Ansicht, eine Dauerhaftig-
keit des weiblichen Geschmacks lasse sich »in der Erfahrung der
Menschen kaum verifizieren«.

Wallace hatte keine frauenfeindlichen Gründe, aber nach seiner
festen Überzeugung waren weibliche Launen keine angemessene
Erklärung für den evolutionären Wandel. Cronin benutzt seinen
Namen für eine ganze Denkrichtung, die sich bis heute erhalten
hat. Die »Wallacener« neigen zu einer utilitaristischen Erklärung
der bunten Färbung, »Darwinisten« dagegen erkennen weibliche
Laune als Erklärung an. Die modernen Wallacener finden sich damit ab, dass der Schwanz des Pfaus und ähnliche bunte Körperteile
der Werbung von Weibchen dienen. Sie postulieren aber, dass die
Männchen damit echte Qualität zur Schau stellen. Ein Männchen
mit bunt gefärbten Schwanzfedern zeigt, dass es ein Partner von
hoher Qualität ist. Nach der darwinistischen Sichtweise für die sexuelle Selektion dagegen wird der bunte Schwanz von den Weibchen nicht wegen zusätzlicher Qualitäten geschätzt, die über die
bunte Färbung selbst hinausgehen und wichtiger sind. Die Färbung gefällt ihnen, weil sie ihnen gefällt, weil sie ihnen gefällt.
Weibchen, die attraktive Männchen auswählen, haben attraktive
Söhne, die ihren Reiz auf die Weibchen der nächsten Generation
ausüben. Die Wallacener bestehen nüchterner darauf, dass die
Färbung ein Anzeichen für etwas Nützliches sein muss.

Ein Musterbeispiel für einen solchen Wallacener war
W. D. Hamilton, mein mittlerweile verstorbener Kollege an der
Universität Oxford. Nach seiner Ansicht sind Verzierungen, die der
sexuellen Selektion unterliegen, Anzeichen für gute Gesundheit,
und ausgewählt werden sie, weil sie den Gesundheitszustand

eines Männchens offenbaren, einen schlechten ebenso wie einen
guten.

Man kann Hamiltons wallacenische Vorstellung auch so ausdrücken: Die Selektion begünstigt Weibchen, die zu geschickten
tierärztlichen Diagnostikerinnen geworden sind. Gleichzeitig begünstigt die Selektion auch Männchen, die es ihnen leicht machen,
indem sie sich, genau genommen, die Entsprechung zu unüberseh-
baren Fieberthermometern und Blutdruckmessgeräten wachsen
lassen. Der lange Schwanz eines Paradiesvogels ist für Hamilton
eine Anpassung, die es den Weibchen leicht macht, die gute oder
schlechte Gesundheit des Männchens festzustellen. Ein Beispiel
für ein gutes allgemein-diagnostisches Merkmal ist die Anfälligkeit für Durchfall. Ein langer schmutziger Schwanz verrät einen
schlechten Gesundheitszustand. Ein langer sauberer Schwanz besagt das Gegenteil. Je länger der Schwanz, desto klarer tritt der
Gesundheitszustand zutage, sei er nun gut oder schlecht. Natürlich nützt solche Ehrlichkeit dem einzelnen Männchen nur dann,
wenn es bei guter Gesundheit ist. Aber Hamilton und andere Neo-
Wallacener vertreten mit scharfsinnigen Argumenten[3] die Ansicht,
dass die natürliche Selektion ganz allgemein eine ehrliche Kenn-
zeichnung begünstigt, selbst wenn die Ehrlichkeit im Einzelfall
schmerzliche Folgen hat. Nach Ansicht der Neo-Wallacener begünstigt die natürliche Selektion einen langen Schwanz gerade
deshalb, weil er ein leistungsfähiger Anzeiger für den Gesundheitszustand ist – und zwar sowohl für einen guten als auch (was paradox erscheint, aber mathematische Modelle der Theorie sind wirklich stichhaltig) für einen schlechten.

Auch die Anhänger der sexuellen Selektion darwinistischer
Spielart haben heute ihre Vertreter. Ihre Reihe verläuft in der ersten
Hälfte des 20. Jahrhunderts über R. A. Fisher, und die heutigen
Vertreter der darwinistischen sexuellen Selektion haben mathematische Modelle entwickelt, die – ebenfalls paradoxerweise – zeigen,
dass sexuelle Selektion, die durch willkürliche Launen der Weibchen gelenkt wird, tatsächlich zu Prozessen führen können, die so

aus dem Ruder laufen, dass sich der Schwanz – oder eine andere
sexuell selektionierte Eigenschaft – gefährlich weit von seinem
Nützlichkeitsoptimum entfernt. Der Schlüssel zu dieser Familie
von Theorien ist das »Kopplungsungleichgewicht«, wie moderne
Genetiker es nennen. Wenn beispielsweise Weibchen aus einer
Laune heraus Männchen mit langem Schwanz wählen, erben die
Nachkommen beiderlei Geschlechts die Gene, die bei der Mutter
für die Launen und beim Vater für den Schwanz sorgen. Ganz
gleich, wie willkürlich die Laune ist, die gemeinsame Selektion
beider Geschlechter führt (zumindest wenn man die mathematische Theorie in einer bestimmten Weise anwendet) zur aus dem
Ruder laufenden Evolution längerer Schwänze und einer weiblichen Vorliebe für längere Schwänze. Auf diese Weise kann der
Schwanz tatsächlich lächerlich lang werden.

Wie Cronins elegante historische Analyse zeigt, setzten sich
die Meinungsverschiedenheiten zwischen Darwin und Wallace auf
dem Gebiet der sexuellen Selektion bis lange nach dem Tod ihrer
ursprünglichen Protagonisten fort, nämlich während des ganzen
20. Jahrhunderts bis heute. Es ist besonders erfreulich – und dürfte
die beiden Männer amüsiert haben –, dass sowohl die darwinistische als auch die Wallace'sche Spielart der Theorie der sexuellen
Selektion insbesondere in ihrer modernen Form ein stark para-
doxes Element beinhalten. Beide sind in der Lage, überraschende
und sogar groteske sexuelle Werbemittel vorauszusagen – und die
sehen wir in der Natur tatsächlich. Der Fächerschwanz des Pfaus
ist nur das berühmteste Beispiel.

Ich habe gesagt, die Idee, die Darwin und Wallace unabhängig voneinander hatten, sei eine der größten oder vielleicht sogar
die größte gewesen, die jemals einem Menschen gekommen ist.
Zum Schluss möchte ich diesem Gedanken einen universellen
Dreh geben. Die ersten Worte meines ersten Buches lauteten:

Intelligentes Leben auf einem Planeten erreicht einen Zustand der
Reife, wenn es zum ersten Mal die Gründe für seine Existenz er-

kennt. Sollten jemals höher entwickelte Lebewesen aus dem Weltraum die Erde besuchen, so werden sie, um unsere Zivilisationsstufe einzuschätzen, zuerst die Frage stellen: »Haben sie die Evolution schon entdeckt?« Mehr als drei Milliarden Jahre lang hatten bereits Organismen auf der Erde gelebt, ohne zu wissen warum, bis schließlich einem von ihnen die Wahrheit aufzugehen begann. Sein Name war Charles Darwin.

Es wäre fairer, aber auch weniger dramatisch gewesen, »zwei von ihnen« zu sagen und den Namen Wallace mit Darwin zu verbinden. Aber lassen Sie mich jedenfalls die universelle Perspektive weiterverfolgen.

Ich halte die Theorie von Darwin und Wallace über die Evolution durch natürliche Selektion für die Erklärung nicht nur des Lebens auf unserem Planeten, sondern auch des Lebens ganz allgemein. Wenn jemals anderswo im Universum Leben gefunden wird, sage ich voraus, dass es bei allen Unterschieden im Detail ein wichtiges Prinzip geben wird, das es mit unserer eigenen Form von Leben gemeinsam hat. Es wird sich nach einem Mechanismus entwickelt haben, der im weitesten Sinne dem Darwin-Wallace'schen Mechanismus der natürlichen Selektion entspricht.

Ich bin mir nie ganz sicher, wie nachdrücklich ich diese Aussage vertreten soll.[4] Der schwachen Version bin ich mir vollständig sicher: Neben der natürlichen Selektion wurde keine andere funktionsfähige Theorie vorgeschlagen. Die starke Form würde lauten: Es kann auch nie eine andere funktionsfähige Theorie vorgeschlagen werden. Heute werde ich wohl bei der schwachen Form bleiben. Schon aus ihr ergeben sich erstaunliche Folgerungen.

Die natürliche Selektion erklärt nicht nur alles, was wir über das Leben wissen. Sie tut es auch mit Kraft, Eleganz und Sparsamkeit. Es ist eine Theorie mit gut erkennbarem *Format*, einem Format, das der Größenordnung des Problems, das zu lösen sie sich anschickt, gewachsen ist.

Darwin und Wallace waren vielleicht nicht die Ersten, die eine

Ahnung von dieser Idee hatten. Aber als Erste begriffen sie die ganze Größenordnung des Problems und die entsprechende Größenordnung der Lösung, die ihnen gemeinsam und unabhängig voneinander einfiel. Das ist das Maß für ihr Format als Wissenschaftler. Die gegenseitige Großzügigkeit, mit der sie die Frage der Priorität beilegten, ist das Maß für ihr Format als Menschen.

Universeller Darwinismus[5]

Aus statistischen Gründen nimmt man allgemein an, dass das Leben im Universum viele Male entstanden ist. Wie unterschiedlich fremde Lebensformen im Detail auch sein mögen, es gibt vermutlich einige Prinzipien, die für alles Leben an allen Orten von grundsätzlicher Bedeutung sind. Unter diesen, so meine Vermutung, nehmen die Prinzipien des Darwinismus eine herausragende Stellung ein. Darwins Theorie der Evolution durch natürliche Selektion ist mehr als nur eine lokale Theorie, mit der sich die Existenz und die Formen des Lebens auf der Erde erklären lassen. Sie ist vermutlich die einzige Theorie, die Phänomene, welche wir mit Leben in Verbindung bringen, *überhaupt* angemessen erklären kann.

Mir geht es hier nicht um die Details anderer Planeten. Ich werde keine Spekulationen über eine fremdartige Biochemie anstellen, die auf Siliziumketten basiert, oder über eine fremdartige Neurophysiologie auf der Grundlage von Siliziumchips. Die universelle Sichtweise ist meine Art, um die Bedeutung des Darwinismus für unsere eigene Biologie hier auf der Erde auf dramatische Weise zu verdeutlichen, und meine Beispiele werden vorwiegend aus der irdischen Biologie stammen. Ich glaube aber auch, dass »Exobiologen«, die über außerirdisches Leben spekulieren, sich in größerem Umfang evolutionsbasierter Überlegungen bedienen sollten. Ihre Schriften enthalten zahllose Vermutungen darüber, wie extraterrestrisches Leben funktionieren könnte, aber die Frage, wie es sich möglicherweise *entwickelt*, wird nur selten diskutiert. Der vorliegende Aufsatz kann also erstens als ein Argument für die allgemeine Bedeutung der darwinschen Theorie der natürlichen

Selektion dienen, zweitens ist er aber auch ein vorläufiger Beitrag zu einem neuen Fachgebiet namens »evolutionäre Exobiologie«.

»Die Entwicklung der biologischen Gedankenwelt«, wie Ernst Mayr es nannte, ist vor allem die Geschichte vom Triumph des Darwinismus über andere Erklärungsansätze für das Dasein. Die wichtigste Waffe dieses Triumphes wird häufig als Beleg (englisch *evidence*) bezeichnet. Lamarcks Theorie ist angeblich deshalb falsch, weil sie von falschen Tatsachen ausgeht. Oder, wie Mayr es formulierte: »Übernahm man Lamarcks Prämissen, so war seine Theorie als Anpassungstheorie ebenso gerechtfertigt wie die Darwins. Leider erwiesen sich diese Prämissen jedoch als ungültig.« Ich glaube aber, wir können es noch nachdrücklicher sagen: *Selbst wenn wir seine Prämissen anerkennen*, ist Lamarcks Theorie als Erklärung für die Anpassung *nicht* so legitim wie die von Darwin, denn im Gegensatz zu Darwins Erklärung ist sie prinzipiell nicht in der Lage, die Aufgabe zu erfüllen, die wir von ihr verlangen: Sie kann die Evolution einer organisierten, anpassungsorientierten Komplexität nicht erklären. Das gilt nach meiner Überzeugung für alle Theorien, die jemals für den Mechanismus der Evolution vorgeschlagen wurden, mit Ausnahme der darwinistischen natürlichen Selektion, wodurch der Darwinismus auf einem festeren Sockel steht, als ihn die Tatsachen allein bilden könnten.

Nun habe ich von Theorien für die Evolution gesprochen, die »die Aufgabe erfüllen, die wir von ihnen verlangen«. Alles dreht sich um die Frage, welche Art Aufgabe das ist. Die Antwort könnte für verschiedene Menschen unterschiedlich ausfallen. Manche Biologen finden beispielsweise »das Artproblem« spannend, ich selbst habe aber nie viel Begeisterung dafür aufgebracht, es als »Geheimnis aller Geheimnisse« zu betrachten. Für manche ist das Wichtigste, was jede Evolutionstheorie erklären muss, die Vielfalt des Lebendigen – die Kladogenese. Andere verlangen von ihrer Theorie vielleicht eine Erklärung für die beobachteten Veränderungen im molekularen Aufbau des Genoms.

Ich bin wie John Maynard Smith der Ansicht, dass »die Hauptaufgabe jeder Evolutionstheorie darin besteht, die adaptive Komplexität zu erklären, das heißt die gleichen Tatsachen, die der Theologe William Paley im 18. Jahrhundert als Belege für einen Schöpfer anführte«. Ich vermute, man könnte Leute wie mich als Neo-Paleyisten oder vielleicht auch als »gewandelte Paleyisten« bezeichnen. Wir stimmen mit Paley darin überein, dass adaptive (anpassungsorientierte) Komplexität eine ganz besondere Erklärung erfordert: entweder einen (schöpferischen) Gestalter, wie Paley es lehrte, oder einen Mechanismus wie die natürliche Selektion, der die Aufgabe des Gestalters übernimmt.[6] Anpassungsorientierte Komplexität ist vermutlich sogar das beste diagnostische Kennzeichen dafür, dass überhaupt Leben vorhanden ist.

Anpassungsorientierte Komplexität als diagnostisches Kennzeichen für Leben

Wenn man irgendwo im Universum irgendetwas findet, das eine komplexe Struktur hat und den starken Anschein erweckt, als wäre es zu einem bestimmten Zweck gestaltet worden, dann ist dieses Etwas entweder lebendig, oder es war lebendig, oder es ist ein Produkt, das von etwas Lebendigem geschaffen wurde. Fossilien und solche Artefakte kann man mit Fug und Recht einschließen, denn ihre Entdeckung auf irgendeinem Planeten würde sicherlich als Beleg gelten, dass es dort Leben gibt oder gab.

Komplexität ist ein statistischer Begriff. Etwas Komplexes ist etwas statistisch Unwahrscheinliches, bei dem a priori eine sehr geringe Wahrscheinlichkeit besteht, dass es ins Dasein tritt. Die Zahl möglicher Anordnungen für die 10^{27} Atome eines menschlichen Körpers ist natürlich unvorstellbar groß. Von diesen möglichen Anordnungen würde man nur sehr wenige als menschlichen Körper erkennen. Aber darum allein geht es nicht. Jede vorhandene Atomanordnung ist, im Nachhinein betrachtet, einzigartig; sie ist im Rückblick ebenso »unwahrscheinlich« wie jede andere. Entscheidend ist, dass von allen Anordnungsmöglichkeiten für diese 10^{27} Atome nur eine winzige Minderheit etwas darstellen würde, das auch nur entfernt einer Maschine ähnelt, die sich mit ihrer Funktion selbst im Dasein halten und ihresgleichen hervorbringen kann. Lebewesen sind nicht nur statistisch unwahrscheinlich im trivialen rückblickenden Sinn, ihre statistische Unwahrscheinlichkeit wird durch die von vornherein vorhandenen Gestaltungsbeschränkungen eingeschränkt. Sie sind *anpassungsorientiert* komplex, das heißt, ihre Komplexität dient der Anpassung (Adaptation).

Der Begriff »Adaptionist« wurde als abwertender Begriff für jene geprägt, die, wie Richard Lewontin es formulierte, »ohne weiteren Beweis davon ausgehen, dass alle Aspekte von Morphologie, Physiologie und Verhalten der Lebewesen anpassungsorientierte, optimale Lösungen für Probleme sind«. Ich habe auf diese Beschreibung an anderer Stelle geantwortet; hier möchte ich nur ein Adaptionist in einem viel schwächeren Sinn sein: Ich *beschäftige* mich nur mit jenen Aspekten von Morphologie, Physiologie und Verhalten der Lebewesen, die unzweifelhaft anpassungsorientierte Problemlösungen sind. Genauso kann sich ein Zoologe auf Wirbeltiere spezialisieren, ohne deshalb die Existenz der Wirbellosen zu leugnen. Ich befasse mich mit zweifelsfreien Anpassungen, weil ich sie als mein vorläufiges Diagnosekriterium für alles Leben überall im Universum definiert habe, genau wie der Wirbeltierzoologe sich mit Wirbelsäulen beschäftigt, weil Wirbelsäulen das Diagnosekriterium aller Wirbeltiere sind. Von Zeit zu Zeit brauche ich ein Beispiel für eine zweifelsfreie Anpassung, und diesen Zweck erfüllt das altbewährte Auge heute so gut wie immer – so wie es ihn sogar für Darwin und für Paley erfüllte: »Was die Untersuchung des Instruments betrifft, so gilt dafür, dass das Auge zum Sehen gemacht wurde, genau der gleiche Beweis wie dafür, dass das Teleskop zu seiner Unterstützung gemacht wurde. Beide sind nach den gleichen Prinzipien aufgebaut; beide folgen den Gesetzen, denen die Übertragung und Brechung von Lichtstrahlen unterliegen.«

Würde man ein ähnliches Instrument auf einem anderen Planeten finden, wäre dafür eine besondere Erklärung notwendig. Entweder gibt es einen Gott, oder wir erklären das Universum mit blinden physikalischen Kräften, und dann müssen diese blinden physikalischen Kräfte auf ganz besondere Weise wirksam geworden sein. Das Gleiche gilt, wie William Paley selbst einräumte, für unbelebte Gegenstände.

Ein durchsichtiger Kieselstein, der vom Meer poliert wurde, könnte als Linse wirken und ein echtes Bild erzeugen. Die Tatsache, dass er damit ein funktionierendes optisches Instrument darstellt, ist nicht besonders interessant, denn im Gegensatz zu einem Auge oder einem Teleskop ist er zu einfach. Wir empfinden nicht die Notwendigkeit, uns auf etwas zu berufen, das nur entfernte Ähnlichkeit mit der Vorstellung von Gestaltung hat. Auge und Teleskop haben viele Teile, die alle aufeinander abgestimmt sind und durch ihr Zusammenwirken das gleiche funktionelle Ziel erreichen. Der polierte Kieselstein hat viel weniger aufeinander abgestimmte Merkmale: das Zusammentreffen von Durchsichtigkeit, hohem Brechungsindex und mechanischen Kräften, die seine Oberfläche in gewölbte Form poliert haben. Ein solches dreifaches Zusammentreffen ist nicht besonders unwahrscheinlich. Eine besondere Erklärung ist nicht erforderlich.

Sehen wir uns zum Vergleich einmal an, wie ein Statistiker darüber entscheidet, welchen P-Wert[7] er in einem Experiment als Beleg für einen Effekt anerkennt. Das ist eine Frage von Urteilsvermögen und Diskussionen, ja fast eine Geschmacksfrage, und das insbesondere wenn ein Zufall so groß wird, dass man ihn nicht schlucken mag. Aber ganz gleich, ob man ein vorsichtiger oder ein wagemutiger Statistiker ist, es gibt manche komplexen Anpassungen, deren P-Wert, deren Zufallseinstufung so eindrucksvoll ist, dass niemand zögern würde, Leben (oder ein von einem Lebewesen gestaltetes Artefakt) zu diagnostizieren. Ich definiere die Komplexität des Lebendigen eigentlich als »Komplexität, die so groß ist, dass sie nicht durch Zufall entstanden sein kann«. Im Zusammenhang des vorliegenden Aufsatzes lautet die Frage, die jede Evolutionstheorie beantworten muss: Wie entsteht lebendige, anpassungsorientierte Komplexität?

In seinem 1982 erschienenen Buch *The Growth of Biological Thought* (dt. *Die Entwicklung der biologischen Gedankenwelt*) erstellte Ernst Mayr eine sehr nützliche Liste mit den sechs klar verschiedenen Evolutionstheorien, die im Lauf der Geschichte der Biologie vorgeschlagen wurden. Ich werde mich dieser Liste bedienen, um mich mit den wichtigsten Unterüberschriften für den vorliegenden Aufsatz auszustatten. In allen sechs Fällen werde ich nicht untersuchen, welche Belege dafür oder dagegen sprechen, sondern ich werde der Frage nachgehen, ob die Theorie im Prinzip die Aufgabe erfüllen kann, die Existenz anpassungsorientierter Komplexität zu erklären. Ich werde die sechs Theorien nacheinander behandeln und zu dem Schluss gelangen, dass nur die Theorie Nummer 6, die darwinistische Selektion, der Aufgabe gerecht wird.

Theorie Nummer 1: eingebaute Fähigkeit oder Triebkraft in Richtung zunehmender Perfektion

In unserer modernen Vorstellung ist dies eigentlich gar keine Theorie, und ich werde mir nicht die Mühe machen, sie genauer zu erörtern. Sie ist offensichtlich mystischer Natur und erklärt nichts, von dem sie nicht von vornherein ausgeht.

Theorie Nummer 2: Gebrauch und Nichtgebrauch plus Vererbung erworbener Merkmale

Dies ist die lamarckistische Theorie. Bequemlichkeitshalber möchte ich sie in zwei Teilen erörtern.

Gebrauch und Nichtgebrauch

Man kann auf der Erde beobachten, dass Lebewesen manchmal durch Gebrauch bessere Anpassung erwerben. Muskeln, die wir trainieren, werden in der Regel größer. Ein Hals, der sich eifrig in

Richtung der Baumwipfel ausstreckt, kann in allen seinen Teilen länger werden. Wenn solche erworbenen Verbesserungen auf irgendeinem Planeten in die Erbinformation einfließen sollten, könnte man sich vorstellen, dass eine anpassungsorientierte Evolution die Folge ist. Die Theorie wird häufig mit Lamarck in Verbindung gebracht, dieser hatte aber noch mehr zu sagen. Francis Crick schrieb 1982: »Soweit ich weiß, hat nie jemand *allgemeine* theoretische Gründe dafür genannt, warum ein solcher Mechanismus weniger effizient sein muss als die natürliche Selektion.« In diesem und dem nächsten Abschnitt werde ich zwei allgemeine theoretische Einwände gegen den Lamarckismus nennen, und ich stelle mir gern vor, dass Crick genau nach solchen Einwänden suchte. Betrachten wir zunächst die Schwächen des Prinzips von Gebrauch und Nichtgebrauch.

Das Problem liegt darin, dass das Prinzip von Gebrauch und Nichtgebrauch nur eine sehr grobe, ungenaue Anpassung hervorbringen kann. Bedenken wir einmal, welche evolutionären Verbesserungen an einem Organ wie dem Auge im Laufe der Evolution stattgefunden haben müssen, und fragen wir dann, welche davon vermutlich durch Gebrauch und Nichtgebrauch entstehen konnten. Verstärkt sich durch »Gebrauch« die Transparenz einer Linse? Nein, Photonen waschen sie nicht rein, wenn sie hindurchfallen. Die Linse und andere optische Teile müssen in evolutionären Zeiträumen ihre sphärische und chromatische Aberration vermindert haben. Kann dies durch verstärkten Gebrauch geschehen sein? Sicher nicht. Training könnte die Muskeln der Iris gestärkt haben, aber es konnte nicht das fein abgestimmte Rückkopplungssystem aufbauen, das diese Muskeln steuert. Nur weil eine Netzhaut mit farbigem Licht bombardiert wird, müssen keine farbempfindlichen Zapfen entstehen, und auch ihr Output muss nicht so verknüpft werden, dass daraus das Farbensehen entsteht.

Mit Theorien des darwinistischen Typs lassen sich natürlich alle diese Verbesserungen ohne Schwierigkeiten erklären. Jede Verbesserung der Sehschärfe kann sich deutlich auf die Überlebensfähigkeit auswirken. Jeder winzige Rückgang der sphärischen Aberration kann einen schnell fliegenden Vogel davor bewahren, die Position eines Hindernisses mit tödlichen Folgen falsch einzuschätzen. Jede geringfügige Verbesserung des Auflösungsvermögens eines Auges für farbige Einzelheiten kann die Möglichkeit, getarnte Beutetiere zu entdecken, entscheidend verbessern. Die genetische Grundlage jeder Verbesserung, so geringfügig sie auch sein mag, wird im Genpool Oberhand gewinnen. Die Beziehung zwischen Selektion und Anpassung ist direkt und eng. Die lamarckistische Theorie dagegen beruft sich auf eine viel gröbere Rückkopplung: auf die Regel, dass ein Teil eines Tieres umso größer sein sollte, je häufiger das Tier diesen Teil benutzt. Gelegentlich mag eine solche Regel eine gewisse Berechtigung haben, aber sie gilt nicht allgemein, und als Bildhauer der Anpassung ist sie im Vergleich zu den feinen Meißeln der natürlichen Selektion ein grobes Brecheisen. Diese Aussage ist allgemeingültig. Sie hängt nicht von den faktischen Einzelheiten des Lebens auf diesem speziellen Planeten ab. Das Gleiche gilt für meine Bedenken hinsichtlich der Vererbung erworbener Merkmale.

Vererbung erworbener Merkmale

Als Erstes stellt sich hier das Problem, dass erworbene Merkmale nicht immer Verbesserungen sind. Es gibt dafür keinen Grund, und tatsächlich ist die Mehrzahl schädlich. Diese Tatsache gilt nicht nur für das Leben auf der Erde, sondern es hat einen universellen Hintergrund. Wenn ein komplexes, einigermaßen gut angepasstes System vorhanden ist, ist die Zahl der Dinge, die man tun kann, damit es weniger Leistung erbringt, ungeheuer viel größer als die Zahl der Dinge, die man zu seiner Verbesserung tun kann. Lamarckistische Evolution bewegt sich nur dann in Richtung Anpassung, wenn irgendein Mechanismus – vermutlich Selektion – unterscheiden kann, welche erworbenen Merkmale Verbesserungen sind und welche nicht. Nur die Verbesserungen sollten sich dann in der Keimbahn einprägen.

Konrad Lorenz sprach zwar nicht über Lamarckismus, er betonte aber eine ähnliche Aussage über das erlernte Verhalten, die vielleicht wichtigste Form erworbener Anpassung. Ein Tier lernt während seines Lebens, ein besseres Tier zu werden. Es lernt beispielsweise, süßes Futter zu verzehren und damit seine Überlebenschancen zu verbessern.[8] Ein Geschmack für Süßes als solcher ist aber nicht nahrhaft. Irgendetwas, vermutlich die natürliche Selektion, muss in das Nervensystem eine willkürliche Regel eingebaut haben: »Betrachte süßen Geschmack als Belohnung.« Das funktioniert, weil Saccharin in der Natur nicht vorkommt, Zucker aber sehr wohl.

Das Prinzip gilt auch für morphologische Merkmale. Füße, die der Abnutzung ausgesetzt sind, werden kräftiger und entwickeln eine dickere Haut. Die Verdickung der Haut ist eine erworbene Anpassung, aber warum der Wandel in diese Richtung ging, liegt nicht auf der Hand. Bei Maschinen, die von Menschen gemacht wurden, werden Teile, die der Abnutzung unterliegen, aus naheliegenden Gründen nicht dicker, sondern dünner. Warum macht die Haut an den Füßen es umgekehrt? Weil die natürliche Selektion in der Vergangenheit für eine anpassungsorientierte und nicht gegen die Anpassung gerichtete Reaktion auf die Abnutzung gesorgt hat.

Für eine potenzielle lamarckistische Evolution ist das von Bedeutung, weil es selbst dann eine tiefer liegende darwinistische Grundlage geben muss, wenn die Oberfläche eine lamarckistische Struktur hat: Es muss darwinistisch darüber entschieden werden, welche Merkmale, die potenziell erworben werden können, tatsächlich erworben und vererbt werden. Lamarckistische Mechanismen können nicht grundsätzlich für anpassungsorientierte Evolution verantwortlich sein. Selbst wenn erworbene Merkmale auf irgendeinem Planeten vererbt werden, muss die Evolution immer noch auf einen darwinistischen Leitfaden für die Richtung der Anpassung zurückgreifen.

Theorie Nummer 3: direkte Veranlassung durch die Umwelt

Wie wir bereits erfahren haben, heißt Anpassung, dass Lebewesen
und Umwelt zueinanderpassen. Die Menge der vorstellbaren Lebewesen ist größer als ihre tatsächliche Menge. Und es gibt auch eine
Menge vorstellbarer Umgebungen, die größer ist als deren tatsächliche Menge. Diese beiden Teilmengen überschneiden sich in einem
gewissen Umfang, und die Überschneidung ist die Anpassung. Wir
können es auch so ausdrücken: Information aus der Umwelt ist im
Lebewesen vorhanden. In einigen Fällen ist dies sehr augenfällig
und wörtlich zu nehmen: Ein Frosch trägt ein Bild seiner Umwelt
auf seinem Rücken mit sich herum. In der Regel tragen Tiere solche
Informationen aber in einem weniger buchstäblichen Sinn, sodass
nur ein geübter Beobachter, der ein unbekanntes Tier seziert, dessen natürliche Umwelt in vielen Details rekonstruieren kann.[9]

Wie kommt nun die Information aus der Umwelt in das Tier?
Lorenz vertrat die Ansicht, es gebe dazu zwei Wege, die natürliche
Selektion und das Verstärkungslernen, aber beide seien letztlich
selektive Prozesse im weitesten Sinn.[10] Theoretisch gibt es noch eine
andere Methode, mit der die Umwelt ihre Information in den Organismus einprägen kann, nämlich durch direkte »Anweisung«.
Manche Theorien über die Wirkungsweise des Immunsystems gehen von »Instruktion« aus: Danach werden Antikörper geformt,
indem sie sich direkt um Antigenmoleküle herumlegen. Die derzeit beliebteste Theorie ist dagegen selektiv. Ich verwende »Instruktion« gleichbedeutend mit der »direkten Induktion durch die
Umwelt« in Mayrs Theorie Nummer 3. Sie unterscheidet sich nicht
immer eindeutig von Theorie Nummer 2.

Instruktion oder Anweisung meint den Prozess, durch den
Information unmittelbar aus der Umwelt in ein Tier fließt. Man
kann die Ansicht vertreten, dass Lernen durch Nachahmung, laten-
tes Lernen und Prägung auf Instruktion beruhen, aber um der
Klarheit willen sollte man lieber ein hypothetisches Beispiel verwenden. Stellen wir uns ein Tier auf irgendeinem Planeten vor, das

eine Tarnung in Form tigerähnlicher Streifen trägt. Es lebt in langem, trockenem »Gras«, und die Streifen passen genau zur typischen Breite und den Abständen der Grashalme in seiner Umgebung. Auf unserem Planeten würde eine solche Anpassung durch die Selektion zufälliger genetischer Varianten zustande kommen, aber auf dem imaginären Planeten entsteht sie durch unmittelbare Anweisung. Die Tiere werden braun, außer wenn ihre Haut durch den Schatten von Grashalmen vor der »Sonne« geschützt ist. Ihre Streifen sind also mit großer Präzision nicht nur an einen alten Lebensraum angepasst, sondern genau an den Lebensraum, in dem sie ihr Sonnenbad genommen haben, und das ist der gleiche Lebensraum, in dem sie auch überleben müssen. Lokale Populationen sind automatisch entsprechend dem Gras in der Umgebung getarnt. Information über den Lebensraum, in diesem Fall über die Abstände und Muster der Grashalme, ist in die Tiere geflossen und verkörpert sich im Muster ihrer Hautpigmente.

Wenn die Anpassung durch Instruktion zu dauerhaftem oder fortschreitendem evolutionären Wandel führen soll, erfordert sie die Vererbung erworbener Merkmale. »Anweisungen«, die in einer Generation entgegengenommen wurden, müssen in der genetischen (oder einer entsprechenden) Information »in Erinnerung bleiben«. Das ist im Prinzip ein kumulativer, fortschreitender Prozess. Damit aber der genetische Speicher durch die Anhäufung in vielen Generationen nicht überladen wird, muss es einen Mechanismus geben, der unerwünschte »Anweisungen« verwirft und nur die erwünschten behält. Nach meiner Vermutung sind wir damit wieder einmal bei der Notwendigkeit irgendeines Selektionsprozesses.

Stellen wir uns beispielsweise eine säugetierähnliche Lebensform vor, bei der ein robuster »Nabelnerv« die Mutter in die Lage versetzt, den gesamten Inhalt ihres Gedächtnisses in das Gehirn des Fetus »abzulassen«. Die Methode steht sogar in unserem Nervensystem zur Verfügung: Der Gehirnbalken (Corpus callosum) kann große Informationsmengen zwischen rechter und linker Gehirnhälfte übertragen. Ein Nabelnerv würde die Erfahrungen und das Wissen jeder Generation automatisch für die nächste verfügbar machen, und das mag sehr wünschenswert aussehen. Aber ohne selektiven Filter wäre die Informationsbelastung schon nach wenigen Generationen so groß, dass sie nicht mehr zu handhaben wäre. Wiederum stehen wir vor der Notwendigkeit eines selektiven Hintergrundes. Ich möchte es hier dabei belassen und noch etwas über die Anpassung durch Instruktion sagen (was gleichermaßen für alle Theorien des lamarckistischen Typs gilt).

Hier geht es darum, dass zwischen den beiden wichtigsten Theorien der anpassungsorientierten Evolution – Selektion und Instruktion – und den beiden wichtigsten Theorien für die Embryonalentwicklung – Epigenese und Präformationstheorie[11] – eine logische Verbindung besteht. Eine Evolution durch Instruktion kann nur dann funktionieren, wenn die Embryologie präformationistisch ist. Bei einer epigenetischen Embryonalentwicklung, wie sie auf unserem Planeten stattfindet, ist Evolution durch Instruktion nicht möglich.

Oder kurz gesagt: Wenn erworbene Merkmale vererbt werden sollen, müssen die Prozesse der Embryonalentwicklung reversibel sein: Phänotypische Veränderungen müssen rückwärts in die Gene (oder ihre Entsprechung) eingebracht werden. Eine präformationistische Embryonalentwicklung, bei der die Gene eine echte Blaupause sind, könnte tatsächlich reversibel sein. Man kann ein Haus wieder in seinen Bauplan übersetzen. Wenn die Embryonalentwicklung dagegen epigenetisch ist und die genetische Information wie auf unserem Planeten eher einem Kuchenrezept als einem Bauplan für ein Haus ähnelt, ist sie unumkehrbar. Es gibt ebenso wenig eine Eins-zu-eins-Entsprechung zwischen Teilen des Genoms und Teilen des Phänotyps, wie es sie zwischen den Krümeln eines Kuchens und den Wörtern des Rezepts gibt. Das Rezept ist keine Blaupause, die man anhand des Kuchens rekonstruieren könnte. Die Umwandlung vom Rezept zum Kuchen kann nicht umgekehrt vollzogen werden, und das Gleiche gilt auch für den Prozess, durch den ein Körper aufgebaut wird. Deshalb können erworbene Anpassungen auf einem Planeten, auf dem die Embryonalentwicklung epigenetisch abläuft, nicht in die »Gene« zurückgeschrieben werden.

Damit will ich nicht sagen, dass es nicht auf irgendeinem Planeten eine Lebensform mit präformationistischer Embryonalentwicklung geben könnte. Das ist eine eigenständige Frage. Wie wahrscheinlich ist es? Die Lebensform müsste sich von unserer so stark unterscheiden, dass man sich kaum ausmalen kann, wie sie funktionieren würde. Und noch schwieriger ist es, sich die reversible Embryonalentwicklung als solche vorzustellen. Irgendein Mechanismus müsste genau die Form des ausgewachsenen Körpers erfassen und zum Beispiel sorgfältig die genaue Lage des braunen Pigments in einer von der Sonne gestreiften Haut festhalten; daraus könnte er vielleicht eine lineare Abfolge von Codezahlen machen wie in einer Fernsehkamera. In der Embryonalentwicklung würde dieser Code dann eingelesen wie in einem Fernsehempfänger. Ich habe eine intuitive Ahnung, dass es gegen eine solche Form der Embryonalentwicklung einen prinzipiellen Einwand gibt, aber derzeit kann ich ihn nicht klar formulieren.[12] Hier möchte ich nur eines sagen: Wenn es unter den Planeten solche gibt, auf denen die Embryonalentwicklung präformationistisch ist, und solche wie die Erde mit einer epigenetischen Embryonalentwicklung, könnte darwinistische Evolution auf Planeten beider Typen stattfinden. Lamarckistische Evolution dagegen wäre selbst dann, wenn es keine anderen Gründe gäbe, nur auf präformationistischen Planeten möglich – wenn es solche gäbe.

Theorie Nummer 4: Saltationismus

Die Evolutionsidee hat den großen Vorteil, dass sie mit blinden physikalischen Kräften die Existenz zweifelsfreier, statistisch ungeheuer unwahrscheinlicher funktionsorientierter Anpassungen erklären kann, ohne dazu auf übernatürliche oder mystische Kräfte zurückgreifen zu müssen. Eine zweifelsfreie Anpassung definieren wir als Anpassung, die so komplex ist, dass sie nicht durch Zufall entstanden sein kann. Wie ist es dann möglich, dass eine Theorie nur blinde physikalische Kräfte zu ihrer Erklärung heranzieht? Die Antwort – Darwins Antwort – ist erstaunlich einfach, wenn wir bedenken, wie selbstverständlich Paleys göttlicher Uhrmacher seinen Zeitgenossen erschienen sein muss. Entscheidend ist, dass die Teile, die gemeinsam der Anpassung dienen, nicht alle gleichzeitig zusammengesetzt wurden. Sie können in kleinen Schritten hinzukommen. Es müssen sogar wirklich kleine Schritte sein, sonst sind wir wieder bei dem Problem, von dem wir ausgegangen waren: bei der zufälligen Entstehung einer Komplexität, die so groß ist, dass sie nicht durch Zufall entstanden sein kann!

Betrachten wir noch einmal das Auge als Beispiel für ein Organ, das eine große Zahl unabhängiger, koadaptiver (aneinander angepasster) Teile enthält, eine Zahl, die wir N nennen wollen. Die Wahrscheinlichkeit, dass jedes einzelne dieser N Merkmale zufällig entsteht, ist gering, aber nicht unglaublich gering. Sie ist vergleichbar mit der Wahrscheinlichkeit, dass ein durchsichtiger Kieselstein vom Meer so abgeschliffen wird, dass er als gewölbte Linse wirken kann. Jede einzelne Anpassung könnte durchaus durch blinde physikalische Kräfte ins Dasein getreten sein. Wenn jedes der N aneinander angepassten Merkmale schon allein einen geringfügigen Vorteil verschafft, kann das ganze Organ mit seinen vielen Teilen über einen langen Zeitraum hinweg zusammengesetzt werden. Das ist im Fall des Auges besonders plausibel – und angesichts der Tatsache, dass dieses Organ im Pantheon der Kreationisten einen Ehrenplatz einnimmt, eine besondere Ironie. Das Auge ist ein Musterbeispiel dafür, wie schon ein Bruchteil eines Organs besser ist als überhaupt kein Organ; ein Auge ohne Linse oder auch ohne Pupille beispielsweise kann bereits den nahenden Schatten eines natürlichen Feindes wahrnehmen.

Um es noch einmal zu wiederholen: Der Schlüssel zur darwinistischen Erklärung der anpassungsorientierten Komplexität ist der Ersatz unvermittelter, vieldimensionaler glücklicher Zufälle durch allmähliches, zentimeterweises, breit verschmiertes Glück. Natürlich spielt Glück eine Rolle. Aber eine Theorie, die das Glück in großen Schritten bündelt, ist unglaubwürdiger als eine, die das Glück auf kleine Schritte verteilt. Das führt zu einem allgemeinen Prinzip der universellen Biologie. Ganz gleich, wo man im Universum anpassungsorientierte Komplexität findet, sie wird allmählich durch eine Reihe kleiner Veränderungen entstanden sein, aber nie durch große, plötzliche Zunahme.[13] Mayrs vierte Theorie, den Saltationismus, müssen wir also als Kandidaten für die Erklärung der Evolution von Komplexität zurückweisen.

Diese Ablehnung infrage zu stellen ist nahezu unmöglich. Aus der Definition der anpassungsorientierten Komplexität ergibt sich die Folgerung, dass die einzige Alternative zur gradualistischen Evolution eine übernatürliche Magie wäre. Damit soll nicht gesagt werden, dass die Argumentation zugunsten des Gradualismus eine wertlose Tautologie wäre, ein nicht falsifizierbares Dogma der Art, auf die Kreationisten und Philosophen so gern anspringen. Es ist nicht *logisch* unmöglich, dass ein voll ausgeprägtes Auge neu aus jungfräulicher nackter Haut entspringt. Nur ist die Möglichkeit aus statistischen Gründen zu vernachlässigen.

In letzter Zeit wurde nun immer wieder die Nachricht verbreitet, manche modernen Evolutionsforscher würden den »Gradualismus« ablehnen und sich etwas zu eigen machen, was John Turner recht respektlos als »Theorien der Evolution durch Zuckungen« bezeichnet hat. Da es sich bei ihren Vertretern um vernünftige Menschen ohne mystische Neigungen handelt, müssen sie Gradualisten in dem Sinn sein, in dem ich den Begriff hier gebrauche. Den »Gradualismus«, gegen den sie sich wenden, muss man anders definieren. Hier liegen sogar zwei Sprachverwirrungen vor, und ich habe die Absicht, sie nacheinander aufzuklären. Die erste ist die häufige Verwechslung von »unterbrochenem Gleichgewicht« und echtem Saltationismus.[14] Die zweite ist eine Verwechslung zwischen zwei theoretisch unterschiedlichen Formen der Saltation. Das unterbrochene Gleichgewicht ist weder Makromutation noch Saltation in der traditionellen Bedeutung der Begriffe. Dennoch müssen wir es hier erörtern, denn es gilt allgemein als Theorie der Saltation, und seine Parteigänger zitieren zustimmend Huxleys Kritik daran, dass Darwin das Prinzip *Natura non facit saltum* vertrat.[15] Die Theorie des unterbrochenen Gleichgewichts gilt als radikal, als revolutionär und als Abweichung von den »gradualistischen« Annahmen Darwins und der neodarwinistischen Synthese. Ursprünglich wurde die Theorie vom unterbrochenen Gleichgewicht aber so konzipiert, dass auch die orthodoxe neodarwinistisch-synthetische Theorie sie in paläontologischen Zeiträumen voraussagen würde, wenn wir die darin enthaltenen Vorstellungen zur allopatrischen Artbildung ernst nehmen. Ihre »Zuckungen« ergeben sich aus der »stattlichen Entfaltung« der neodarwinistischen Synthese, in die lange Phasen der Stasis *eingeschoben sind*, die von kurzen Schüben einer graduellen, aber schnell verlaufenden Evolution unterbrochen werden.

Dass ein solcher »schneller Gradualismus« plausibel ist, wird durch ein Gedankenexperiment von Ledyard Stebbins auf dramatische Weise deutlich.[16] Er malte sich eine Spezies von Mäusen aus, bei der die Körpergröße so unmerklich langsam zunimmt, dass die Unterschiede zwischen den Mittelwerten aufeinanderfolgender Generationen völlig in der statistischen Fehlerbreite untergehen. Aber selbst mit dieser langsamen Geschwindigkeit würde Stebbins' Maus-Abstammungslinie bereits nach sechzigtausend Jahren die Größe eines Elefanten erreichen, eine so kurze Zeitspanne, dass Paläontologen sie für einen Augenblick halten würden. Evolutionärer Wandel, der so *langsam* ist, dass die Mikro-Evolutionisten ihn nicht nachweisen können, kann dennoch so *schnell* ablaufen, dass er auch für die Makro-Evolutionisten nicht zu erkennen ist.[17] Was ein Paläontologe für einen »Sprung« hält, kann in Wirklichkeit ein allmählicher Wandel gewesen sein, der so langsam abgelaufen ist, dass der Mikro-Evolutionist ihn nicht nachweisen konnte. Solche paläontologischen »Sprünge« haben nichts mit den in einer Generation ablaufenden Makromutationen zu tun, die Huxley und Darwin nach meiner Vermutung im Sinn hatten, als sie über *Natura non facit saltum* diskutierten. Verwirrung ist an dieser Stelle möglicherweise dadurch aufgekommen, dass sich vereinzelt Vertreter des unterbrochenen Gleichgewichts zufällig auch für Makromutationen eingesetzt haben. Andere »Punktuationisten« haben ihre Theorie entweder mit der Vorstellung von Makromutationen verwechselt, oder sie haben Makromutationen ausdrücklich als einen von mehreren Mechanismen des unterbrochenen Gleichgewichts benannt.

Wenden wir uns nun der Makromutation oder echten Saltation zu: Die zweite Verwirrung, die ich aufklären möchte, ist die zwischen zwei Arten von Makromutationen, die man sich vorstellen könnte. Ich könnte sie wenig einprägsam Saltation 1 und Saltation 2 nennen, aber stattdessen möchte ich meine frühere Vorliebe für Flugzeuge als Metaphern weiterverfolgen und sie als »Boeing-747«- und »Gestreckte-DC8«-Saltation bezeichnen. Die 747-Saltation ist die nicht machbare Variante. Der Name geht auf Sir Fred Hoyle und seine vielfach zitierte Metapher für sein eigenes völliges Missverständnis über den Darwinismus zurück. Hoyle verglich die darwinistische Selektion mit einem Tornado, der über einen Schrottplatz fegt und eine Boeing 747 zusammensetzt (er übersah natürlich, dass das Glück in kleinen Schritten »verschmiert« ist, siehe oben). Die Gestreckte-DC8-Saltation ist ganz etwas anderes. Ihr Prinzip ist leicht zu verstehen. Ich meine damit große, plötzliche Veränderungen in der *Größenordnung* mancher biologischer Maße, die nicht von einer großen Zunahme der anpassungsorientierten Information begleitet sind. Benannt ist sie nach einem Flugzeug, für das man den Rumpf einer vorhandenen Flugzeugkonstruktion verlängerte, ohne ansonsten nennenswerte neue Komplexität hinzuzufügen.[18] Der Übergang von der DC-8 zur gestreckten DC-8 ist eine große Veränderung der Abmessungen – keine gradualistische Abfolge winziger Veränderungen, sondern ein Sprung. Aber im Gegensatz zum Sprung vom Schrotthaufen zur 747 beinhaltet er keine große Zunahme des Informationsgehalts oder der Komplexität, und das ist der Punkt, den ich mit der Analogie deutlich machen möchte.

Ein Beispiel für eine DC-8-Saltation könnte folgendermaßen aussehen: Angenommen, der Hals der Giraffe sei durch einen einzigen spektakulären Mutationsschritt länger geworden. Zwei Elterntiere hatten einen Hals mit der für Antilopen normalen Länge. Dann bekamen sie ein außergewöhnliches Junges mit einem Hals von der Länge wie bei einer modernen Giraffe, und von diesem außergewöhnlichen Jungen stammen alle weiteren Giraffen ab. Dass so etwas auf der Erde tatsächlich geschieht[19], ist unwahrscheinlich, aber anderswo im Universum könnte sich etwas Ähnliches abspielen. Es gibt dagegen keinen prinzipiellen Einwand in dem Sinn, wie es einen stichhaltigen Einwand gegen die (747er-)Idee gibt, ein komplexes Organ wie ein Auge könne durch eine einzige Mutation aus nackter Haut entstehen. Der entscheidende Unterschied liegt in der Komplexität.

Ich gehe davon aus, dass die Veränderung vom kurzen Hals der Antilope zum langen Hals der Giraffe nicht mit einer Zunahme der Komplexität verbunden ist. Natürlich ist der Hals in beiden Fällen eine außerordentlich komplizierte Struktur. Man könnte nicht in einem Schritt von überhaupt keinem Hals zu einem der beiden Halstypen kommen; das wäre ein 747er-Sprung. Wenn aber der komplexe Aufbau des Antilopenhalses bereits existiert, ist der Schritt zum Giraffenhals nur eine Verlängerung: Mehrere Strukturen müssen in irgendeinem Stadium der Embryonalentwicklung schneller wachsen, aber die vorhandene Komplexität bleibt erhalten. In der Praxis hätte solch eine drastische Größenveränderung natürlich höchstwahrscheinlich schädliche Auswirkungen, die dazu führen, dass die Makromutante nicht überlebt. Das vorhandene Antilopenherz könnte vermutlich das Blut nicht in die neue Höhe des Giraffenkopfes pumpen. Solche Einwände gegen die Evolution durch DC-8-Sprünge können nur meine Argumente zugunsten des Gradualismus unterstützen, aber ich möchte dennoch getrennt davon und universeller gegen die 747er-Sprünge Stellung beziehen.

Man kann die Ansicht vertreten, dass sich zwischen 747 und DC-8 in der Praxis keine scharfe Grenze ziehen lässt. Schließlich können auch DC-8-Sprünge wie die erwähnte, durch eine von Makromutationen verursachte Verlängerung des Giraffenhalses sehr komplex wirken: Muskelpakete, Wirbel, Nerven, Blutgefäße – alles muss länger werden. Warum handelt es sich dabei trotzdem nicht um eine 747-Saltation, die man ausschließen kann?

Wir wissen, dass schon einzelne Mutationen eine Veränderung in der Wachstumsgeschwindigkeit vieler verschiedener Organteile koordinieren können, und wenn wir über Entwicklungsprozesse nachdenken, ist das auch nicht im Mindesten verwunderlich. Obwohl eine einzelne Mutation dafür sorgt, dass bei *Drosophila* ein Bein an einer Stelle wächst, an der sich eigentlich eine Antenne befinden sollte, wächst das Bein dort in seiner ganzen beträchtlichen Komplexität. Das ist aber weder rätselhaft noch verwunderlich, noch eine 747-Saltation, denn die Organisation eines Beines ist bereits vor der Mutation im Organismus vorhanden. Überall, wo wir, wie in der Embryonalentwicklung, einen hierarchisch verzweigten Baum von Kausalbeziehungen haben, kann eine kleine Veränderung an einem wichtigen Knotenpunkt des Baumes große, kompliziert verästelte Auswirkungen auf die Astspitzen haben. Aber auch wenn Veränderung manchmal eine beträchtliche Größenordnung hat, kann es keine große, plötzliche Zunahme der anpassungsorientierten Information geben. Wenn man glaubt, man habe in der Praxis ein gutes Beispiel für eine solche große, plötzliche Zunahme der komplexen, anpassungsorientierten Information gefunden, kann man sicher sein, dass die Information bereits vorhanden war, selbst wenn es sich um einen atavistischen »Rückfall« auf eine frühere Form handelt.

Es gibt also keinen prinzipiellen Einwand gegen Theorien der Evolution durch »Zuckungen«, nicht einmal gegen die Theorie der *Hopeful Monsters*, vorausgesetzt, man meint damit DC-8- und keine 747-Sprünge. An die 747-Saltation glaubt kein ausgebildeter Biologe, aber nicht alle haben entschieden genug zwischen DC-8 und 747 unterschieden. Dies hat die unglückselige Folge, dass Kreationisten und ihre journalistischen Trittbrettfahrer saltationistisch klingende Äußerungen angesehener Biologen ausnutzen konnten.

Die Biologen meinten vielleicht das, was ich als DC-8-Saltation bezeichnet habe, oder sogar ein unterbrochenes Gleichgewicht ohne Sprünge; der Kreationist *unterstellt* dagegen Saltation in dem Sinn, den ich als 747 bezeichnet habe, und 747-Sprünge wären tatsächlich ein gesegnetes Wunder.

Ich frage mich auch, ob man Darwin unrecht tut, weil auch seine Kritiker nicht mit der Unterscheidung zwischen DC-8- und 747-Saltation zurechtkamen. Häufig wird behauptet, Darwin sei ein Anhänger des Gradualismus gewesen, und wenn demnach irgendeine Form der sprunghaften Evolution bewiesen werde, sei Darwin widerlegt. Das ist zweifellos der Grund für den Medienrummel und die öffentliche Aufmerksamkeit, von denen die Theorie des unterbrochenen Gleichgewichts begleitet war. Aber war Darwin wirklich gegen alle Sprünge? Oder hatte er nur – was ich vermute – nachdrücklich etwas gegen Sprünge des 747-Typs?

Wie wir bereits erfahren haben, hat das unterbrochene Gleichgewicht nichts mit Saltation zu tun, aber ohnehin ist nach meiner Vermutung entgegen vielen Behauptungen keineswegs klar, dass Darwin durch eine Interpretation der Fossilfunde, die das unterbrochene Gleichgewicht einbezieht, in Verwirrung geraten wäre. Die folgende Passage aus späteren Auflagen des *Origin of Species* (dt. *Entstehung der Arten*) hört sich ein wenig an, als stammte sie aus einer aktuellen Ausgabe der Zeitschrift *Paleobiology*: »... dass nämlich die Zeiträume, während deren die Arten einer Modifikation unterlagen, wenn auch nach Jahren bemessen sehr lang, doch im Verhältnis zu den Zeiträumen, während deren dieselben Arten keine Veränderung erfuhren, wahrscheinlich kurz waren.« Nach meiner Überzeugung können wir Darwins allgemeine Vorliebe für den Gradualismus besser verstehen, wenn wir die Unterscheidung zwischen 747- und DC-8-Saltation berücksichtigen.

Zum Teil liegt das Problem vielleicht darin, dass Darwin selbst die Unterscheidung nicht traf. In manchen Absätzen, die sich gegen die Saltation richten, hatte er offenbar Sprünge des DC-8-Typs im Sinn, dabei aber offensichtlich keine entschiedene Meinung:

»Was plötzliche Sprünge angeht«, schrieb er 1860 in einem Brief, »so habe ich dagegen keinen Einwand – in manchen Fällen würden sie mir helfen. Ich kann nur eines sagen: Ich habe mich mit dem Thema beschäftigt und keinen Beleg gefunden, der mich an Sprünge [als Ursache neuer Arten] glauben lässt, und vieles weist in die andere Richtung.« Das hört sich nicht nach einem Mann an, der prinzipiell etwas gegen plötzliche Sprünge hat. Und natürlich gibt es auch keinen Grund, warum er so energisch dagegen gewesen sein *sollte*, wenn er nur die DC-8-Sprünge im Sinn hatte.

An anderen Stellen jedoch ist er durchaus energisch, und bei diesen Gelegenheiten dachte er nach meiner Vermutung an 747-Sprünge. Der Historiker Neal Gillespie formuliert es so: »Für Darwin waren monströse Geburten – eine Lehre, die von Chambers, Owen, Argyll, Mivart und anderen nicht nur aus wissenschaftlichen, sondern auch aus eindeutig theologischen Motiven als Erklärung für die Entwicklung neuer Arten oder sogar höherer systematischer Gruppen bevorzugt wurde – nicht besser als ein Wunder: ›Es lässt den Fall der gemeinsamen Anpassung organischer Lebewesen aneinander und an ihre physikalischen Lebensbedingungen unberührt und unerklärt.‹ Es sei ›überhaupt keine Erklärung‹ und wissenschaftlich von keinem größeren Wert als eine Schöpfung ›aus dem Staub der Erde‹.«

Darwins Ablehnung monströser Sprünge ist also sinnvoll, wenn wir annehmen, dass er an Sprünge des 747-Typs dachte – an die plötzliche Erfindung neuer, anpassungsorientierter Komplexität. Höchstwahrscheinlich hatte er sie im Sinn, denn genau das dachten auch viele seiner Gegner. Saltationisten wie der Herzog von Argyll (Huxley allerdings wahrscheinlich nicht) wollten an die 747-Sprünge gerade deshalb glauben, *weil* sie übernatürliche Eingriffe erforderten. Aus genau dem gleichen Grund glaubte Darwin nicht daran.

Nach meiner Ansicht gelangen wir mit diesem Ansatz zu der einzigen sinnvollen Lesart für Darwins allgemein bekannte Bemerkung: »Ließe sich irgendein zusammengesetztes Organ nachweisen, dessen Vollendung nicht möglicherweise durch zahlreiche kleine aufeinanderfolgende Modifikationen hätte erfolgen können, so müsste meine Theorie unbedingt zusammenbrechen.« Das ist kein Plädoyer für den Gradualismus in dem Sinn, in dem moderne Paläobiologen den Begriff verwenden. Darwins Theorie ist falsifizierbar, aber er war viel zu klug, als dass er sie so einfach falsifizierbar gemacht hätte. Warum um alles in der Welt hätte Darwin sich auf eine derart willkürlich eingeschränkte Version der Evolution festlegen sollen, eine Version, die zur Falsifikation geradezu einlädt? Für mich ist klar, dass er das nicht tat. Entscheidend ist für mich sein Gebrauch des Begriffs »komplex«. Gould bezeichnet diese Passage von Darwin als »eindeutig ungültig«. Er ist tatsächlich ungültig, wenn man die DC-8-Sprünge als Alternative zu geringfügigen Abwandlungen betrachtet. Handelt es sich bei der Alternative jedoch um die 747-Sprünge, ist Darwins Bemerkung gültig und sehr klug. Seine Theorie ist tatsächlich falsifizierbar, und in der zitierten Passage zeigt er selbst mit dem Finger auf einen Weg, auf dem man sie falsifizieren könnte.

Man kann sich also zwei Typen der Saltation vorstellen, den DC-8- und den 747-Typ. Die DC-8-Saltation ist durchaus möglich, spielt sich im Labor wie auch auf dem Bauernhof zweifellos ab und dürfte gelegentlich auch Beiträge zur Evolution geliefert haben.[20] Dagegen lassen sich 747-Sprünge aus statistischen Gründen ausschließen, wenn keine übernatürlichen Eingriffe stattfinden. Zu Darwins Zeit hatten Befürworter und Gegner der Saltation häufig 747-Sprünge im Sinn, weil sie an göttliche Eingriffe glaubten – oder sie ablehnten. Darwin stand den (747-) Sprüngen ablehnend gegenüber, weil er die natürliche Selektion zu Recht für eine Alternative zu Wundern als Erklärung für die anpassungsorientierte Komplexität hielt. Heute meint man mit Saltation entweder Unterbrechungen des Gleichgewichts (die überhaupt keine Saltationen sind) oder DC-8-Sprünge; gegen beides hätte Darwin keine größeren prinzipiellen Einwände gehabt, er hätte allenfalls an den Fakten gezweifelt. Im Zusammenhang unserer Tage glaube ich deshalb nicht, dass man Darwin als überzeugten Gradualisten bezeichnen sollte. Ich habe vielmehr den Verdacht, dass er heute recht aufgeschlossen wäre.

Leidenschaftlicher Gradualist war Darwin in dem Sinn, dass er sich gegen 747-Sprünge wandte, und in dem gleichen Sinn müssen wir alle Gradualisten sein. Das gilt nicht nur im Hinblick auf das Leben auf der Erde, sondern auch für das Leben im gesamten Universum. Gradualismus in diesem Sinn ist im Wesentlichen gleichbedeutend mit Evolution. In einem weniger radikalen, aber dennoch sehr interessanten Sinn können wir auch Nichtgradualisten sein. Die Theorie einer Evolution durch Sprünge wurde im Fernsehen und anderswo als radikaler, revolutionärer Paradigmenwechsel hochgelobt. In einer gewissen Interpretation ist sie tatsächlich revolutionär, aber diese Interpretation (die Version der 747-Makromutationen) ist und wird offensichtlich auch von ihren ursprünglichen Vertretern nicht aufrechterhalten. In einem anderen Sinn ist die Theorie möglicherweise richtig, aber nicht sonderlich revolutionär. Auf diesem Gebiet kann man sich aussuchen, ob die Sprünge revolutionär oder richtig sein sollten, aber beides ist nicht möglich.

Theorie Nummer 5: Zufällige Evolution

Verschiedene Mitglieder dieser Theorienfamilie waren zu verschiedenen Zeiten in Mode. Die »Mutationisten« des frühen 20. Jahrhunderts – de Vries, W. Bateson und ihre Kollegen – glaubten, die Selektion diene nur dazu, schädliche Fehlbildungen auszumerzen, und die eigentliche Triebkraft der Evolution sei der Mutationsdruck. Wenn man nicht glaubt, dass Mutationen durch eine geheimnisvolle Lebenskraft in eine bestimmte Richtung gelenkt werden, liegt es ziemlich auf der Hand, dass man nur dann Mutationist sein kann, wenn man die anpassungsorientierte Komplexität vergisst – oder mit anderen Worten: wenn man die meisten Folgen der Evolution, die überhaupt von Interesse sind, nicht zur Kenntnis nimmt! Für Historiker bleibt die rätselhafte Frage, wie angesehene Biologen wie de Vries, W. Bateson und T. H. Morgan sich mit einer derart unzureichenden Theorie zufriedengeben konnten. Zu sagen, de Vries habe mit seiner Sichtweise Scheuklappen gehabt, weil er nur mit der Nachtkerze arbeitete, reicht nicht. Er hätte nur die anpassungsorientierte Komplexität seines eigenen Körpers betrachten müssen, dann hätte er gesehen, dass »Mutationismus« nicht nur eine falsche Theorie war; sie war von vornherein eine Totgeburt.

Diese postdarwinistischen Mutationisten waren auch Saltationisten und Gegner des Gradualismus, und unter dieser Überschrift fasst Mayr sie zusammen; ich kritisiere sie hier aber wegen eines grundsätzlicheren Aspekts ihrer Ansichten. Es sieht so aus, als hätten sie wirklich geglaubt, dass Mutationen allein, ohne Selektion, ausreichen, um die Evolution zu erklären. Für jede nicht mystische Ansicht über Mutationen *kann* das einfach nicht stimmen, ganz gleich, ob man es gradualistisch oder saltationistisch betrachtet. Wenn Mutationen keine Richtung haben, kann man die anpassungsorientierte Richtung der Evolution mit ihnen ganz offensichtlich nicht erklären. Wenn Mutationen aber im Sinne der Anpassung gerichtet sind, müssen wir fragen, wie es dazu kommt. Lamarcks Prinzip des Gebrauchs und Nichtgebrauchs unternimmt wenigstens einen heldenhaften Versuch zu erklären, wie Variationen die Richtung zur Verbesserung einschlagen können. Die »Mutationisten« erkannten offensichtlich nicht einmal, dass hier überhaupt ein Problem bestand; das lag möglicherweise daran, dass sie die Bedeutung der Anpassung unterschätzten – und damit waren sie nicht die Letzten. Heute ist es fast schmerzlich, welche Ironie wir in W. Batesons Darwin-Ablehnung lesen: »Die Umwandlung von Populationsmassen durch nicht wahrnehmbare, von der Selektion gelenkte Schritte ist, wie die meisten von uns mittlerweile erkennen, auf die Tatsachen so wenig anwendbar, dass wir nur staunen können ... welchen Mangel an Durchblick die Vertreter einer solchen Vorstellung erkennen lassen.«

Heute bezeichnen sich manche Populationsgenetiker als Anhänger einer »nicht darwinistischen Evolution«. Sie glauben, eine
beträchtliche Zahl von Gen-Austauschereignissen, die in der Evolution stattfinden, stellten einen nicht der Anpassung dienenden
Allelersatz dar, dessen Wirkungen im Verhältnis zueinander indif-
ferent sind. Das könnte durchaus stimmen. Aber es trägt offensichtlich nicht das Geringste dazu bei, die Frage nach der Evolution
anpassungsorientierter Komplexität zu beantworten. Die modernen Vertreter des Neutralismus räumen ein, dass ihre Theorie die
Anpassung nicht erklären kann.

Der Ausdruck »zufällige Gendrift« wird häufig mit dem Namen Sewall Wright in Verbindung gebracht, aber Wright hatte von
der Beziehung zwischen zufälliger Drift und Anpassung eine weitaus kompliziertere Vorstellung als die anderen erwähnten Wissenschaftler. Wright gehört nicht in Mayrs fünfte Kategorie, denn er
erkennt eindeutig die Selektion als Triebkraft der anpassungsorientierten Evolution. Zufällige Gendrift kann der Selektion ihre
Aufgabe erleichtern, weil sie das Entkommen aus lokalen Optima
begünstigt, aber über den Anstieg der anpassungsorientierten
Komplexität bestimmt nach wie vor die Selektion.[21]

Paläontologen gelangen in jüngerer Zeit zu faszinierenden Befunden, wenn sie eine »zufällige Phylogenie« in Computersimula-
tionen nachspielen. Solche Irrfahrten durch die Zeit der Evolution
erzeugen Trends, die denen aus der Realität gespenstisch ähneln,
und es ist beunruhigend leicht und verführerisch, aus der zufälligen Phylogenie scheinbare Anpassungstrends herauszulesen, die
in Wirklichkeit nicht vorhanden sind. Das heißt aber nicht, dass
wir die zufällige Gendrift als Erklärung für tatsächliche Anpassungstrends anerkennen könnten. Es könnte jedoch bedeuten, dass
manche von uns es sich beim Erkennen scheinbarer Anpassungstrends zu leicht gemacht haben und zu leichtgläubig waren. Dies
ändert aber nichts an der Tatsache, dass manche Trends tatsächlich der Anpassung dienen, selbst wenn wir sie in der Praxis nicht
immer richtig erkennen; solche echten Anpassungstrends lassen

sich durch zufällige Gendrift nicht erzeugen. Sie müssen durch eine nicht zufällige Kraft hervorgebracht werden, vermutlich durch die Selektion. Damit sind wir endlich bei Mayrs sechster Evolutionstheorie.

Theorie Nummer 6: Richtung (Ordnung), die der zufälligen Variation durch natürliche Selektion auferlegt wird

Darwinismus – die nicht zufällige Selektion zufällig variierender, sich replizierender Gebilde aufgrund ihrer »phänotypischen« Wirkungen – ist die einzige mir bekannte Kraft, die die Evolution prinzipiell in Richtung anpassungsorientierter Komplexität lenken kann. Sie ist auf unserem Planeten wirksam. Sie leidet an keinem der Nachteile, die für die anderen fünf Klassen von Theorien gelten, und es besteht kein Anlass, an ihrer Wirksamkeit im gesamten Universum zu zweifeln.

Die Zutaten zu einem allgemeinen Rezept für darwinistische Evolution sind irgendwelche sich replizierenden Gebilde, die phänotypische »Macht« über irgendeine Form ihres Replikationserfolges ausüben. In *The Extended Phenotype* (dt. *Der erweiterte Phänotyp*) habe ich diese notwendigen Gebilde als »aktive Keimbahnreplikatoren« oder »Optimons« bezeichnet. Es ist wichtig, dass man ihre Replikation begrifflich von ihren phänotypischen Erscheinungsformen trennt, auch wenn die Grenze auf manchen Planeten in der Praxis vielleicht verwischt sein könnte. Phänotypische Anpassung kann man als Hilfsmittel für die Fortpflanzung der Replikatoren betrachten.

Gould verunglimpft den Blick auf die Evolution aus Sicht der Replikatoren als voreingenommene »Buchhaltung«. Oberflächlich betrachtet ist das eine glückliche Metapher: Die genetischen Veränderungen, von denen die Evolution begleitet ist, kann man ohne Weiteres als Einträge eines Buchhalters betrachten, als Aufzeichnungen über die eigentlich interessanten phänotypischen Ereignisse, die sich in der Außenwelt abspielen. Bei genauerem Hinsehen erkennt man jedoch, dass in Wirklichkeit fast genau das Gegenteil zutrifft. Für die darwinistische (im Gegensatz zur lamarckistischen) Evolution ist es ein zentraler, unentbehrlicher Aspekt, dass gelegentlich Pfeile vom Genotyp zum Phänotyp fliegen, nicht aber in der umgekehrten Richtung. Veränderungen der Genhäufigkeiten sind keine passiven Buchhaltereinträge über phänotypische Veränderungen: Gerade weil sie aktiv phänotypische Veränderungen verursachen (und in dem Umfang, in dem sie das tun), kann eine Evolution des Phänotyps stattfinden. Sowohl wenn man nicht versteht, wie wichtig dieser Einbahnstraßenfluss ist[22], als auch wenn man ihn als unflexiblen, unbeirrbaren »genetischen Determinismus« interpretiert, ergeben sich daraus schwerwiegende Irrtümer.

Die universelle Sichtweise veranlasst mich, auf eine Unterscheidung zwischen »einmaliger Selektion« und »kumulativer Selektion«, wie man es nennen könnte, aufmerksam zu machen. In der Welt des Unbelebten kann Ordnung aus Prozessen erwachsen, die man als eine rudimentäre Form von Selektion betrachten kann. Die Kiesel an einem Strand werden von den Wellen so geordnet, dass größere Steine in Schichten getrennt von kleineren liegen. Dies können wir als Beispiel für die Selektion einer stabilen Konfiguration interpretieren, die aus einer anfangs stärker zufälligen Unordnung erwächst. Das Gleiche kann man über die »harmonische« Verteilung der Planetenumlaufbahnen um Sterne und der Elektronen um die Atomkerne sagen, aber auch über die Form von Kristallen, Blasen und Tröpfchen, ja vielleicht sogar über die Dimensionalität des Universums, in dem wir uns befinden. Das alles ist einmalige Selektion. Sie bringt keine fortschreitende Evolution hervor, weil es keine Replikation gibt, keine Aufeinanderfolge von Generationen. Komplexe Anpassung erfordert viele Generationen kumulativer Selektion, wobei die Veränderungen jeder Generation auf dem aufbauen, was zuvor bereits geschehen ist. Bei der einmaligen Selektion entwickelt sich ein stabiler Zustand, der dann beibehalten wird. Er vermehrt sich nicht und hat keine Nachkommen.

In der Welt des Lebendigen handelt es sich bei der Selektion, *die in jeder einzelnen Generation abläuft*, um eine einmalige Selektion analog zum Sortieren der Kiesel an einem Strand. Es ist aber das besondere Merkmal des Lebendigen, dass aufeinanderfolgende Generationen einer solchen Selektion Strukturen ausbilden – sowohl progressiv als auch kumulativ –, die irgendwann so komplex sind, dass sie stark nach (schöpferischer) Gestaltung oder (intelligentem) Design aussehen. Einmalige Selektion ist in der Physik allgegenwärtig und kann keine anpassungsorientierte Komplexität hervorbringen. Kumulative Selektion ist ein charakteristisches Kennzeichen der Biologie und nach meiner Auffassung die Kraft, die aller anpassungsorientierten Komplexität zugrunde liegt.

Weitere Themen für eine zukünftige Wissenschaft des universellen Darwinismus

Aktive Keimbahnreplikatoren bilden also zusammen mit ihren phänotypischen Folgen das allgemeine Rezept für Leben, die Form des Systems kann aber von Planet zu Planet sehr unterschiedlich sein; das gilt sowohl für die sich replizierenden Gebilde selbst als auch im Hinblick auf die »phänotypischen« Mittel, mit denen sie ihr Überleben sichern. Wie Leslie Orgel mir erklärt hat, ist sogar die Grenze zwischen »Genotyp« und »Phänotyp« unter Umständen unscharf. Bei den sich replizierenden Gebilden muss es sich nicht um DNA oder RNA handeln. Es müssen überhaupt keine organischen Moleküle sein. Selbst auf der Erde könnte sich die DNA diese Rolle erst spät angeeignet und von einem früheren, anorganisch-kristallinen Replikator übernommen haben.[23]

Eine vollständige Wissenschaft des universellen Darwinismus wird wahrscheinlich Aspekte von Replikatoren einbeziehen, die über ihre Natur und den Zeitraum, in dem sie kopiert werden, hinausgehen. So hat beispielsweise das Ausmaß, in dem sie »teilchenförmig« im Gegensatz zu »vermischt« sind, vermutlich wichtigere Auswirkungen auf die Evolution als die Einzelheiten ihrer molekularen oder physikalischen Natur. Aus ähnlichen Gründen könnte eine Klassifikation von Replikatoren, die das ganze Universum einschließt, stärker auf ihre Dimensionalität und Codierungsprinzipien abheben als auf ihre Größe und Struktur. DNA ist eine digital codierte, eindimensionale Anordnung. Einen »genetischen« Code in Form einer zweidimensionalen Matrix kann man sich durchaus vorstellen. Selbst ein dreidimensionaler Code ist denkbar, auch wenn Fachleute für universellen Darwinismus sich wahrscheinlich Sorgen um die Frage machen werden, wie ein solcher Code »abgelesen« werden kann. (Natürlich bestimmt die dreidimensionale Struktur des DNA-Moleküls darüber, wie es repliziert und abgelesen wird, aber das macht es noch nicht zu einem dreidimensionalen Code. Die Bedeutung der DNA hängt von der eindimensionalen Anordnung ihrer aufeinanderfolgenden Symbole ab, nicht aber von deren dreidimensionaler Position zueinander in der Zelle.) Darüber hinaus dürfte es mit analogen – im Gegensatz zu digitalen – Codes theoretische Probleme geben ähnlich denen, die ein rein analoges Nervensystem aufwerfen würde.[24]

Und was die phänotypischen Steuerungshebel angeht, mit denen Replikatoren Einfluss auf ihr Überleben nehmen, so sind wir so sehr daran gewöhnt, dass sie in Form einzelner Organismen oder »Vehikel« voneinander abgegrenzt vorliegen, dass wir die Möglichkeit eines diffuseren, außerhalb des Körpers befindlichen oder »erweiterten« Phänotyps vergessen. Selbst auf unserer Erde kann man eine große Zahl interessanter Anpassungen als Teile des erweiterten Phänotyps interpretieren. Man kann aber aus allgemeinen theoretischen Gründen die Ansicht vertreten, dass der abgegrenzte Körper eines Organismus mit einem sich wiederholenden Lebenszyklus für jeden Prozess der Evolution einer fortgeschrittenen anpassungsorientierten Komplexität notwendig ist – ein Thema, das in einer vollständigen Beschreibung des universellen Darwinismus seinen Platz finden wird.

Ein anderes Thema für eine ausführlichere Diskussion ist vielleicht das, was ich als Divergenz und Konvergenz oder Rekombination der Replikator-Abstammungslinien bezeichne. Bei der erdgebundenen DNA ergibt sich »Konvergenz« durch Sexualität und ähnliche Prozesse. Hier »konvergiert« die DNA innerhalb der Spezies, nachdem sie kurz zuvor »divergiert« ist. Mittlerweile gibt es aber Vermutungen, wonach bei Abstammungslinien, die sich ursprünglich vor sehr langer Zeit getrennt haben, eine andere Form der Konvergenz stattfinden kann. So spricht beispielsweise manches für eine Genübertragung zwischen Fischen und Bakterien. Auf anderen Planeten könnten die sich replizierenden Abstammungslinien ganz unterschiedliche Formen der Rekombination in ganz unterschiedlichem Zeitrahmen ermöglichen. Auf der Erde sind die Flüsse der Phylogenie, von den Bakterien abgesehen, nahezu vollständig divergent: Wenn wichtige Nebenflüsse überhaupt wieder in Kontakt kommen, nachdem sie sich verzweigt haben, dann nur in Form winziger Rinnsale wie im Fall der Fische und Bakterien. Natürlich gibt es ein reich vernetztes Delta der Divergenz und Konvergenz, die auf sexuelle Rekombination innerhalb der Spezies zurückzuführen sind, aber auch nur innerhalb der Spezies. Das »genetische« System anderer Planeten erlaubt möglicherweise viel mehr Querverbindungen auf allen Ebenen der Verzweigungshierarchie und macht damit ein riesiges, fruchtbares Delta möglich.

Ich habe über die Fantasien in den vorangegangenen Abschnitten nicht so ausführlich nachgedacht, dass ich ihre Plausibilität beurteilen könnte. Ganz allgemein geht es mir darum, dass alle Spekulationen über Leben im Universum einer Beschränkung unterliegen. Wenn eine Lebensform anpassungsorientierte Komplexität aufweist, muss sie einen Evolutionsmechanismus besitzen, der in der Lage ist, diese Komplexität hervorzubringen. So vielfältig die Evolutionsmechanismen auch sein mögen, und selbst wenn man über alles Leben im Universum keine andere allgemeine Aussage machen kann, dann wette ich doch darauf, dass es immer als darwinistisches Leben erkennbar sein wird. Das darwinsche Gesetz dürfte ebenso allgemeingültig sein wie die großen Gesetze der Physik.

Nachwort

In einer Anmerkung zu diesem Artikel habe ich versprochen, auf die »poetische Wissenschaft« zurückzukommen. Steve Gould war in seine eigene Rhetorik so verliebt, dass er es seinen Lesern gestattete, drei Formen der Diskontinuität durcheinanderzubringen: Makromutation, Massenaussterben und schnellen Gradualismus. Diese drei haben nichts gemeinsam; der Gedanke an eine Verbindung zwischen ihnen bringt nichts und führt zutiefst in die Irre. Die gleiche Gefahr birgt auch die »poetische Wissenschaft«. Das extremste mir bekannte Beispiel dafür, wie Goulds poetische Rhetorik sogar wissenschaftliche Experten in die Irre führen kann, findet sich in der Anmerkung zu »Der Einleger von Alabama« auf Seite 254.

Ich habe den Verdacht, dass die poetische Wissenschaft in einem weniger grandiosen Maßstab auch die Medizin behindert. Als mein Vater vor vielen Jahren an einem Zwölffingerdarmkrebs erkrankte, sagte ihm der Arzt, er müsse Milchpudding und andere milde, sanfte Lebensmittel zu sich nehmen. Spätere Empfehlungen sprachen sich dagegen aus. Nach meiner Vermutung gründete der Rat des Arztes nicht auf echten wissenschaftlichen Erkenntnissen, sondern auf der »poetischen« Assoziation von »Milch« mit Eigenschaften wie »mild«, »sanft« und »weich«. Poetische Medizin! Und wer heute abnehmen will, der wird aufgefordert, keine Butter, Sahne und andere fetthaltige Lebensmittel zu essen. Auch hier stellt sich die Frage: Stützt sich der Ratschlag auf Belege? Oder ist er wenigstens zum Teil eine »poetische« Assoziation mit dem Wort »Fett«?

Ich liebe die Poesie der Wissenschaft in einem guten Sinn. Es gibt aber nicht nur gute, sondern auch schlechte Poesie.

Eine Ökologie der Replikatoren[25]

Allen lokalen Schulbehörden in verschiedenen ländlichen Regionen und tiefsten Provinzen der Vereinigten Staaten zum Trotz zweifelt heute kein gebildeter Mensch an der Tatsache der Evolution. Ebenso zweifelt niemand an der Kraft der natürlichen Selektion. Natürliche Selektion ist nicht der einzige Antrieb und Leitfaden der Evolution. Zumindest auf molekularer Ebene ist auch die zufällige Gendrift wichtig; aber Selektion ist die einzige Kraft, die *Anpassung* hervorbringen kann. Wenn es darum geht, die atemberaubende Gestaltungsvielfalt in der Natur zu erklären, gibt es zur natürlichen Selektion keine Alternative.[26] Wenn ein Biologe die Bedeutung der natürlichen Selektion für die Evolution leugnet, kann man mit ziemlicher Sicherheit davon ausgehen, dass er *keine* Alternativtheorie hat, sondern dass er einfach die Anpassung als vorherrschende, erklärungsbedürftige Eigenschaft des Lebendigen unterschätzt. Vermutlich hat er nie einen Fuß in einen tropischen Regenwald gesetzt, sich nie mit Schwimmflossen über einem Korallenriff bewegt und nie einen Film von David Attenborough gesehen.

Fragen nach der Anpassung nehmen heute im Bewusstsein von Freilandbiologen eine hohe Stellung ein. Das war nicht immer so. Mein alter Herr und Meister Niko Tinbergen schilderte einmal, was er als junger Mann erlebt hatte: »Ich weiß noch, wie verblüfft ich war, als einer meiner Zoologieprofessoren mich energisch rüffelte. Er hatte gefragt, warum so viele Vögel dichte Schwärme bilden, wenn sie von einem Raubvogel angegriffen werden, und ich hatte daraufhin die Frage nach dem Überlebenswert in den Raum gestellt.« Heutige Studierende hätten sich wahrscheinlich eher gefragt, was der Professor mit seiner Frage gemeint haben könnte, wenn es *nicht* der Überlebenswert war. Menschen, die heute in Tinbergens Fachgebiet, der Verhaltensforschung, arbeiten, klagen darüber, dass das Pendel mittlerweile heftig in der anderen Richtung ausschlägt: Man ist vor allem mit dem darwinistischen Überlebenswert beschäftigt, und das geht auf Kosten von Untersuchungen an den Verhaltensmechanismen.

Aber schon in meinem Biologieunterricht an der Schule wurden wir vor einer üblen Sünde namens »Teleologie« gewarnt. Die Warnung richtete sich aber eigentlich nicht gegen den darwinistischen Überlebenswert, sondern gegen die aristotelischen letzten Ursachen. Dennoch verwirrte sie mich, denn ich hatte letzte Ursachen nie auch nur im Mindesten als Versuchung empfunden. Dass »eine letzte Ursache überhaupt keine Ursache ist«, kann jeder Dummkopf erkennen.[27] Sie ist nur ein anderer Name für das *Problem*, das Darwin am Ende löste. Darwin zeigte, wie die Illusion einer letzten Ursache durch nachvollziehbare wirkende Ursachen hervorgerufen werden kann. Seine Lösung, die von den Geistesgrößen der modernen Synthese, Ernst Mayr eingeschlossen, verfeinert wurde, hat das tiefste Geheimnis der Biologie zunichtegemacht: Sie hat die Ursache der Illusion einer schöpferischen Gestaltung aufgedeckt, die alles Lebendige durchzieht, nicht aber die unbelebte Welt.

Am stärksten zeigt sich die Illusion einer (schöpferischen) Gestaltung in Körperform und Verhaltensmustern, in den Geweben und Organen, Zellen und Molekülen einzelner Lebewesen. An den Individuen einer jeden Spezies ist sie ausnahmslos und sehr eindrücklich zu erkennen. Eine andere Illusion der Gestaltung nehmen wir auf einer höheren Ebene wahr: auf der Ebene der Ökologie. Gestaltung scheint auch in der Stellung der Arten aufzutauchen, in ihrer Anordnung in Gemeinschaften und Ökosystemen, in der Verflechtung der Arten mit ihren Mitbewohnern in den gemeinsamen Lebensräumen. Im raffinierten Puzzlespiel eines Regenwaldes oder eines Korallenriffes zeigt sich eine Gesetzmäßigkeit, deretwegen Rhetoriker gern die Katastrophe predigen, wenn auch nur ein Bestandteil zur Unzeit aus dem Ganzen herausgerissen wird. In Extremfällen kann eine solche Rhetorik mystische Untertöne annehmen. Dann ist unser Planet der Mutterleib einer Erdgöttin[28], alles Leben ist ihr Körper, die Arten sind ihre Körperteile. Aber auch wenn man solchen Überspanntheiten nicht folgt, findet man auf der Ebene der Lebensgemeinschaften tatsächlich eine starke Illusion von Gestaltung. Sie ist zwar weniger überzeugend als beim einzelnen Organismus, aber dennoch der Aufmerksamkeit wert. Die Tiere und Pflanzen, die in einer Region zusammenleben, scheinen häufig wie Hand und Handschuh zusammenzupassen, ganz ähnlich wie die Teile eines Tieres, die mit den anderen Körperteilen eine Einheit bilden.

Ein Gepard hat die Zähne eines Fleischfressers, die Klauen eines Fleischfressers, er hat Augen, Ohren, Nase und Gehirn eines Fleischfressers, Beinmuskeln, die sich zur Verfolgung von Fleisch eignen, und einen Darm, der darauf eingestellt ist, Fleisch zu verdauen. Alle seine Teile folgen einer Choreografie für einen Tanz fleischfresserischer Einheitlichkeit. Jede Sehne, jede Zelle der Raubkatze trägt in ihrer Beschaffenheit den Fleischfresser in sich, und wir können sicher sein, dass dieses Prinzip bis tief in die biochemischen Einzelheiten reicht. Ebenso sind die entsprechenden Teile einer Antilope untereinander vereinheitlicht, allerdings verfolgen sie einen anderen Weg zum Überleben. Einem Darm, der zur Verdauung grober Pflanzenteile gestaltet ist, würden Klauen und ein Beutefanginstinkt schlechte Dienste leisten. Und umgekehrt. Ein Hybride aus einem Geparden und einer Antilope würde evolutionär heftig auf die Nase fallen. Genetische Branchentricks lassen sich nicht aus dem einen Organismus ausschneiden und in den anderen einfügen. Kompatibel sind sie vielmehr mit anderen Tricks aus der gleichen Branche.

Etwas Ähnliches kann man auch über Artengemeinschaften sagen. Dies spiegelt sich in der Sprache der Ökologen wider. Pflanzen sind Primärproduzenten. Sie fangen Energie von der Sonne ein und machen sie über eine Kette von Primär-, Sekundär- und sogar Tertiärkonsumenten ihrer Gemeinschaft zugänglich. Zum guten Schluss kommen die Aasfresser, die in der Gemeinschaft die »Rolle« der Resteverwerter spielen. Nach dieser Sichtweise für das Lebendige muss jede Spezies eine »Rolle« spielen. Entfernt man beispielsweise die Aasfresser, die eine solche Funktion erfüllen, bricht in manchen Fällen tatsächlich die ganze Gemeinschaft zusammen, oder ihr »Gleichgewicht« ist gestört, schwankt stark und gerät »außer Kontrolle«, bis sich eine neue Balance einstellt, in der vielleicht andere Arten die gleichen Rollen spielen. Lebensgemeinschaften in der Wüste unterscheiden sich von Lebensgemeinschaften im Regenwald, und ihre Einzelteile – so scheint es zumindest – eignen sich für andere Gemeinschaften ebenso schlecht, wie ein Pflanzenfresserdarm schlecht mit den Zähnen oder dem Jagdinstinkt eines Fleischfressers zusammenpasst. Die Lebensgemeinschaften an einem Korallenriff unterscheiden sich von denen am Meeresboden, und ihre Teile sind nicht austauschbar. Arten können sich nicht nur an eine bestimmte Weltregion oder ein bestimmtes Klima anpassen, sondern auch an ihre Lebensgemeinschaft. Sie passen sich aneinander an. Die anderen Arten der Lebensgemeinschaft sind ein wichtiger – vielleicht sogar der wichtigste – Aspekt der Umwelt, an die sich jede einzelne Spezies anpasst. In einem gewissen Sinn sind die anderen Arten des Ökosystems schlicht ein weiterer Aspekt des Wetters. Aber im Gegensatz zu Temperatur und Niederschlag entwickeln sich auch die anderen Arten weiter. Und eine unbeabsichtigte Folge dieser gemeinsamen Evolution ist die Illusion einer schöpferischen Gestaltung in Ökosystemen.

Das harmonische Rollenspiel der Arten in einer Lebensgemeinschaft erinnert also an die Harmonie der Körperteile eines einzelnen Organismus. Die Ähnlichkeit ist aber trügerisch und muss mit Vorsicht betrachtet werden. Wir dürfen nicht auf die Übertreibungen des gruppenselektionistischen Panglossianismus hereinfallen, wie etwa den zweifelhaften Begriff der »klugen Raubtiere«[29]. Angesichts meiner Vorlieben fühlt es sich an, als würde man mir einen Zahn ziehen, aber die Analogie zwischen Organismus und Lebensgemeinschaft ist nicht vollkommen unbegründet. In diesem Artikel möchte ich unter anderem die Ansicht vertreten, dass es eine Ökologie innerhalb des einzelnen Organismus gibt. Dabei geht es mir nicht um die mittlerweile zum Allgemeinplatz gewordene Aussage, dass der Körper eines großen Tieres eine Lebensgemeinschaft von Bakterien enthält, darunter auch Mitochondrien und andere abgewandelte Formen. Ich hege eine viel radikalere Vermutung: Wir sollten den gesamten Genpool einer Spezies als ökologische Gemeinschaft von Genen betrachten. Die Kräfte, die unter den Körperteilen eines Organismus für Harmonie sorgen, ähneln den Kräften, die bei den Arten einer Lebensgemeinschaft die Illusion einer Harmonie entstehen lassen. Es besteht Gleichgewicht in einem Regenwald und Struktur in einer Riff-Lebensgemeinschaft; immer ist es eine elegante Verknüpfung von Teilen, deren gemeinsame Evolution an die Koadaptation innerhalb eines Tierkörpers denken lässt. In beiden Fällen wird aber die ausbalancierte Einheit nicht als Einheit von der darwinistischen Selektion begünstigt. Das Gleichgewicht ergibt sich vielmehr in beiden Fällen durch Selektion auf einer niedrigeren Ebene. Selektion begünstigt nicht ein harmonisches Ganzes, sondern harmonische Teile gedeihen in ihrer gegenseitigen Gegenwart, und daraus erwächst die Illusion eines harmonischen Ganzen.

Um ein zuvor genanntes Beispiel in genetischen Formulierungen noch einmal zu strapazieren: Auf der Ebene des Individuums gedeihen Gene, die Fleischfresserzähne entstehen lassen, in einem Pool mit Genen, die einen Fleischfresserdarm und ein Fleischfressergehirn hervorbringen, aber nicht in einem Genpool mit Genen für Darm und Gehirn von Pflanzenfressern. Auf der Ebene der Lebensgemeinschaft erlebt eine Region, in der es keine Fleischfresser gibt, vielleicht etwas Ähnliches wie eine »Marktlücke« in der Wirtschaft der Menschen. Arten von Fleischfressern, die in eine solche Region vordringen, können dort gedeihen. Wenn es sich bei der Region um eine abgelegene Insel handelt, auf der zuvor noch keine

Fleischfresser gelebt haben, oder wenn ein Massenaussterben kürzlich das Land verwüstet und eine ähnliche Marktlücke geschaffen hat, wird die natürliche Selektion unter den nicht fleischfressenden Arten diejenigen Individuen begünstigen, bei denen sich Gewohnheiten und schließlich auch der Körperbau so verändern, dass sie zu Fleischfressern werden. Nach einer ausreichend langen Evolutionszeit wird man feststellen, dass spezialisierte Arten von Fleischfressern von Vorfahren abstammen, die Alles- oder Pflanzenfresser waren.

Fleischfresser gedeihen in Gegenwart von Pflanzenfressern, und Pflanzenfresser gedeihen in Gegenwart von Pflanzen. Aber wie sieht es in der umgekehrten Richtung aus? Gedeihen Pflanzen auch in Gegenwart von Pflanzenfressern? Gedeihen Pflanzenfresser in Gegenwart von Fleischfressern? Gedeihen Tiere und Pflanzen nur dann, wenn sie von natürlichen Feinden gefressen werden? Nicht in der einfachen Art, die von der Rhetorik mancher ökologischen Aktivisten nahegelegt wird. Kein Lebewesen profitiert unmittelbar davon, gefressen zu werden. Aber Gräser, die dem Abweiden besser widerstehen als konkurrierende Pflanzenarten, gedeihen tatsächlich in Gegenwart grasender Tiere besser – hier gilt das Prinzip vom »Feind meines Feindes«. Mehr oder weniger die gleiche Geschichte kann man auch über die Opfer von Parasiten erzählen – und über Raubtiere, hier ist sie allerdings komplizierter. Die Behauptung, eine Lebensgemeinschaft »brauche« ihre Parasiten und Raubtiere so, wie ein Eisbär seine Leber oder seine Zähne braucht, ist nach wie vor irreführend. Aber das Prinzip vom Feind des Feindes führt ungefähr zu dem gleichen Ergebnis. Unter Umständen ist es richtig, eine Artengemeinschaft als eine Art ausbalanciertes Gebilde zu betrachten, das potenziell bedroht ist, wenn man eines seiner Teile entfernt.

Der Gedanke an eine Gemeinschaft aus Einheiten, die auf einer niedrigeren Ebene stehen und in Gegenwart der jeweils anderen gedeihen, findet sich überall im Reich des Lebendigen. Aber wie bereits erwähnt, möchte ich über die bekannte Aussage, dass Tierzellen nichts anderes als Gemeinschaften aus Hunderten oder Tausenden von Bakterien sind, hinausgehen. Damit will ich die Bedeutung der Symbiose von Bakterien nicht herunterspielen. Mitochondrien und Chloroplasten sind so umfassend in das reibungslose Funktionieren der Zelle einbezogen, dass wir über ihre Ursprünge als Bakterien erst seit kurzer Zeit Bescheid wissen. Mitochondrien sind für die Funktion unserer Zellen ebenso unentbehrlich wie unsere Zellen für sie. Ihre Gene sind in Gegenwart der unseren gediehen, wie unsere in der Gegenwart ihrer Gene gediehen sind. Pflanzenzellen als solche sind nicht zur Photosynthese in der Lage. Dieses chemische Kunststück wird von Gastarbeitern innerhalb ihrer Zellen zuwege gebracht, die ursprünglich Bakterien waren und heute als Chloroplasten bezeichnet werden. Pflanzenfresser wie Wiederkäuer und Termiten sind selbst mehr oder weniger unfähig, Cellulose zu verdauen. Andererseits können sie aber gut Pflanzen finden und kauen. Die Marktlücke, die ihr mit Pflanzen gefüllter Darm bietet, wird von symbiontischen Mikroorganismen ausgenutzt, die über die biochemischen Fähigkeiten verfügen, Pflanzenmaterial effizient zu verdauen, und das wiederum nutzt ihren pflanzenfressenden Wirten. Lebewesen, deren Fähigkeiten einander ergänzen, gedeihen in der Gegenwart des jeweils anderen.

Mir geht es darum, dass der Prozess sich auch auf der Ebene der »eigenen« Gene jeder Spezies widerspiegelt. Das ganze Genom eines Eisbären oder Pinguins, eines Leguans oder Guanakos ist eine Gruppe von Genen, die in Gegenwart der jeweils anderen gedeihen. Der unmittelbare Schauplatz dieses Gedeihens ist das Innere der Zellen eines Individuums. Langfristig spielt es sich jedoch im Genpool der Spezies ab. Wegen der sexuellen Fortpflanzung ist der Genpool der Lebensraum jedes Gens, das im Laufe der Generationen immer wieder kopiert und neu kombiniert wird.

Das verschafft der Spezies ihre einzigartige Stellung in der Hierarchie der biologischen Systematik. Wie viele verschiedene Arten es auf der Welt gibt, weiß niemand, aber vor allem dank Ernst Mayr ist zumindest klar, was es bedeuten würde, sie zu zählen. Diskussionen darüber, ob es dreißig Millionen verschiedene Arten gibt, wie manche Schätzungen nahelegen, oder aber nur fünf Millionen, sind echte Debatten. Die Antwort ist wichtig. Dagegen haben Diskussionen über die Zahl der Gattungen, Ordnungen, Familien, Klassen oder Stämme keinen höheren Stellenwert als Diskussionen darüber, wie viele große Männer es gibt. Wie wir »groß« definieren, bleibt uns überlassen, und ebenso ist es uns überlassen, wie wir eine Gattung oder Familie definieren. Aber solange sexuelle Fortpflanzung stattfindet, geht die Definition der Spezies über den individuellen Geschmack hinaus, und das auf wirklich bedeutsame Weise. Angehörige einer Spezies können sich definitionsgemäß untereinander kreuzen und damit an demselben gemeinsamen Genpool teilhaben. Die Spezies ist definiert als die Gemeinschaft, deren Gene die intimste Arena des Zusammenlebens teilen: den Zellkern – oder eigentlich eine Abfolge von Zellkernen über die Generationen. Bringt eine Spezies – in der Regel nach einer Phase der zufälligen Isolation – eine Tochterspezies hervor, stellt der neue Genpool eine neue Arena dar, in der sich die Kooperation zwischen den Genen weiterentwickeln kann. Alle biologische Vielfalt auf der Erde ist durch solche Aufspaltungsereignisse entstanden. Jede Spezies ist ein einzigartiges Gebilde, eine einzigartige Gruppe aneinander angepasster Gene, die miteinander bei dem Unternehmen, einzelne Organismen dieser Spezies aufzubauen, kooperieren.

Der Genpool einer Spezies ist ein Bauwerk aus harmonisch kooperierenden Gebilden, das im Laufe einer einzigartigen Geschichte aufgebaut wurde. Wie ich an anderer Stelle dargelegt habe, ist jeder Genpool eine einzigartige schriftliche Aufzeichnung seiner früheren Geschichte. Das hört sich vielleicht ein wenig fantasievoll an, aber es ergibt sich unmittelbar aus der darwinistischen natürlichen Selektion. In einem gut angepassten Tier spiegeln sich die Umweltbedingungen in winzigen Einzelheiten bis hinunter zur Biochemie wider, unter denen seine Vorfahren überlebt haben. Ein Genpool wird über generationenlange natürliche

Selektion der Vorfahren so geschnitzt und geschmiedet, dass er in diese Umwelt passt. Ein kenntnisreicher Zoologe, dem man das vollständige Transkript eines Genoms vorlegt, sollte theoretisch in der Lage sein, daraus die Umweltverhältnisse zu rekonstruieren, unter denen die Anpassung stattgefunden hat. In diesem Sinn ist die DNA eine codierte Beschreibung früherer Umgebungen, ein »genetisches Totenbuch«. In anderen Worten sagte es George Williams: »Ein Genpool ist eine unvollständige Aufzeichnung eines laufenden Durchschnitts von Selektionsdruckverhältnissen über einen langen Zeitraum hinweg und in einem Areal, das häufig viel größer ist als die Ausbreitungsdistanzen des Individuums.«

Der Genpool einer Spezies ist also der Regenwald, in dem die Ökologie der Gene gedeiht. Aber warum habe ich meinem Artikel die Überschrift »Eine Ökologie der Replikatoren« gegeben? Um diese Frage zu beantworten, muss ich einen Schritt zurückgehen und eine Kontroverse in der Evolutionstheorie betrachten, in der Ernst Mayr auf beredte Weise Partei ergriff. Es ist die Kontroverse um die Einheit in der Hierarchie des Lebendigen, über die man sagen kann, dass die natürliche Selektion auf sie wirkt. Oder, in der Formulierung von Richard Alexander: »Das geeignetste was?« Ernst Mayr und ich haben jeweils ein Wort – er sprach vom »Selekton«, ich vom »Optimon« – zu dem einzigen Zweck geprägt, folgende Frage zu beantworten: »Welches ist die Einheit, von der man sagen kann, dass eine Anpassung für sie gut ist?« Ist sie gut für die Gruppe, das Individuum, das Gen, das Leben als Ganzes oder was sonst? Meine Antwort auf die Frage lautet: das Gen; Ernst Mayr dagegen würde sagen: der Organismus. Ich werde zu zeigen versuchen, dass dies nur ein scheinbarer, aber kein wirklicher Unterschied ist. Er wird verschwinden, wenn man die terminologischen Unterschiede aufklärt. Nach einem solchen überheblichen – um nicht zu sagen dreisten – Versprechen möchte ich versuchen, es zu halten.

Es wäre falsch, die Debatte als Auswahl zwischen den Sprossen einer Leiter anzulegen, auf deren unterster das Gen steht: Gen, Zelle, Organismus, Gruppe, Spezies, Ökosystem. Falsch ist an dieser Stufenleiter, dass das Gen in Wirklichkeit zu einer anderen Kategorie gehört als alles Übrige. Das Gen ist ein Replikator, wie ich es genannt habe. Alle anderen sind, wenn überhaupt, »Vehikel« für Replikatoren. Die Rechtfertigung dafür, das Gen in der Liste der Ebenen als etwas Besonderes zu behandeln, wurde von Williams 1966 klar benannt:

> Die natürliche Selektion von Phänotypen kann selbst keine kumulativen Veränderungen hervorbringen, weil Phänotypen äußerst vorübergehende Ausdrucksformen sind. Das gleiche Argument gilt für Genotypen ... Sokrates' Gene dürften uns heute noch begleiten, aber für seinen Genotyp gilt das nicht, denn Meiose und Rekombination zerstören die Genotypen ebenso sicher wie der Tod ... Bei der sexuellen Fortpflanzung werden nur die meiotisch getrennten Fragmente des Genotyps übertragen, und diese Fragmente werden durch die Meiose der nächsten Generation weiter zerstückelt. Wenn es ein letztes, unteilbares Fragment gibt, ist es definitionsgemäß »das Gen«, das in den abstrakten Diskussionen der Populationsgenetik vorkommt.

Philosophen sprechen heute von »Genselektionismus«, aber ich bezweifle, dass Williams darin wirklich eine radikale Abkehr von der orthodoxen neodarwinistischen »individuellen Selektion« sah. Auch ich tat das nicht, als ich die gleiche Argumentation zehn Jahre später in The Selfish Gene (dt. Das egoistische Gen) und The Extended Phenotype (dt. Der erweiterte Phänotyp) wiederholte und ausweitete. Wir glaubten, wir würden damit nur klarstellen, was der orthodoxe Neodarwinismus wirklich bedeutete. Aber sowohl Kritiker als auch Anhänger missverstanden unsere Ansicht als Angriff auf die darwinistische Idee, der einzelne Organismus sei die Einheit der Selektion. Das lag daran, dass wir nicht eindeutig genug die Unterscheidung zwischen Replikatoren und Vehikeln getroffen hatten. Natürlich ist der einzelne Organismus die Einheit (oder zumindest eine sehr wichtige Einheit) der Selektion, wenn man unter der Einheit ein Vehikel versteht. Ein Replikator ist er aber überhaupt nicht.

Ein Replikator ist irgendetwas, von dem Kopien hergestellt werden. In diesem Sinn ist der einzelne Organismus kein Replikator, und die Fortpflanzung des Individuums ist selbst dann keine Replikation, wenn es sich um ungeschlechtliche, klonale Fortpflanzung handelt. Das ist keine Frage von Tatsachen, sondern von Definitionen. Wer daran zweifelt, hat die Bedeutung des Begriffs »Replikator« nicht verstanden.

Um mit einem pragmatischen Kriterium zu beurteilen, ob ein Gebilde ein echter Replikator ist, kann man fragen, welche Folgen ein *Fehler* bei Gebilden seiner Kategorie hat. Ein einzelner Organismus, beispielsweise eine Blattlaus oder Gespenstschrecke, die sich klonal fortpflanzt, wäre nur dann ein echter Replikator, wenn Fehler im Phänotyp – beispielsweise ein amputiertes Bein – in der nächsten Generation reproduziert würden. Und das ist natürlich nicht der Fall. Dagegen wird ein Fehler im Genotyp – eine Mutation – tatsächlich in der nächsten Generation reproduziert. Er kann sich natürlich ebenfalls im Phänotyp zeigen, aber was kopiert wurde, ist nicht der phänotypische Defekt als solcher. Dies ist nichts anderes als das altvertraute Prinzip der Nichtvererbung erworbener Merkmale oder – in der molekularen Version – Cricks zentrales Dogma.

Als »aktiv« habe ich einen Replikator bezeichnet, wenn irgendein Aspekt ihm die Neigung verleiht, kopiert zu werden. Demnach können geschädigte Replikatoren fruchtbarer oder weniger fruchtbar sein als das Original (was in der Praxis an den »phänotypischen Effekten« liegt, wie wir sie gewöhnlich nennen). Die wahre Einheit der Selektion ist in jedem darwinistischen Prozess auf jedem Planeten ein aktiver Keimbahnreplikator. Auf unserem Planeten ist es zufällig die DNA.

In seinem später erschienenen Buch *Natural Selection* kam Williams auf das Thema zurück. Er stimmt der Auffassung zu, dass das Gen nicht in die gleiche hierarchische Liste gehört wie der Organismus: »Mit solchen Komplikationen kommt man am besten zurecht, wenn man die Selektion des Individuums nicht als zusätzliche Selektionsebene zu der des Gens betrachtet, sondern als primären Mechanismus einer Selektion auf der Ebene der Gene.«

»Primärer Mechanismus einer Selektion auf der Ebene der Gene« ist Williams' Beschreibung für das, was ich als »Vehikel« bezeichnen würde und was David Hull den »Interaktor« nennt. Williams bezeichnet seine Version meines »Replikators« – mit anderen Worten: seine Art, das Gen von allen Vehikeln abzugrenzen – als codische Domäne im Gegensatz zur materiellen Domäne. Ein Mitglied der codischen Domäne ist ein Codex. Die in einem Gen codierte Information gehört ausschließlich zur codischen Domäne. Die Atome in der DNA des Gens befinden sich in der materiellen Domäne. Die einzigen anderen Kandidaten, die ich mir als Mitglieder der codischen Domäne vorstellen kann, sind Meme wie zum Beispiel selbstreplizierende Computerprogramme und Einheiten der kulturellen Vererbung. Das bedeutet gleichzeitig, dass beide auch Kandidaten für den Titel eines aktiven Keimbahnreplikators und für die Grundeinheiten der Selektion in einem hypothetischen darwinistischen Prozess sind. Der einzelne Organismus dagegen ist nicht einmal ein Kandidat für einen Replikator in irgendeinem darwinistischen Prozess, so hypothetisch er auch sein mag.

Bisher bin ich aber der Kritik an der Idee des Genselektionismus noch nicht gerecht geworden. Die überzeugendste Kritik kam von Ernst Mayr selbst: Seine Argumente warfen ihre Schatten bereits in seinem berühmten Angriff auf die »Bohnensack-Genetik«, wie er sie provokativ nannte[30], und in dem Kapitel »Einheit des Genotypus« seines Buches *Animal Species and Evolution* (dt. *Artbegriff und Evolution*) voraus. In diesem Kapitel schrieb er zum Beispiel, es sei aus physiologischer wie auch aus evolutionärer Sicht sinnlos, Gene als unabhängige Einheiten zu betrachten.

Das großartig geschriebene Werk ist eines meiner Lieblingsbücher, und ich stimme mit jedem Wort des Kapitels über die »Einheit des Genotyps« überein, nur nicht mit seinem Fazit – da bin ich zutiefst anderer Ansicht!

Wichtig ist, dass man zwischen der Rolle der Gene in der Embryonalentwicklung und der Rolle der Gene in der Evolution unterscheidet. Dass Gene in der Embryonalentwicklung auf ungeheuer komplexe Weise zusammenwirken – was für die Diskussion um die Ebene der Selektion aber vollkommen bedeutungslos ist –, stimmt zweifellos, auch wenn nicht alle Embryologen so weit gehen würden wie Mayr, der sagte: »Jede Eigenschaft eines Organismus wird durch alle Gene beeinflusst, und jedes Gen beeinflusst alle seine Eigenschaften.«

Dass das übertrieben war, räumte Mayr selbst ein. Ich bin froh, dass ich ihn in dem gleichen Geist zitieren kann, denn selbst wenn seine Aussage buchstäblich richtig wäre, würde sie die Stellung des Gens als Einheit der Selektion nicht im Geringsten untergraben – das heißt als Einheit im Sinn eines Replikators. Wenn das paradox klingt, liefert Mayr selbst auch hier die Lösung: »Ein bestimmtes Gen hat als genetische Umgebung nicht nur den genetischen Hintergrund der jeweiligen Zygote, in der es sich vorübergehend aufhält, sondern den gesamten Genpool der lokalen Population, in der es vorkommt.«

Das ist wirklich der entscheidende Punkt. Jedes Gen wird aufgrund seiner Fähigkeit selektioniert, in seiner Umgebung zu überleben. Natürlich denken wir dabei zuerst an die äußere Umwelt. Aber die wichtigsten Elemente in der Umwelt eines Gens sind die anderen Gene. Eine solche »Ökologie der Gene«, in der jedes von ihnen einzeln wegen seiner Fähigkeit selektioniert wird, in Gegenwart der anderen in einem sexuell rekombinierenden Genpool zu gedeihen, schafft die Illusion von der »Einheit des Genotyps«. Es ist eindeutig nicht richtig zu behaupten, ein Genom, das in seiner embryologischen Rolle einheitlich ist, müsse deshalb auch in seiner evolutionären Rolle eine Einheit sein. Mayr hatte mit der Embryologie recht. Williams hatte mit der Evolution recht. Eine Meinungsverschiedenheit gibt es nicht.

Verwandtenselektion:
zwölf Missverständnisse[31]

Einleitung

Die Verwandtenselektion ist zu einer Erfolgsgeschichte geworden, und wenn Erfolgsgeschichten erst einmal ins Rollen kommen, führen sie manchmal zu einer Polarisierung der Ansichten. Das hektische Bestreben, auf den Wagen aufzuspringen, provoziert eine gesunde Reaktion. So kommt es, dass sensible Verhaltensforscher, die etwas genauer hinhören, ein leises, skeptisches Murren vernehmen, das gelegentlich zu einem selbstgefälligen Geheul anschwillt, wenn einer der ersten Triumphe der Theorie auf neue Probleme stößt. Eine solche Polarisierung ist bedauerlich. In diesem Fall wird sie durch eine beachtliche Reihe von Missverständnissen – innerhalb und außerhalb des Fachgebiets der Verwandtenselektion – verstärkt. Viele davon erwachsen nicht aus Hamiltons mathematischen Formulierungen, sondern aus sekundären Versuchen, seine Gedanken zu erklären. Als jemand, der auf einige davon hereingefallen ist und allen des Öfteren begegnet ist, möchte ich mich an den schwierigen Versuch machen, in nicht mathematischer Sprache zwölf der häufigsten Missverständnisse im Zusammenhang mit der Verwandtenselektion zu erklären. Mit diesen zwölf Fällen ist die Liste keineswegs erschöpft. Alan Grafen hat beispielsweise gute Erläuterungen zu zwei weiteren, recht komplizierten veröffentlicht. Die zwölf Abschnitte kann man in beliebiger Reihenfolge lesen.

Missverständnis 1: »Verwandtenselektion ist eine besondere, komplizierte Form der natürlichen Selektion, die nur dann ins Spiel kommt, wenn sich die ›individuelle Selektion‹ als unzureichend erweist.«

Dieser logische Irrtum allein ist für einen großen Teil der skeptischen Erwiderungen verantwortlich, die ich erwähnt habe. Er ergibt sich aus einer Verwechslung von historischen Vorgaben und theoretischer Sparsamkeit: »Die Verwandtenselektion ist eine neue Ergänzung in unserem theoretischen Arsenal; für viele Zwecke sind wir jahrelang gut ohne sie ausgekommen; deshalb sollten wir nur dann auf sie zurückgreifen, wenn uns die gute, alte ›individuelle Selektion‹ im Stich lässt.«

Dabei gilt es zu beachten, dass die gute, alte individuelle Selektion immer auch die Brutpflege als naheliegende Folge der Selektion auf individuelle Fitness eingeschlossen hat. Hinzugekommen ist durch die Theorie der Verwandtenselektion der Gedanke, dass Brutpflege nur ein Sonderfall der Versorgung enger Verwandter ist. Wenn wir die genetischen Grundlagen der natürlichen Selektion im Einzelnen betrachten, erkennen wir, dass »individuelle Selektion« alles andere als sparsam ist; gleichzeitig ist Verwandtenselektion eine einfache, unausweichliche Folge des unterschiedlichen Überlebens von Genen, das im Grundsatz natürliche Selektion ist. Dass enge Verwandte auf Kosten entfernterer Verwandter versorgt werden, lässt sich aufgrund der Tatsache vorhersagen, dass enge Verwandte mit großer Wahrscheinlichkeit das Gen oder die Gene »für« eine solche Fürsorge weitergeben werden: Das Gen sorgt für Kopien seiner selbst. Dagegen lässt sich die Fürsorge für sich selbst und die eigenen Kinder, die aber ebenso enge horizontale Verwandte *nicht* einschließt, mit keinem einfachen genetischen Modell vorhersagen. Wir müssten dann zusätzliche Faktoren anführen, so die Annahme, dass Nachkommen leichter zu erkennen oder einfacher zu unterstützen sind als horizontale Verwandte. Solche zusätzlichen Faktoren sind vollkommen plausibel, aber sie müssen zu der grundlegenden Theorie *hinzugenommen* werden.

Zufällig stimmt es, dass sich die meisten Tiere um ihre Nachkommen mehr kümmern als um Geschwister, und mit Sicherheit stimmt es auch, dass Evolutionstheoretiker die Brutpflege früher verstanden haben als die Fürsorge für Geschwister. Aber keine dieser beiden Tatsachen lässt darauf schließen, dass die allgemeine Theorie der Verwandtenselektion nicht sparsam wäre. Wenn man die genetische Theorie der natürlichen Selektion anerkennt – was heute alle ernst zu nehmenden Biologen tun –, muss man auch die Prinzipien der Verwandtenselektion anerkennen. Eine rationale Skepsis beschränkt sich auf die (vollkommen sinnvollen) Annahmen, dass der Selektionsdruck zugunsten der Versorgung von anderen Verwandten als den Nachkommen *in der Praxis* für die Evolution keine merklichen Folgen haben wird.[32]

Unabsichtlich unterstützt wurde das Missverständnis Nummer 1 vermutlich durch eine einflussreiche Definition der Verwandtenselektion, die von Edward O. Wilson vertreten wurde: »Die Selektion von Genen durch eines oder mehrere Individuen, die das Überleben und die Fortpflanzung von Verwandten begünstigen oder behindern, die aufgrund gemeinsamer Abstammung die gleichen Gene besitzen (aber keine Nachkommen sind).« Zu meiner Freude habe ich gesehen, dass Wilson die Formulierung »die aber keine Nachkommen sind« in seiner jüngsten Definition weggelassen hat und stattdessen folgendermaßen formuliert: »Obwohl die Definition von Verwandten auch die Nachkommen einschließt, wird der Begriff Verwandtenselektion in der Regel nur dann benutzt, wenn zumindest einige andere Verwandte, beispielsweise Brüder, Schwestern oder Eltern, ebenso betroffen sind.« Das stimmt zweifellos, aber ich halte es für bedauerlich. Warum sollten wir die Brutpflege als Sonderfall betrachten, nur weil sie lange Zeit die einzige Form des verwandtenselektionierten Altruismus war, die wir verstanden haben? Auch Neptun und Uranus trennen wir nicht von den übrigen Planeten, nur weil wir jahrhundertelang nichts von ihrer Existenz wussten. Wir nennen sie alle Planeten, weil sie alle Gegenstände desselben Typs sind.

Am Ende seiner Definition von 1975 fügte Wilson hinzu, Verwandtenselektion sei »eine extreme Form von Gruppenselektion«. Auch dies wurde in der Definition von 1978 glücklicherweise getilgt.[33] Es ist das zweite meiner zwölf Missverständnisse.

Missverständnis 2: »Verwandtenselektion ist eine Form der Gruppenselektion.«

Gruppenselektion ist das unterschiedliche Überleben oder Aussterben ganzer Gruppen von Lebewesen. Organismen bilden manchmal Familiengruppen, und daraus folgt, dass das unterschiedliche Aussterben von Gruppen eigentlich gleichbedeutend mit einer Familienselektion oder »Verwandten-Gruppenselektion« ist. Das hat aber nichts mit dem Wesentlichen von Hamiltons Theorie zu tun: Es werden diejenigen *Gene* selektioniert, die dafür sorgen, dass Individuen zugunsten anderer Individuen, die mit besonders großer Wahrscheinlichkeit Kopien derselben Gene enthalten, einen Unterschied machen. Damit das geschieht, muss man die Population nicht in Familiengruppen aufteilen, und mit Sicherheit ist es nicht notwendig, dass ganze Familien aussterben oder als Einheit überleben.

Natürlich kann man nicht damit rechnen, dass Tiere in einem kognitiven Sinn wissen, wer ihre Verwandten sind (siehe Missverständnis 3), und in der Praxis entspricht das Verhalten, das von der natürlichen Selektion begünstigt wird, einer groben Faustregel nach dem Motto »Teile deine Nahrung mit allem, was sich in dem Nest, in dem du sitzt, bewegt«. Wenn Familien sich gruppenweise herumtreiben, liefert diese Tatsache eine nützliche Faustregel für die Verwandtenselektion: »Kümmere dich um jedes Individuum, das du häufig siehst.« Aber auch hier muss man festhalten, dass dies nichts mit echter Gruppenselektion zu tun hat: Das unterschiedliche Überleben und Aussterben ganzer Gruppen fließt in die Überlegung nicht ein. Die Faustregel funktioniert, wenn in der Population eine gewisse »Zähflüssigkeit« herrscht, sodass Individuen statistisch mit großer Wahrscheinlichkeit auf Verwandte treffen; dass Familien abgegrenzte Gruppen bilden, ist nicht erforderlich.

Vielleicht hat Hamilton recht, wenn er manche Missverständnisse auf den Begriff »Verwandtenselektion« als solchen zurückführt, obwohl dieser ironischerweise (von Maynard Smith) in der lobenswerten Absicht geprägt wurde, den Unterschied zur Gruppenselektion hervorzuheben. Hamilton selbst verwendet ihn nicht, sondern betont lieber die Bedeutung seines zentralen Konzepts der Gesamtfitness (englisch *inclusive fitness*)[34] für alle Formen eines genetisch bedingten, nicht zufälligen Altruismus, ob er nun mit Verwandtschaftsverhältnissen zu tun hat oder nicht. Nehmen wir beispielsweise an, innerhalb einer Spezies gebe es bei der Auswahl der Lebensräume genetisch bedingte Schwankungen. Weiterhin nehmen wir an, eines der Gene, die zu den Schwankungen beitragen, hätte den pleiotropen[35] Effekt, dass es die Individuen ihre Nahrung mit anderen teilen lässt, mit denen sie zusammentreffen. Wegen der pleiotropen Wirkung auf die Wahl des Lebensraums unterscheidet dieses altruistische Gen letztlich zugunsten von Kopien seiner selbst, denn Individuen, die es besitzen, finden sich besonders häufig in demselben Lebensraum ein und treffen deshalb aufeinander. Enge Verwandte müssen sie deshalb nicht sein.

Die Grundlage für ein ähnliches Modell kann jeder Weg bilden, auf dem ein altruistisches Gen Kopien seiner selbst in anderen Individuen »erkennt«. Auf das Wesentliche reduziert ist das Prinzip in dem unwahrscheinlichen, aber lehrreichen »Grünbarteffekt«: Die Selektion würde theoretisch ein Gen begünstigen, das pleiotrop dafür sorgt, dass Individuen einen grünen Bart bekommen und dazu neigen, gegenüber grünbärtigen Individuen altruistisch zu sein. Auch hier muss es sich bei den Individuen nicht um Verwandte handeln.[36]

Missverständnis 3: »Die Theorie der Verwandtenselektion setzt bei Tieren beträchtliche kognitive Gedankenleistungen voraus.«

In einer vielfach zitierten »anthropologischen Kritik der Soziobiologie« sagt Sahlins[37] Folgendes:

> Nebenbei muss angemerkt werden, dass sich die epistemologischen Probleme, die sich aus dem Mangel an sprachlicher Unterstützung für die Berechnung von r, dem Verwandtschaftskoeffizienten, ergeben, zu einem schwerwiegenden Mangel in der Theorie der Verwandtenselektion summieren. Bruchteile kommen in den Sprachen der Welt nur selten vor. Sie tauchen in den indoeuropäischen und antiken Kulturen des Nahen und Fernen Ostens auf, fehlen aber allgemein bei den sogenannten primitiven Völkern. Jäger und Sammler haben in der Regel kein Zählsystem, das über *eins, zwei* und *drei* hinausgeht. Ich verzichte auf einen Kommentar zu dem noch viel größeren Problem, wie Tiere herausfinden sollten, dass r [ich, Cousin ersten Grades] = 1/8 ist. Da die Soziobiologen es versäumen, sich mit diesem Problem auseinanderzusetzen, sorgen sie in ihrer Theorie für einen beträchtlichen Mystizismus.

Es ist bedauerlich für Sahlins, dass er der Versuchung erlag, »auf einen Kommentar zu verzichten« und nichts darüber zu schreiben, wie »Tiere angeblich herausfinden sollen«, was r ist. Schon die Absurdität der Idee, die er hier lächerlich machen wollte, hätte bei ihm die geistigen Alarmglocken läuten lassen müssen. Ein Schneckenhaus ist eine ausgezeichnete logarithmische Spirale, aber wo bewahrt die Schnecke ihre Logarithmentafeln auf? Wie liest sie darin, wo doch die Linse in ihrem Auge über keine »sprachliche Unterstützung« zur Berechnung des Brechungskoeffizienten μ verfügt? Wie »ermitteln« grüne Pflanzen die Formel für Chlorophyll? Genug, seien wir lieber konstruktiv.

Die natürliche Selektion wählt Gene aus und nicht deren

Allele[38], weil diese Gene bestimmte phänotypische Wirkungen haben. Im Falle des Verhaltens haben die Gene vermutlich Einfluss auf den Zustand des Nervensystems, das seinerseits das Verhalten beeinflusst. Ob Verhalten, Physiologie oder Anatomie: Wenn wir einen komplexen Phänotyp verstehen wollen, bedarf es in der Regel raffinierter mathematischer Beschreibungen. Das heißt natürlich nicht, dass die Tiere selbst Mathematiker sein müssen. Selektioniert werden vielmehr unbewusste »Faustregeln«, wie sie bereits erwähnt wurden. Damit eine Spinne ein Netz bauen kann, sind Faustregeln notwendig, die komplizierter sind als alles, was die Theoretiker der Verwandtenselektion postuliert haben. Gäbe es keine Spinnennetze, so würde jeder, der sie postuliert, wahrscheinlich höhnische Skepsis provozieren. Aber sie existieren nun einmal; jeder hat sie schon gesehen, und niemand fragt, wie Spinnen die Gestaltung »ausarbeiten«.

Der Apparat, der automatisch und unbewusst die Netze aufbaut, muss durch natürliche Selektion entstanden sein. Natürliche Selektion ist das unterschiedliche Überleben von Allelen im Genpool. Demnach muss es im Hinblick auf die Neigung, Netze zu bauen, genetisch bedingte Schwankungen geben. Ganz ähnlich verhält es sich mit der Evolution des Altruismus durch Verwandtenselektion: Wenn wir darüber reden, müssen wir genetische Schwankungen beim Altruismus postulieren. In diesem Sinn postulieren wir Allele »für« Altruismus, die wir mit Allelen für Egoismus vergleichen können. Damit bin ich beim nächsten Missverständnis.

Missverständnis 4: »Man kann sich nur schwer ein Gen ›für‹ etwas so Komplexes wie altruistisches Verhalten gegenüber Verwandten vorstellen.«

Das Problem ergibt sich, wenn man falsch versteht, was es bedeutet, von einem Gen »für« ein Verhalten zu sprechen. Kein Genetiker hat sich jemals vorgestellt, ein Gen »für« ein phänotypisches Merkmal wie Mikrozephalie oder braune Augen sei allein und ohne Hilfe für die Ausbildung des Organs verantwortlich, auf das es einwirkt. Ein Kind mit Mikrozephalie hat einen anormal kleinen Kopf, aber es ist immer noch ein Kopf, und der ist ein so komplexes Gebilde, dass er nicht von einem einzigen Gen erzeugt werden kann. Gene wirken nicht isoliert, sondern gemeinsam. Das Genom als Ganzes wirkt mit seiner Umwelt zusammen und erzeugt so den Körper als Ganzes.

Entsprechend kann man auch mit »einem Gen für das Verhalten X« nur einen *Unterschied* zwischen dem Verhalten zweier Individuen meinen. Glücklicherweise sind gerade solche Unterschiede zwischen Individuen für die natürliche Selektion von Bedeutung. Wenn wir beispielsweise von der natürlichen Selektion auf Altruismus gegenüber jüngeren Geschwistern sprechen, geht es um das unterschiedlich gute Überleben eines oder mehrerer Gene »für« Geschwisteraltruismus. Das aber bedeutet schlicht und einfach: Ein Gen sorgt in einer normalen Umwelt dafür, dass Individuen einen Altruismus gegenüber ihren Geschwistern mit größerer Wahrscheinlichkeit zeigen, als sie es unter dem Einfluss eines anderen Allels dieses Gens tun würden. Ist das unplausibel?

Tatsächlich hat sich noch kein Genetiker wirklich die Mühe gemacht, Gene für Altruismus zu studieren. Ebenso hat noch kein Genetiker den Netzbau von Spinnen erforscht. Wir alle glauben, dass sich der Netzbau in der Evolution der Spinnen unter dem Einfluss der natürlichen Selektion entwickelt hat. Das kann nur dann geschehen sein, wenn Gene für Unterschiede im Verhalten der Spinne auf jedem einzelnen Schritt des Evolutionsweges gegenüber ihren Allelen bevorzugt wurden. Damit ist natürlich nicht gesagt, dass es solche genetischen Unterschiede heute noch geben muss; die natürliche Selektion könnte die ursprüngliche genetische Schwankungsbreite mittlerweile beseitigt haben.

Dass es Brutpflege gibt, leugnet niemand, und wir alle erkennen an, dass sie in der Evolution unter dem Einfluss der natürlichen Selektion entstanden ist. Auch hier brauchen wir keine genetischen Analysen, um uns davon zu überzeugen, dass dies nur geschehen sein kann, wenn es eine ganze Reihe von Genen für verschiedene

Verhaltensweisen gibt, die gemeinsam das Brutpflegeverhalten darstellen. Nachdem dieses in all seiner Komplexität vorhanden war, kann man schon mit sehr wenig Fantasie feststellen, dass nur noch eine kleine genetische Veränderung erforderlich ist, damit es sich auch auf den Altruismus älterer Geschwister ausweitet.

Nehmen wir einmal an, die »Faustregel«, die bei Vögeln für die Brutpflege sorgt, lautet folgendermaßen: »Füttere alles, was in deinem Nest piepst.« Das ist plausibel, denn Kuckucke haben diese einfache Regel offensichtlich ausgenutzt. Damit der Geschwisteraltruismus entsteht, ist nun nur noch eine geringfügige quantitative Verschiebung notwendig, vielleicht indem der Auszug eines flügge gewordenen Jungen aus dem elterlichen Nest ein wenig hinausgeschoben wird. Verschiebt es seinen Auszug, bis das nächste Junge geschlüpft ist, könnte die vorhandene Faustregel ohne Weiteres dafür sorgen, dass es automatisch die piepsenden aufgesperrten Mäuler füttert, die plötzlich in seinem heimatlichen Nest aufgetaucht sind. Eine solche geringfügige, quantitative Verschiebung eines lebensgeschichtlich bedeutsamen Ereignisses ist genau die Wirkung, die man von einem Gen erwarten kann. Jedenfalls ist die Verschiebung ein Kinderspiel im Vergleich zu den Veränderungen, die sich während der Evolution der Brutpflege, des Netzbaus oder irgendeiner anderen unumstrittenen komplexen Anpassung angesammelt haben müssen. Wie sich herausstellt, ist das Missverständnis 4 nur eine neue Version eines der ältesten Einwände gegen den Darwinismus insgesamt, eines Einwands, den Darwin vorhersah und in seinem *Origin of Species* (dt. *Entstehung der Arten*) in dem Abschnitt »Organe von äußerster Vollkommenheit und Zusammengesetztheit« mit Entschiedenheit aus dem Weg räumte.

Altruistisches Verhalten mag sehr komplex sein, aber es bezog seine Komplexität nicht aus einem neuen, mutierten Gen, sondern aus dem bereits vorhandenen Entwicklungsprozess, auf den das Gen einwirkte. Es handelte sich bereits um komplexes Verhalten, bevor das neue Gen auf der Bildfläche erschien, und dieses komplexe Verhalten war die Folge eines langen, verwickelten Entwicklungsprozesses, an dem eine große Zahl von Genen und Umweltfaktoren mitwirkte. Das neue Gen, für das wir uns interessieren, gab diesem vorhandenen komplexen Prozess einfach einen kleinen Schub, und das Endergebnis war eine entscheidende Veränderung in dem komplexen phänotypischen Effekt. Was beispielsweise vorher komplexe Brutpflege war, wurde jetzt zu komplexer Geschwisterpflege. Die Verschiebung vom Eltern- zum Geschwisterverhalten war einfach, auch wenn Brut- und Geschwisterfürsorge für sich betrachtet komplexe Vorgänge sind.

Missverständnis 5: »**Alle Angehörigen einer Spezies haben mehr als 99 Prozent ihrer Gene gemeinsam, warum also sollte die Selektion einen universellen Altruismus begünstigen?**«

Diese ganze Berechnung, auf die sich die Soziobiologie gründet, ist zutiefst irreführend. Ein Elternteil hat nicht die Hälfte seiner Gene mit seinen Nachkommen gemeinsam; die Nachkommen haben vielmehr die Hälfte der Gene gemeinsam, in denen sich die Eltern unterscheiden. Sind die Eltern in einem Gen homozygot, erben natürlich alle Nachkommen dieses Gen. Damit lautet die Frage: Wie viele gemeinsame Gene gibt es innerhalb einer Spezies wie dem *Homo sapiens*? Nach Schätzungen von King und Wilson teilen Mensch und Schimpanse 99 Prozent ihres genetischen Materials; außerdem schätzen sie, dass sich die Menschenrassen fünfzigmal näher stehen als Mensch und Schimpanse. Individuen, die von Soziobiologen als nicht verwandt eingestuft werden, haben also in Wirklichkeit mehr als 99 Prozent ihrer Gene gemeinsam. Es wäre einfach, ein Modell aufzubauen, in dem die für das Verhalten wichtigen Strukturen und physiologischen Eigenschaften auf den gemeinsamen 99 Prozent beruhen, während Unterschiede wie die Form der Haare, die für das Verhalten unwichtig sind, von dem einen Prozent bestimmt werden. Entscheidend ist, dass die Genetik tatsächlich die Überzeugungen der Sozialwissenschaften stützt, aber nicht die Berechnungen der Soziobiologen.

Diese Fehleinschätzung stammt von Sherwood Washburn, einem anderen angesehenen Anthropologen. Sie ergibt sich nicht aus Hamiltons mathematischer Formulierung, sondern geht auf allzu sehr vereinfachte Sekundärquellen zurück, auf die sich Washburn bezieht. Aber die mathematischen Beschreibungen sind schwierig, und es ist einen Versuch wert, den Irrtum auf einem einfachen verbalen Weg zurückzuweisen.

Ob die 99 Prozent nun eine Übertreibung sind oder nicht, in einem hat Washburn sicher recht: Zwei zufällig ausgewählte Mitglieder einer Spezies haben die große Mehrzahl ihrer Gene gemeinsam. Was meinen wir dann eigentlich, wenn wir den Verwandtschaftskoeffizienten r beispielsweise zwischen Geschwistern mit fünfzig Prozent beziffern? Diese Frage müssen wir klären, bevor wir auf den Irrtum selbst zu sprechen kommen.

Die pauschale Behauptung, Eltern und Nachkommen hätten fünfzig Prozent ihrer Gene gemeinsam, ist, wie Washburn zu Recht erklärt, falsch. Man kann sie mittels einer Einschränkung richtigstellen. Die faule Methode besteht darin, zu verkünden, dass wir nur über seltene Gene sprechen. Wenn ich ein Gen besitze, das in der Population insgesamt sehr selten ist, liegt die Wahrscheinlichkeit, dass mein Kind oder mein Bruder es ebenfalls besitzt, bei rund fünfzig Prozent. Faul ist diese Methode, weil sie der wichtigen Tatsache aus dem Weg geht, dass Hamiltons Überlegungen für alle Häufigkeiten des fraglichen Gens gelten; die Annahme, die Theorie würde nur bei seltenen Genen funktionieren, ist falsch (siehe Missverständnis 6). Hamilton selbst schränkt die Aussage anders ein. Er fügt die Formulierung »identisch aufgrund der Abstammung« hinzu. Geschwister mögen insgesamt 99 Prozent ihrer Gene gemeinsam haben, aber nur fünfzig Prozent ihrer Gene sind aufgrund ihrer Abstammung identisch, das heißt, sie stammen von der gleichen Kopie des Gens ihres jüngsten gemeinsamen Vorfahren ab.

Bisher haben wir also zwei Möglichkeiten kennengelernt, wie wir die Bedeutung des Verwandtschaftskoeffizienten r erklären können: mit den »seltenen Genen« und der Eigenschaft »identisch aufgrund der Abstammung«.[39] Aber keine davon zeigt uns, wie wir Washburns Paradox auflösen können. Warum begünstigt die natürliche Selektion keinen universellen Altruismus, wo doch die meisten Gene in einer Spezies universell vorhanden sind? Angenommen, es gäbe zwei Strategien: die des universellen Altruisten U und die des Verwandtschaftsaltruisten V. U-Individuen kümmern sich unterschiedslos um alle Mitglieder ihrer Spezies. V-Individuen kümmern sich nur um enge Verwandte. In beiden Fällen kostet das Fürsorgeverhalten den Altruisten einen gewissen Preis im Hinblick auf seine persönlichen Überlebenschancen. Angenommen, wir schließen uns Washburns Annahme an, dass das U-Verhalten »seine Basis in den gemeinsamen 99 Prozent der Gene hat«. Mit anderen Worten: Praktisch die gesamte Population besteht aus universellen Altruisten, und nur eine winzige Minderheit von Mutanten oder Einwanderern sind Verwandtschaftsaltruisten. Oberflächlich betrachtet, scheint das U-Gen für Kopien seiner selbst zu sorgen, denn die Nutznießer seines unterschiedslosen Altruismus enthalten mit ziemlicher Sicherheit das gleiche Gen. Aber ist es in der Evolution stabil gegenüber einer Invasion der anfangs seltenen V-Gene?[40]

Nein, es ist nicht stabil. Jedes Mal, wenn eines der seltenen V-Individuen sich altruistisch verhält, nützt es damit besonders häufig einem anderen V-Individuum, *aber nicht einem* U-Individuum. U-Individuen dagegen lassen ihren Altruismus unterschiedslos den V- und den U-Individuen angedeihen, denn das charakteristische Merkmal des U-Verhaltens besteht ja darin, dass es nicht unterscheidet. Deshalb verbreiten sich V-Gene in der Population auf Kosten der U-Gene. Universeller Altruismus ist gegenüber dem Verwandtenaltruismus nicht evolutionär stabil. Selbst wenn wir davon ausgehen, dass er anfangs häufig ist, wird er nicht häufig bleiben. Dies führt unmittelbar zu dem nächsten, ergänzenden Missverständnis.

Missverständnis 6: »Verwandtenselektion funktioniert nur mit seltenen Genen.«

Aus der Aussage, dass beispielsweise Geschwisteraltruismus von der natürlichen Selektion begünstigt wird, folgt logischerweise, dass sich die betreffenden Gene durch Fixierung ausbreiten werden.[41] Dann sind praktisch alle Individuen in der Population Geschwister-Altruisten. Deshalb – wenn sie es nur wüssten! – würden sie dem Gen für Geschwisteraltruismus immer gleich stark nützen, unabhängig davon, ob sie sich um ein zufälliges Mitglied der Spezies oder um ein Geschwister kümmern! Deshalb könnte es so aussehen, als würden Gene für einen ausschließlichen Verwandtenaltruismus nur dann begünstigt, wenn sie selten sind.

Wenn man es so formuliert, erwartet man von Tieren und sogar von Genen, dass sie Gott spielen. In Wirklichkeit ist die natürliche Selektion mechanischer.[42] Das Gen für Verwandtenaltruismus programmiert die Individuen nicht darauf, in seinem Sinne intelligent zu handeln, vielmehr legt es eine einfache Verhaltensfaustregel fest, beispielsweise »Füttere piepsende aufgesperrte Schnäbel in dem Nest, in dem du lebst«. Diese unbewusste Regel ist irgendwann zusammen mit dem Gen universell verbreitet.

Wie im Fall des vorherigen Denkfehlers, so können wir auch hier die Wortwahl der evolutionär stabilen Strategien verwenden. Jetzt fragen wir, ob der Verwandtenaltruismus V gegenüber der Invasion des universellen Altruismus U stabil ist. Wir gehen also davon aus, dass der Verwandtenaltruismus sich allgemein verbreitet hat, und stellen die Frage, ob mutierte Gene für universellen Altruismus eindringen können. Die Antwort lautet Nein, und zwar aus dem gleichen Grund wie zuvor. Die wenigen universellen Altruisten sorgen unterschiedslos für das konkurrierende V-Allel und für Kopien des eigenen U-Allels. Dass das V-Allel für Kopien seines Rivalen sorgt, ist dagegen besonders unwahrscheinlich.

Damit haben wir also gezeigt, dass Verwandtenaltruismus gegen eine Invasion durch universellen Altruismus stabil ist, universeller Altruismus gegenüber der Invasion durch Verwandtenaltruismus aber nicht. Stärker kann ich mich Hamiltons mathematischer Argumentation, wonach der Altruismus gegenüber engen Verwandten im Vergleich zum universellen Altruismus bei allen Häufigkeiten der betreffenden Gene begünstigt wird, mit sprachlichen Mitteln nicht annähern. Meiner Erklärung fehlt zwar die mathematische Genauigkeit von Hamiltons Darstellung, sie sollte aber zumindest ausreichen, um diese beiden besonders häufigen qualitativen Missverständnisse aus der Welt zu schaffen.

Missverständnis 7: »Altruismus ist zwischen den Mitgliedern eines identischen Klonens zwangsläufig zu erwarten.«
Bei manchen Rassen parthenogenetischer[43] Echsen scheinen die Tiere in jedem Einzelfall genau gleichartige Nachkommen einer einzigen Mutante zu sein. Der Verwandtschaftskoeffizient zwischen den Individuen eines solchen Klons ist 1. Bei naiver Anwendung der auswendig gelernten Theorie der Verwandtenselektion könnte man deshalb zwischen allen Mitgliedern einer solchen Rasse große altruistische Leistungen erwarten. Wie der vorherige Denkfehler, so ist auch dieser gleichbedeutend mit der Vorstellung, Gene seien etwas Gottähnliches.

Gene für Verwandtenaltruismus breiten sich aus, weil sie mit besonders großer Wahrscheinlichkeit nicht ihren Allelen, sondern Kopien ihrer selbst helfen. Die Mitglieder eines Echsenklons enthalten aber alle die Gene ihrer ursprünglichen Matriarchin. Diese gehörte zu einer gewöhnlichen, sich sexuell fortpflanzenden Population, und es besteht kein Grund zu der Annahme, dass sie irgendwelche besonderen Gene für Altruismus besitzt. Als sie ihren ungeschlechtlichen Klon begründete, wurde ihr vorhandenes Genom »eingefroren«: Ein Genom, das von einem wie auch immer gearteten Selektionsdruck geprägt wurde, der vor der klonalen Mutation wirksam gewesen war.

Sollte innerhalb des Klons eine neue Mutation für einen unterschiedsloseren Altruismus entstehen, würden seine Besitzer definitionsgemäß zu einem neuen Klon gehören. Theoretisch könnte nun also Evolution durch Selektion zwischen den Klonen stattfinden. Die neue Mutation müsste aber nach einer neuen Faustregel wirksam werden. Macht die neue Faustregel so wenig Unterschiede, dass beide Unterklone davon profitieren, muss der altruistische Unterklon schrumpfen, denn er trägt die Kosten des Altruismus. Man kann sich eine neue Faustregel vorstellen, die anfangs für Unterscheidung zugunsten des altruistischen Unterklons sorgt. Das müsste aber etwas Ähnliches wie eine gewöhnliche Altruismus-Faustregel zwischen engen Verwandten sein (zum Beispiel »Versorge die Bewohner deines eigenen Nestes«). Aber was würden wir am Ende beobachten, wenn sich nun der Unterklon, der diese Faustregel besitzt, tatsächlich auf Kosten des egoistischen Unterklons ausbreitet? Einfach eine Rasse von Echsen, von denen jede einzelne sich um die Bewohner ihres eigenen Nestes kümmert: kein klonweiter Altruismus, sondern ein ganz gewöhnlicher Altruismus gegenüber engen Verwandten. (Pedanten mögen bitte auf den Einwand verzichten, dass Echsen keine Nester haben!)

Ich muss aber sofort hinzufügen, dass klonale Fortpflanzung unter manchen anderen Umständen voraussichtlich zu einem besonderen Altruismus führen kann. Ein Lieblingsobjekt sind in diesem Zusammenhang die Neunbinden-Gürteltiere, denn diese pflanzen sich zwar sexuell fort, aber jeder Wurf besteht aus eineiigen Vierlingen. Hier ist tatsächlich ein Altruismus innerhalb des Klons zu erwarten, denn die Gene werden in jeder Generation auf die übliche Weise neu angeordnet. Demnach ist jedes Gen für klonalen Altruismus allen Mitgliedern mancher Klone gemeinsam, während die Mitglieder konkurrierender Klone es nicht besitzen.

Bisher gibt es allerdings keine stichhaltigen Befunde, die für oder gegen den vorhergesagten Altruismus innerhalb der Gürteltierklone sprechen würden. Aoki berichtete aber über faszinierende Indizien in einem vergleichbaren Fall. Bei der japanischen Blattlaus *Colophina clematis* bestehen Schwesterschaften ungeschlechtlich entstandener Weibchen aus zweierlei Individuen. Weibchen des Typs A sind normale Blattläuse, die Pflanzensaft saugen. Die Weibchen des Typs B dagegen kommen nie über das erste Larvenstadium[44] hinaus und pflanzen sich nicht fort. Sie haben anormal kurze Mundwerkzeuge, die sich nicht zum Saugen von Pflanzensaft eignen, und vergrößerte »pseudoskorpionähnliche« Beine an Pro- und Mesothorax. Wie Aoki zeigen konnte, greifen Weibchen des Typs B große Insekten an und töten sie. Er spekulierte, es könnte sich bei ihnen um eine unfruchtbare »Soldatenkaste« handeln, die ihre fortpflanzungsfähigen Schwestern vor natürlichen Feinden schützt. Wie die »Soldaten« sich ernähren, ist nicht bekannt. Aoki bezweifelte, dass ihre kampfgeeigneten Mundwerkzeuge in der Lage sind, Pflanzensaft aufzunehmen. Er äußert nicht die Vermutung, dass sie von ihren Schwestern des Typs A gefüttert werden, aber wahrscheinlich besteht diese faszinierende Möglichkeit tatsächlich. Über Anzeichen für ähnliche Soldatenkasten berichtet er auch aus anderen Blattlausgattungen.

Aokis Beschreibung enthält eine hübsche Ironie, auf die mich R. L. Trivers aufmerksam machte. »Aus seiner [Hamiltons] Theorie könnte man den Schluss ziehen, dass echtes Sozialverhalten in Gruppen mit Haplodiploidie häufiger vorkommt als in anderen ... Ich weiß nicht, wie viele Fälle echten Sozialverhaltens bei Tieren ohne Haplodiploidie ausreichen würden, um seine Theorie zu widerlegen. Das Vorkommen von Soldaten bei Blattläusen sollte aber eine Rolle für eines der größten Probleme spielen, das gegen seine Theorie spricht.«[45]

Dieser Fehler ist sehr lehrreich. Wie andere Blattläuse, so macht auch Colophina clematis geflügelte Reproduktions- und Verbreitungsphasen durch, die von lebend gebärenden, parthenogenetischen Generationen unterbrochen werden. Die »Soldaten« und die Individuen des Typs A, die anscheinend von ihnen beschützt werden, sind nicht geflügelt und gehören mit ziemlicher Sicherheit zu demselben Klon. Die regelmäßig eingestreuten geflügelten, sexuellen Generationen stellen sicher, dass Gene, die fakultativ zur Entwicklung von Soldaten führen, und Allele, die das nicht tun, in der Population untergemischt werden. Deshalb haben manche

Klone solche Gene, konkurrierende Klone besitzen sie aber nicht. Das sind tatsächlich ganz andere Verhältnisse als bei den Echsen, und sie eignen sich ideal für die Evolution steriler Kasten. Am besten betrachtet man die Soldaten und ihre reproduktionsfähigen Klonkameraden als Teile des gleichen erweiterten Körpers. Wenn ein Blattlaussoldat altruistisch seine eigene Fortpflanzung opfert, tut mein großer Zeh das auch. Und zwar nahezu in genau dem gleichen Sinn!

Missverständnis 10: »Individuen sollten zur Inzucht neigen, und zwar einfach deshalb, weil sie damit besonders enge Verwandte in die Welt setzen.«

Hier muss ich vorsichtig sein, denn es gibt einen richtigen Gedankengang, der sich ganz ähnlich anhört wie der falsche. Außerdem könnte es andere Formen des Selektionsdrucks für oder gegen Inzucht geben, aber die haben nichts mit der Diskussion zu tun, um die es hier geht: Der Vertreter der falschen Vorstellung, so kann man annehmen, hat sich mit der Einschränkung »bei ansonsten gleichen Bedingungen« abgesichert.

Die Überlegung, die ich kritisieren möchte, lautet folgendermaßen: Wir gehen von einem monogamen Paarungssystem aus. Ein Weibchen, das sich mit einem zufällig ausgewählten Männchen paart, bringt ein Kind zur Welt; dessen Verwandtschaftskoeffizient beträgt $r = \frac{1}{2}$. Hätte sich das Weibchen dagegen mit seinem Bruder gepaart, wäre ein »Superkind« mit einem effektiven Verwandtschaftskoeffizienten von $\frac{3}{4}$ entstanden. Deshalb pflanzen sich Gene für Inzucht auf Kosten von Genen für die Paarung mit anderen Partnern fort, denn sie gelangen mit größerer Wahrscheinlichkeit in jedes Kind, das geboren wird.

Der Fehler ist einfach zu erkennen. Wenn das Weibchen darauf verzichtet, sich mit seinem Bruder zu paaren, steht es diesem frei, sich mit einem anderen Weibchen zusammenzutun. Ein Weibchen, das sich mit einem anderen Partner paart, gewinnt also einen Neffen/eine Nichte ($r = \frac{1}{4}$) plus ein normales eigenes Kind ($r = \frac{1}{2}$)

und reicht damit an das einzelne Superkind des inzestuösen Weibchens (r = ¾) heran. Wichtig ist dabei die Feststellung, dass die Widerlegung des Fehlers die Entsprechung zu Monogamie voraussetzt. Handelt es sich beispielsweise um eine polygyne[46] Spezies mit stark schwankendem männlichen Fortpflanzungserfolg und einer großen Population von Junggesellen, kann die Sache völlig anders aussehen. Dann stimmt es nicht mehr, dass ein Weibchen, das sich mit seinem Bruder paart, diesem damit die Chance nimmt, sich mit jemand anders zu paaren. Höchstwahrscheinlich ist die Paarungsgelegenheit, die seine Schwester ihm verschafft, die einzige, die er überhaupt bekommt. Das Weibchen beraubt sich durch die inzestuöse Paarung also nicht eines unabhängig entstandenen Geschwisterkindes und bringt selbst ein Kind zur Welt, das aus seiner eigenen genetischen Sicht ein Superkind ist. In diesem Fall kann der Selektionsdruck den Inzest begünstigen, aber als allgemeine Aussage ist die Überschrift zu diesem Abschnitt falsch.

Missverständnis 12: »Es ist zu erwarten, dass ein Tier jedem Verwandten eine Menge an Altruismus angedeihen lässt, die sich proportional zum Verwandtschaftskoeffizienten verhält.«
Wie S. Altman deutlich gemacht hat, beging ich diesen Fehler, als ich schrieb: »Cousins zweiten Grades sollten ¹/₁₆ der Menge an Altruismus erhalten, die Nachkommen oder Geschwister bekommen.«[47] Um Altmans Argumentation drastisch zu vereinfachen, nehmen wir einmal an, ich hätte einen Kuchen, den ich meinen Verwandten geben möchte. Wie soll ich ihn aufteilen? Der Fehler, um den es hier geht, ist gleichbedeutend mit der Vorstellung, ich würde den Kuchen so aufteilen, dass jeder meiner Verwandten ein Stück bekommt, dessen Größe proportional zu unserem jeweiligen Verwandtschaftskoeffizienten ist. In Wirklichkeit sprechen natürlich bessere Gründe dafür, den ganzen Kuchen dem engsten verfügbaren Verwandten zu geben und allen anderen nichts.

Nehmen wir an, jeder Kuchenbissen sei gleichermaßen wertvoll und würde direkt und proportional in das Fleisch von Nachkommen umgesetzt. Dann würde ein Individuum es natürlich bevorzugen, dass der ganze Kuchen in eng verwandtes und nicht in entfernter verwandtes Fleisch umgesetzt wird. In der Realität wäre die Unterstellung einer solchen einfachen Proportionalität aber mit ziemlicher Sicherheit falsch. Man müsste jedoch komplizierte Annahmen über die Verminderung der Rendite machen, um sinnvoll vorherzusagen, dass der Kuchen in genauer Proportion zum Verwandtschaftskoeffizienten aufgeteilt werden sollte. Deshalb kann meine zuvor zitierte Äußerung zwar unter bestimmten Umständen stimmen, als allgemeine Aussage muss man sie aber zu Recht als falsch betrachten. Natürlich habe ich das in Wirklichkeit ohnehin nicht *gemeint*!

Entschuldigung

Wenn die vorangegangenen Seiten einen destruktiven oder negativen Ton zu haben scheinen, kann ich sagen: Ich hatte genau das Gegenteil beabsichtigt. Die Kunst, schwierige Sachverhalte zu erklären, besteht zum Teil darin, dass man die Schwierigkeiten des Lesers vorhersieht und ihnen zuvorkommt. Verbreitete Missverständnisse systematisch offenzulegen, kann deshalb ein positives, konstruktives Unterfangen sein. Ich glaube, ich verstehe die Verwandtenselektion besser, nachdem ich mich mit diesen zwölf Irrtümern auseinandergesetzt habe, denn in vielen Fällen war ich selbst in die Falle gegangen und musste mich schmerzhaft darum bemühen, wieder herauszukommen.

TEIL III

Bedingte Zukunft

In seinem nachdenklichen Buch The Story of God grübelt Robert Winston über die Unterscheidung zwischen den Gestalten des »Priesters« und des »Propheten« in der Geschichte der Religion: Der erste schafft Regeln, zieht Grenzen und setzt sie durch; der zweite ist Visionär und Kritiker, verweigert sich falschen Annehmlichkeiten und ist das Sandkorn in der Auster der Gemeinschaft. Hätte Richard nicht protestiert, die vorliegende Sammlung hätte auch den Titel »Der Prophet der Vernunft« tragen können. In der jetzt folgenden Gruppe von Artikeln geht es um den Wissenschaftler als Propheten in diesem zuletzt genannten Sinn – in dem Sinn, dass er darauf vorbereitet ist, das Absperrseil zwischen begründeter Fantasie und unbegründeter Spekulation aufzuspannen, »das Undenkbare zu denken« und es damit denkbar zu machen. In welcher Beziehung steht die Vergangenheit zur Gegenwart, und welche Beziehung haben beide zu einer möglichen Zukunft? Für den Wissenschaftler befeuern solche Fragen die Motoren der Fantasie; im wissenschaftlichen Geist unterliegen sie der Bremse des Skeptizismus.

»Netzgewinn«, der erste Artikel in diesem Abschnitt, ist eine Antwort auf die »Brockman-Frage«, die John Brockman, Gründer des Online-Salons und intellektuellen Drehkreuzes The Edge, jedes Jahr stellt. Der Aufsatz geht auf ein altes Interesse an Computern zurück und feiert nicht nur das außerordentliche – und außerordentlich schnelle – Aufblühen des Internets, sondern unterbreitet auch einen atemberaubenden Vorschlag: Wenn zwischen den Elementen der Gesellschaft eine ausreichend schnelle Kommunikation stattfindet, könnte sich sogar die Grenze zwischen »Individuum« und »Gesellschaft« auflösen, und die individuelle Erinnerung der Menschen könnte dahinschwinden. Unterwegs stellt er seine charakteristisch scharfsinnigen Beobachtungen an einigen kulturellen und politischen Aspekten des exponentiellen Wachstums des Internets an, von der (schlechten) Qualität vieler Chatroom-Unterhaltungen bis zu dem (großartigen) Potenzial für Freiheit von unterdrückerischer Autorität; eine Zwischenstation ist dabei ein faszinierender Blick auf Phänomene wie die Vorliebe für Anonymität im gemeinsamen Austausch.

Auch der zweite Artikel mit der Überschrift »Intelligente Außerirdische« geht auf eine Initiative von Brockman zurück, dieses Mal auf eine Sammlung von Essays über die Bewegung des sogenannten intelligenten Designs. Hier verschiebt sich der Schwerpunkt von der Frage, wie die Evolution menschlichen Lebens bei uns auf der Erde weitergehen könnte, zu Möglichkeiten des Kontakts mit Lebensformen, die weiter entfernt in anderen Teilen des Universums zu Hause sind. Dieser Streifzug bis hin zum Absperrseil macht den Unterschied zwischen wohlbegründeter Spekulation und erklärtem Aberglauben deutlich – er zeigt mit einem gerüttelt Maß an Ironie, dass die objektive Wahrheit der Wissenschaft durchaus Sonden der Fantasie aussenden kann, die ebenso gewagt und beträchtlich besser begründet sind als jede Form des Glaubens an Übernatürliches. Der nächste »Pfeil« mit der Überschrift »Suche unter der Straßenlaterne« behandelt das gleiche Thema, aber in einem leichteren Ton; er betrachtet mit einer gewissen Skepsis einen Ansatz der Suche nach extraterrestrischer Intelligenz.

Das letzte Kapitel dieses Abschnitts spinnt einerseits den Faden der wissenschaftlich begründeten Spekulation weiter und trifft andererseits mit unmissverständlicher Klarheit eine entscheidende Abgrenzung: die zwischen der »Seele« als losgelöstem Bewohner eines Jenseits und der »Seele« als Ort des menschlichen Geistes, als tiefer Quelle intellektueller und emotionaler Befähigung, zwischen der Seele der hergebrachten Religion und eines wehmütigen Glaubens an Übernatürliches auf der einen Seite und der Seele, wie sie im Titel dieser Sammlung und in Richards Einleitung dazu gepriesen wird, auf der anderen. Unter der provokativen Überschrift »In fünfzig Jahren: Töten wir die Seele?« legt der Aufsatz ein eindringliches Bekenntnis zu Macht und Schönheit der wissenschaftlichen Vision ab und erteilt gleichzeitig allen etwa noch vorhandenen Überresten des cartesischen Dualismus eine Abfuhr. Die Wissenschaft hat nach wie vor ihre Rätsel, nicht zuletzt wenn es um die Natur des Bewusstseins geht; aber das sind Einladungen für die Wissenschaft der Zukunft, die von den Einschränkungen des Glaubens an Übernatürliches befreit sind und auf die unendlichen Möglichkeiten der Realität losgelassen werden.

G. S.

Netzgewinn[1]

Wenn vor vierzig Jahren die Edge-Frage gelautet hätte »Was wird Ihrer Voraussicht nach Ihr Denken in den nächsten vierzig Jahren am nachhaltigsten verändern?«, hätte ich augenblicklich an einen damals ganz neuen Aufsatz aus dem Scientific American (September 1966) über das »MAC-Projekt« gedacht. Das MAC-Projekt, das mit dem Mac von Apple, dem es lange vorausging, nichts zu tun hat, war ein Gemeinschaftsprojekt bahnbrechender Informatik am MIT. Es umfasste den Kreis von KI-Innovatoren um Marvin Minsky, aber seltsamerweise war das nicht der Aspekt, der meine Vorstellungskraft fesselte. Was mich wirklich als Benutzer der großen Mainframe-Computer begeisterte, die alles waren, was man in jenen Tagen bekommen konnte, war etwas, das heutzutage als äußerst alltäglich erscheinen würde: die damals verblüffende Tatsache, dass bis zu dreißig Leute sich gleichzeitig vom ganzen MIT-Campus und sogar von zu Hause aus in denselben Computer einloggen und gleichzeitig mit diesem und miteinander kommunizieren konnten. Mirabile dictu, die Ko-Autoren eines Artikels konnten gleichzeitig daran arbeiten und auf eine gemeinsame Datenbank des Computers zurückgreifen, obwohl sie möglicherweise Meilen voneinander entfernt waren. Im Prinzip hätten sie auf gegenüberliegenden Seiten der Erde sein können.

Heute klingt das auf absurde Weise bescheiden. Es ist schwierig, sich genau vorzustellen, wie futuristisch das damals war. Wenn es möglich gewesen wäre, uns die Post-Berners-Lee-Welt von 2010 vor vierzig Jahren vorzustellen, wäre das eine erschütternde Erfahrung gewesen. Jeder, der über ein billiges Laptop und eine durchschnittlich schnelle WLAN-Verbindung verfügt, kann die Illusion genießen, bis zum Schwindligwerden in Vollfarbe um die ganze Welt zu hüpfen, von einer Strand-Webcam in Portugal zu einem Schachspiel in Wladiwostok, und mit Google Earth können Sie die volle Distanz der dazwischenliegenden Landschaft zurücklegen wie auf einem fliegenden Teppich. Sie können zu einem Chat bei einer virtuellen Kneipe in einer virtuellen Stadt vorbeischauen, deren geografische Lage so bedeutungslos ist, dass sie buchstäblich nicht existiert (wobei der Inhalt der von großem Gelächter durchsetzten Unterhaltung wahrscheinlich leider so unsinnig albern ist, dass dadurch die sie vermittelnde Technik beleidigt wird).

»Perlen vor die Säue« überschätzt zwar die durchschnittliche Unterhaltung in einem Chatroom, aber es sind die Perlen der Hardware und Software, die mich begeistern: das Internet selbst und das World Wide Web, das von Wikipedia bündig als »ein System von miteinander verlinkten Hypertextdokumenten, auf die über das Internet zugegriffen werden kann« definiert wird. Das Web ist ein Geniestreich, eine der höchsten Leistungen der Menschheit, dessen bemerkenswerteste Eigenschaft darin besteht, dass es weder von einem einzelnen Genie wie Tim Berners-Lee, Steve Wozniak oder Alan Kay noch von einer hierarchischen Firma wie Sony oder IBM konstruiert wurde, sondern von einem anarchistischen Verband weitgehend anonymer Einheiten, die über die ganze Welt verstreut waren (was keinerlei Bedeutung hat). Es ist das MAC-Projekt im großen Maßstab, in einem übermenschlich großen Maßstab. Außerdem handelt es sich nicht um einen gewaltigen Zentralcomputer mit vielen Satelliten wie beim MAC-Projekt, sondern um ein verteiltes Netzwerk von Computern verschiedener Größen, Geschwindigkeiten und Hersteller – ein Netzwerk, das niemand, buchstäblich niemand, je entworfen oder zusammengesetzt hat, sondern das planlos und organisch wuchs, und zwar auf eine nicht nur biologische, sondern auch spezifisch ökologische Weise.

Natürlich gibt es negative Aspekte, aber diese lassen sich leicht entschuldigen. Ich habe schon auf den beklagenswerten Inhalt vieler Chatroom-Unterhaltungen hingewiesen. Die Neigung zu auf-flammender Grobheit wird durch die Konvention der Anonymi-tät – über deren soziologische Herkunft wir eines Tages sprechen könnten – gefördert. Beleidigungen und Obszönitäten, unter die Ihren wirklichen Namen zu setzen Sie nicht im Traum denken wür-den, strömen fröhlich aus der Tastatur, wenn Sie sich online als »TinkyWinky« oder »FlubPoodle« oder als »ArchWeasel« ausgeben. Und dann gibt es noch das ewige Problem der Unterscheidung wahrer Information von falscher. Schnelle Suchmaschinen verfüh-ren uns zu dem Gedanken, das ganze Web als eine gigantische En-zyklopädie aufzufassen, während wir darüber vergessen, dass tra-ditionelle Enzyklopädien streng redigiert und ihre Einträge von ausgewählten Experten geschrieben wurden. Nachdem ich das nun bemerkt habe, bin ich häufig erstaunt darüber, wie gut Wiki-pedia sein kann. Ich schätze die Qualität von Wikipedia dadurch ein, dass ich die wenigen Dinge nachschaue, die ich wirklich über zum Beispiel »Evolution« oder »natürliche Auslese« weiß (sodass ich in der Tat den jeweiligen Eintrag in einer traditionellen Enzy-klopädie hätte schreiben können). Von diesen Einschätzungs-streifzügen bin ich so beeindruckt, dass ich mit einem gewissen Vertrauen an Einträge herangehe, bei denen es mir an Wissen aus erster Hand fehlt (weshalb ich mich in der Lage fühlte, Wikipedias Definition des Web weiter oben zu zitieren). Zweifellos schleichen sich auch Fehler ein oder werden gar böswillig eingefügt[2], aber die Halbwertszeit eines Fehlers, bevor der Mechanismus der natür-lichen Selektion ihn ausmerzt, ist ermutigend kurz. Trotzdem, die Tatsache, dass die Wiki-Idee funktioniert – wenn auch nur auf manchen Gebieten, wie zum Beispiel der Wissenschaft –, stellt sich meinem vorherigen Pessimismus so eklatant entgegen, dass ich versucht bin, sie als eine Metapher für all das zu sehen, was Opti-mismus gegenüber dem World Wide Web verdient.

Wir mögen zwar optimistisch sein, aber es gibt eine Menge Müll im Web – mehr als in gedruckten Büchern, vielleicht weil de-ren Herstellungskosten höher sind (und leider gibt es auch dort viel

Müll[3]). Aber die Geschwindigkeit und die Allgegenwart des Internets helfen uns eigentlich dabei, auf der Hut zu sein. Wenn ein Bericht auf einer Website unplausibel klingt (oder zu plausibel, um wahr zu sein), kann man das schnell auf mehreren anderen Seiten überprüfen. Moderne Legenden und andere virenartige Meme werden auf verschiedenen Websites hilfreich katalogisiert. Wenn wir eine von jenen beunruhigenden Warnungen (die häufig Microsoft oder Symantec zugeschrieben werden) zu einem gefährlichen Computervirus empfangen, leiten wir sie nicht als Spam an unser gesamtes Adressbuch weiter, sondern geben eine Schlüsselphrase aus der Warnung bei Google ein. Zum Beispiel »Hoax Nummer 76«, wobei dessen Geschichte und geografische Verbreitung akribisch aufgezeichnet wurden.

Der hauptsächliche Nachteil des Internets besteht vielleicht darin, dass das Surfen süchtig machen und eine ungeheure Zeitverschwendung sein kann, indem es das Springen zwischen verschiedenen Themen fördert, anstatt dass man seine Aufmerksamkeit auf jeweils eine Sache konzentriert. Aber ich möchte nicht nur Negatives aufzählen, sondern mit einigen spekulativen – möglicherweise positiveren – Beobachtungen schließen. Die nicht geplante weltweite Vereinigung, die das Web erzielt (ein Science-Fiction-Liebhaber könnte darin die embryonalen Bewegungen einer neuen Lebensform erkennen), spiegelt die Evolution des Nervensystems in vielzelligen Tieren wider. Eine bestimmte Schule von Psychologen könnte das als Spiegelbild der Persönlichkeitsentwicklung jedes Individuums auffassen, als eine Verschmelzung von abgespaltenen und verteilten Anfängen in der Kindheit.

Das erinnert mich an eine Einsicht aus Fred Hoyles Science-Fiction-Roman *Die schwarze Wolke*. Die Wolke ist ein übermenschlicher interstellarer Reisender, dessen »Nervensystem« aus Einheiten besteht, die miteinander durch Radiowellen kommunizieren – was um ein Vielfaches schneller ist als unsere gemächlichen Nervenimpulse. Aber in welchem Sinne sollte die Wolke als einzelnes Individuum anstatt als eine Gesellschaft angesehen werden? Die Antwort lautet, dass eine hinreichend schnelle Verbindung zwischen den Teilen die Unterscheidung verwischt. Eine menschliche Gesellschaft würde tatsächlich zu einem Individuum werden, wenn wir die Gedanken der anderen durch direkte Radioübertragung mit hoher Geschwindigkeit von Gehirn zu Gehirn lesen könnten. Etwas Ähnliches könnte schließlich die verschiedenen Einheiten, die das Internet ausmachen, miteinander vereinen.

Diese futuristische Spekulation schlägt den Bogen zum Anfang meines Essays zurück. Was wäre, wenn wir vierzig Jahre in die Zukunft schauen? Moores Gesetz wird wahrscheinlich zumindest für einen Teil dieser Zeit auch weiterhin gelten, lange genug, um einen verblüffenden Zaubertrick zustande zu bringen (wie es unserer kümmerlichen Einbildungskraft vorkäme, wenn uns heute eine Vorschau gewährt werden würde). Das Auffinden von Informationen aus dem gemeinsamen exosomatischen Gedächtnis wird drastisch schneller werden, und wir werden uns weniger auf das Gedächtnis in unseren Schädeln verlassen. Gegenwärtig brauchen wir immer noch biologische Gehirne, um die Querverweise und Assoziationen sicherzustellen, aber raffiniertere Software und schnellere Hardware werden sich auch dieser Funktion zunehmend bemächtigen.

Die hochauflösende Farbwiedergabe der virtuellen Realität wird bis zu einem Grad verbessert werden, bei dem der Unterschied zur wirklichen Welt ungemein schwer zu bemerken sein wird. Groß angelegte Gemeinschaftsspiele wie zum Beispiel *Second Life* werden viele gewöhnliche Menschen, die wenig von dem verstehen, was im Maschinenraum vor sich geht, auf beunruhigende Weise süchtig machen. Aber wir sollten demgegenüber nicht hochnäsig sein. Für viele Menschen auf der Welt bietet die Wirklichkeit des »ersten Lebens« wenig Reize, und selbst für jene, die sich in einer günstigeren Lage befinden, ist die aktive Teilhabe an einer virtuellen Welt intellektuell reizvoller als das Leben eines Dauerglotzers, der einer unproduktiven Knechtschaft durch *Big Brother* anheimgefallen ist. Für Intellektuelle werden *Second Life* und seine aufgeputzten Nachfolger zu Laboratorien von Soziologie, experimenteller Psychologie und deren Folgedisziplinen werden, die erst noch erfunden und benannt werden müssen. Ganze Wirtschaftszweige, Ökologien und vielleicht auch Persönlichkeiten werden nirgendwo anders als im virtuellen Raum existieren.

Schließlich mag es politische Implikationen geben. Das Apartheidregime Südafrikas versuchte, Widerspruch durch Fernsehverbot zu unterdrücken, und musste am Ende aufgeben. Schwieriger wird es sein, das Internet zu verbieten. Theokratische oder anderweitig unheilvolle Regime, wie zum Beispiel Iran und Saudi-Arabien heute, werden es möglicherweise zunehmend schwieriger finden, ihre Bürger mit ihrem üblen Unsinn zu beschwindeln. Ob das Internet alles in allem den Unterdrückten mehr als den Unterdrückern nützt, ist umstritten und variiert wohl gegenwärtig von einer Region zur anderen (siehe zum Beispiel den Gedankenaustausch zwischen Evgeny Morozov und Clay Shirky in Prospect, November/Dezember 2009).

Man sagt, dass Twitter eine wichtige Rolle bei den gegenwärtigen Unruhen im Iran spielt, und die letzten Nachrichten aus dieser Glaubensgrube bestärken die Ansicht, dass der Trend in Richtung auf einen positiven Nettoeffekt des Internets für die politische Freiheit gehen wird. Zumindest können wir hoffen, dass das schnellere, allgegenwärtigere und vor allem billigere Internet der Zukunft den lange ersehnten Untergang von Ayatollahs, Mullahs, Päpsten, Teleevangelisten und all jenen beschleunigen wird, die Macht durch die (zynische oder aufrichtige) Kontrolle von leichtgläubigen Geistern ausüben. Vielleicht wird man Tim Berners-Lee eines Tages den Friedensnobelpreis verleihen.

Nachwort

Wenn ich diesen Text Ende 2016 noch einmal lese, finde ich seinen optimistischen Grundton ein wenig schrill. Beunruhigend überzeugende Anhaltspunkte sprechen dafür, dass die folgenschwere US-Präsidentschaftswahl (wie folgenschwer sie nicht nur für die Vereinigten Staaten, sondern für die ganze Welt sein wird, bleibt abzuwarten) durch eine systematisch koordinierte Kampagne beeinflusst wurde, in der eine Kandidatin durch Fake News verunglimpft wurde. Wenn sich dies in weiteren Ermittlungen bestätigt, würde man hoffen, dass juristische Maßnahmen oder zumindest die Selbstkontrolle von Unternehmen wie Facebook und Twitter folgen. Derzeit können sich die sozialen Medien eines uneingeschränkten Zugangs und der Freiheit des Wortes erfreuen. Es gibt ein Minimum an redaktioneller Kontrolle, aber die beschränkt sich auf grob unsittliche Darstellungen und Gewaltandrohung: Eine Tatsachenüberprüfung, wie sie der Stolz angesehener Zeitungen wie der *New York Times* ist, gibt es nicht. Manches spricht dafür, dass bereits Reformen im Gang sind. Für die Wahl von 2016 kommen sie leider zu spät.

Intelligente Außerirdische[4]

Zu den vielen unehrlichen Aussagen der gut finanzierten Intelligent-Design-Clique gehört der Vorwand, der Gestalter sei nicht der Gott Abrahams, sondern eine nicht näher spezifizierte Intelligenz, bei der es sich ebenso gut um einen Außerirdischen handeln könne.[5] Das Motiv ist vermutlich die Absicht, den Ersten Zusatzartikel der US-Verfassung mit seinem Verbot der Errichtung einer Staatsreligion zu umgehen, insbesondere nachdem der Richter William Overton 1982 in dem Verfahren *McLean v. Arkansas Board of Education* in seiner Entscheidung den Versuch des Gesetzgebers zurückgewiesen hatte, eine »ausgewogene Behandlung« der »Schöpfungswissenschaft« in den Schulen durchzusetzen.

Die religiöse Bindung dieser Leute steht nicht in Zweifel, und bei der Kommunikation innerhalb ihrer Gruppe machen sie sich nicht die Mühe, ihre Ziele zu verbergen. Jonathan Wells, einer der führenden Propagandisten des Discovery Institute und Autor des Buches *Icons of Evolution*, ist Mitglied auf Lebenszeit bei der Vereinigungskirche (Mun-Sekte). In einer Hauszeitschrift der »Moonies« gab er unter der Überschrift »Darwinismus: warum ich einen zweiten Doktor machen wollte« Folgendes zu Protokoll (man beachte, dass »Vater« der Name der Moonies für den Reverend Moon persönlich ist):

Vaters Worte, meine Studien und meine Gebete überzeugten mich, dass ich mein Leben der Aufgabe widmen sollte, den Darwinismus zu zerstören, genau wie viele meiner Mitbrüder in der Vereinigungskirche ihr Leben bereits der Aufgabe gewidmet hat-

ten, den Marxismus zu zerstören. Als Vater mich (zusammen mit einem Dutzend anderen Seminarabsolventen) 1978 dazu erwählte, an einem Promotionsprogramm teilzunehmen, begrüßte ich die Gelegenheit, mich auf den Kampf vorzubereiten.

Schon dieses Zitat wirft Zweifel auf alle Behauptungen, man habe Wells als leidenschaftslosen Wahrheitssucher ernst nehmen sollen – was man als eine Mindestqualifikation für einen Doktor der Naturwissenschaften ansehen könnte. Er räumt öffentlich ein, dass er einen wissenschaftlichen Abschluss nicht anstrebt, um neue Erkenntnisse über die Welt zu gewinnen, sondern ganz gezielt zu dem Zweck, eine wissenschaftliche Idee zu»zerstören«, gegen die sein religiöser Führer etwas hat. Phillip Johnson, der wiedergeborene Professor für christliches Recht, der allgemein als Anführer der Bande gilt, gibt offen zu, sein Motiv für die Gegnerschaft gegen die Evolution sei ihr»Naturalismus« (im Gegensatz zum»Supranaturalismus«).

Die Behauptung, der intelligente Designer könne auch ein Außerirdischer aus dem Weltraum sein, mag arglistig erscheinen, aber das verhindert nicht, dass sie zur Grundlage für eine interessante, aufschlussreiche Diskussion wird. Eine solche konstruktive Diskussion *innerhalb* der Wissenschaft werde ich mit diesem Aufsatz in Angriff nehmen.

Das Problem, eine außerirdische Intelligenz zu erkennen, stellt sich in seiner krassesten Form in dem Wissenschaftszweig, der unter dem Namen SETI bekannt ist, der Suche nach extraterrestrischer Intelligenz. SETI hat es verdient, ernst genommen zu werden. Ihre Vertreter darf man nicht mit jenen verwechseln, die sich darüber beschweren, sie seien zu sexuellen Zwecken in fliegenden Untertassen entführt worden. Aus allen möglichen Gründen, darunter die Reichweite unserer Lauschvorrichtungen und die Lichtgeschwindigkeit, ist es äußerst unwahrscheinlich, dass es sich bei unserer ersten Begegnung mit einer außerirdischen Intelligenz um ein physisches Zusammentreffen handeln wird. SETI-Wissenschaftler rechnen nicht damit, dass sie Besuch von leibhaftigen extraterrestrischen Gästen bekommen werden, sondern mit Funksignalen, deren intelligenter Ursprung sich, so die Hoffnung, anhand ihrer Gesetzmäßigkeiten zeigt.

Man kann stichhaltige Gründe dafür nennen, dass es wahrscheinlich auch anderswo im Universum intelligentes Leben gibt. Unterstützt wird der Gedanke vom Prinzip der Mittelmäßigkeit, jener heilsamen Lektion, die uns Kopernikus, Hubble und andere erteilt haben. Früher galt die Erde als einziger existierender Ort, umgeben von Kristallsphären, die mit winzigen Sternen besetzt sind. Später begriff man, wie groß die Milchstraße ist, und nun hielt man auch sie für den einzigen Platz, den Ort von allem, was ist. Dann kam Edwin Hubble als der Kopernikus unserer Tage und stufte sogar unsere Galaxis in die Mittelmäßigkeit herab: Sie ist nur eine von hundert Milliarden Galaxien im Universum. Heute betrachten Kosmologen unser Universum und stellen ernsthafte Spekulationen darüber an, ob es vielleicht nur eines von vielen Universen im »Multiversum« ist.

Ganz ähnlich verhält es sich mit der Geschichte unserer Spezies: Früher glaubte man, sie sei mehr oder weniger gleichbedeutend mit der Geschichte von allem. Heute ist die Dauer unserer Geschichte, um Mark Twains niederschmetternde Analogie zu verwenden, auf die Dicke der Farbe an der Spitze des Eiffelturms geschrumpft. Wenn wir das Prinzip der Mittelmäßigkeit auf das Leben auf unserem Planeten anwenden, sollten wir dann nicht gewarnt sein? Wäre es dann nicht vermessen und eitel zu glauben, die Erde könne in einem Universum mit hundert Milliarden Galaxien der einzige Ort mit Leben sein?

Das ist ein stichhaltiges Argument, und ich selbst habe mich davon überzeugen lassen. Andererseits wird das Prinzip der Mittelmäßigkeit durch eine andere machtvolle Gesetzmäßigkeit eingeschränkt, das sogenannte anthropische Prinzip: Die Tatsache, dass wir in der Lage sind, die Umstände in der Welt zu beobachten, besagt gleichzeitig, dass diese Umstände unserem Dasein förderlich sein müssen. Der Begriff stammt von dem britischen Mathematiker Brandon Carter, der aber später aus guten Gründen die Formulierung »Selbstselektionsprinzip« bevorzugte. Ich möchte Carters Prinzip für eine Diskussion über die Ursprünge des Lebens übernehmen, über das chemische Ereignis, welches das erste selbstreplizierende Molekül hervorbrachte und damit die natürliche Selektion der DNA sowie letztlich allen Lebens auslöste. Angenommen, der Ursprung des Lebens war tatsächlich ein ungeheuer unwahrscheinliches Ereignis. Nehmen wir weiter an, der chemische Zufall in der Ursuppe, der das erste selbstreplizierende Molekül entstehen ließ, war ein so ungeheuer großes Glück, dass eine Chance von eins zu einer Milliarde je Milliarde Planetenjahre dagegen spricht. Eine derart fantastisch geringe Wahrscheinlichkeit hätte zur Folge, dass kein Chemiker auch nur die geringste Hoffnung haben könnte, das Ereignis im Labor nachzuvollziehen. Die National Science Foundation würde über einen Antrag zur Finanzierung von Forschungsarbeiten, deren Erfolgsaussicht zugestandenermaßen bei eins zu hundert pro Jahr liegt, nur lachen – von eins zu einer Milliarde je Milliarde Jahre ganz zu schweigen. Aber angesichts der Riesenzahl von Planeten im Universum führt selbst eine derart winzige Chance zu der Erwartung, dass das Universum eine Milliarde Leben tragende Planeten enthält. Und (hier kommt das anthropische Prinzip ins Spiel) da wir eindeutig hier leben, muss die Erde zwangsläufig zu dieser Milliarde gehören.

Selbst wenn die Chance, dass Leben auf einem Planeten entsteht, nur eins zu einer Milliarde Milliarden beträgt (womit sie deutlich außerhalb des Bereichs läge, den wir als möglich einstufen würden[6]), liefert die plausible Berechnung, wonach es im Universum mindestens eine Milliarde Milliarden Planeten gibt, eine vollkommen befriedigende Erklärung für unsere Existenz. Es ist dann immer noch plausibel, dass es mindestens einen Leben tragenden Planeten im Universum gibt. Und nachdem wir das festgestellt haben, leistet das anthropische Prinzip den Rest. Jedes Wesen, das eine solche Berechnung anstellt, muss sich demnach auf dem einen Leben tragenden Planeten befinden, und dieser muss demnach die Erde sein.

Eine solche Anwendung des anthropischen Prinzips ist erstaunlich, aber wasserdicht. Ich habe dabei übermäßig vereinfacht, weil ich angenommen habe, dass Leben nur einmal auf einem Planeten entstehen muss und dass die darwinistische natürliche Selektion dann zu intelligenten, reflektierenden Wesen führt. Um genauer zu sein, müsste ich über die kombinierte Wahrscheinlichkeit sprechen, dass Leben auf einem Planeten entsteht und dass es dann auch zur Evolution intelligenter Wesen kommt, die zu anthropischen Überlegungen in der Lage sind. Möglicherweise war die chemische Entstehung eines selbstreplizierenden Moleküls (der notwendige Auslöser für den Beginn der natürlichen Selektion) ein relativ wahrscheinliches Ereignis, während spätere Schritte in der Evolution intelligenten Lebens höchst unwahrscheinlich waren. Mark Ridley äußert in seinem Buch *Mendel's Demon* (das verwirrenderweise in Amerika in *The Cooperative Gene* umbenannt wurde) die Vermutung, der eigentlich unwahrscheinliche Schritt auf dem Weg zu unserer Form des Lebens sei die Entstehung der Eukaryontenzelle gewesen.[7] Aus Ridleys Argumentation ergibt sich die Folgerung, dass ungeheuer viele Planeten die Heimat bakterienähnlicher Lebensformen sind, während nur ein winziger Bruchteil von ihnen die nächste Hürde genommen hat und auf ein Niveau gelangt ist, das der Eukaryontenzelle entspricht – Ridley spricht von komplexem Leben. Man kann aber auch die Ansicht vertreten, dass beide Hürden relativ einfach zu überwinden waren und dass der eigentlich schwierige Schritt für das irdische Leben darin bestand, Intelligenz von menschlichem Niveau zu erwerben. Nach dieser Vorstellung würde man damit rechnen, dass das Universum reich an Planeten ist, die komplexe Lebensformen beherbergen, während vielleicht nur einer davon die Heimat von Wesen ist, die ihr eigenes Dasein wahrnehmen und deshalb das anthropische Prinzip anwenden können. Wie wir unsere Wahrscheinlichkeiten zwischen diesen drei »Hürden« (oder auch noch anderen wie der Entstehung eines Nervensystems) verteilen, spielt keine Rolle. Solange die Gesamtwahrscheinlichkeit, die dagegen spricht, dass auf einem Planeten eine Lebensform entsteht, die zu anthropischen Überlegungen in der Lage ist, nicht größer ist als die Gesamtzahl der Planeten im Universum, haben wir eine angemessene, befriedigende Erklärung für unsere Existenz.

Diese anthropische Argumentation ist zwar vollkommen wasserdicht, ich habe aber intuitiv das eindringliche Gefühl, dass wir uns nicht darauf zu berufen brauchen. Nach meiner Vermutung sind die Chancen für eine Entstehung von Leben und die nachfolgende Evolution von Intelligenz ausreichend hoch, sodass viele Milliarden Planeten tatsächlich intelligente Lebensformen beherbergen, und viele davon könnten unserer eigenen so weit überlegen sein, dass wir unter Umständen versucht wären, sie als Götter anzubeten. Glücklicher- oder unglücklicherweise werden wir ihnen vermutlich nicht begegnen: Selbst bei einer scheinbar derart hohen Schätzung wird intelligentes Leben immer noch einsam auf einzelne Inseln verstreut sein, die im Durchschnitt möglicherweise so weit voneinander entfernt sind, dass ihre Bewohner sich nie gegenseitig besuchen werden. Enrico Fermi könnte auf seine berühmte rhetorische Frage »Wo sind sie?« die enttäuschende Antwort erhalten: »Sie sind überall, aber so weit voneinander entfernt, dass sie sich nicht treffen können.« Aber wozu es auch gut sein mag: Wenn Sie mich fragen, ist die Wahrscheinlichkeit für intelligentes Leben größer, als es unserer Eitelkeit nach den anthropischen Berechnungen lieb ist. Deshalb halte ich es durchaus für lohnend, viel Geld in SETI zu stecken. Ein positives Ergebnis wäre eine beglückende biologische Entdeckung, der in der Geschichte der Biologie vielleicht nur Darwins Entdeckung der natürlichen Selektion gleichkommt.

Sollte SETI jemals ein Signal auffangen, wird es wahrscheinlich vom oberen, gottähnlichen Ende des Spektrums kosmischer Intelligenzen kommen.[8] Von solchen Außerirdischen werden wir ungeheuer viel lernen können, insbesondere über Physik, denn die ist für sie die gleiche wie für uns, auch wenn sie viel mehr darüber wissen. Ihre Biologie wird ganz anders sein, aber in welcher Form anders, ist eine faszinierende Frage. Die Kommunikation wird nur in einer Richtung verlaufen. Wenn Einstein mit der Lichtgeschwindigkeit als Begrenzung recht hatte, ist ein Dialog unmöglich. Wir können vielleicht etwas von ihnen lernen, aber wir werden nicht in der Lage sein, ihnen im Gegenzug etwas über uns mitzuteilen.

Wie würden wir demnach Intelligenz an einem Muster von Radiowellen erkennen, das von einer riesigen Parabolantenne aufgefangen wird, nachweislich aus dem Weltraum kommt und kein Schwindel ist? Ein vorläufiger Kandidat war ein Muster, das Jocelyn Bell Burnell 1967 erstmals nachwies und im Scherz als LGM-Signal (für Little Green Men, kleine grüne Männchen) bezeichnete. Heute wissen wir, dass der rhythmische Puls mit einer Periode von knapp über einer Sekunde von einem Pulsar stammt; damit hatte man zum ersten Mal überhaupt einen Pulsar entdeckt. Ein Pulsar ist ein Neutronenstern, der um seine eigene Achse rotiert und dabei einen Strahl von Radiowellen kreisen lässt wie den Lichtstrahl eines Leuchtturms. Dass ein Stern mit einer »Tageslänge« rotieren kann, die sich im Bereich von Sekunden bewegt, ist äußerst erstaunlich – aber es ist nicht die einzige erstaunliche Erkenntnis über Neutronensterne. In unserem Zusammenhang ist vor allem wichtig, dass die Periodizität von Bell Burnells Signal kein Zeichen für einen intelligenten Ursprung ist, sondern das ungefilterte Produkt ganz gewöhnlicher Physik. Viele sehr einfache physikalische Phänomene, von tropfendem Wasser bis zu Pendeln aller Art, können rhythmische Muster entstehen lassen.

Welches charakteristische Kennzeichen für intelligentes Leben könnte einem SETI-Forscher als Nächstes einfallen? Nun, wenn wir davon ausgehen, dass die Außerirdischen ihre Gegenwart aktiv bekannt machen wollen, können wir fragen, was wir tun würden, wenn wir einen Hinweis auf unser intelligentes Dasein übermitteln wollten. Es wäre sicher kein rhythmisches Muster wie Bell Burnells LGM-Signal, aber was dann? Mehrfach wurden Primzahlen als einfachste Form eines Signals vorgeschlagen, das ausschließlich aus einer intelligenten Quelle stammen kann. Aber wie sicher können wir sein, dass ein Impulsmuster, das auf Primzahlen basiert, von einer mathematisch hoch entwickelten Zivilisation ausgehen muss? Streng genommen kann man nicht beweisen, dass es kein unbelebtes physikalisches System gibt, das Primzahlen erzeugen kann. Wir können nur sagen, dass bisher kein Physiker einen solchen nicht biologischen Prozess entdeckt hat. Die gleiche Einschränkung gilt letztlich für jedes Signal. Dennoch gibt es bestimmte Signaltypen – die Primzahlen als Grundlage sind vielleicht das einfachste Beispiel –, die so überzeugend sind, dass Alternativen absurd aussehen würden.

Was beunruhigend ist: Biologen haben tatsächlich Modelle formuliert, die Primzahlen erzeugen können, obwohl keine Intelligenz beteiligt ist. Periodische Zikaden schlüpfen und paaren sich alle siebzehn Jahre (bei manchen Varietäten) oder sogar alle dreizehn Jahre (andere Varietäten). Zwei Theorien, mit denen man diese seltsame Periodizität erklären will, stützen sich auf die Tatsache, dass dreizehn und siebzehn Primzahlen sind. Ich möchte nur eine davon beschreiben. Sie geht davon aus, dass die Paarung in den Schwarmjahren eine Anpassung ist, mit der natürliche Feinde überschwemmt und die von ihnen ausgehende Gefahr konterkariert werden sollen. Dann aber entwickelten einige Arten natürlicher Feinde eigene periodische Paarungsphasen, um von der Zikadenplage (oder aus ihrer Sicht dem Zikadenschatz) zu profitieren. In einem evolutionären Wettrüsten »reagierten« die Zikaden dann mit einer Verlängerung der Abstände zwischen den Jahren des Massenauftretens. Woraufhin auch die natürlichen Feinde ihre Abstände verlängerten. (Erinnern wir uns noch einmal: Mit der kurzen Formulierung »Antwort« oder »Reaktion« meine ich keine bewussten Entscheidungen, sondern nur blinde natürliche Selektion.) Waren die Zikaden im Rahmen des Wettrüstens bei einem Zeitraum wie beispielsweise sechs Jahren angelangt, der durch eine andere Zahl teilbar war, wurde es für die natürlichen Feinde gewinnbringender, ihr Paarungsintervall beispielsweise auf drei Jahre zu verkürzen und damit bei jedem zweiten Höhepunkt ihres eigenen Paarungszyklus auf die Goldmine der Zikadenschwärme zu treffen. Nur wenn die Zikaden auf eine Primzahl trafen, war so etwas unmöglich. Die Zikaden verlängerten also die Zeiträume weiter, bis sie bei einer so großen Zahl von Jahren angelangt waren, dass sich die natürlichen Feinde nicht mehr direkt damit synchronisieren konnten, weil diese Zahl als Primzahl nicht mehr mit irgendeinem Vielfachen einer kürzeren Periode zusammenfiel.

Nun mag sich eine solche Theorie nicht sonderlich plausibel anhören, aber das muss sie in meinem Zusammenhang auch nicht sein. Ich wollte nur zeigen, dass man sich ein mechanistisches Modell ausdenken kann, an dem keine bewussten mathematischen Berechnungen beteiligt sind und das dennoch Primzahlen hervorbringen kann. Wie man am Beispiel der Zikaden erkennt, lassen sich Primzahlen vielleicht nicht mit nicht biologischer Physik erzeugen, wohl aber mit nicht intelligenter Biologie. Selbst die unplausible Zikadengeschichte sollte uns zur Vorsicht mahnen: Es liegt zumindest nicht zwangsläufig auf der Hand, dass Primzahlen ein unverkennbares Anzeichen für Intelligenz sind.

Die Schwierigkeiten, Intelligenz an einem Funksignal zu erkennen, sind ihrerseits eine Mahnung zur Vorsicht, die uns als historische Analogie das Argument der schöpferischen Gestaltung ins Gedächtnis ruft. Es gab eine Zeit, da hielten alle (mit sehr wenigen, sehr angesehenen Ausnahmen wie David Hume) es für vollkommen offensichtlich, dass die Komplexität des Lebendigen ein unverkennbares Kennzeichen für intelligentes Design ist.[9] Was uns innehalten lassen sollte, ist folgende Überlegung: Darwins Zeitgenossen im 19. Jahrhundert konnten für sich das Recht in Anspruch nehmen, von seiner bemerkenswerten Entdeckung ebenso überrascht zu sein, wie wir heute überrascht wären, wenn ein Physiker einen unbelebten Mechanismus entdecken würde, der Primzahlen hervorbringt. Vielleicht sollten wir die Möglichkeit ins Auge fassen, dass andere Prinzipien, die mit denen von Darwin

vergleichbar sind, noch zu entdecken bleiben – Prinzipien, die eine
Illusion von Gestaltung ebenso überzeugend nachahmen könnten
wie die Illusion, die von der natürlichen Selektion hervorgebracht
wird. Ich neige nicht dazu, irgendein derartiges Ereignis zu prophezeien. Wenn man die natürliche Selektion richtig versteht, ist sie
allein so leistungsfähig, dass sie Komplexität und die Illusion einer
schöpferischen Gestaltung in nahezu unendlichem Ausmaß hervorbringen kann. Man sollte daran denken, dass anderswo im Universum durchaus Varianten der natürlichen Selektion existieren
könnten, die zwar grundsätzlich auf dem gleichen Prinzip basieren, das Darwin auf unserem Planeten entdeckte, im Detail aber
vielleicht bis zur Unkenntlichkeit anders sind. Außerdem darf man
nicht vergessen, dass die natürliche Selektion auch eine Geburts-
helferin anderer Formen der Gestaltung sein kann. Sie ist mit ihren
direkten Produkten wie Federn, Ohren oder Gehirnen nicht zu
Ende. Wenn die natürliche Selektion erst einmal ein Gehirn (oder
die extraterrestrische Entsprechung zu einem Gehirn) hervorgebracht hat, kann dieses im weiteren Verlauf Technologie (oder
deren extraterrestrische Entsprechung) hervorbringen, darunter
Computer (oder deren extraterrestrische Entsprechung), die wie
ein Gehirn in der Lage sind, Dinge zu gestalten. Die Ausdrucksformen gezielter technischer Gestaltung – die kein direktes, sondern
ein indirektes Produkt der natürlichen Selektion sind – können zu
neuen Dimensionen der Komplexität und Eleganz heranwachsen.
Mir geht es darum, dass natürliche Selektion ihren Ausdruck auf
zwei Ebenen in Form von Gestaltung findet: Da ist zunächst einmal die *Illusion* von Gestaltung, die wir am Flügel eines Vogels oder
am Auge oder Gehirn eines Menschen erkennen, und zweitens gibt
es die »echte« Gestaltung, die ein Produkt eines durch Evolution
entstandenen Gehirns ist.[10]

Damit bin ich bei meiner Kernaussage. Es gibt wirklich einen
tief greifenden Unterschied zwischen einem intelligenten Gestalter, der – ob auf diesem Planeten oder einem anderen – das Produkt

einer langen Phase der Evolution ist, und einem intelligenten Gestalter, der ohne jede Evolutionsvergangenheit einfach *geschieht*.
Wenn ein Kreationist sagt, das Auge oder eine Bakteriengeißel
oder ein Blutgerinnungsmechanismus sei so komplex, dass er
gestaltet worden sein müsse, so ist es ein himmelweiter Unterschied, ob man sich unter dem »Gestalter« einen Außerirdischen
vorstellt, der auf einem entfernten Planeten durch schrittweise
(graduelle) Evolution entstanden ist, oder aber einen übernatürlichen Gott, der keine Evolution hinter sich hat. Graduelle Evolution ist eine echte Erklärung, und sie kann theoretisch tatsächlich
eine Intelligenz von ausreichender Komplexität hervorbringen, die
dann Maschinen und andere Dinge gestaltet, die ihrerseits so komplex sind, dass sie nur durch Gestaltung entstanden sein können.
Mit hypothetischen »Gestaltern«, die aus dem Nichts gesprungen
kommen, lässt sich nichts erklären, denn sie können sich nicht
selbst erklären.

Es gibt von Menschen gemachte Maschinen, von denen uns
zwar vielleicht nicht die strenge Logik, wohl aber der gesunde
Menschenverstand sagt, dass sie nicht durch irgendeinen anderen
Prozess als durch intelligente Gestaltung entstanden sein können.
Ein Kampfflugzeug, eine Mondrakete, ein Auto, ein Fahrrad – sie
alle sind sicher intelligent gestaltet. Wichtig ist dabei aber, dass
das Gebilde, das für die Gestaltung gesorgt hat – das menschliche
Gehirn –, nicht intelligent gestaltet wurde. Überwältigende Belege
sprechen dafür, dass das Gehirn des Menschen durch Evolution
schrittweise, in einer Reihe nahezu unmerklich verbesserter Zwischenstufen entstanden ist, deren Überreste man als Fossilien sehen kann und deren Entsprechungen überall im Tierreich überlebt
haben. Außerdem haben uns Darwin und seine Nachfolger im 20.
und 21. Jahrhundert eine glänzende, plausible Erklärung für den
Mechanismus geliefert, der die Evolution über sanfte Steigungen
in die Höhe treibt, das heißt für den Prozess, durch den sie auf den
»Gipfel des Unwahrscheinlichen« gelangt ist. Natürliche Selektion
ist keine Theorie der letzten Rettung. Sie ist eine Idee, deren Plausi-

bilität und Leistungsfähigkeit uns mit erstaunlicher Kraft vor Augen tritt, wenn wir sie einmal in all ihrer eleganten Einfachheit verstanden haben. T. H. Huxley konnte mit vollem Recht ausrufen: »Wie äußerst dumm von mir, dass ich daran nicht gedacht habe!« Wir können aber noch einen Schritt weitergehen. Natürliche Selektion erklärt nicht nur die Bakteriengeißel, das Auge, die Feder oder ein Gehirn, das zu intelligentem Design in der Lage ist. Sie erklärt nicht nur jedes biologische Phänomen, das jemals beschrieben wurde. Sie ist auch die einzige plausible Erklärung, die für solche Dinge jemals vorgeschlagen wurde. Vor allem kehrt sich durch sie das Argument der Unwahrscheinlichkeit – das Argument, an dem die Vertreter des intelligenten Designs am meisten hängen – geradewegs um und versetzt dieser Ansicht machtvoll den Todesstoß.

Das Argument der Unwahrscheinlichkeit besagt – und das ist unumstritten –, dass ein Phänomen in der Natur, beispielsweise die Geißel eines Bakteriums oder ein Auge, so unwahrscheinlich ist, dass es nicht einfach so geschehen sein kann. Es muss vielmehr das Produkt eines ganz besonderen Prozesses sein, der Unwahrscheinlichkeit schafft. Der Fehler besteht darin, daraus die Schlussfolgerung zu ziehen, dass »Gestaltung« ein ganz besonderer Prozess ist. In Wirklichkeit ist sie natürliche Selektion. Die scherzhafte Analogie des verstorbenen Sir Fred Hoyle mit der Boeing 747 ist nützlich, aber wie sich herausgestellt hat, führt auch sie zum Gegenteil der Aussage, die er im Sinn hatte. Die spontane Entstehung der Komplexität des Lebendigen, so sagte er, ist so unwahrscheinlich wie die Vorstellung, ein Wirbelsturm würde über einen Schrottplatz fegen und spontan eine Boeing 747 zusammensetzen. Alle sind sich darin einig, dass Flugzeuge und lebende Organismen zu unwahrscheinlich sind, als dass sie durch Zufall zusammengesetzt werden könnten. Genauer charakterisiert man die Art der Unwahrscheinlichkeit, um die es hier geht, als *festgelegte* Unwahrscheinlichkeit (oder festgelegte Komplexität). Das »festgelegt« ist dabei aus Gründen, die ich in *The Blind Watchmaker* (dt. *Der blinde*

Uhrmacher) erläutert habe, wichtig. Dort habe ich zunächst darauf
hingewiesen, dass das zufällige Einstellen der Zahl, die das große
Zahlenschloss an einem Banktresor öffnet, in dem gleichen Sinn
unwahrscheinlich ist wie der Zusammenbau eines Flugzeuges
durch das Herumwirbeln von Metallstücken:

> Von all den Milliarden von einzigartigen und, rückblickend gese-
> hen, gleich unwahrscheinlichen Positionen des Zahlenschlosses
> öffnet nur eine einzige das Schloss.
> Ähnlich wird von all den Milliarden von einzigartigen und, rück-
> blickend betrachtet, gleich unwahrscheinlichen Anordnungen
> eines Schrotthaufens nur eine (oder nur sehr wenige) fliegen. Die
> Einzigartigkeit der Anordnung, die fliegt oder die den Safe öffnet,
> hat jedoch nichts mit Rückblick zu tun. Sie wird im Voraus festge-
> legt. Der Hersteller des Schlosses legt die Kombination fest und
> teilt sie dem Bankdirektor mit. Die Fähigkeit zu fliegen ist ein
> Merkmal eines Fluggeräts, das vorausgeplant wird.

Angesichts der Tatsache, dass der Zufall bei einer ausreichend großen Unwahrscheinlichkeit auszuschließen ist, kennen wir nur
zwei Prozesse, die festgelegte Unwahrscheinlichkeit hervorbringen können. Dies sind intelligente Gestaltung (*intelligent design*)
und natürliche Selektion, und nur die natürliche Selektion kommt
als letzte Erklärung infrage. Sie erzeugt festgelegte Unwahrscheinlichkeit und geht dabei von großer Einfachheit aus. Intelligente
Gestaltung ist dazu nicht in der Lage, denn der Gestalter muss
selbst ein Gebilde mit einem äußerst hohen Niveau an festgelegter
Unwahrscheinlichkeit sein. Während die Spezifikation für eine
Boeing 747 besagt, dass sie fliegen muss, lautet die Spezifikation
des »intelligenten Gestalters«: Er muss in der Lage sein, etwas zu
gestalten. Intelligente Gestaltung kann nicht die letzte Erklärung
für irgendetwas sein, denn sie wirft immer die Frage nach ihrer
eigenen Herkunft auf.
Aus den Niederungen der urtümlichen Einfachheit findet die

natürliche Selektion allmählich und stetig den Weg bergauf über die sanften Abhänge zum Gipfel des Unwahrscheinlichen, bis das Endprodukt der Evolution nach ausreichend langen erdgeschichtlichen Zeiträumen ein Gegenstand wie ein Auge oder ein Herz ist – ein Gebilde mit einem so hohen Niveau an festgelegter Unwahrscheinlichkeit, dass kein geistig gesunder Mensch sie auf den Zufall zurückführen kann. Das unglückseligste Missverständnis des Darwinismus besagt, er sei eine Theorie des Zufalls; und die Ursache des Missverständnisses ist vermutlich die Tatsache, dass Mutationen sich zufällig ereignen.[11] Aber natürliche Selektion ist alles andere als Zufall. Dem Zufall zu entkommen, ist die wichtigste Leistung, die jede Theorie des Lebendigen anstreben muss. Dass die natürliche Selektion nicht richtig sein könnte, wenn sie eine Theorie des Zufalls wäre, liegt auf der Hand. Darwinistische natürliche Selektion ist das nicht zufällige Überleben zufällig schwankender codierter Anweisungen für den Aufbau von Organismen.

Manche Ingenieure bedienen sich sogar ausdrücklich darwinistischer Methoden, um Systeme zu optimieren. Sie steigern die Leistung von einem ungenügenden Ausgangszustand aus immer weiter einen Berg von Verbesserungen hinauf, bis sich so etwas wie ein Optimum einstellt. Prozesse dieser Art dürften alle Ingenieure anwenden, selbst wenn sie sie nicht ausdrücklich für darwinistisch halten. Der Papierkorb des Ingenieurs enthält die »mutierten« Gestaltungen, die er verworfen hat, bevor er sie überhaupt einer Prüfung unterziehen konnte. Manche Gestaltungen schaffen es nicht einmal bis auf das Papier, sondern werden schon im Kopf des Ingenieurs verworfen. Es ist nicht notwendig, dass ich hier der Frage nachgehe, ob die darwinistische natürliche Selektion ein gutes oder hilfreiches Modell für die Vorgänge im Gehirn eines kreativen Ingenieurs oder Künstlers ist; konstruktive kreative Arbeit – von Ingenieuren, Künstlern oder auch jedem anderen – kann eine Form des Darwinismus plausibel repräsentieren oder auch nicht. Die Grundaussage bleibt immer die gleiche: Jede festgelegte Komplexität muss letztlich durch eine Art Steigerungsprozess aus Einfachheit erwachsen.

Sollten wir jemals Anhaltspunkte dafür entdecken, dass irgendein Aspekt des Lebens auf der Erde zu komplex ist und intelligent gestaltet sein muss, werden Wissenschaftler in aller Ruhe – und zweifellos mit einer gewissen Spannung – der Möglichkeit nachgehen, dass es von einer außerirdischen Intelligenz gestaltet wurde. Einen solchen (nach meiner Vermutung augenzwinkernden) Vorschlag machte der Molekularbiologe Francis Crick zusammen mit seinem Kollegen Leslie Orgel, als er die Theorie der gerichteten Panspermie formulierte. Nach den Vorstellungen von Orgel und Crick säten außerirdische Gestalter absichtlich bakterielles Leben auf der Erde aus.[12] Wichtig ist dabei aber, dass die Gestalter selbst das Endprodukt einer außerirdischen Version von darwinistischer natürlicher Selektion waren. Die übernatürliche Erklärung erklärt nichts, weil sie der Verantwortung, sich selbst zu erklären, ausweicht.

Kreationisten, die sich als »Theoretiker des intelligenten Designs« tarnen, haben nur ein Argument, und das geht so:

1. Das Auge (das Kiefergelenk der Säugetiere, die Bakteriengeißel, das Ellenbogengelenk des Kleinen Gefleckten Wieselfrosches – von dem Sie noch nie gehört haben und den nachzuschlagen Sie auch keine Zeit haben, ohne dass ein Laienpublikum den Eindruck gewinnt, Ihnen gingen die Argumente aus) ist nicht reduzierbar komplex.
2. Deshalb kann es nicht durch allmähliche, stufenweise Evolution entstanden sein.
3. Deshalb muss es gestaltet worden sein.

Belege für den Schritt 1, die angeblich nicht reduzierbare Komplexität, werden nie genannt. Ich habe es manchmal als Argument des persönlichen Unglaubens bezeichnet. Es wird immer als negatives Argument angebracht: Die Theorie A versagt angeblich in irgendeiner Hinsicht, also müssen wir automatisch zur Theorie B wechseln, ohne auch nur zu fragen, ob die Theorie B vielleicht in genau der gleichen Hinsicht einen Mangel aufweist.

Eine legitime Antwort der Biologen auf das Argument des persönlichen Unglaubens besteht darin, den Schritt 2 anzugreifen: Sieh dir sorgfältig die vorgelegten Beispiele an und zeige, dass sie durch allmähliche stufenweise Evolution entstanden sind oder ohne Weiteres entstehen konnten. Dies tat Darwin für das Auge. Spätere Paläontologen taten es für das Kiefergelenk der Säugetiere. Und moderne Biochemiker haben es für die Bakteriengeißel getan.

Die Aussage des vorliegenden Aufsatzes lautet aber: Streng genommen brauchen wir uns nicht die Mühe zu machen, die Schritte 1 und 2 infrage zu stellen. Selbst wenn sie irgendwann einmal anerkannt wären, bliebe der Schritt 3 rettungslos ungültig. Würde man beispielsweise im Aufbau der Bakterienzelle unumstrittene Belege für intelligente Gestaltung finden – Belege, die so stichhaltig sind wie die Unterschrift des Herstellers, die in unverkennbaren DNA-Buchstaben geschrieben ist –, wäre das nur ein Beleg für einen Gestalter, der selbst das Produkt natürlicher Selektion oder eines anderen bisher unbekannten Verstärkungsprozesses sein muss. Würde man solche Belege jemals finden, würde unser Verstand sofort in Richtung von Cricks gerichteter Panspermie weiterarbeiten, aber nicht in Richtung eines übernatürlichen Gestalters. Was die nicht reduzierbare Komplexität auch sonst noch beweisen mag, auf eines kann sie als letzte Erklärung nicht zurückgreifen: auf etwas anderes, das ebenfalls nicht reduzierbar komplex ist. Entweder man erkennt das Argument der Unwahrscheinlichkeit an, womit die Existenz eines letzten Gestalters widerlegt ist. Oder man erkennt es nicht an, und dann ist jeder Versuch, es gegen die Evolution einzusetzen, widersprüchlich oder sogar unehrlich. Man kann nicht beides haben.

Nachwort

Viele Theologen unternehmen den traurigen Versuch, mit einer dreisten Behauptung beides zu bekommen. Sie verkünden, ihr Schöpfergott sei selbst nicht komplex und unwahrscheinlich, sondern einfach. Dass er einfach ist, wissen wir, weil berühmte Theologen wie Thomas von Aquin gesagt haben, er sei einfach! Gab es jemals eine Ausflucht, die durchsichtiger war als diese? Jeder Schöpfer, der den Namen verdient, muss nicht nur über die Rechenleistung verfügen, um sich die quantenphysikalischen Eigenschaften der Elementarteilchen, die relativistische Physik der Gravitation, die Kernphysik der Sterne und die Chemie des Lebens auszudenken. Er hat außerdem zumindest im Fall des Gottes von Thomas von Aquin noch genügend Kapazitäten frei, um sich Gebete anzuhören und die Sünden der empfindungsfähigen Wesen in seinem gesamten erschaffenen Universum zu vergeben – oder auch nicht, je nach Geschmack. Das soll einfach sein?

Suche unter der Straßenlaterne[13]

Der Witz ist alt. Ein Mann sucht nachts sorgfältig unter einer Straßenlaterne. Erklärt einem Passanten, er habe seine Schlüssel verloren. »Haben Sie sie unter der Laterne verloren?« – »Nein.« – »Warum suchen Sie dann unter der Laterne?« – »Weil es sonst nirgendwo Licht gibt.«

Das Argument hat eine gewisse clowneske Logik und spricht offenbar auch Paul Davies an, einen angesehenen britischen Physiker, der heute an der Arizona State University tätig ist. Davies interessiert sich (wie ich) für die Frage, ob unsere Art des Lebens im Universum einzigartig ist. Der DNA-Code, der Maschinencode des Lebens, ist bei allen Lebewesen, die jemals untersucht wurden, so gut wie gleich. Dass sich der gleiche Code mit 64 Tripletts zufällig mehrmals unabhängig voneinander entwickelt hat, ist höchst unwahrscheinlich, und das ist der wichtigste Beleg dafür, dass wir ausnahmslos Vettern sind: Wir alle haben einen gemeinsamen Vorfahren, der vermutlich vor drei bis vier Milliarden Jahren lebte. Falls das Leben auf unserem Planeten mehr als einmal entstanden ist, hat nur eine Lebensform überlebt: unsere, die durch unseren DNA-Code gekennzeichnet ist.

Falls es Leben auf anderen Planeten gibt, wird es höchstwahrscheinlich eine Entsprechung zu einem genetischen Code besitzen, aber dass es sich dabei um den gleichen handelt wie bei uns, ist höchst unwahrscheinlich. Wenn wir beispielsweise Leben auf dem Mars entdecken und wissen wollen, ob es unabhängig entstanden ist, wird sein genetischer Code die Nagelprobe sein. Besitzt es DNA und den gleichen DNA-Code mit 64 Tripletts, werden wir den Schluss ziehen, dass es eine Verunreinigung ist, die man vielleicht auf einen Meteoriten zurückführen kann.

Dass Meteoriten gelegentlich zwischen Erde und Mars hin und her wandern, wissen wir – und damit bin ich übrigens auch bei meinem zweiten Beispiel für eine Suche unter der Straßenlaterne. Ein Meteorit kann irgendwo auf der Erde niedergehen, aber wenn er auf irgendeiner anderen Oberfläche als ganzjährigem Schnee liegt, werden wir ihn wahrscheinlich nicht finden: An jeder anderen Stelle würde er einfach wie ein Stein aussehen, und wenig später wäre er unter Pflanzen, Staubstürmen oder Bodenbewegungen begraben. Das ist der Grund, warum Wissenschaftler, die auf der Suche nach Meteoriten sind, in die Antarktis reisen: Dort kommen solche Himmelskörper nicht häufiger vor als irgendwo sonst, aber im ewigen Eis kann man sie selbst dann deutlich erkennen, wenn sie schon vor langer Zeit gelandet sind. In der Antarktis steht die Straßenlaterne. Jeder Stein oder kleine Felsbrocken, der auf dem Schnee liegt, muss dort heruntergefallen sein – und dann handelt es sich höchstwahrscheinlich um einen Meteoriten. Manche Meteoriten, die man in der Antarktis gefunden hat, stammen nachgewiesenermaßen vom Mars. Diese erstaunliche Schlussfolgerung ergibt sich aus einem sorgfältigen Vergleich ihrer chemischen Zusammensetzung mit Proben, die Roboterfahrzeuge auf dem Mars entnommen haben. Irgendwann in der entfernten Vergangenheit schlug ein großer Meteorit auf dem Mars ein, und das hatte katastrophale Folgen. Bruchstücke des Marsgesteins wurden in den Weltraum geschleudert, und einige davon endeten schließlich bei uns. Es ist also nachgewiesen, dass Materie tatsächlich manchmal zwischen zwei Planeten ausgetauscht wird, und damit eröffnet sich die Möglichkeit einer gegenseitigen Verunreinigung mit (vermutlich bakteriellen) Lebensformen. Wenn irdisches Leben den Mars verunreinigt hat (oder umgekehrt), würden wir es an seinem DNA-Code erkennen: Er wäre der gleiche wie bei uns.

Wenn wir umgekehrt eine Lebensform mit einem anderen genetischen Code finden – der entweder keine DNA oder DNA mit einem anderen Code ist –, würden wir sie wirklich außerirdisch nennen. Paul Davies vermutet, wir müssten vielleicht nicht einmal bis zum Mars reisen, um wirklich fremdartiges Leben zu finden. Raumfahrt ist teuer und schwierig. Vielleicht sollten wir hier bei uns nach fremdem Leben suchen, das auf der Erde unabhängig von unserer Form entstanden ist und den Planeten nie verlassen hat. Vielleicht sollten wir systematisch den genetischen Code sämtlicher Mikroorganismen studieren, derer wir habhaft werden. Alle bisher untersuchten Arten haben den gleichen genetischen Code wie wir. Aber wir haben nie systematisch nach einem anderen gesucht. Die Erde ist Paul Davies' Straßenlaterne, denn unter irdischen Bakterien zu suchen ist viel billiger und einfacher, als zum Mars zu reisen, ganz zu schweigen von anderen Sternsystemen, auf denen die größten Hoffnungen auf fremde Lebensformen ruhen. Ich wünsche Paul viel Glück bei seiner Suche unter dieser besonderen Straßenlaterne, aber ich habe große Zweifel daran, dass er Erfolg haben wird; einen Grund dafür hat Charles Darwin bereits selbst genannt: Jede andere Lebensform wäre wahrscheinlich schon vor langer Zeit von der unseren gefressen worden – und zwar, wie wir heute hinzufügen können, wahrscheinlich von Bakterien.

An all das erinnerte mich ein Bericht in der Zeitung *Guardian*:[14] »Wissenschaftler suchen auf Bildern des Mondes nach Spuren außerirdischen Lebens«. Auch dieser Bericht handelte von unserem alten Freund Paul Davies, und auch dort rutscht er auf allen vieren unter einer Straßenlaterne herum.

Wenn uns irgendwann einmal technisch hoch entwickelte Außerirdische besucht haben, dann höchstwahrscheinlich in der Vergangenheit und nicht in der Gegenwart, denn die Vergangenheit ist einfach so viel größer – jedenfalls dann, wenn wir die Gegenwart als unsere eigene Lebenszeit oder auch als die Zeit der historischen Aufzeichnungen definieren. Spuren von Besuchen aus dem Weltall – Raumschiffwracks, Abfälle, Hinweise auf Bergbautätigkeit, vielleicht auch ein absichtlich deponiertes Zeichen wie in 2001: *A Space Odyssey* (2001: *Odyssee im Weltraum*) – würden (nach erdgeschichtlichen Zeitmaßstäben) sehr schnell von der aktiven, wuchernden Vegetationsschicht der Erdoberfläche zugedeckt werden. Auf dem Mond sieht die Sache anders aus: keine Pflanzen, kein Wind, keine tektonischen Bewegungen. Neil Armstrong ging vor 42 Jahren über den Mondstaub, und seine Fußabdrücke sehen vermutlich noch heute frisch aus. Deshalb, so die Überlegung von Paul Davies und seinem Kollegen Robert Wagner, ist es durchaus sinnvoll, alle hochauflösenden Fotos zu untersuchen, die jemals von der Mondoberfläche aufgenommen wurden – nur für den Fall, dass dort irgendwelche Spuren zu sehen sind.[15] Die Wahrscheinlichkeit ist gering, aber der Lohn wäre hoch und ist die Sache wert.

Ich bin sehr skeptisch. Nach meiner Vermutung gibt es anderswo im Universum ebenfalls Leben, aber es ist vermutlich äußerst selten und auf weit voneinander entfernten Inseln des Lebendigen isoliert wie in einem himmlischen Polynesien. Kontakte von Insel zu Insel werden mit ungeheuer viel größerer Wahrscheinlichkeit die Form von Funksignalen haben und keine Besuche körperhafter Wesen sein. Der Grund: Funkwellen wandern mit Lichtgeschwindigkeit, während feste Körper nur mit der Geschwindigkeit von – nun ja, eben festen Körpern wandern. Außerdem pflanzen sich Funkwellen in Form einer sich ausdehnenden Kugel fort, während Körper zu jedem Zeitpunkt nur in eine Richtung reisen. Das ist der Grund, warum sich SETI (die Suche nach extraterrestrischer Intelligenz mit Radioteleskopen) lohnt. SETI ist nicht so übermäßig teuer, wie große Wissenschaft sein kann, aber Paul Davies' Straßenlaterne ist noch viel billiger, und ich wünsche ihm noch einmal Glück.

In fünfzig Jahren: Töten wir die Seele?[16]

In fünfzig Jahren wird Wissenschaft die Seele getötet haben. Was für eine entsetzliche, seelenlose Behauptung! Aber nur für den Fall, dass Sie es missverstehen (was zugegebenermaßen leicht passiert): Es gibt zwei Bedeutungen – Seele-1 und Seele-2 –, die man oberflächlich leicht verwechseln kann, obwohl sie grundverschieden sind. Was ich mit Seele-1 meine, vermitteln die folgenden Definitionen aus dem *Oxford English Dictionary*.

Der spirituelle Teil des Menschen, von dem man glaubt, dass er nach dem Tod weiterlebt und in einem zukünftigen Zustand empfänglich für Glück oder Elend ist.

Der körperlose Geist eines verstorbenen Menschen, der als eigenständiges Gebilde gilt und mit einem gewissen Maß an Form und Persönlichkeit ausgestattet sein soll.

Seele-1, die Seele, die von der Wissenschaft zerstört werden wird, ist übernatürlich und körperlos, überlebt den Gehirntod und kann selbst dann noch Glück oder Elend empfinden, wenn die Neuronen nur noch Staub und die Hormone ausgetrocknet sind. Diese Seele wird die Wissenschaft mausetot machen. Seele-2 jedoch wird durch die Wissenschaft nie bedroht sein. Im Gegenteil: Die Wissenschaft ist ihre Zwillingsschwester und Dienerin. Verschiedene Aspekte der Seele-2 vermitteln die nachfolgenden Definitionen, die ebenfalls aus dem *Oxford English Dictionary* stammen:

Intellektuelle oder spirituelle Kraft. Hohe Entwicklung der mentalen Fähigkeiten. Auch in einem etwas abgeschwächten Sinn tiefe Gefühle, Sensibilität.

Der Sitz der Emotionen, Gefühle oder Empfindungen; der emotionale Teil in der Natur des Menschen.

Einstein war ein großartiger Vertreter der Seele-2 in der Wissenschaft, und Carl Sagan war darin ein Virtuose. *Unweaving the Rainbow* (dt. *Der entzauberte Regenbogen*) ist mein eigenes bescheidenes Loblied. Oder hören wir, was der große indische Astrophysiker Subrahmanyan Chandrasekhar zu sagen hat:

> Dieses »Erschaudern vor dem Schönen«, diese unglaubliche Tatsache, dass eine von der Suche nach dem Schönen in der Mathematik motivierte Entdeckung eine genaue Entsprechung in der Natur hat, veranlasst mich zu sagen, Schönheit sei das, worauf der menschliche Geist am tiefsten reagiert.[17]

Das war Seele-2, die Art von Beseeltheit, die von der Wissenschaft hofiert und geliebt wird und von der sie sich niemals wird trennen lassen. Der Rest dieses Artikels handelt nur von der Seele-1. Die Seele-1 hat ihre Wurzeln in der dualistischen Theorie, wonach es am Leben etwas Nichtmaterielles gibt, ein nichtphysikalisches Lebensprinzip. Es ist die Theorie, nach der ein Körper durch eine Anima belebt, durch eine Lebenskraft vitalisiert, durch eine mysteriöse Energie aufgeladen oder durch ein mystisches Ding oder eine Substanz namens Bewusstsein bewusst gemacht werden muss. Dass sich alle diese Beschreibungen der Seele-1 im Kreis drehen, ist kein Zufall. Julian Huxley machte sich auf denkwürdige Weise über Henri Bergsons *élan vital* mit der Vermutung lustig, eine Eisenbahnlokomotive funktioniere durch *élan locomotiv*. (Nebenbei bemerkt, ist es eine beklagenswerte Tatsache, dass Bergson bisher als einziger Naturwissenschaftler mit dem Literaturnobelpreis ausgezeichnet wurde.) Die Wissenschaft hat die Seele-1 bereits schlimm zugerichtet und überflüssig gemacht. Im Laufe der nächsten fünfzig Jahre wird sie völlig ausgelöscht.

Vor fünfzig Jahren fingen wir gerade erst an, den 1953 erschienenen Aufsatz von Watson und Crick in *Nature* zu verdauen, und nur die wenigsten hatten eine Ahnung von seiner weltbewegenden Bedeutung. Man hielt ihn für nicht mehr als eine scharfsinnige Leistung der molekularen Kristallografie, und der letzte Satz (»Es ist unserer Aufmerksamkeit nicht entgangen, dass die von uns postulierte spezifische Paarung sofort einen möglichen Kopiermechanismus für das genetische Material nahelegt«) war nur eine amüsant-prägnante Untertreibung. Im Rückblick sehen wir, dass es die Mutter aller Untertreibungen war, sie nur als Untertreibung zu bezeichnen.

Vor Watson/Crick (ein Wissenschaftler jener Zeit sagte zu Crick, als dieser ihm Watson vorstellte:»Watson? Aber ich dachte, Sie heißen Watson-Crick«) konnte der führende Wissenschaftshistoriker Charles Singer noch schreiben:

Trotz gegenteiliger Interpretationen ist die Theorie des Gens keine »mechanistische« Theorie. Das Gen ist ebenso wenig als chemisches oder physikalisches Gebilde zu verstehen wie die Zelle oder auch der ganze Organismus ... Wenn ich nach einem lebenden Chromosom frage, das heißt nach der einzig wirksamen Form eines Chromosoms, kann niemand es mir geben außer in seiner lebendigen Umgebung, genau wie er mir keinen lebenden Arm und kein lebendes Bein geben kann. Die Lehre von der Relativität der Funktionen gilt für das Gen ebenso wie für jedes Körperorgan. Sie existieren und funktionieren nur im Verhältnis zu anderen Organen. Damit lässt uns die neueste biologische Theorie genau an der Stelle stehen, von der wir ausgegangen waren: in Gegenwart einer Kraft, die man Leben oder Psyche nennt und die nicht nur einen eigenen Typ darstellt, sondern auch in allen ihren Ausdrucksformen einzigartig ist.

Das alles machten Watson und Crick gleichsam mit der Brechstange zunichte: Sie fegten es schmachvoll hinweg. Die Biologie wird zu einem Teilgebiet der Informatik. Das Watson-Crick-Gen ist eine eindimensionale Kette linearer Daten, die sich von einer Computerdatei nur in dem trivialen Aspekt unterscheidet, dass sein universeller Code nicht binär, sondern quaternär ist. Gene sind abtrennbare Ketten digitaler Daten, man kann sie aus einem lebenden oder einem toten Körper auslesen, man kann sie auf Papier aufschreiben und in einer Bibliothek speichern, wo sie jederzeit wieder zur Benutzung bereitstehen. Heute ist es schon möglich, wenn auch teuer, Ihr ganzes Genom in ein Buch zu schreiben und meines in ein ähnliches Buch. In fünfzig Jahren wird die Genomanalyse so billig sein, dass die (natürlich elektronische) Bibliothek die vollständigen Genome so vieler Individuen und so vieler Tausend Arten umfassen wird, wie wir nur wollen. Damit werden wir über den endgültigen, definitiven Stammbaum alles Lebendigen verfügen. Mit gut überlegten Vergleichen der Genome zweier beliebiger heutiger Arten in der Bibliothek werden wir mit der Rekonstruktion ihres ausgestorbenen gemeinsamen Vorfahren ein gutes Stück vorankommen, insbesondere wenn wir in die Computerberechnungen auch die Genome seiner heutigen ökologischen Gegenstücke einbeziehen. Die Erforschung der Embryonalentwicklung wird so weit fortgeschritten sein, dass wir einen lebenden, atmenden Vertreter dieses Vorfahren klonen können. Oder vielleicht auch Lucy, die Australopithecinin? Vielleicht sogar einen Dinosaurier. Und bis 2057 wird es ein Kinderspiel sein, das Buch, das Ihren Namen enthält, aus dem Regal zu nehmen, Ihr Genom in einen DNA-Synthesizer einzutippen, es in eine entkernte Eizelle einzuschleusen und Sie zu klonen – Ihren eineiigen Zwilling zu erzeugen, der aber fünfzig Jahre jünger ist. Wird es eine Wiederauferstehung Ihres bewussten Daseins sein, eine Wiedergeburt Ihrer Subjektivität? Nein. Dass die Antwort Nein lautet, wissen wir bereits, denn eineiige Zwillinge teilen nicht die gleiche, subjektive Identität. Sie mögen gespenstisch ähnliche Intuitionen haben, aber sie denken nicht, sie seien der jeweils andere.

Genau wie Darwin, der Mitte des 19. Jahrhunderts das Argument einer mystischen »Gestaltung« zerstörte, und wie Watson und Crick, die Mitte des 20. Jahrhunderts allen mystischen Unsinn im Zusammenhang mit Genen zerstörten, so werden ihre Nachfolger in der Mitte des 21. Jahrhunderts die mystische Absurdität einer vom Körper losgelösten Seele zerstören. Einfach wird das nicht. Das subjektive Bewusstsein ist zweifellos mysteriös. In seinem Buch *How the Mind Works* (dt. *Wie das Denken im Kopf entsteht*) legt Steven Pinker das Problem des Bewusstseins auf elegante Weise dar und stellt die Frage, woher es kommt und wie es sich erklären lässt. Dann aber sagt er freimütig: »Auweia!« Das ist ehrlich, und ich schließe mich an. Wir wissen es nicht. Wir verstehen es nicht. Noch nicht. Aber nach meiner Überzeugung werden wir es verstehen, und zwar irgendwann vor 2057. Wenn es so weit ist, werden es sicher nicht Mystiker oder Theologen sein, die dieses größte aller Rätsel lösen, sondern Wissenschaftler – vielleicht ein einsames Genie wie Darwin, wahrscheinlicher aber eine Kombination aus Neurowissenschaftlern, Informatikern und wissenschaftsaffinen Philosophen. Seele-1 wird einen verspäteten und unbeweinten Tod von der Hand einer Wissenschaft sterben, die damit gleichzeitig die Seele-2 in ungeahnte Höhen emporheben wird.

TEIL IV

Denkverbote, dummes Zeug und Durcheinander

Für Leser, die sich immer noch fragen, warum Richard Dawkins »so ein Aufhebens« von der Religion macht, deutet der Zwischentitel einige Gründe an. Die nun folgenden sieben Artikel bieten klarere Antworten aus dem Mund des apokalyptischen Reiters.

Der erste mit dem Titel »Der Einleger von Alabama« ist eine großartige Abrechnung mit dem Kreationismus und eine Bestärkung der natürlichen Selektion als Evolutionskraft wie auch der unverzichtbaren Bedeutung der naturwissenschaftlichen Methode. Ursprünglich wurde er als spontane Verteidigung bedrängter Lehrer verfasst, die sich mit dem Versuch der Behörden auseinandersetzen mussten, die Lehre echter Wissenschaft zu behindern. Er sollte jeden innehalten lassen, der an der politischen Kraft des Kreationismus im heutigen Amerika zweifelt.

Von der kühlen forensischen Analyse zum Inbegriff der Wut. Der nächste Aufsatz, »Die Marschflugkörper des 11. September«, beginnt mit trügerischer Ruhe, setzt sich mit Abschnitten scheinbar fachlicher Beschreibungen fort und steigt dann in einem schnellen Crescendo der zunehmend bitteren Ironie bis zur Pointe an: der tödlichen Kraft des irrationalen Glaubens an ein persönliches Jenseits. Spitzere Pfeile als diese gibt es nicht.

Mit der »Theologie des Tsunamis« wechselt der Ton erneut: dieses Mal von der Wut zur Empörung. Im Dezember 2004 vernichtete eine riesige Flutwelle, die durch ein starkes Erdbeben unter dem Indischen Ozean ausgelöst wurde, in Südostasien Tausende von Menschenleben und Existenzen. Der Bericht über die Verständnislosigkeit vieler religiöser Menschen angesichts eines derart unverdienten Leidens, die Antworten, die von Religionsführern angeboten wurden, und der nachfolgende Meinungsaustausch auf den Leserbriefseiten des *Guardian* zeigen in gedrängter Form viele Schlüsselelemente von Richards Einwänden gegen die Religion und nicht zuletzt gegen ihren fehlgeleiteten Einsatz von Geld, Zeit, Gefühl und Anstrengung. Mit seinem Hinweis, dass ein gequältes »Warum?« einfach die falsche Frage war (oder vielmehr dass es für sie eine stichhaltige Antwort gab, die aber nicht aus dem Bereich der Theologie, sondern aus der Geologie kam) und dass es eine konstruktivere Reaktion wäre, »sich von den Knien zu erheben und keinen Kotau mehr vor Buhmännern oder virtuellen Vätern zu machen, sondern der Realität ins Auge zu sehen und der Wissenschaft zu helfen, etwas Konstruktives gegen das Leiden der Menschen zu tun«, erntete er erwartungsgemäß wenig Beifall von denen, die an derart forsche Widerrede nicht gewöhnt waren.

Unter den Beiträgen, die als Kandidaten für die vorliegende Sammlung infrage kamen, spielten Vorträge und Briefe eine große Rolle. Das ist nach meiner Ansicht kein Zufall, bieten doch beide unmittelbaren Austausch, sei es mit einer Person oder mit vielen Menschen gleichzeitig. Der hier abgedruckte offene Brief an einen Einzelnen erreicht natürlich auf sparsame Weise beides. »Frohe Weihnachten, Herr Premierminister!« hat die Form eines Weihnachtsgrußes an David Cameron, den damaligen Kopf der britischen Regierungskoalition. Darin setzt sich Richard für einen wirklich säkularen Staat ein, in dem es jedem Einzelnen freisteht, seinem eigenen Glauben anzuhängen, während die Regierung kompromisslos neutral bleibt. Er verteidigt aber auch energisch das Festhalten an kulturellen Mythen, macht sich über die »Umbenennung« von Weihnachten in »Winterfeiertage« lustig und weist darauf hin, wie glaubensbasierte Bildung dauerhaft spaltend wirkt und wie unangemessen – ja geradezu heimtückisch – es ist, Kindern ein »Glaubensetikett« aufzukleben. Wenn wir *über* Religion statt *eine* Religion unterrichten, wenn wir unser Festhalten an Mythen als das verstehen, was es ist, wenn wir ehrlich darüber nachdenken, woher wir unsere Ethik haben und woher nicht – dann werden wir alle ein froheres Weihnachten erleben.

Richard Dawkins wird manchmal vorgeworfen, er nehme die Religion nicht ernst genug und sei allzu leicht bereit, sie abzutun, statt echtes Engagement aufzubringen. Lassen wir einmal die offenkundige Ernsthaftigkeit seiner missbilligenden Angriffe über die körperlichen, psychologischen und intellektuellen Schäden, die von der Religion angerichtet werden, außen vor: Sein eifriges Bemühen, das Phänomen der Religion nüchtern, umfassend und nachdenklich zu untersuchen, war der Grund, warum ich einen beträchtlichen Teil seines Vortrages über »Die Wissenschaft der Religion« aus dem Jahr 2005 in diese Sammlung aufgenommen habe. Insbesondere Leser seines Buches The God Delusion (dt. Gotteswahn) werden einige Themen, Argumente und Beispiele wiedererkennen, aber ich entschuldige mich für diese Dopplungen nicht; sie haben es voll und ganz verdient, als musterhafter Beweis für die Anwendung der wissenschaftlichen Brille auf das kulturelle Phänomen noch einmal wiederholt zu werden. Wir erleben hier eine geduldige, sorgfältige Untersuchung des »Warums« von Glauben und Glaubenspraxis; sie zeigt, wie leistungsfähig – vielleicht sogar ganz besonders leistungsfähig und mit Sicherheit angemessen – die darwinistische natürliche Selektion als Erklärungshilfsmittel auch dann ist, wenn wir sie auf Glaubenssysteme anwenden, die ihre Gültigkeit leugnen. Insbesondere ein Satz aus diesem Artikel klingt mir in den Ohren, ist er doch ein Musterbeispiel für die wissenschaftliche Methode, wie sie von Dawkins praktiziert wird, und für die anspruchsvolle Strenge seines Untersuchungsansatzes: »An der allgemeinen Idee, dass man die Frage richtig stellen sollte, hänge ich viel mehr als an einer bestimmten Antwort.«

Von einer sorgfältig verfeinerten Frage zu einer kühnen, definitiven Antwort: Der nächste Artikel (auch er ursprünglich ein Vortrag) macht Schluss mit der Überzeugung, der »Glaube« an die Naturwissenschaft sei selbst eine Form der Religion. Dazu formuliert Richard noch einmal die Grundlagen von Beleg, Ehrlichkeit und Verifizierbarkeit, auf denen wissenschaftliche Forschung basiert. Dann betritt er positiveres Terrain: Er bekräftigt nachdrücklich die Vorzüge der Wissenschaft und erklärt, was Wissenschaft dem menschlichen Geist, seinem Hunger nach Erklärungen, seiner Fähigkeit zu erstaunlichen Leistungen von Forschung, Entdeckung und Fantasie in ihren vielfältigen Ausdrucksformen zu bieten hat. Er macht sogar den Vorschlag, den Kindern im Religionsunterricht Naturwissenschaft beizubringen – ihnen nicht nur engstirnigen Aberglauben anzubieten, sondern die wahrhaft demütig machende Vision des besonderen Zaubers der Wirklichkeit.

Der Abschnitt endet in »Atheisten für Jesus« mit einem ähnlich positiven, fantasievollen Vorschlag: Wir sollten einen Weg finden, das, was an der Religion gut ist, aus der Religion herauszulösen und in die mitfühlende Ethik einer säkularen Gesellschaft einfließen zu lassen. Warum sollten wir unser durch Evolution entstandenes großes Gehirn, unsere Neigung, von bewunderten Vorbildern zu lernen und sie nachzuahmen, nicht für den Versuch nutzen, eine »positive Umkehrung« der darwinistischen Anpassung zu erreichen und eine »Supernettheit« zu verbreiten? Kann es ein »Uneigennützigkeitsmem« geben?

G. S.

Der Einleger von Alabama

Prolog

Kreationisten glauben, der biblische Bericht über die Erschaffung des Universums sei wortwörtlich wahr; danach hat Gott die Erde und alle ihre Lebensformen in nur sechs Tagen entstehen lassen. Dieses Ereignis fand nach Angaben der Kreationisten vor weniger als zehntausend Jahren statt (ihre Berechnung zum Alter des Universums stützen sie auf die Zahl der in der Bibel aufgezählten Generationen – sämtliche »x zeugte y« aneinandergereiht).

Es ist den Kreationisten gelungen, große Teile der Öffentlichkeit davon zu überzeugen, dass ihre Theorie wissenschaftlich mindestens genauso seriös ist wie die Alternative mit Urknall und Evolution. Aktuellen Gallup-Umfragen zufolge glauben derzeit ungefähr 45 Prozent der US-Bevölkerung, Gott habe die Menschen »im Wesentlichen in ihrer derzeitigen Form zu irgendeinem Zeitpunkt innerhalb der letzten zehntausend Jahre erschaffen«.

Im November 1995 ordnete die Schulbehörde des Bundesstaates Alabama an, allen Biologiebüchern, die an staatlichen Schulen verwendet wurden, einen einseitigen Einleger mit der Überschrift »Mitteilung des Alabama State Board of Education« beizulegen. Das Flugblatt bildete die Grundlage für ein Schriftstück, das wenig später im Bundesstaat Oklahoma in ähnlicher Weise verwendet wurde. Der »Einleger von Alabama« ist nicht besonders raffiniert, sondern enthält die üblichen, auf gebildete Leser abzielenden Phrasen. Vor allem sagt er nichts über die Religion, die zweifellos seine Grundlage bildet, sondern bekennt sich angeblich zu den Vorzügen einer vernünftigen, wissenschaftlichen Skepsis.

Als ich ungefähr zu jener Zeit eingeladen wurde, in Alabama einen Vortrag zu halten, drückte mir jemand vor der Veranstaltung eine Kopie des Schriftstücks in die Hand. Außerdem hatte man mich darauf aufmerksam gemacht, dass der Gouverneur des Bundesstaates kurz zuvor im Fernsehen aufgetreten war. In einem würdelosen Versuch, die Vorstellung von einer Evolution ins Lächerliche zu ziehen, hatte er einen watschelnden Affen nachgeahmt. Ich hatte den Eindruck, dass die Biologen und die anständigen Lehrer im Bundesstaat Alabama peinlich berührt waren, dass sie sich von ihrer eigenen Staatsregierung bedroht fühlten und dass sie Unterstützung brauchten. Als ich fragte, was sie zu verlieren hätten – warum sie nicht einfach Evolution unterrichteten –, räumten einige von ihnen ein, sie hätten buchstäblich Angst um ihren Arbeitsplatz, und das nicht nur wegen der staatlichen Eingriffe, sondern auch wegen wutschnaubender Elterngruppen. Aus einem Impuls heraus legte ich mein vorbereitetes Manuskript beiseite und widmete meinen Vortrag dem »Alabama-Einleger«: Ich sezierte ihn Zeile für Zeile und legte die Abschnitte einen nach dem anderen auf einen Tageslichtprojektor, denn es blieb keine Zeit mehr, Dias vorzubereiten. Im Geiste der Unterstützung für die bedrängten Lehrer in Alabama, Oklahoma sowie anderen Staaten und Gerichtsbezirken gebe ich hier eine bearbeitete Niederschrift meiner Bemerkungen wieder. Zeilen aus dem »Alabama-Einleger« sind fett gedruckt, dann folgen jeweils meine Antworten.

Dieses Lehrbuch erörtert die Evolution, eine umstrittene Theorie, die manche Wissenschaftler als wissenschaftliche Erklärung für den Ursprung der Lebewesen wie Pflanzen, Tiere und Menschen präsentieren.
Das ist irreführend und arglistig. Die Formulierungen »manche« Wissenschaftler und »umstrittene« Theorie suggerieren, es gebe eine beträchtliche Zahl angesehener Wissenschaftler, die die Tatsache der Evolution nicht anerkennen. In Wirklichkeit ist der Anteil qualifizierter Wissenschaftler, welche die Evolution nicht anerkennen, winzig klein. Einige von denen, die gerne vorgezeigt werden, sollen einen Doktortitel besitzen, aber dieser Doktortitel stammt nur in seltenen Fällen von einer anständigen Universität oder wurde in einem einschlägigen Fachgebiet erworben. Elektro- und Meerestechnik sind zweifellos ganz und gar ehrenhafte Fachgebiete, aber um sich zu meinem Thema zu äußern, sind ihre Vertreter ebenso wenig qualifiziert, wie ich qualifiziert bin, über ihre Themen zu sprechen.

Dass ausgewiesene Biologen nicht über alle Details der Evolution mit einer Stimme sprechen, stimmt. In jedem blühenden Wissenschaftszweig gibt es Diskussionen. Nicht alle Biologen sind sich einig über die relative Bedeutung der darwinistischen natürlichen Selektion als lenkende Kraft der Evolution im Vergleich zu anderen möglichen Einflüssen wie Gendrift oder quasidarwinistischen Kräften höherer Ebene wie der »Artselektion«. Aber alle seriösen Biologen würden ausnahmslos die folgende Aussage anerkennen: »Sämtliche heutigen Tiere, Pflanzen, Pilze und Bakterien stammen von einem einzigen gemeinsamen Vorfahren ab, der vor mehr als drei Milliarden Jahren lebte.«[1] Wir alle sind Vettern. Das ist nicht »umstritten«, und es sind nicht nur »einige« Wissenschaftler, die es glauben, außer in der engstirnig-pedantischen Bedeutung der Worte. Es ist einer nachgewiesenen Tatsache ebenso nahe wie die Theorie, dass der Wechsel zwischen Nacht und Tag durch die Drehung der Erde verursacht wird. Damit sind wir bei der nächsten Behauptung.

Als das Leben zum ersten Mal auf der Erde auftauchte, war niemand anwesend. Deshalb sollte man jede Aussage über die Ursachen des Lebendigen nicht als Tatsache, sondern als Theorie betrachten.

Hier werden die Worte »Theorie« und »Tatsache« vorsätzlich auf irreführende Weise verwendet. Wissenschaftsphilosophen benutzen den Begriff »Theorie« für Kenntnisse, die jeder andere als Tatsache bezeichnen würde, aber auch für Gedanken, die kaum mehr als eine Ahnung sind. Dass Menschen sich den »Rinderwahnsinn« in Form der Creutzfeld-Jacob-Krankheit zuziehen können, ist eine Theorie, die möglicherweise falsch sein könnte; es gibt Menschen, die eifrig nach weiteren Indizien in dieser oder jener Richtung suchen. Was den Urheber des gefälschten Piltdown-Menschen angeht, wurden verschiedene historische Theorien vorgeschlagen, und die Antwort werden wir vielleicht nie mit Sicherheit kennen. Das ist die übliche Bedeutung von »Theorie«. Wissenschaftlich betrachtet, ist es aber auch eine Theorie, dass die Erde nicht flach, sondern rund ist. Nur ist es eine Theorie, die durch überwältigende Belege gestützt wird.

Die Tatsache, dass niemand anwesend war und Zeuge der Entstehung des Lebens auf der Erde oder des nachfolgenden Schauspiels der Evolution werden konnte, ist als solche nicht von entscheidender Bedeutung für die Frage, ob man sie als Tatsache anerkennen soll. Auch ein Mord läuft unter Umständen ohne Zeugen ab, und doch lässt sich der Schuldige durch zurückgelassene Indizien und Hinweise wie Fingerabdrücke, Fußspuren und DNA-Proben mit an Sicherheit grenzender Wahrscheinlichkeit feststellen. In der Wissenschaft wurden zahllose unbezweifelbare Tatsachen nie unmittelbar beobachtet, und doch sind sie sicherer als alle angeblich direkten Beobachtungen. Niemand hat lange genug gelebt, um die Bewegung der Kontinente sehen zu können, und doch ist die Theorie der Plattentektonik überwältigend gut belegt; sie wird durch eine so große Menge von Befunden gestützt, dass keine vernünftigen Zweifel bestehen. Andererseits behaupten Hunderte von Augenzeugen, sie hätten in Fatima gesehen, wie die Sonne auf

Geheiß der Jungfrau Maria auf wundersame Weise ihren Lauf geändert habe. Solche Augenzeugenberichte sind kein Beleg, dass die Bahn der Sonne sich tatsächlich verändert hat; das können sie schon deshalb nicht sein, weil man die Sonne zur gleichen Zeit von vielen Orten der Welt aus sehen kann und weil kein Augenzeuge außerhalb von Fatima über das Ereignis berichtet hat.[2]

Nach der Philosophenschule, die hier unausgesprochen herangezogen wird, ist keine »Tatsache« jemals mehr als eine Theorie, deren Widerlegung bisher nicht gelungen ist, obwohl eine große Zahl von Gelegenheiten zu ihrer Widerlegung bestanden hätte. Wenn es Sie glücklich macht, räume ich ein, dass die Evolution nur eine Theorie ist, aber sie ist eine Theorie, die mit der gleichen Wahrscheinlichkeit widerlegt werden wird wie die Theorie, dass die Erde um die Sonne kreist oder dass Australien existiert.

Das Wort »Evolution« kann viele Formen der Veränderung bezeichnen. Evolution beschreibt Veränderungen, die innerhalb einer Spezies auftreten (weiße Nachtfalter können beispielsweise durch »Evolution« zu grauen Nachtfaltern werden). Diesen Prozess, die Mikroevolution, kann man beobachten und als Tatsache beschreiben. Evolution kann aber auch die Verwandlung eines Lebewesens in ein anderes bezeichnen, zum Beispiel die von Reptilien in Vögel. Dieser Prozess, Makroevolution genannt, wurde nie beobachtet und sollte als Theorie betrachtet werden.

Wie nicht anders zu erwarten, wird die vielfach hochgespielte Unterscheidung zwischen Mikro- und Makroevolution bei Kreationisten zu einem angesagten Lieblingsthema. Warum sie darauf anspringen, ist leicht zu erkennen, aber in Wirklichkeit ist es eine überschätzte Unterscheidung. Diese Aussage ist zugegebenermaßen umstritten, aber viele von uns glauben ohnehin, dass Makroevolution nichts anderes ist als Mikroevolution, die sich über einen sehr langen Zeitraum erstreckt. Ich möchte die Angelegenheit klären.

Die sexuelle Fortpflanzung sorgt dafür, dass die Gene einer

Population in einem »Genpool« durcheinandergemischt werden. Das Spektrum einzelner Körper, die wir zu einem bestimmten Zeitpunkt sehen, ist der äußere, sichtbare Ausdruck des derzeitigen Genpools. Im Laufe der Jahrtausende kann sich der Genpool allmählich verändern. Manche Gene werden im Pool nach und nach häufiger, die Häufigkeit anderer nimmt ab. Entsprechend verändert sich das Spektrum der Tiere, die wir sehen. Vielleicht wird das Durchschnittsexemplar größer oder struppiger oder dunkler gefärbt. Nicht alle werden größer – es gibt nach wie vor ein beträchtliches Größenspektrum, aber die Verteilung verschiebt sich in die größere (oder kleinere) Richtung, wenn sich die Häufigkeitsverteilung im Genpool verändert.

Das ist Mikroevolution, und über ihre Ursachen wissen wir eine Menge. Die Häufigkeit von Genen kann sich durch verschiedene Zufallsprozesse verändern. Sie kann sich aber auch gerichteter, als Folge der natürlichen Selektion, verändern. Natürliche Selektion ist, soweit wir wissen, die einzige Kraft, die Verbesserungen und eine Illusion von schöpferischer Gestaltung hervorbringen kann. Aber solange es sich beim evolutionären Wandel nicht um eine Veränderung zum Besseren handelt, gibt es eine Fülle anderer Kräfte, von denen die Mikroevolution angetrieben werden kann. Vorerst möchte ich über die natürliche Selektion sprechen.

Einzelne Tiere mit bestimmten Eigenschaften – beispielsweise einem zotteligen Fell in einer herannahenden Eiszeit – werden aufgrund dieser Eigenschaft geringfügig häufiger überleben und sich fortpflanzen. Deshalb nimmt die Häufigkeit der Gene, die sie zottelig machen, im Genpool mit geringfügig größerer Wahrscheinlichkeit zu. Das ist der Grund, warum Tiere und Pflanzen immer besser überleben und sich fortpflanzen können. Welche Voraussetzungen zum Überleben und zur Fortpflanzung gegeben sein müssen, ist natürlich von Art zu Art und je nach den Umweltbedingungen unterschiedlich. Der Genpool der Maulwürfe wird mit Genen aufgeladen, die sich gegenseitig vertragen und in kleinen, pelzigen, krabbelnden Körpern gedeihen, die unter der Erde nach Würmern graben.

Der Genpool der Albatrosse füllt sich mit ganz anderen gegenseitig verträglichen Genen, und diese Gene gedeihen in gefiederten Körpern, die über die Wogen der großen Ozeane im Süden fliegen. Das ist Mikroevolution, und unsere kreationistischen Freunde räumen ein, dass sie damit ihren Frieden gemacht haben. Stattdessen richten sie nun ihre Hoffnung auf die Makroevolution, denn die, so hat man sie glauben gemacht, ist etwas völlig anderes. Sie könnte etwas völlig anderes sein, aber daran habe ich meine Zweifel. Der große amerikanische Paläontologe George Gaylord Simpson glaubte, Makroevolution sei nur Mikroevolution im großen Stil, die langsam und allmählich in einer ausreichend großen Zahl von vielen Tausend Generationen abläuft. Ich stimme ihm darin zu und bin zunehmend beeindruckt davon, mit welcher Geschwindigkeit allmähliche Selektion sich summieren und dramatische Veränderungen herbeiführen kann. So berichtet beispielsweise Jonathan Weiner in seinem Buch The Beak of the Finch (dt. Der Schnabel des Finken) über die Arbeiten von Peter und Rosemary Grant, die auf den Galapagosinseln die schnelle Evolution der »Darwinfinken« erforscht haben.

Was ist die Alternative zu Simpsons Ansicht? Einige heutige amerikanische Paläontologen machen großes Aufhebens von einer angeblichen »Entkopplung« zwischen Mikroevolution – der langsamen, allmählichen Veränderung der Genhäufigkeiten in einem Genpool – und der Makroevolution, die sie für ein relativ abruptes Auftauchen neuer Arten halten. Ich werde zwar auf das Thema im Zusammenhang mit anderen Sätzen aus dem Alabama-Einleger zurückkommen, ansonsten ist es aber nicht notwendig, näher auf diese Kontroversen einzugehen. Es sind Detailfragen, die für die Tatsache der Evolution als solche keine Bedeutung haben. Vorerst möchte ich nur festhalten, dass die führenden Vertreter der Ansichten über entkoppelte Makroevolution und »unterbrochene Gleichgewichte« zu Recht über die Versuche der Kreationisten verärgert sind, ihr geistiges Kind mit Beschlag zu belegen. Stephen Gould schreibt beispielsweise:

Seit wir die unterbrochenen Gleichgewichte zur Erklärung von Trends vorgeschlagen haben, ist es empörend, dass wir immer und immer wieder – ob geplant oder aus Dummheit, weiß ich nicht – von Kreationisten so zitiert werden, als würden wir einräumen, dass es in den Fossilfunden keine Übergangsformen gibt ... Duane Gish schreibt:»Nach Goldschmidt und jetzt offensichtlich auch nach Gould legte ein Reptil ein Ei, aus dem der erste Vogel, fertig mit Federn und allem anderen, schlüpfte.« Jeder Evolutionsforscher, der solchen Unsinn glaubt, würde auf der intellektuellen Bühne zu Recht ausgelacht; denn die einzige Theorie, die sich jemals ein solches Szenario für den Ursprung der Vögel ausmalen kann, ist der Kreationismus – wobei Gott im Ei tätig wird ... Ich bin über die Kreationisten wütend und belustigt zugleich; vor allem aber bin ich zutiefst traurig.

Ich stimme ihm zu, neige aber mehr zur Wut als zur Trauer oder Belustigung.

Als Evolution bezeichnet man auch den unbewiesenen Glauben, dass zufällige, ungerichtete Kräfte eine Welt der Lebewesen hervorgebracht haben.
Es ist bemerkenswert, wie verbreitet diese Entstellung der darwinistischen Theorie vorkommt. Das kann doch jeder Idiot sehen: Wäre der Darwinismus wirklich eine Kraft des Zufalls, könnte er unmöglich die elegant angepasste Komplexität des Lebendigen erzeugen. Deshalb ist es kein Wunder, dass Propagandisten, die die Theorie aus eigennützigen Gründen in Misskredit bringen wollen, behaupten, beim Darwinismus gehe es nur um seltene Glücksfälle. Dann ist es leicht, die Theorie ins Lächerliche zu ziehen, indem man ausrechnet, wie viele Male ein Würfel auf die gleiche Zahl fallen müsste, um eine Entsprechung zu der spontanen Entstehung beispielsweise eines Auges hervorzubringen. Aber da die natürliche Selektion ein ganz und gar *nicht* zufälliger Prozess ist, sind Vergleiche mit einem Würfel vollkommen bedeutungslos.

Aber der Satz aus dem Einleger enthält auch das Wort »ungerichtet« als gleichbedeutend mit »zufällig«, und das bedarf einer besser durchdachten Betrachtung. Natürliche Selektion ist sicher kein Zufallsprozess, aber ist sie »gerichtet«? Nein, wenn man mit »gerichtet« eine Lenkung mit gezielter, bewusster, intelligenter Absicht meint. Ja, wenn man mit »gerichtet« meint, dass sie zu einer verbesserten Anpassung führt. Ja, wenn es bedeutet, dass sie eine oberflächlich überzeugende Illusion hervorragender Gestaltung hervorbringt. Dies tut die natürliche Selektion mit Sicherheit. Darwins große Leistung bestand darin, die Eleganz der Illusion der Gestaltung nicht zu leugnen, sondern zu erklären, dass es sich um eine Illusion handelt.

Es gibt im Zusammenhang mit der Entstehung des Lebens viele unbeantwortete Fragen, die in deinem Lehrbuch nicht erwähnt werden, darunter diese:

■ **Warum tauchten die großen Tiergruppen in den Fossilfunden plötzlich auf (was man als »kambrische Explosion« bezeichnet)?**

Wir können uns äußerst glücklich schätzen, dass wir überhaupt Fossilien besitzen. Nachdem ein Tier gestorben ist, müssen viele Voraussetzungen gegeben sein, damit es zu einem Fossil wird, und in der Regel ist diese oder jene Voraussetzung nicht erfüllt. Ich persönlich würde es als eine Ehre betrachten, zum Fossil zu werden, aber ich habe keine große Hoffnung darauf.

Für Tiere ohne hartes Skelett ist es besonders schwierig, zu Fossilien zu werden.[3] Deshalb würden wir normalerweise nicht damit rechnen, dass wir die weichen Vorfahren von Tieren finden, bei denen sich irgendwann später ein hartes Skelett entwickelte. Man würde vielmehr *erwarten*, dass Fossilien plötzlich auftauchen, nachdem das harte Skelett entstanden war.

Unter manchen seltenen, außergewöhnlichen Umständen bleiben auch die weichen Teile von Tieren erhalten. Eines der bekanntesten Beispiele ist die Fossillagerstätte des Burgess-Schiefers in Kanada. Der Burgess-Schiefer ist zusammen mit einem ähnlichen Gebiet in China die beste Stätte, die wir für Fossilfunde aus der Zeit des Kambriums kennen. In Wirklichkeit müssen sich die Vorfahren dieser Tiere schon vor dem Präkambrium schrittweise nach und nach entwickelt haben, nur zu Fossilien wurden sie nicht. Wie gesagt: Wir haben Glück, dass wir überhaupt Fossilien besitzen. Aber in jedem Fall ist es irreführend, wenn man glaubt, Fossilien seien der wichtigste Beleg für die Evolution. Selbst wenn wir keinerlei Fossilien hätten, wären die Belege für die Evolution aus anderen Quellen immer noch überwältigend stichhaltig.

■ **Warum sind in den Fossilfunden seit langer Zeit keine neuen großen Gruppen von Lebewesen mehr erschienen?**
Große Gruppen »erscheinen« in den Fossilfunden nicht und sollten (nach der darwinistischen Theorie) auch nicht erscheinen. Im Gegenteil: Sie sollten sich ganz allmählich aus älteren Vorfahren entwickeln. Das sieht leicht so aus, als ob neue Stämme auf der Bildfläche erscheinen.[4] Manche Spielarten des Kreationismus lassen sie spontan ins Dasein treten, aber der Darwinismus nicht. Die wichtigen Hauptgruppen des Tierreichs, die Stämme, nahmen ihren Anfang vorwiegend im Präkambrium, und zwar als unterschiedliche Arten.[5] Dann entwickelten sie sich allmählich immer weiter auseinander. Eine beträchtliche Zeit später wurden sie zu verschiedenen Gattungen. Dann zu verschiedenen Familien, dann zu verschiedenen Ordnungen und so weiter. Dass neue Stämme in jüngerer Zeit »entstehen«, würde man nicht erwarten, denn die Zeit, in der wir sie sehen, war nicht so lang, dass sie sich weit genug von ihren Vorfahren hätten wegentwickeln können und als verschiedene Stämme zu erkennen wären. Kommen wir in fünfhundert Millionen Jahren zurück, dann werden sich die Vögel vielleicht so weit von den anderen Wirbeltieren entfernt haben, dass man sie in einen eigenen Stamm einordnet.

Als Analogie kann man sich eine alte Eiche vorstellen, deren dicke Hauptäste dünne Zweige tragen. Jeder Hauptast begann sein

Leben als kleiner Zweig. Angenommen, jemand würde zu uns sagen: »Ist es nicht seltsam, dass an diesem Baum schon seit so langer Zeit keine neuen Hauptäste mehr entstanden sind? In den letzten Jahren hatten wir nur neue kleine Zweige.« Diesen Jemand würden wir für sehr dumm halten, oder? Nun ja, doch, dumm ist das richtige Wort.

■ **Warum gibt es bei den neuen Hauptgruppen von Pflanzen und Tieren keine fossilen Übergangsformen?**

Es ist erstaunlich, wie häufig das in der kreationistischen Literatur behauptet wird. Ich weiß nicht, woher es kommt, denn es stimmt einfach nicht. Anscheinend ist es reines Wunschdenken. In Wirklichkeit ist nahezu jedes Fossil, das gefunden wird, potenziell eine Übergangsform zwischen dem einen und dem anderen. Es gibt aus den Gründen, die ich bereits genannt habe, auch Lücken. Aber was es nicht gibt, ist auch nur ein einziger Fall von einem Fossil am falschen Ort. Der große britische Biologe J. B. S. Haldane wurde einmal von einem eifrigen Vertreter der Philosophie von Karl Popper herausgefordert, die besagt, dass Wissenschaft durch das Formulieren *falsifizierbarer* Hypothesen vorankommt. Er fragte, welche Entdeckung die Evolutionstheorie falsifizieren würde. »Kaninchenfossilien im Präkambrium«, knurrte Haldane. Ein solches deplatziertes Fossil wurde in keinem einzigen belegten Fall gefunden.

Alle Fossilien, die wir besitzen, haben die richtige Reihenfolge. Kreationisten wissen das und sehen darin eine seltsame Tatsache, die einer Erklärung bedarf. Die beste Erklärung, die sie sich ausdenken können, ist wahrhaft bizarr. Die Ursache von alledem ist angeblich die Sintflut. Die Tiere bemühten sich verständlicherweise darum, ihre Haut zu retten, und kletterten auf die Berge. Als das Wasser stieg, hielten die klügsten Tiere am längsten aus und erreichten an den Abhängen die höchsten Stellen, bevor sie ertranken. Deshalb finden wir Fossilien »höherer« Tiere oberhalb der Fossilien »niederer« Tiere. Nun, erbärmlicher und verzweifelter kann eine Stegreiferklärung nicht sein.[6]

Teilweise geht der kreationistische Irrtum im Zusammenhang mit Lücken in den Fossilfunden vielleicht auf ein schadenfrohes, falsches Verständnis für die Theorie der unterbrochenen Gleichgewichte zurück, die von Eldredge und Gould vertreten wurde. Die beiden sprachen über eine Sprunghaftigkeit in den Fossilfunden, die aus der Tatsache erwächst, dass die meisten evolutionären Veränderungen nach ihrer Vorstellung relativ schnell während sogenannter Artbildungsereignisse stattfinden. Zwischen den Artbildungsereignissen liegen lange Phasen der »Stasis«, in denen kein evolutionärer Wandel stattfindet. Es ist lächerlich, dies – wie Kreationisten es absichtlich tun – mit größeren Lücken in den Fossilfunden durcheinanderzubringen, wie sie beispielsweise der sogenannten kambrischen Explosion vorausgehen. Ich habe bereits Stephen Goulds berechtigte Verärgerung darüber zitiert, dass er wiederholt von Kreationisten falsch zitiert wurde.

Und schließlich hat die Klassifikation einen rein semantischen Aspekt. Ihn kann ich am besten mit einer Analogie erklären. Kinder werden allmählich und kontinuierlich zu Erwachsenen, aber aus juristischen Gründen wird die Volljährigkeit auf einen bestimmten Geburtstag festgelegt, häufig den achtzehnten. Man könnte also sagen:»Großbritannien hat 55 Millionen Einwohner, aber kein einziger von ihnen ist eine Zwischenform zwischen Nichtwähler und Wähler. Es gibt keine Zwischenstufen: eine peinliche Lücke im Entwicklungsablauf.« Genau wie sich ein Jugendlicher unter juristischen Gesichtspunkten Schlag Mitternacht an seinem 18. Geburtstag in einen Wähler verwandelt, so bestehen auch Zoologen immer darauf, ein Exemplar dieser oder jener Spezies zuzuordnen. Steht ein Exemplar mit seiner tatsächlichen Form in der Mitte (was in Übereinstimmung mit den darwinistischen Erwartungen häufig vorkommt), sind die Zoologen aufgrund ihrer Regeln und Konventionen dennoch gezwungen, sich für das eine oder andere zu entscheiden. Deshalb muss die Behauptung der Kreationisten, es gebe keine Zwischenformen, auf der Ebene der Arten *definitionsgemäß* wahr sein, aber das hat für die Wirklichkeit keine Bedeutung – sondern nur für die Konventionen der zoologischen Namensgebung. Wenn man nach Zwischenformen sucht, besteht der richtige Weg darin, die *Benennung* der Fossilien zu vergessen und sich stattdessen ihre tatsächliche Form und Größe anzusehen. Wenn man das tut, stellt man fest, dass es unter den Fossilfunden eine Fülle wunderschön abgestufter Übergänge gibt, auch wenn einige Lücken verbleiben – manche davon sehr groß und von *allen* allgemein anerkannt, weil sie auf Tiere zurückgehen, die einfach nicht zu Fossilien werden. Wir brauchen nicht weiter in die Vergangenheit zu blicken als zu unseren eigenen Vorfahren: Der Übergang von *Australopithecus* über *Homo habilis*, *Homo erectus* und den »archaischen *Homo sapiens*« zum »modernen *Homo sapiens*« ist so bruchlos und stetig, dass die Fossilienexperten sich ständig darüber streiten, wie sie bestimmte Fossilien einordnen – und das heißt: benennen – sollen. Jetzt betrachten wir einmal folgende Aussage aus einem Buch mit evolutionsfeindlicher Propaganda: »Die Funde wurden entweder als *Australopithecus* und damit als Affen oder als *Homo* und damit als Menschen bezeichnet. Obwohl man seit mehr als einem Jahrhundert unermüdlich Ausgrabungen vornimmt, bleibt die Glasvitrine, die für den hypothetischen Vorfahren des Menschen reserviert ist, leer. Das fehlende Bindeglied fehlt immer noch.« Man fragt sich, was ein Fossil tun muss, damit es als Zwischenform anerkannt wird. Was kann man sich vorstellen, dass es tut? In Wirklichkeit sagt die zitierte Behauptung nicht das Geringste über die Realität aus.

■ **Wie kommt es, dass du wie alle Lebewesen eine solch vollständige, komplizierte Ausstattung mit »Anweisungen« für den Aufbau eines lebenden Körpers besitzt?**
Die Ausstattung mit Anweisungen ist unsere DNA. Wir haben sie von unseren Eltern, und die haben sie von ihren Eltern, und so weiter bis hin zu einem winzig kleinen, weit entfernten Vorfahren, der einfacher war als ein Bakterium und vor rund viertausend Millionen Jahren im Meer lebte.

Da alle Lebewesen ihre Gene von ihren Vorfahren erben und nicht von den erfolglosen Zeitgenossen ihrer Vorfahren, enthalten alle Lebewesen in der Regel erfolgreiche Gene. Sie haben alles, was notwendig ist, damit sie zu Vorfahren werden können – das heißt, dass sie überleben und sich fortpflanzen. Das ist der Grund, warum Lebewesen meist Gene erben, die dazu neigen, eine gut konstruierte Maschine aufzubauen: einen Körper, der aktiv tätig wird, als würde er danach streben, zu einem Vorfahren zu werden. Es ist der Grund, warum Vögel gut fliegen, Fische gut schwimmen, Affen gut klettern, Viren sich so gut ausbreiten. Es ist der Grund, warum wir das Leben lieben, Sex lieben und Kinder lieben. Das alles liegt daran, dass jeder von uns ohne eine einzige Ausnahme alle seine Gene von einer ununterbrochenen Kette erfolgreicher Vorfahren erbt. *Die Welt füllt sich mit Organismen, die alle Voraussetzungen erfüllen, um zu Vorfahren zu werden.*

Das ist noch bei Weitem nicht alles. Das evolutionäre Wettrüsten, beispielsweise der in den Zeiträumen der Evolution ausgetragene Wettlauf zwischen Raubtieren und ihrer Beute oder zwischen Parasiten und ihren Wirten, hat zu einer enormen Steigerung von Perfektion und Komplexität geführt. Während Raubtiere immer besser dafür ausgestattet waren, Beute zu fangen, waren die Beutetiere immer besser dafür ausgestattet, dem Gefangenwerden zu entgehen. Das ist der Grund, warum sowohl Antilopen als auch Geparde so schnell laufen können. Es ist der Grund, warum sie sich gegenseitig so gut wahrnehmen. Viele Einzelheiten am Körper eines Geparden oder einer Antilope kann man verstehen, wenn man sich klarmacht, dass beide die Endprodukte eines langen, gegeneinander geführten evolutionären Wettrüstens sind.

Studiere fleißig und bewahre dir einen aufgeschlossenen Geist. Eines Tages kannst du vielleicht einen Beitrag zu den Theorien über die Entstehung des Lebens auf der Erde leisten.

Nun, hier habe ich endlich etwas gefunden, dem ich zustimmen kann.

Die Marschflugkörper des 11. September⁷

Ein herkömmlicher Marschflugkörper korrigiert seinen Kurs beim Fliegen und zielt beispielsweise auf die Wärme aus den Triebwerken eines Düsenflugzeugs. Das ist eine große Verbesserung gegenüber der einfachen ballistischen Granate, aber zwischen einzelnen Zielen kann er immer noch nicht unterscheiden. Er könnte nicht Kurs auf einen ganz bestimmten Wolkenkratzer in New York nehmen, wenn er in großer Entfernung wie beispielsweise in Boston gestartet wird.

Genau dazu ist eine moderne »intelligente Lenkwaffe« in der Lage. Die Miniaturisierung von Computern ist so weit fortgeschritten, dass man heutige intelligente Lenkflugkörper mit einem Bild der Skyline von Manhattan und mit der Anweisung programmieren könnte, auf den Nordturm des World Trade Center zu zielen. Dass die Vereinigten Staaten derart hoch entwickelte intelligente Lenkflugkörper besitzen, haben wir während des Golfkriegs erfahren, aber sie liegen wirtschaftlich außerhalb der Möglichkeiten gewöhnlicher Terroristen und wissenschaftlich außerhalb der Möglichkeiten theokratischer Regierungen. Gibt es vielleicht eine billigere, einfachere Alternative?

Während des Zweiten Weltkriegs, bevor Elektronik billig und winzig klein wurde, experimentierte der Psychologe B. F. Skinner ein wenig mit Flugkörpern, die von Tauben gesteuert wurden. Die Taube musste in einem winzigen Cockpit sitzen, nachdem man sie zuvor darauf trainiert hatte, mit dem Schnabel so auf Knöpfe zu hacken, dass ein zuvor festgelegtes Ziel in der Mitte eines Bildschirms blieb. In dem Flugkörper sollte es sich um ein echtes Ziel handeln.

Das Prinzip funktionierte, es wurde aber von den US-Behörden nie in die Praxis umgesetzt. Selbst wenn man die Kosten für das Training einberechnet, sind Tauben billiger und leichter als Computer von vergleichbarer Leistungsfähigkeit. Ihre Leistungen in den Skinner-Boxen legen die Vermutung nahe, dass eine Taube nach ausgiebigem Training mit Farbdias tatsächlich einen Flugkörper zu einer ganz bestimmten Orientierungsmarke am Südende der Insel Manhattan steuern könnte. Die Taube hat dabei keine Ahnung, dass sie einen Flugkörper lenkt. Sie blickt nur immer wieder auf die beiden großen Rechtecke auf dem Bildschirm, von Zeit zu Zeit fällt eine Belohnung in Form von Nahrung aus dem Ausgabeschacht, und das Ganze geht weiter bis ... zur Vernichtung.

Tauben mögen als Bord-Lenksysteme billig und austauschbar sein, aber um die Kosten für den Flugkörper selbst kommt man nicht herum. Und kein solcher Flugkörper, der groß genug ist, um beträchtlichen Schaden anzurichten, könnte in den US-Luftraum eindringen, ohne abgefangen zu werden. Man braucht also einen Flugkörper, dessen wahres Wesen erst dann erkannt wird, wenn es zu spät ist. Etwas wie ein großes Passagierflugzeug, das die harmlosen Markenzeichen einer bekannten Airline trägt und eine große Menge Treibstoff mitführt. Das ist der einfache Teil. Aber wie schmuggelt man das notwendige Lenksystem an Bord? Man kann kaum damit rechnen, dass die Piloten den linken Sitz im Cockpit einer Taube oder einem Computer überlassen.

Wie steht es, wenn man Menschen statt Tauben als Bord-Lenksystem verwendet? Menschen sind mindestens ebenso zahlreich wie Tauben, ihr Gehirn ist nicht nennenswert kostspieliger als das einer Taube, und für viele Aufgaben sind sie den Tauben sogar überlegen. Menschen haben bewiesen, dass sie sich eines Flugzeugs mit Drohungen bemächtigen können, die wirken, weil den rechtmäßigen Piloten ihr Leben und das ihrer Passagiere lieb ist.

Ausgehend von der natürlichen Annahme, dass der Luftpirat letztlich ebenfalls sein Leben schätzt und rational so handeln wird, dass es ihm erhalten bleibt, treffen Flugzeugbesatzungen und Bodenpersonal wohlberechnete Entscheidungen, die bei Lenkflugkörpern ohne Selbsterhaltungstrieb nicht funktionieren würden. Wenn ein Flugzeug von einem Bewaffneten entführt wird, der zwar darauf eingestellt ist, Risiken einzugehen, vermutlich aber weiterleben will, besteht Spielraum für Verhandlungen. Ein rational handelnder Pilot fügt sich den Wünschen des Luftpiraten, landet das Flugzeug, lässt Lebensmittel für die Passagiere bringen und überlässt die Verhandlungen denen, die zum Verhandeln ausgebildet sind. Genau hier liegt das Problem mit dem menschlichen Lenksystem. Im Gegensatz zu den Tauben weiß es, dass eine erfolgreiche Mission ihren Höhepunkt in seiner eigenen Zerstörung findet. Könnten wir ein biologisches Lenksystem entwickeln, das so gefügig und austauschbar ist wie eine Taube, gleichzeitig aber den Einfallsreichtum eines Menschen und dessen Fähigkeit besitzt, sich unauffällig einzuschleusen? Kurz gesagt, brauchen wir einen Menschen, dem es nichts ausmacht, sich in die Luft sprengen zu lassen. Er wäre das perfekte Bord-Lenksystem. Aber Selbstmordbegeisterte zu finden ist schwierig. Selbst ein Krebspatient im Endstadium verliert unter Umständen die Nerven, wenn die Explosion tatsächlich bevorsteht.

Können wir also ein paar ansonsten normale Menschen nehmen und sie irgendwie davon überzeugen, dass sie nicht sterben werden, wenn sie ein Flugzeug geradewegs in einen Wolkenkratzer lenken? Schön wär's! So dumm ist niemand, aber wie wäre es hiermit – es ist an den Haaren herbeigezogen, aber es könnte funktionieren: Angenommen, sie werden mit Sicherheit sterben – können wir sie dann nicht zu dem Glauben verleiten, dass sie hinterher wieder lebendig werden? Die sind doch nicht verrückt! Nein, hören Sie zu, es könnte klappen. Bieten wir ihnen einen schnellen Weg zu einer großen Oase im Himmel an, die von unablässig sprudelnden Springbrunnen gekühlt wird. Harfen und Flügel haben für junge Männer der Sorte, die wir brauchen, keinen Reiz, also sagen wir ihnen, es gebe für Märtyrer eine besondere Belohnung: 72 jungfräuliche Bräute, garantiert willig und nur für sie allein.

Werden sie darauf hereinfallen? Ja, testosteronstrotzende junge Männer, die so unattraktiv sind, dass sie in dieser Welt keine Frau finden, sind vielleicht so verzweifelt, dass sie sich um die 72 Privatjungfrauen in der nächsten bemühen werden.

Eine verrückte Geschichte, aber der Versuch lohnt sich. Sie müssen aber jung sein. Füttern wir sie mit einer vollständigen, in sich widerspruchsfreien Hintergrundmythologie und lassen wir damit die große Lüge glaubhaft klingen, wenn es so weit ist. Geben wir ihnen ein heiliges Buch und lassen wir sie es auswendig lernen. Wissen Sie, ich glaube, es könnte wirklich klappen. Wie es der Zufall will, haben wir bereits das Richtige zur Hand: ein vorgefertigtes System der Geistessteuerung, das über Jahrhunderte verfeinert und über die Generationen weitergegeben wurde. Millionen Menschen sind damit aufgewachsen. Man nennt es Religion, und aus Gründen, die wir eines Tages vielleicht verstehen werden, fallen die meisten Menschen darauf herein (und zwar nirgendwo so viele wie in Amerika, auch wenn die Ironie unbemerkt bleibt). Jetzt brauchen wir nur noch ein paar von diesen Glaubensköpfen zu rekrutieren und ihnen Flugunterricht zu geben.

Sarkastisch? Banalisierung des unaussprechlich Bösen? Das ist das genaue Gegenteil meiner Absicht, denn die ist todernst; ihre Auslöser sind tiefe Trauer und heftige Wut. Ich möchte auf den Elefanten im Porzellanladen aufmerksam machen, den alle aus Höflichkeit – oder Frömmigkeit – nicht zur Kenntnis nehmen: die Religion und insbesondere ihre Wirkung, die Entwertung menschlichen Lebens. Damit meine ich nicht die Entwertung des Lebens anderer (obwohl sie auch das kann), sondern die Entwertung des eigenen Lebens. Die Religion lehrt den gefährlichen Unsinn, der Tod sei nicht das Ende.

Wenn der Tod etwas Endgültiges ist, kann man damit rechnen, dass ein rational handelnder Mensch sein Leben hoch schätzt und es nicht gern aufs Spiel setzt. Das macht die Welt sicherer, genau wie ein Flugzeug sicherer ist, wenn der Luftpirat überleben will. Das andere Extrem: Wenn eine nennenswerte Zahl von Menschen sich selbst überzeugt oder von ihren Priestern überzeugt wird, dass der Tod eines Märtyrers gleichbedeutend mit einem Druck auf den Hyperspace-Knopf ist, sodass man durch ein Wurmloch in ein anderes Universum katapultiert wird, kann dies die Welt sehr gefährlich machen. Insbesondere wenn solche Menschen auch noch glauben, jenes andere Universum sei ein paradiesischer Fluchtpunkt vor der Mühsal der wirklichen Welt. Und dann wird das Ganze noch mit ehrlich geglaubten, wenn auch lächerlichen und frauenverachtenden sexuellen Versprechungen gekrönt – ist es da eigentlich ein Wunder, dass naive, frustrierte junge Männer sich darum drängen, für Selbstmordattentate ausgewählt zu werden?

Dass das vom Jenseits besessene suizidale Gehirn tatsächlich eine Waffe von ungeheurer Leistungsfähigkeit und Gefahr ist, lässt sich nicht bezweifeln. Es ist vergleichbar mit einem intelligenten Flugkörper, und sein Lenksystem ist in vielerlei Hinsicht auch dem raffiniertesten Elektronengehirn, das für Geld zu kaufen ist, überlegen. Und doch ist es für eine zynische Regierung, Organisation oder Priesterschaft sehr, sehr billig.

Unsere Politiker haben die jüngste Gräueltat mit dem üblichen Klischee belegt: geistlose Feigheit. »Geistlos« ist vielleicht ein geeignetes Wort für Vandalismus in einer Telefonzelle. Wenn man verstehen will, was New York am 11. September 2001 erlebt hat, hilft es nicht. Diese Menschen waren nicht geistlos, und mit Sicherheit waren sie keine Feiglinge. Im Gegenteil: Sie verfügten über einen ausreichend leistungsfähigen, von einem irren Mut unterstützten Geist, und es würde sich ungeheuer auszahlen, wenn wir verstünden, woher dieser Mut kam.

Er kam aus der Religion. Religion ist natürlich auch die Grundursache für die Entzweiung im Nahen Osten, die überhaupt erst zum Motiv für den Einsatz dieser tödlichen Waffe wurde. Aber das ist eine andere Geschichte, und um die geht es mir hier nicht.

Mir geht es vielmehr um die Waffe selbst. Eine Welt mit Religion oder mit den Religionen der abrahamitischen Spielart zu füllen ist so, als würde man geladene Gewehre in den Straßen herumliegen lassen. Dann darf man sich auch nicht wundern, wenn sie benutzt werden.

Die Theologie des Tsunamis[8]

Das Problem des Bösen war für mich als Argument gegen die Existenz von Gottheiten nie sonderlich überzeugend. Es besteht kein naheliegender Grund zu der Annahme, der eigene Gott müsse gut sein. Für mich lautet die Frage: Warum denkt man eigentlich, dass irgendein Gott – ob gut, böse oder gleichgültig – überhaupt existiert? Die meisten Mitglieder der griechischen Götterwelt hatten sehr menschliche Laster, und der »eifernde Gott« des Alten Testaments ist sicher eine der widerlichsten, wahrhaft bösen literarischen Gestalten überhaupt.[9] Tsunamis wären seine ureigenste Domäne, und je mehr Elend und Chaos sie anrichten, umso besser. Ich habe das »Problem des Bösen« immer für eine relativ triviale Schwierigkeit von Theisten gehalten, insbesondere im Vergleich zu dem Argument der Unwahrscheinlichkeit, ein wirklich stichhaltiges und sogar unwiderlegliches Argument gegen die schiere Existenz aller Formen kreativer Intelligenz, die nicht durch Evolution entstanden sind.

Dennoch habe ich die Erfahrung gemacht, dass gläubige Menschen, bei denen nichts darauf hindeutet, dass sie das Argument der Unwahrscheinlichkeit auch nur ansatzweise verstehen, in zitternde, peinliche Verlegenheit geraten oder sogar geradewegs vom Glauben abfallen, wenn sie mit einer Naturkatastrophe oder einer größeren Seuche konfrontiert werden. Insbesondere Erdbeben haben traditionell den Glauben der Menschen an eine Gottheit erschüttert, und der Tsunami vom Dezember gab den Anlass zu einer Menge quälender Gewissenserforschung in der Frage »Wie können religiöse Menschen so etwas erklären?«. Der berühmteste Zitterer war scheinbar der Erzbischof von Canterbury, das Oberhaupt des anglikanischen Glaubensbekenntnisses. Aber wie sich herausstellte, war er vom *Daily Telegraph* verleumdet worden, einer berüchtigt verantwortungslosen, boshaften Zeitung, die als eines von mehreren in London erscheinenden Blättern viele Spaltenzentimeter diesem verzwickten theologischen Dilemma gewidmet hatte. In Wirklichkeit hatte der Erzbischof nicht gesagt, der Tsunami habe seinen Glauben erschüttert, sondern er hatte nur erklärt, er empfinde Mitgefühl mit denen, die tatsächlich Zweifel hätten.

Der berühmteste Präzedenzfall, daran erinnerten mehrere Kommentare, ist das Erdbeben von 1755 in Lissabon, das Kant zutiefst beunruhigte und das Voltaire animierte, sich in seinem Buch *Candide* über Leibniz und dessen philosophischen Optimismus lustig zu machen. Der *Guardian* veröffentlichte eine Flut von Leserbriefen, darunter an der Spitze einen des Bischofs von Lincoln, der Gott bat, uns von religiösen Menschen zu verschonen, die den Tsunami »erklären« wollten. Andere Briefschreiber versuchten genau das. Ein Geistlicher räumte ein, es gebe keine intellektuelle Antwort, sondern nur Anhaltspunkte für eine Erklärung, die »nur in einem Leben zu finden sind, welches in Glauben, Gebet, Versenkung und christlichem Handeln geführt wird«. Ein anderer Kleriker zitierte das Buch Hiob und glaubte, er habe die Anfänge einer Erklärung für das Leiden in der Idee des Paulus gefunden, das ganze Universum erlebe etwas Ähnliches wie die Schmerzen einer Frau bei einer Entbindung: »Das auf (schöpferische) Gestaltung gegründete Argument für die Existenz Gottes hätte einen tödlichen Fehler, wenn man das Universum bereits als vollständig ansehen würde. Religiös Gläubige halten die Gesamtheit des Erlebens für einen Teil eines größeren Narrativs, das sich in Richtung eines noch unvorstellbaren Ziels bewegt.«

Werden Theologen für so etwas bezahlt? Zumindest sank er nicht auf das Niveau eines Theologieprofessors meiner Universität hinunter, der einmal während einer Fernsehdiskussion mit mir und meinem Kollegen Peter Atkins unter anderem die Vermutung äußerte, Gott habe den Juden durch den Holocaust die Gelegenheit gegeben, tapfer und edel zu sein. Diese Bemerkung veranlasste Dr. Atkins dazu, zu knurren:»Mögen Sie in der Hölle braten.« Meine erste Reaktion auf die Leserbriefe über den Tsunami erschien am 30. Dezember:

Der Bischof von Lincoln (Leserbriefe, 29. Dezember) möchte von religiösen Menschen verschont werden, die versuchen, die Tsunami-Katastrophe zu erklären. Das ist auch besser so. Das Spektrum religiöser Erklärungen für solche Tragödien reicht vom Verrückten (es ist der Lohn für die Ursünde) über das Bösartige (Katastrophen werden geschickt, um deinen Glauben zu prüfen) bis zum Gewalttätigen (nach dem Erdbeben von Lissabon 1755 wurden Ketzer gehängt, weil sie angeblich Gottes Zorn herausgefordert hatten). Ich selbst möchte lieber von religiösen Menschen verschont bleiben, die den Erklärungsversuch aufgegeben haben und dennoch religiös bleiben.

In derselben Gruppe von Briefen schreibt Dan Rickman:»Die Wissenschaft liefert eine Erklärung für den Mechanismus des Tsunamis, aber sie kann ebenso wenig wie die Religion etwas darüber sagen, warum es geschehen ist.« Da haben wir in einem Satz den religiösen Geist in seiner ganzen Absurdität vor uns. In welchem Sinn des Wortes »warum« liefert die Plattentektonik keine Antwort?

Die Wissenschaft weiß nicht nur, warum der Tsunami aufgetreten ist, sie macht auch kostbare Stunden der Vorwarnzeit möglich. Hätte man einen kleinen Teil der Steuervorteile, die Kirchen, Moscheen und Synagogen gewährt werden, stattdessen in ein Frühwarnsystem gesteckt, Zehntausende von Menschen, die jetzt tot sind, hätten sich in Sicherheit bringen können.

Erheben wir uns also von den Knien, machen wir keinen Kotau mehr vor Buhmännern oder virtuellen Vätern, sehen wir der Realität ins Auge und helfen wir der Wissenschaft, etwas Konstruktives gegen das Leiden der Menschen zu tun.

Leserbriefe müssen zwangsläufig kurz sein, und ich versäumte es, mich gegen den naheliegenden Vorwurf der Herzlosigkeit abzusichern. Unter der Welle von Briefen, von denen die Leserbriefseiten am nächsten Tag überschwemmt wurden, fragte eine Frau, welchen Trost die Wissenschaft einem Vater oder einer Mutter geben könne, deren Kind ins Meer gerissen wurde. Drei Briefe kamen von Ärzten, die für sich zu Recht in Anspruch nehmen konnten, mehr Erfahrung mit dem Leiden von Menschen zu haben als ich. Einer von ihnen bediente sich einer bizarr wörtlich gemeinten Interpretation des Darwinismus: »Wenn ich Atheist wäre, könnte ich mir nicht vorstellen, warum ich mir die Mühe machen sollte, irgendjemandem zu helfen, dessen Gene mit meinen konkurrieren könnten.« Ein anderer drosch gereizt auf eine Wissenschaft ein, »die Schafe oder Katzen klont«. Der dritte griff mich persönlich an und bezeichnete mich als seinen Buhmann: »Die atheistische Version eines klinkenputzenden Zeugen Jehovas. Ein Ajatollah ohne Gottheit – Gott helfe uns.«

In der Regel lege ich nicht noch einmal nach, aber hier war mir daran gelegen, absichtliche Missverständnisse aus der Welt zu räumen. Deshalb schickte ich einen zweiten Brief, der am folgenden Tag veröffentlicht wurde:

> Es stimmt, dass Wissenschaft nicht den Trost spenden kann, den Leserbriefschreiber den Gebeten zuschreiben, und ich bedaure es, wenn ich wie ein herzloser Ajatollah oder ein klinkenputzender Buhmann wirke (Leserbriefe, 31. Dezember). Psychologisch ist es möglich, Trost aus dem ehrlichen Glauben an eine nicht existierende Illusion zu beziehen, aber ich Verrückter glaubte, Gläubige könnten desillusioniert sein, wenn ein allmächtiges Wesen gerade erst 125.000 unschuldige Menschen hat ertrinken lassen (oder wenn ein allwissendes Wesen sie nicht gewarnt hat). Natürlich kann man Trost von einem solchen Ungeheuer beziehen, und den wollte ich Ihnen nicht rauben.
> Ich hatte die naive Vermutung, Gläubige könnten eher geneigt

sein, ihren Gott zu verfluchen, statt zu ihm zu beten, und vielleicht liegt auch darin eine Art düsterer Trost. Aber ich habe mich – wenn auch unsensibel – darum bemüht, eine sanftere, konstruktivere Alternative aufzuzeigen. Man muss nicht gläubig sein. Vielleicht gibt es niemanden, den man verfluchen könnte. Vielleicht sind wir in einer Welt, in der Plattentektonik und andere Naturkräfte gelegentlich entsetzliche Katastrophen verursachen, auf uns selbst gestellt. Die Wissenschaft kann Erdbeben (noch) nicht verhindern, aber Wissenschaft hätte gerade so lange im Voraus vor dem Tsunami des zweiten Weihnachtsfeiertags warnen können, dass man die meisten Opfer hätte retten und den Hinterbliebenen ihr Leid ersparen können. Und was noch schlimmer ist: Für die Zukunft droht die Überflutung niedrig gelegener Landstriche wegen der globalen Erwärmung, die sich durch Taten der Menschen und unter Leitung der Wissenschaft verhindern lässt. Und wenn der Trost durch ausgestreckte menschliche Arme, warme menschliche Worte und zutiefst mitfühlende menschliche Großzügigkeit angesichts der Qualen kümmerlich erscheint, hat er zumindest den Vorteil, dass er in der wirklichen Welt existiert.

Eine der beliebtesten religiösen Reaktionen auf Naturkatastrophen ist die Frage »Warum gerade ich?«. Sie stand hinter mehreren Antworten auf meinen ersten Brief an den *Guardian*. Die richtige Antwort »Leider waren Sie gerade zur falschen Zeit am falschen Ort« ist zugegebenermaßen nicht gerade tröstlich. Die Welt ist geteilt in jene, die erkennen, dass die Fähigkeit zum Trost keine Bedeutung für den Wahrheitsgehalt einer kosmischen Behauptung hat, und jenen, die dazu nicht in der Lage sind. Wenn ich als professioneller Lehrer jemanden aus der zweiten Gruppe treffe, bin ich manchmal der Verzweiflung nahe.

Nachwort

Wenn scheinbar unverdiente Naturkatastrophen eine Herausforderung für religiöse Menschen darstellen, könnte man auch sagen, scheinbar unverdientes Glück sei eine ebenso große, umgekehrte Herausforderung für nicht religiöse Menschen: Wem sollen wir danken? Und warum *wollen* wir eigentlich jemandem danken, genau wie wir jemandem oder irgendetwas für unser Pech die Schuld geben wollen? In einem Vortrag, den ich 2010 bei der Global Atheist Convention in Melbourne hielt, schlug ich für solche Impulse von Dankbarkeit und Groll eine darwinistische Erklärung vor, in deren Mittelpunkt die Evolution eines Gespürs für »Fairness« steht.[10]

Wenn ein Wirbelsturm unser Haus zerstört und das Haus eines wirklich bösartigen Verbrechers verschont, überfällt uns ein Gefühl der Ungerechtigkeit. Wenn ein Tornado über die Ebene dröhnt und plötzlich genau in dem Augenblick abdreht, in dem er sonst unsere Ortschaft getroffen hätte, verspüren wir ein überwältigendes Gefühl der Dankbarkeit. Wir spüren den Drang, irgendjemandem oder irgendetwas zu danken. Vielleicht danken wir nicht dem Wirbelsturm selbst (der, wie wir gefühlsmäßig erkennen, nicht zuhört), aber wir danken vielleicht der »Vorsehung« oder dem »Schicksal« oder etwas, das wir »Gott« oder »die Götter« oder »Allah« nennen, oder welchen Namen unsere Gesellschaft sonst der Zielscheibe solcher Dankbarkeit gibt. Und wenn der Tornado seinen Weg nicht ändert, unser Haus zerstört und unsere Angehörigen tötet, rufen wir unter Umständen den gleichen Gott oder die gleichen Götter an, und dann sagen wir vielleicht so etwas wie »Womit habe ich das verdient?« oder »Das muss die Strafe dafür sein, dass ich gesündigt habe, das ist der Lohn für meine Sünden«.

Katastrophen können aber seltsamerweise sogar ein Anlass zu

Dankbarkeit sein. Bei einem Erdbeben oder einem Tsunami sterben vielleicht Hunderttausende von Menschen, aber wenn ein Kind vermisst und für tot gehalten wird, und dann entdeckt man es an ein Stück Treibholz geklammert, empfinden die Eltern einen überwältigenden Drang, sich bei irgendjemandem oder irgendetwas zu bedanken, weil ihnen ihr Kind zurückgegeben wurde, nachdem sie geglaubt hatten, es sei tot.

In einem Vakuum, in dem es niemanden gibt, dem man danken kann, ist der Drang, sich »dankbar« zu fühlen, sehr stark. Tiere zeigen in einem solchen Vakuum manchmal komplizierte Verhaltensmuster – man spricht sogar von »Leerlaufhandlungen«. Das eindringlichste mir bekannte Beispiel stammt aus einem deutschen Film, den ich einmal sah. Er handelte von einem Biber. Das Tier lebte in Gefangenschaft, aber ich muss zuerst daran erinnern, was wilde Biber tun. Sie bauen Dämme, und zwar meist aus Baumstämmen oder Zweigen, die sie mit ihren sehr scharfen Nagezähnen auf die richtige Größe bringen und dann in den wachsenden Damm einfügen. Man kann sich übrigens fragen, warum sie Dämme bauen. Das liegt daran, dass der Damm einen See oder Teich entstehen lässt, der ihnen hilft, ihre Nahrung zu finden, ohne selbst gefressen zu werden. Biber verstehen vermutlich nicht, warum sie es tun. Sie tun es einfach, ohne nachzudenken, weil in ihrem Gehirn ein entsprechender Mechanismus wie ein Uhrwerk abläuft. Sie sind gewissermaßen kleine Dammbauroboter. Die uhrwerkartigen Verhaltensmuster, aus denen sich die Dammbautätigkeit zusammensetzt, sind sehr kompliziert und unterscheiden sich stark von den Bewegungen aller anderen Tiere – denn kein anderes Tier baut Dämme.

Der Biber in dem deutschen Film lebte in Gefangenschaft und hatte nie in seinem Leben einen echten Damm gebaut. Er wurde in einem nackten Zimmer mit nacktem Betonfußboden gefilmt: Da war kein Fluss, den man aufstauen konnte, und kein Holz, um den Damm zu bauen. Aber erstaunlicherweise vollführte der arme einsame Biber alle Bewegungen, als würde er in dem leeren

Raum einen Damm aufschichten. Er hob mit den Kiefern nicht vorhandene Holzstücke auf, trug sie zu dem nicht vorhandenen Damm, schob sie hinein, drückte sie abwärts und verhielt sich ganz allgemein, als würde er »denken«, dass dort ein echter Damm war, den man mit echtem Holz verstärken konnte. Ich glaube, dieser Biber empfand einen überwältigenden Drang, einen Damm zu bauen, denn das würde er in der Natur tun. Also machte er weiter und »baute« in einem leeren Raum einen Phantomdamm. Was der Biber empfand, muss sich nach meiner Vermutung ein wenig so angefühlt haben wie das, was ein Mann empfindet, wenn er das Bild einer nackten Frau sieht und Wollust empfindet – vielleicht bekommt er eine Erektion, obwohl er ganz genau weiß, dass er nur Druckerschwärze auf Papier betrachtet. Es ist eine Vakuumwollust. Ich habe nun die Vermutung, dass wir auch Vakuumdankbarkeit empfinden. Es ist die Dankbarkeit, die wir spüren, wenn wir von dem Drang, irgendjemandem oder irgendetwas zu »danken«, überwältigt werden, obwohl niemand da ist, dem wir danken könnten. Es ist Dankbarkeit im Vakuum wie der Dammbau des Bibers im Vakuum. Und das Gleiche gilt für unsere Gefühle, wenn wir »unfair« sagen, obwohl wir genau wissen, dass niemand da ist, dem wir die Ungerechtigkeit vorwerfen können: Wir haben nur das Gefühl, dass uns übel mitgespielt wurde, sei es vom Wetter, von einem Erdbeben oder vom »Schicksal«.

Das ist ein möglicher evolutionärer Grund, warum wir den Drang empfinden, uns zu bedanken, obwohl wir wissen, dass niemand da ist, dem wir danken könnten. Es ist nichts, wofür man sich schämen müsste.

»Danken« sollte kein transitives Verb sein. Wir müssen nicht Gott, Allah, den Heiligen oder den Sternen danken. Wir können einfach dankbar sein, das ist genauso gut.

Frohe Weihnachten,
Herr Premierminister!"

Lieber Herr Premierminister,
frohe Weihnachten! Das meine ich wirklich. Das ganze Zeug mit
»Schöne Feiertage!«, mit »Feiertagskarten« und »Feiertagsgeschen-
ken« ist ein lästiger Import aus den Vereinigten Staaten, wo es
schon seit Langem von konkurrierenden Religionen stärker gefördert wird als von Atheisten. Als kulturell geprägter Anglikaner (dessen Familie seit 1727 zur Chipping-Norton-Fraktion gehört, wie Sie
sehen können, wenn Sie sich in der Pfarrkirche umschauen[12]) zucke
ich vor säkularen Weihnachtsliedern wie »White Christmas«, »Ru-
dolph the Red-Nosed Reindeer« und dem abscheulichen »Jingle
Bells« zurück, aber ich singe mit Vergnügen echte Weihnachtslieder, und für den unwahrscheinlichen Fall, dass jemand sich von mir
eine Lesung aus der Schrift wünscht, komme ich der Bitte gerne
nach – natürlich nur aus der King-James-Version.

Alibi-Einwände gegen Krippen und Weihnachtslieder sind
nicht nur töricht, sie lenken auch die notwendige Aufmerksamkeit davon ab, dass die Religion immer noch mit ihrer wirklich
beherrschenden Stellung in Kultur und Politik (steuerfrei) davon-
kommt. Es besteht ein wichtiger Unterschied zwischen Traditionen, die einzelne Personen freiwillig hochhalten, und Traditionen, die durch staatliche Verordnungen durchgesetzt werden.
Stellen Sie sich den Aufschrei vor, wenn Ihre Regierung verlangen
würde, dass jede Familie Weihnachten auf religiöse Weise feiert.
Natürlich würde es Ihnen nicht im Traum einfallen, Ihre Macht
so zu missbrauchen. Und doch zwingt Ihre Regierung wie ihre
Vorgänger unserer Gesellschaft die Religion auf, und das auf eine

Art, die uns schon mit ihrer Vertrautheit entwaffnet. Lassen wir einmal die 26 Bischöfe im Oberhaus beiseite, gehen wir leichterhand darüber hinweg, wie die Gemeinnützigkeitskommission konfessionellen Wohlfahrtsverbänden auf der Überholspur zum steuerfreien Status verhilft, während sie andere (ganz zu Recht) über die verschiedensten Stöckchen springen lässt: Der naheliegendste und gefährlichste Weg, mit dem die Regierung unserer Gesellschaft die Religion aufzwingt, führt über die Bekenntnisschulen.

Unterricht sollte *von* Religion handeln, und sei es auch nur, weil Religion ein so herausragender Faktor der Weltpolitik und eine so wirksame Triebkraft tödlicher Konflikte ist. Wir brauchen mehr und besseren Unterricht in vergleichender Religion (und Sie werden sicher mit mir darin übereinstimmen, dass jeder Unterricht in englischer Literatur auf traurige Weise verarmen würde, wenn das Kind Anspielungen auf die King-James-Bibel nicht versteht). Aber Bekenntnisschulen unterrichten weniger *über* Religion und indoktrinieren stattdessen im Sinne der Religion, von der die Schule betrieben wird. Gewissenlos vermitteln sie den Kindern, dass sie einem ganz bestimmten Glauben angehören – in der Regel dem ihrer Eltern –, und ebnen damit zumindest an Orten wie Belfast und Glasgow den Weg für lebenslange Diskriminierung und Vorurteile.

Wie wir von den Psychologen wissen, entwickeln sich bei Kindern, die man im Experiment auf beliebig willkürliche Weise trennt – beispielsweise indem man die eine Hälfte in grüne und die andere Hälfte in orangefarbene T-Shirts kleidet – eine Loyalität innerhalb der Gruppe und Vorurteile nach außen. Treiben wir das Experiment noch weiter und nehmen wir an, dass Grüne als Erwachsene nur Grüne und Orangefarbene nur Orangefarbene heiraten. Außerdem gehen »grüne Kinder« nur in grüne Schulen und »orangefarbene Kinder« nur in orangefarbene Schulen. Setzen wir das Gleiche über dreihundert Jahre fort, und was haben wir? Nordirland oder Schlimmeres. Religion mag nicht die einzige spaltende Kraft sein, die gefährliche Vorurteile über viele Generationen hinweg antreiben kann (andere Kandidaten sind Sprache und Rasse), aber Religion ist die einzige, die in Großbritannien heute in Form von Schulen aktive staatliche Unterstützung erhält.

Dieses Ethos der Spaltung ist in unserem gesellschaftlichen Bewusstsein so tief verwurzelt, dass Journalisten und tatsächlich die meisten von uns fröhlich von »katholischen Kindern«, »protestantischen Kindern«, »muslimischen Kindern« oder »christlichen Kindern« sprechen, obwohl die Kinder viel zu jung sind und nicht selbst entscheiden können, was sie über Fragen denken, welche die verschiedenen Glaubensrichtungen trennen. Wir gehen davon aus, dass (zum Beispiel) die Kinder katholischer Eltern einfach »katholische Kinder« sind, und so weiter. Eine Formulierung wie »muslimisches Kind« sollte uns eine Gänsehaut verursachen wie Fingernägel, die über eine Schultafel kratzen. Der angemessene Ersatz ist »Kind muslimischer Eltern«.

Letzten Monat[13] habe ich mich im *Guardian* über die konfessionelle Etikettierung von Kindern lustig gemacht und mich dazu eines Vergleichs bedient, den fast jeder sofort versteht: Wir würden nicht im Traum auf die Idee kommen, ein Kind als »keynesianisches Kind« zu bezeichnen, nur weil seine Eltern keynesianische Wirtschaftswissenschaftler sind. Mr Cameron, Sie haben auf diese ernsthafte, ehrliche Aussage auf eine Art geantwortet, die sich in der Audioversion eindeutig wie ein verächtliches Kichern anhört: »Der Vergleich von John Maynard Keynes und Jesus Christus zeigt nach meiner Ansicht, warum Richard Dawkins es wirklich nicht begriffen hat.« Begreifen Sie es jetzt, Herr Premierminister? Natürlich habe ich Keynes nicht mit Jesus verglichen. Ich hätte ebenso gut »monetaristisches Kind« oder »faschistisches Kind« oder »postmodernistisches Kind« oder »europafreundliches Kind« sagen können. Außerdem habe ich nicht mehr über Jesus gesprochen als über Mohammed oder Buddha.

In Wirklichkeit glaube ich, dass Sie es die ganze Zeit begriffen haben. Wenn Sie so sind wie mehrere Regierungsminister (aus allen drei Parteien), mit denen ich gesprochen habe, sind auch Sie selbst eigentlich nicht wirklich religiös. Mehrere Bildungsminister und frühere Bildungsminister – sowohl Konservative als auch Labour-Angehörige – glauben nicht an Gott, aber sie »glauben an den Glauben«, um den Philosophen Daniel Dennett zu zitieren. Eine bedrückend große Zahl intelligenter und gebildeter Menschen ist zwar dem religiösen Glauben entwachsen, sie gehen aber immer noch, unbestimmt und ohne nachzudenken, davon aus, dass religiöser Glaube irgendwie »gut« für andere Menschen ist, gut für die Gesellschaft, gut für die öffentliche Ordnung, gut für die Anerziehung von Moral, gut für die einfachen Leute, selbst wenn wir, die klugen Köpfe, ihn nicht brauchen. Herablassend? Von oben herab? Ja, aber steht nicht genau das hinter der Begeisterung aufeinanderfolgender Regierungen für die Bekenntnisschulen?

Die Baroness Warsi, Ihre Ministerin ohne Geschäftsbereich (und ohne Wählermandat), bemühte sich zu erklären, dass diese Koalitionsregierung tatsächlich »den Gott gibt«.[14] Aber wir, die wir Sie gewählt haben, tun das in unserer Mehrzahl nicht. Möglicherweise ergibt sich in der jüngsten Volkszählung eine knappe Mehrheit von Menschen, die das Kästchen »christlich« angekreuzt haben. Aber der britische Zweig der Richard Dawkins Foundation for Reason and Science gab in der Woche nach der Volkszählung bei dem Unternehmen Ipsos MORI eine Umfrage in Auftrag. Wenn sie veröffentlicht ist, werden wir wissen, wie viele Menschen, die sich selbst als Christen bezeichnen, wirklich *gläubig* sind.[15]

Gleichzeitig deutet die neueste, kürzlich veröffentlichte Umfrage zu den gesellschaftlichen Einstellungen der Briten eindeutig darauf hin, dass religiöse Zugehörigkeit, religiöser Gehorsam und religiöse Einstellungen zu gesellschaftlichen Themen sich in einem langfristigen Rückgang befinden und heute für alle mit Ausnahme einer Minderheit in der Bevölkerung bedeutungslos sind. Wenn es um Lebensplanung, gesellschaftliche Haltungen, ethische Dilemmata und Identitätsgefühl geht, liegt die Religion sogar für viele von denen, die sich noch dem Namen nach mit einer Religion identifizieren, auf dem Sterbebett.

Das ist eine gute Nachricht. Es ist eine gute Nachricht, denn wenn wir mit unseren Wertvorstellungen und unserem Zusammengehörigkeitsgefühl auf die Religion angewiesen wären, würden wir wahrhaftig in einer Sackgasse stecken. Schon der Gedanke, wir könnten unsere Moral aus der Bibel oder dem Koran beziehen, wird heute jeden anständigen Menschen mit Entsetzen erfüllen, wenn man sich die Mühe macht, diese Bücher wirklich zu lesen, statt nur die Verse herauszupicken, die zufällig unserem modernen säkularen Konsens entsprechen. Und was die herablassende Annahme angeht, Menschen würden die Versprechen eines Himmels (oder die obszöne Drohung mit der Folter in der Hölle) brauchen, um moralisch zu sein, so kann ich nur sagen: Was für ein verachtenswert unmoralisches Motiv! Was uns verbindet, was uns unser Gefühl von Empathie und Mitleid gibt – was uns zu guten Menschen macht –, ist etwas viel Wichtigeres, viel Grundsätzlicheres und viel Machtvolleres als die Religion: Es ist unser gemeinsames Menschsein, das sich aus unserem vorreligiösen evolutionären Erbe ableitet und dann, wie Steven Pinker in The Better Angels of our Nature (dt. Gewalt: eine neue Geschichte der Menschheit) darlegt, in Jahrhunderten der säkularen Aufklärung verfeinert und verbessert wurde.[16]

Ein vielfältiges, im Wesentlichen säkulares Land wie Großbritannien sollte das Religiöse gegenüber dem Nichtreligiösen nicht bevorzugen und die Religion in keinem Aspekt des öffentlichen Lebens aufzwingen oder unterstützen. Eine Regierung, die das tut, steht nicht im Einklang mit moderner Demografie und modernen Werten. Das haben Sie im Februar dieses Jahres in Ihrer ausgezeichneten und zu Unrecht kritisierten Ansprache über die Gefahren des »Multikulturalismus« offensichtlich verstanden.[17] Die moderne Gesellschaft erfordert und verdient einen wirklich säkularen Staat, und damit meine ich nicht staatlichen Atheismus, sondern staatliche Neutralität in allen Fragen, die mit Religion zu tun haben: die Anerkennung des Glaubens als etwas Persönliches, das den Staat nichts angeht. Jeder Einzelne muss stets die Freiheit haben, »den Gott zu geben«, wenn er es möchte; aber eine Regierung für alle Menschen sollte es sicher nicht tun.

Mit den besten Wünschen für Sie und Ihre Familie: Frohe Weihnachten!

Richard Dawkins

Die Wissenschaft der Religion[18]

Mit Herzklopfen und Demut komme ich von der ältesten an die sicherlich großartigste Universität der englischsprachigen Welt. Das Herzklopfen wird auch nicht durch den Titel gelindert, den ich den Organisatoren vielleicht unklugerweise vor Monaten genannt habe. Wer öffentlich die Religion herabsetzt, und sei es auch noch so sanft, kann mit Hassmails einer einzigartig unnachsichtigen Spezies rechnen. Aber schon die Tatsache, dass Religion solche Leidenschaften weckt, erregt die Aufmerksamkeit des Wissenschaftlers.

Für mich als Darwinisten ist der Aspekt der Religion, der mein Interesse besonders fesselt, ihre ungeheure Verschwendungssucht, ihre außerordentliche Zurschaustellung barocker Nutzlosigkeit. Wenn ein wildes Tier gewohnheitsmäßig viel Zeit mit nutzlosen Tätigkeiten verbringt, wird die natürliche Selektion konkurrierende Individuen begünstigen, die ihre Zeit stattdessen darauf verwenden, ihrem eigenen Überleben oder ihrer Fortpflanzung zu dienen. Die Natur kann sich zeitaufwendige Nichtigkeiten nicht leisten. Erbarmungsloses Nützlichkeitsdenken ist Trumpf, auch wenn es nicht immer so scheint.

Ich erforsche als Darwinist das Verhalten von Tieren – ich bin Verhaltensforscher und Nachfolger von Niko Tinbergen. Deshalb wird es Sie nicht überraschen, wenn ich von Tieren spreche (ich sollte hinzufügen: von nicht menschlichen Tieren, denn es gibt keine sinnvolle Definition von Tieren, die uns selbst ausschließt). Der Schwanz eines Paradiesvogelmännchens mag verschwenderisch wirken, aber wäre er es nicht, würde dies von den Weibchen

bestraft. Das Gleiche gilt für Zeit und Mühe, die ein Laubenvogel-
männchen in den Bau seiner Laube steckt. Manche Vögel, darunter
die Häher, haben die seltsame Gewohnheit des »Einemsens«: Sie
»baden« in einem Ameisennest und regen die Ameisen offensichtlich dazu an, in ihr Gefieder zu krabbeln. Welchen Nutzen das Einemsen hat, weiß niemand genau: Vielleicht ist es eine Art Hygie-
nemaßnahme, bei der die Federn von Parasiten gereinigt werden.
Mir geht es darum, dass unsichere Kenntnisse in den Details einen
Darwinisten nicht davon abhalten – und auch nicht abhalten sollten –, mit großem Selbstvertrauen zu sagen, dass das Einemsen
irgendeinem Zweck dienen muss.

Ein solcher selbstbewusster Standpunkt ist umstritten – in
Harvard auf jeden Fall –, und Sie kennen vermutlich die völlig abs-
trusen Verunglimpfungen, wonach Hypothesen über die Funktion
unüberprüfbare »Just-so Stories« sind. Das ist eine derart lächerliche Behauptung, dass sie nur aus einem Grund weithin anerkannt
ist: wegen einer bestimmten Form der aggressiven Fürsprache, die,
wie ich widerstrebend sagen muss, ihren Ursprung in Harvard hat.
Um eine Hypothese zur Funktion einer bestimmten Verhaltensweise zu überprüfen, braucht man nur eine experimentelle
Situation herzustellen, in der das Verhalten nicht auftritt oder in
der seine Folgen zunichtegemacht werden. Ich möchte ein einfa-
ches Beispiel dafür nennen, wie man eine solche Funktionshypo-
these prüfen kann.

Wenn das nächste Mal eine Hausfliege auf Ihrer Hand landet,
wischen Sie sie nicht einfach weg; sehen Sie zu, was sie tut. Sie brauchen nicht lange zu warten, dann legt sie die Vorderfüße zusammen, als würde sie beten, und ringt sie mit scheinbar ritueller Hin-
gabe. Es ist eine der Methoden, mit denen eine Fliege sich selbst
putzt. Eine andere besteht darin, mit einem Hinterbein über den
Flügel auf der gleichen Seite zu streichen. Sie reiben auch mittlere
und hintere Füße oder Mittel- und Vorderfüße aneinander. Fliegen
verbringen viel Zeit damit, sich zu putzen, und deshalb würde jeder
Darwinist sofort annehmen, dass dieses Verhalten für das Über-

leben von Bedeutung ist. Das gilt umso mehr, weil das Putzen – und das ist weniger paradox, als es klingt – mit hoher Wahrscheinlichkeit unmittelbar zum Tod der Fliege führt. Ist beispielsweise ein Chamäleon in der Nähe, wird das Putzen vermutlich das Letzte sein, was die Fliege in ihrem Leben tut. Die Augen natürlicher Feinde sprechen häufig auf Bewegungen an. Ein bewegungsloses Ziel bleibt unbemerkt und sogar vollkommen ungesehen. Ein fliegendes Ziel zu treffen ist schwierig. Die hin und her fahrenden Gliedmaßen einer Fliege, die sich putzt, regen die Bewegungsdetektoren des natürlichen Feindes an, aber die Fliege als Ganzes ist ein unbewegliches Ziel. Die Tatsache, dass Fliegen so viel Zeit auf das Putzen verwenden, obwohl es so gefährlich ist, spricht für einen hohen Überlebenswert. Diese Hypothese lässt sich überprüfen.

Ein geeignetes experimentelles Verfahren ist die sogenannte »Jochkontrolle« oder »verbundene Kontrolle« (englisch *yoked control*). Man setzt ein passendes Paar von Fliegen in eine kleine Arena und beobachtet sie. Jedes Mal, wenn Fliege A sich zu putzen beginnt, scheucht man beide Insekten auf. Hat man dies zwei Stunden lang getan, hatte Fliege A keinerlei Gelegenheit, sich zu putzen. Fliege B dagegen hat es ausgiebig getan. Anschließend wird sie dann ebenso viele Male wie A vom Boden aufgescheucht, aber nach dem Zufallsprinzip und ohne Bezug zur Putztätigkeit. Jetzt unterzieht man A und B einer Reihe von Vergleichsuntersuchungen. Wird die Flugleistung von A durch schmutzige Flügel beeinträchtigt? Das kann man messen und mit B vergleichen. Fliegen schmecken mit den Füßen, und einer plausiblen Hypothese zufolge machen sie mit der »Fußwäsche« ihre Sinnesorgane frei. Also vergleicht man, welche Mindestzuckerkonzentration A und B schmecken können. Man vergleicht ihre Krankheitsanfälligkeit. Und als letzten Test vergleicht man, wie leicht die Fliege Beute eines Chamäleons wird.

Nun wiederholt man den Versuch mit vielen Fliegenpaaren und vergleicht jedes A in einer statistischen Analyse mit dem zugehörigen B. Ich würde mein Hemd darauf verwetten, dass die A-Fliegen in mindestens einer Fähigkeit, die sich entscheidend auf das Überleben auswirkt, beeinträchtigt sind. Meine Zuversicht hat ihre Ursache ausschließlich in meiner darwinistischen Überzeugung: Die natürliche Selektion hätte nicht zugelassen, dass Fliegen so viel Zeit auf eine Tätigkeit verwenden, wenn sie nicht nützlich wäre. Das ist keine »Just-so Story«; die Überlegung ist ganz und gar wissenschaftlich, und sie ist in vollem Umfang überprüfbar.[19]

Bei aufrecht gehenden Menschenaffen nimmt das religiöse Verhalten viel Zeit in Anspruch. Es verschlingt gewaltige Ressourcen. Der Bau einer mittelalterlichen Kathedrale erfordert Hunderte von Mannjahrhunderten. Geistliche Musik und religiöse Malerei hatten mehr oder weniger ein Monopol auf die Begabungen von Mittelalter und Renaissance. Tausende oder vielleicht Millionen Menschen sind – nachdem sie oftmals zuvor Folter über sich ergehen ließen – gestorben, weil sie einer Religion gegenüber loyal waren und nicht gegenüber einer kaum davon zu unterscheidenden Alternative.

Auch wenn die Details von einer Kultur zur anderen unterschiedlich sind, kennt man keinen Kulturkreis, der nicht irgendeine Form dieser zeitaufwendigen, kostspieligen, Feindseligkeiten provozierenden, fruchtbarkeitsvermindernden Rituale der Religion praktiziert. Das alles ist für jeden, der darwinistisch denkt, ein großes Rätsel. Ist die Religion nicht eine Herausforderung und a priori ein Angriff gegen den Darwinismus, der eine ähnliche Erklärung verlangt? Warum beten wir und ergehen uns in aufwendigen Praktiken, die in vielen Fällen fast in alle Aspekte unseres Lebens hineinreichen?

Könnte Religion ein neues Phänomen sein, das entstanden ist, nachdem unsere Gene den größten Teil ihrer natürlichen Selektion durchgemacht hatten? Gegen jede einfache Version dieser Idee spricht ihre Allgegenwart. Es gibt aber auch eine Version davon, die zu vertreten heute im Mittelpunkt meiner Absichten stehen soll. Die Neigung, die bei unseren Vorfahren durch die natürliche Selektion begünstigt wurde, war nicht die Religion als solche. Sie hatte irgendeinen anderen Nutzen, der seinen Ausdruck nur nebenbei in religiösem Verhalten findet. Wir werden das religiöse Verhalten erst dann verstehen, wenn wir ihm einen anderen Namen gegeben haben. Auch hier ist es nur natürlich, dass ein Verhaltensforscher auf ein Beispiel von nicht menschlichen Tieren zurückgreift.

Die »Dominanzhierarchie« wurde anfangs bei Hühnern als »Hackordnung« entdeckt. Jedes Huhn lernt, welche Individuen es im Kampf besiegen kann und von welchen es besiegt wird. In einer gut ausgebildeten Dominanzhierarchie sieht man nur wenig offene Kämpfe. Stabile Hühnergruppen, die Zeit hatten, ihre Hackordnung festzulegen, legen mehr Eier als Hühner in Käfigen, deren Bewohner ständig wechseln. Dies könnte darauf schließen lassen, dass das Phänomen der Dominanzhierarchie einen »Vorteil« bildet. Aber das ist kein guter Darwinismus, denn die Dominanzhierarchie ist ein Phänomen auf der Ebene der Gruppe. Bauern interessieren sich vielleicht für die Produktivität der Gruppe, aber die natürliche Selektion tut es nicht.

Für den Darwinisten ist die Frage »Welchen Überlebenswert hat die Dominanzhierarchie?« unberechtigt. Die richtige Frage lautet: »Welchen individuellen Überlebenswert hat es, sich stärkeren Hühnern zu unterwerfen und die mangelnde Unterwerfung schwächerer Hühner zu bestrafen?« Darwinistische Fragen müssen sich auf die Ebene richten, auf der es genetische Varianten geben könnte. Die Neigung zu Aggression oder Unterwürfigkeit einzelner Hühner ist ein geeignetes Ziel, denn sie kann oder könnte ohne Weiteres aus genetischen Gründen schwanken. Gruppenphänomene wie die Dominanzhierarchie schwanken als solche nicht aus genetischen Gründen, denn Gruppen haben keine Gene. Oder zumindest muss man sich Mühe geben und ein Argument finden, warum ein Gruppenphänomen in einem eigenartigen Sinn genetischen Schwankungen unterliegen könnte. Vorstellen könnte man es sich auf dem Weg über eine Version des »erweiterten Phänotyps«, wie ich ihn genannt habe, aber da bin ich zu skeptisch und möchte Sie nicht mit auf diese theoretische Reise nehmen.

Mir geht es natürlich darum, dass auch das Phänomen der Religion etwas Ähnliches wie die Dominanzhierarchie sein könnte. »Welchen Überlebenswert hat die Religion?« ist vielleicht die falsche Frage. Die richtige Frage müsste eine andere Form haben: »Welchen Überlebenswert hat eine bisher nicht festgelegte individuelle Verhaltensweise oder psychologische Eigenschaft, die ihren Ausdruck unter geeigneten Umständen als Religion findet?« Bevor wir die Frage sinnvoll beantworten können, müssen wir sie neu formulieren.

Zuerst muss ich anmerken, dass andere Darwinisten die nicht neu formulierte Frage unmittelbar angegangen sind und direkte darwinistische Vorteile der Religion als solcher postulieren – im Gegensatz zu psychologischen Neigungen, die ihren Ausdruck zufällig in der Religion finden. Schwache Indizien sprechen dafür, dass religiöser Glaube die Menschen vor stressbedingten Krankheiten schützen kann. Die Belege sind nicht besonders stichhaltig, aber es wäre auch nicht verwunderlich. Ein nicht zu vernachlässigender Teil dessen, was ein Arzt einem Patienten bieten kann, ist Trost und Beruhigung. Mein Arzt praktiziert nicht im buchstäblichen Sinn das Handauflegen, aber ich war schon so manches Mal sofort von irgendwelchen kleinen Beschwerden geheilt, als ich eine beruhigende Stimme hörte, die aus einem Gesicht mit umgehängtem Stethoskop kam. Der Placeboeffekt ist gut dokumentiert. Pillenattrappen ohne jeden pharmakologischen Wirkstoff verbessern nachweislich den Gesundheitszustand. Das ist der Grund, warum Placebos bei der Erprobung von Medikamenten als Kontrolle verwendet werden. Es ist der Grund, warum homöopathische Arzneien zu wirken scheinen, obwohl sie so verdünnt sind, dass sie den gleichen Anteil an aktiven Bestandteilen enthalten wie die Placebokontrolle – nämlich null Moleküle.

Ist Religion also ein medizinisches Placebo? Verlängert sie das Leben, weil sie den Stress reduziert? Vielleicht, aber die Theorie muss noch das Sperrfeuer der Skeptiker überstehen, die darauf hinweisen, dass Religion unter vielen Umständen den Stress nicht vermindert, sondern verstärkt. Ohnehin finde ich die Placebotheorie zu mager, als dass sie das gewaltige, allumfassende weltweite Phänomen der Religion erklären könnte. Ich glaube nicht, dass wir die Religion haben, weil unsere Vorfahren damit ihr Stressniveau senkten und so ein wenig länger lebten. Nach meiner Ansicht ist diese Theorie der Aufgabe nicht gewachsen.

Andere Theorien übersehen das Wesentliche an darwinistischen Erklärungen völlig. Damit meine ich Vermutungen wie »Religion befriedigt unsere Neugier nach dem Universum und unserem Platz darin« oder »Religion tröstet. Die Menschen haben Angst vor dem Tod und fühlen sich zur Religion hingezogen, weil sie danach ein Weiterleben verspricht«. Darin könnte eine gewisse psychologische Wahrheit stecken, aber eine darwinistische Erklärung ist es als solche nicht. Eine darwinistische Version der Theorie von der Angst vor dem Tod müsste folgende Form haben: »Durch den Glauben an ein Leben nach dem Tod wird häufig der Augenblick hinausgeschoben, in dem dieser Glaube auf den Prüfstand gestellt wird.« Das könnte wahr oder auch falsch sein – vielleicht ist es nur eine andere Version der Theorie von Stress und Placebo –, aber ich möchte das Thema nicht weiterverfolgen. Mir geht es nur darum, dass ein Darwinist die Frage auf diese *Weise* neu formulieren muss. Psychologische Aussagen – dass die Menschen irgendeinen Glauben angenehm oder unangenehm finden – sind keine ultimaten, sondern nur proximate Erklärungen.

Auf die Unterscheidung zwischen proximaten (unmittelbaren, aktuellen) und ultimaten (grundlegenden, letzten) Ursachen legen Darwinisten großen Wert. Fragen nach den unmittelbaren Ursachen führen uns zur Physiologie und Neuroanatomie. Daran ist nichts falsch; solche Fragen sind wichtig, und sie sind wissenschaftlich. Ich möchte mich aber heute lieber mit darwinistischen letzten Erklärungen beschäftigen. Wenn Neurowissenschaftler wie der Kanadier Michael Persinger im Gehirn ein »Gotteszentrum« finden, wollen darwinistische Wissenschaftler wie ich wissen, warum das Gotteszentrum in der Evolution entstanden ist.

Warum überlebten diejenigen unter unseren Vorfahren, die eine genetische Veranlagung für die Bildung eines Gotteszentrums besaßen, besser als ihre Konkurrenten, bei denen dies nicht der Fall war?

Manche angeblich letzten Erklärungen erweisen sich als Theorien der Gruppenselektion – und in manchen Fällen wird dies auch eingestanden. Gruppenselektion ist die umstrittene Vorstellung, darwinistische Selektion würde zwischen Gruppen von Individuen auf die gleiche Weise auswählen wie zwischen den Individuen einer Gruppe.

Ich möchte mit einem erfundenen Beispiel deutlich machen, wie eine Gruppenselektionstheorie der Religion aussehen könnte. Ein Stamm mit einem ausgesprochen kriegslüsternen »Schlachtengott« gewinnt Kriege gegen einen Stamm, dessen Gott auf Frieden und Eintracht drängt, oder aber gegen einen Stamm ohne Gott. Krieger, die glauben, ein Märtyrer werde nach seinem Tod sofort ins Paradies gelangen, kämpfen tapfer und geben bereitwillig ihr Leben. Deshalb überleben Stämme mit einer bestimmten Form der Religion in der Selektion zwischen den Stämmen mit größerer Wahrscheinlichkeit, stehlen den besiegten Stämmen ihre Rinder und nehmen sich deren Frauen als Konkubinen. Solche erfolgreichen Stämme bringen Tochterstämme hervor, die sich zerstreuen und weitere Tochterstämme erzeugen, wobei alle den gleichen Stammesgott anbeten. Man beachte, dass dies etwas anderes ist, als würde man sagen, dass die Idee der kriegslüsternen Religion überlebt. Natürlich überlebt sie ebenfalls, aber in diesem Fall geht es um das Überleben der Menschengruppe, die die Idee hat.

Gegen Theorien der Gruppenselektion gibt es stichhaltige Einwände. Da ich in der Kontroverse parteiisch bin, muss ich mich davor hüten, mein Lieblingspferd zu reiten und mich damit zu weit vom heutigen Thema zu entfernen. Auch in der Literatur herrscht viel Verwirrung zwischen echter Gruppenselektion (wie in meinem hypothetischen Beispiel mit dem Kriegsgott) und etwas anderem, das zwar Gruppenselektion genannt wird, in Wirklichkeit aber entweder Verwandtenselektion oder gegenseitiger Altruismus ist. Häufig wird auch die »Selektion zwischen Gruppen« mit einer »Selektion zwischen Individuen unter den besonderen, durch das Leben in der Gruppe vorgegebenen Umständen« verwechselt. Diejenigen unter uns, die Einwände gegen die Gruppenselektion erheben, haben immer eingeräumt, dass sie im Prinzip stattfinden kann. Dabei ergibt sich nur ein Problem: Stellt man sie gegen die Selektion auf der individuellen Ebene – beispielsweise wenn Gruppenselektion als Erklärung für individuelle Selbstaufopferung vertreten wird –, ist die Selektion auf der Ebene des Individuums in der Regel stärker. In unserem hypothetischen Stamm von Märtyrern steht ein einzelner Krieger, der das Märtyrertum im eigenen Interesse seinen Kollegen überlässt, am Ende wegen deren Ritterlichkeit auf der Gewinnerseite. Im Gegensatz zu ihnen ist er aber am Ende noch am Leben, die Zahl der Frauen ist größer, und damit ist er ganz offensichtlich besser als seine gefallenen Kameraden in der Lage, seine Gene weiterzugeben.

Auf Gruppenselektion gestützte Theorien über individuelle Selbstaufopferung sind immer durch Unterwanderung von innen gefährdet. Wenn es zu einem Konflikt zwischen den beiden Ebenen der Selektion kommt, gewinnt in der Regel die individuelle Selektion, weil sie einen schnelleren Umsatz hat. Mathematische Modelle können besondere Bedingungen aufzeigen, unter denen die Gruppenselektion klappen könnte. Und zugegebenermaßen schaffen Religionen in Stämmen von Menschen genau solche besonderen Bedingungen. Das ist eine interessante theoretische Denkrichtung, die man weiterverfolgen sollte, aber das werde ich hier nicht tun.

Stattdessen möchte ich zu dem Gedanken zurückkehren, die Frage neu zu formulieren. Ich habe zuvor über die Hackordnung der Hühner gesprochen; dieser Punkt ist für meine These von so zentraler Bedeutung, dass ich hoffe, Sie werden es mir verzeihen, wenn ich sie noch mit einem weiteren Beispiel aus dem Tierreich verdeutliche. Motten fliegen in eine Kerzenflamme, und das sieht nicht nach einem Unfall aus. Sie geben sich vielmehr alle Mühe, sich selbst als Brandopfer darzubringen. Das könnten wir als Selbstaufopferungsverhalten bezeichnen und uns fragen, wie die darwinistische natürliche Selektion es möglicherweise begünstigt. Auch hier geht es mir wieder darum, dass wir die Frage neu formulieren müssen, bevor wir uns überhaupt um eine intelligente Antwort bemühen können. Es ist kein Selbstmord. Der scheinbare Selbstmord ergibt sich nur als unbeabsichtigter Nebeneffekt.

Künstliches Licht ist noch relativ neu auf der Bühne der Nacht. Bis vor kurzer Zeit waren Mond und Sterne nachts die einzigen Lichtquellen. Da sie sich in der optischen Unendlichkeit befinden, verlaufen ihre Strahlen parallel, und damit sind sie ein idealer Kompass. Insekten nutzen bekanntermaßen Himmelskörper, um genau in gerader Linie zu fliegen.[20] Den gleichen Kompass können sie mit umgekehrtem Vorzeichen auch nutzen, um von der Nahrungssuche nach Hause zurückzukehren. Das Nervensystem der Insekten ist darauf eingestellt, eine vorübergehende Faustregel aufzustellen, beispielsweise »Steuere einen Kurs, bei dem die Lichtstrahlen dein Auge in einem Winkel von dreißig Grad treffen«. Da Insekten Komplexaugen besitzen, entspricht dies der Bevorzugung eines bestimmten Ommatidiums.[21]

Was dabei aber entscheidend ist: Der Kompass basiert darauf, dass der Himmelskörper optisch unendlich weit entfernt ist. Ist das nicht der Fall, verlaufen die Lichtstrahlen nicht parallel, sondern sie streben auseinander wie die Speichen eines Rades. Ein Nervensystem, das die dreißig Grad als Faustregel benutzt, als wäre die Kerze der Mond, lenkt die Motte fein säuberlich in einer logarithmischen Spirale in die Flamme.

Dennoch ist es, im Durchschnitt betrachtet, eine gute Faustregel. Die vielen Hundert Motten, die sich in aller Stille und sehr effizient am Mond, einem hellen Stern oder auch den Lichtern einer weit entfernten Stadt orientieren, bemerken wir nicht. Wir sehen nur diejenigen, die sich in unsere Lichtquellen stürzen, und stellen die falsche Frage: Warum begehen alle diese Motten Selbstmord?

Stattdessen sollten wir fragen: Warum haben sie ein Nervensystem, das sie mithilfe eines festgelegten Winkels zu Lichtstrahlen lenkt, eine Taktik, die wir nur in den Fällen bemerken, in denen sie schiefgeht? Wenn man die Frage neu formuliert, löst sich das Rätsel in Luft auf. Es war nie richtig, überhaupt von Selbstmord zu sprechen. Auch hier können wir die Lektion wieder auf das religiöse Verhalten von Menschen anwenden. Wir beobachten eine große Zahl von Menschen – in manchen Regionen sind es bis zu hundert Prozent –, deren Glauben sowohl den nachweisbaren wissenschaftlichen Tatsachen als auch konkurrierenden Religionen rundheraus widerspricht. Und sie haben diesen Glauben nicht nur, sondern wenden auch Zeit und Ressourcen für aufwendige Tätigkeiten auf, die sich aus ihm ableiten. Sie sterben für ihren Glauben oder töten für ihn. Über all das wundern wir uns ebenso wie über das »Selbstaufopferungsverhalten« der Motten. Verblüfft fragen wir nach dem Warum. Und auch hier, das will ich damit sagen, stellen wir möglicherweise die falsche Frage. Das religiöse Verhalten könnte ein Fehlschuss sein, eine unglückselige Ausdrucksform einer tiefer liegenden psychologischen Neigung, die früher unter anderen Umständen nützlich war.

Was für eine psychologische Neigung könnte das gewesen sein? Was ist die Entsprechung zu den parallel verlaufenden Strahlen des Mondes als nützlichem Kompass? Ich werde dazu eine Vermutung äußern, aber ich muss darauf hinweisen, dass sie nur ein Beispiel für das ist, worum es mir geht. An der allgemeinen Idee, dass man die Frage richtig stellen sollte, hänge ich viel mehr als an einer bestimmten Antwort.

Meine Hypothese handelt von Kindern. Mehr als jede andere Spezies überleben wir aufgrund der gesammelten Erfahrungen früherer Generationen. Theoretisch könnten Kinder durch Erfahrung lernen, nicht in krokodilverseuchten Gewässern zu schwimmen. Aber um es vorsichtig auszudrücken, besteht ein Selektionsvorteil zugunsten von Kindergehirnen, in denen eine Faustregel existiert: Glaube, was die Erwachsenen dir sagen. Gehorche deinen

Eltern und gehorche den Stammesältesten, insbesondere wenn sie einen feierlichen, drohenden Ton anschlagen. Gehorche, ohne Fragen zu stellen!

Die natürliche Selektion stattet das Kindergehirn mit der Neigung aus, alles zu glauben, was Eltern und Stammesälteste sagen. Und gerade diese Eigenschaft macht Kinder automatisch auch anfällig für die Infektion mit Geistesviren. Aus stichhaltigen Gründen, die mit dem Überleben zu tun haben, muss das Kindergehirn den Eltern vertrauen und ebenso den Ältesten, von denen die Eltern gesagt haben, man müsse ihnen vertrauen. Dies hat automatisch zur Folge, dass derjenige, der vertraut, nicht zwischen guten und schlechten Ratschlägen unterscheiden kann. Das Kind kann nicht wissen, dass »Wenn du im Fluss badest, wirst du von Krokodilen gefressen« ein guter Ratschlag ist, während »Wenn du nicht bei Vollmond eine Ziege opferst, wird die Ernte ausbleiben« ein schlechter Ratschlag ist. Beide klingen gleichermaßen vertrauenswürdig. Beide Ratschläge stammen aus einer Quelle, der man vertraut, beide werden in feierlichem Ernst gegeben, der Respekt gebietet und Gehorsam verlangt.

Das Gleiche gilt für Aussagen über die Welt, über den Kosmos, über Moral und das Wesen des Menschen. Und wenn das Kind erwachsen ist und selbst Kinder hat, wird es natürlich Ratschläge beider Gruppen – sinnvolle und unsinnige – an die eigenen Kinder weitergeben und sich dabei der gleichen feierlich-bedeutsamen Verhaltensweisen bedienen.

Nach diesem Modell sollten wir damit rechnen, dass in verschiedenen geografischen Regionen unterschiedliche willkürliche Glaubensüberzeugungen, die keine Grundlage in den Fakten haben, durch die Generationen weitergegeben und mit der gleichen Überzeugung geglaubt werden wie nützliche traditionelle Weisheiten, beispielsweise, dass Mist gut für die Feldfrüchte ist. Außerdem sollten wir damit rechnen, dass solche nicht auf Fakten gegründeten Überzeugungen im Laufe der Generationen eine Evolution durchmachen, die sich entweder durch zufällige Drift oder nach einer Art Entsprechung zur darwinistischen Selektion abspielt, bis sich am Ende ein Muster der signifikanten, von gemeinsamen Vorfahren ausgehenden Auseinanderentwicklung zeigt. Sprachen, die einen gemeinsamen Vorfahren haben, rücken auseinander, wenn über ausreichend lange Zeit hinweg eine geografische Trennung besteht. Das Gleiche gilt für traditionelle Glaubensüberzeugungen und Anweisungen, die über die Generationen weitergegeben werden und erst durch die Programmierbarkeit des Kindergehirns entstanden sind.

Ich muss noch einmal darauf hinweisen, dass die Hypothese von der Programmierbarkeit des Kindergehirns nur ein Beispiel für das ist, was ich meine. Das Prinzip mit den Motten und den Kerzenflammen ist allgemeinerer Natur. Als Darwinist schlage ich eine Familie von Hypothesen vor, die alle eines gemeinsam haben: Sie fragen nicht nach dem Überlebenswert von Religion, sondern die Frage lautet:»Welchen Überlebenswert hatte in der Vergangenheit unserer wilden Vorfahren ein Gehirn, dessen Disposition sich in der kulturellen Gegenwart als Religion manifestiert?«[22] Ich sollte hinzufügen, dass nicht nur Kindergehirne anfällig für derartige Infektionen sind. Erwachsenengehirne sind es ebenfalls, insbesondere wenn sie in der Kindheit entsprechend vorbereitet wurden. Charismatische Prediger können ihre Botschaften weit verbreiten wie erkrankte Personen, die eine Epidemie weitertragen.

Bis hierher geht die Hypothese nur davon aus, dass Gehirne (insbesondere die von Kindern) *anfällig* für Infektionen sind. Sie sagt nichts darüber aus, welches Virus sie infiziert. In einem gewissen Sinn spielt das auch keine Rolle. Alles, was das Kind mit ausreichender Überzeugung glaubt, wird es an seine eigenen Kinder und damit an zukünftige Generationen weitergeben. Es ist eine nicht genetische Entsprechung zur Vererbung. Manche Menschen werden sagen, es seien keine Gene, sondern Meme. Ich möchte Ihnen heute keine memetische Terminologie verkaufen, wichtig ist aber der Hinweis, dass wir hier nicht über genetische Vererbung reden. Genetisch vererbt wird der Theorie zufolge die Neigung des Kinder-

gehirns, zu glauben, was ihm gesagt wird. Dies macht das Kindergehirn zu einem geeigneten Vehikel für nicht genetische Vererbung.
Wenn es nicht genetische Vererbung gibt, könnte es dann
nicht auch nicht genetischen Darwinismus geben? Können belie-
bige geistige Viren am Ende die Anfälligkeit von Kindergehirnen
ausnutzen? Oder überleben manche Viren besser als andere? An
dieser Stelle kommen die Theorien ins Spiel, die ich früher als pro-
ximat, nicht ultimat abgetan habe. Wenn die Angst vor dem Tod
weitverbreitet ist, könnte die Vorstellung von Unsterblichkeit als
geistiges Virus besser überleben als die Konkurrenzvorstellung, der
Tod würde uns ausblasen wie eine Kerze. Umgekehrt überlebt der
Gedanke an eine posthume Bestrafung von Sünden unter Umständen nicht deshalb, weil Kinder den Gedanken schön finden, sondern weil er für Erwachsene ein nützliches Mittel ist, die Kinder
unter Kontrolle zu halten. Wichtig ist dabei, dass mit Überlebenswert hier nicht die normale darwinistische Bedeutung eines genetischen Überlebenswertes gemeint ist. Wir führen hier nicht das normale darwinistische Gespräch über die Frage, warum ein Gen
überlebt und andere Allele (desselben Gens) aus dem Genpool
nicht. Vielmehr geht es darum, warum eine Idee im Ideenpool im
Vergleich zu Konkurrenzideen bevorzugt erhalten bleibt. Diese
Vorstellung von konkurrierenden Ideen, die in einem Ideenpool
überleben oder auch nicht, sollte das Wort »Mem« einfangen.

Begeben wir uns noch einmal zurück zu den Grundprinzipien
und erinnern wir uns daran, was eigentlich im Einzelnen bei der
natürlichen Selektion abläuft. Als unabdingbare Voraussetzung
muss Information, die sich exakt selbst verdoppelt, in verschiedenen, konkurrierenden Versionen vorliegen. Ich werde dem Werk
Natural Selection von George C. Williams folgen und sie als »Codices« (Singular »Codex«) bezeichnen. Die Grundform des Codex ist
ein Gen, und zwar nicht das physische DNA-Molekül, sondern die
darin enthaltene Information.

Biologische Codices oder Gene werden in Körpern herum-
getragen, auf deren Eigenschaften – den Phänotyp – sie Einfluss

hatten. Der Tod des Körpers geht mit der Zerstörung aller darin enthaltenen Codices einher, es sei denn, sie wären zuvor durch Fortpflanzung in einen anderen Körper übergegangen. Deshalb werden diejenigen Gene, die sich positiv auf das Überleben und die Fortpflanzung der Körper auswirken, in denen sie liegen, automatisch und auf Kosten konkurrierender Gene die Vorherrschaft in der Welt gewinnen.

Ein bekanntes Beispiel für einen nicht genetischen Codex ist der sogenannte Kettenbrief,»Kette« ist aber eigentlich kein gutes Wort. Es hört sich zu linear an und fängt nicht den Gedanken einer explosiven, exponentiellen Ausbreitung ein. Ebenso und aus dem gleichen Grund schlecht benannt ist die sogenannte Kettenreaktion in einer Atombombe. Sagen wir »Postvirus« anstelle von »Kettenbrief« und betrachten wir das Phänomen aus darwinistischer Sicht.

Angenommen, Sie erhalten mit der Post einen Brief, in dem einfach steht:»Stelle sechs Kopien von diesem Brief her und schicke sie an sechs Freunde.« Wenn Sie die Anweisung sklavisch befolgen und wenn Ihre Freunde und deren Freunde das Gleiche tun, verbreitet sich der Brief exponentiell, und wenig später waten wir knietief in Briefen. Natürlich würden die meisten Menschen eine solche knappe, nicht ausgeschmückte Anweisung nicht befolgen. Aber nun nehmen wir an, in dem Brief steht:»Wenn du nicht Kopien dieses Briefes an sechs Freunde schickst, wirst du verhext, ein Voodoozauber wird über dich ausgesprochen, und du wirst in jungen Jahren qualvoll sterben.« Die meisten Menschen würden den Brief auch dann noch nicht weiterschicken, aber ein beträchtlicher Anteil würde es vermutlich tun. Schon ein sehr niedriger Prozentsatz reicht aus, damit er Fahrt aufnimmt.

Wirksamer als die Drohung mit einer Strafe dürfte wahrscheinlich das Versprechen einer Belohnung sein. Wir haben vermutlich alle schon einmal Exemplare von Briefen einer etwas raffinierteren Form bekommen: Wir sollen eine kleine Geldsumme an Personen schicken, die bereits auf der Liste stehen, und dafür wird uns versprochen, dass wir am Ende Millionen erhalten, wenn die exponentielle Explosion sich weiter fortgesetzt hat. Welche Vermutungen wir auch persönlich darüber anstellen, wer auf so etwas hereinfällt, es ist eine Tatsache, dass viele es tun. Dass Kettenbriefe zirkulieren, ist eine empirische Tatsache. Gene sind daran nicht beteiligt, und doch lassen Postviren eine vollkommen authentische Epidemiologie erkennen, einschließlich der aufeinanderfolgenden Infektionswellen, die um die Welt rollen, und einschließlich der Evolution neuer, mutierter Stämme des ursprünglichen Virus.

Um es noch einmal zu wiederholen: Wenn wir die Religion verstehen wollen, können wir aus alledem die Lehre ziehen, dass wir mit der darwinistischen Frage »Welchen Überlebenswert hat die Religion?« nicht unbedingt den genetischen Überlebenswert meinen müssen. Die herkömmliche darwinistische Frage lautet im übertragenen Sinn: »Wie trägt die Religion zum Überleben und zur Fortpflanzung einzelner religiöser Menschen und damit zur Fortpflanzung der genetischen Neigung zu Religion bei?« Mir geht es aber darum, dass wir die Gene in die Rechnung überhaupt nicht einbeziehen müssen. Hier geht zumindest etwas Darwinistisches und auch etwas Epidemiologisches vor, was nichts mit Genen zu tun hat. Was überlebt oder nicht überlebt, sind die religiösen Ideen selbst im direkten Wettbewerb mit konkurrierenden religiösen Ideen.

An dieser Stelle habe ich mit einigen meiner Darwinistenkollegen eine Meinungsverschiedenheit. Puristische Evolutionspsychologen werden auf mich zukommen und ungefähr Folgendes sagen: Kulturelle Epidemiologie ist nur deshalb möglich, weil das menschliche Gehirn gewisse in der Evolution entstandene Neigungen besitzt, und mit Evolution meinen wir genetische Evolution. Sie können eine weltweite Epidemie verkehrt herum aufgesetzter Baseballkappen dokumentieren oder auch eine Epidemie von Nachahmungsmärtyrern oder eine Epidemie von Taufen mit vollständigem Eintauchen ins Wasser. Aber alle diese nicht genetischen Epidemien beruhen auf der Neigung der Menschen zur

Nachahmung. Und für die Neigung der Menschen zur Nachahmung brauchen wir letztlich eine darwinistische – und damit meinen wir eine genetische – Erklärung.

An dieser Stelle komme ich natürlich auf meine Theorie der kindlichen Leichtgläubigkeit zurück. Ich habe darauf hingewiesen, dass sie nur ein Beispiel dafür war, welche Art von Theorie ich vorschlagen möchte. Die gewöhnliche genetische Selektion richtet im kindlichen Gehirn die Neigung ein, älteren Menschen zu glauben. Die gewöhnliche, geradlinige darwinistische Selektion von Genen richtet in Gehirnen eine Tendenz zur Nachahmung ein und damit indirekt auch eine Tendenz, Gerüchte zu verbreiten, urbane Legenden zu verbreiten und die Lügengeschichten in Kettenbriefen zu glauben. Aber die genetische Selektion hat nun einmal Gehirne dieses Typs aufgebaut, und die liefern dann die Entsprechung zu einer neuen Form nicht genetischer Vererbung, die vielleicht die Grundlage für eine neue Form der Epidemiologie und sogar für eine neue Form der nicht genetischen darwinistischen Selektion bilden kann. Nach meiner Überzeugung gehört Religion zusammen mit Kettenbriefen und urbanen Legenden in eine Gruppe von Phänomenen, die sich mit einer solchen nicht genetischen Epidemiologie erklären lassen, wobei möglicherweise auch nicht genetische darwinistische Selektion beigemischt ist. Wenn ich recht habe, hat Religion für den einzelnen Menschen oder zugunsten seiner Gene keinen Überlebenswert. Wenn es überhaupt einen Nutzen gibt, hat ihn die Religion selbst.

Ist Wissenschaft eine Religion?[23]

Derzeit ist es modern, im Zusammenhang mit den Bedrohungen, die das Aids-Virus, der Rinderwahnsinn und andere Infektionskrankheiten für die Menschheit darstellen, in eine Weltuntergangsrhetorik zu verfallen. Nach meiner Überzeugung kann man durchaus die Ansicht vertreten, dass eine der größten derartigen Bedrohungen – vergleichbar mit dem Pockenvirus, aber schwieriger auszurotten – der Glaube ist.

Glaube – eine Überzeugung, die sich nicht auf Belege stützt – ist das Hauptübel jeder Religion. Und wer wäre beim Blick nach Nordirland oder in den Nahen Osten nicht davon überzeugt, dass das Gehirnvirus des Glaubens ungeheuer gefährlich ist? Jungen muslimischen Selbstmordattentätern wird unter anderem erzählt, ihr Märtyrertum sei der schnellste Weg in den Himmel – und zwar nicht nur in den Himmel, sondern in einen ganz besonderen Teil des Himmels, wo sie ihre besondere Belohnung erhalten: 72 jungfräuliche Bräute. Mir kommt es so vor, als bestünde unsere größte Hoffnung darin, eine Art »spirituelle Rüstungskontrolle« anzubieten: Man sollte speziell ausgebildete Theologenkommandos damit beauftragen, die derzeitige Jungfrauenquote zu deeskalieren.

Angesichts der Gefahren des Glaubens – und vor dem Hintergrund der Leistungen von Vernunft und Beobachtungsgabe im Rahmen der Tätigkeit, die man Wissenschaft nennt – finde ich es geradezu ironisch, dass offenbar immer, wenn ich einen öffentlichen Vortrag halte, irgendjemand vortritt und sagt: »Natürlich ist Ihre Wissenschaft genauso eine Religion wie unsere. Grundsätzlich reduziert sich doch auch Wissenschaft auf Glauben, oder?«

Nun, Wissenschaft ist keine Religion und reduziert sich nicht einfach nur auf Glauben. Sie hat zwar viele Vorzüge einer Religion, aber keinen ihrer Mängel. Wissenschaft gründet sich auf verifizierbare Belege. Dem religiösen Glauben fehlen nicht nur die Belege, sondern seine Unabhängigkeit von Belegen ist sogar sein Stolz und seine Freude, die laut von den Dächern gepfiffen wird. Warum sonst würden sich Christen so kritisch über den zweifelnden Thomas äußern? Die anderen Apostel werden uns als Musterbeispiele der Tugend vorgeführt, weil ihnen der Glauben genügte. Thomas dagegen hatte Zweifel und forderte Belege. Vielleicht hätte er zum Schutzheiligen der Wissenschaftler werden sollen.

Die Ansicht, Wissenschaft sei meine Religion, wird sicher unter anderem durch meinen Glauben an die Tatsache der Evolution provoziert. Ich glaube daran sogar mit leidenschaftlicher Überzeugung. Für manch einen mag das oberflächlich nach religiösem Glauben aussehen. Aber die Belege, deretwegen ich an die Evolution glaube, sind nicht nur überwältigend stark, sondern stehen auch jedem frei zur Verfügung, der sich die Mühe macht, sich Kenntnisse darüber anzueignen. Jeder kann die gleichen Belege studieren, die ich studiert habe, und dann wird er vermutlich zur gleichen Schlussfolgerung gelangen. Wenn Sie aber eine Überzeugung haben, die sich ausschließlich auf Glauben stützt, können wir die Gründe nicht untersuchen. Sie können sich immer hinter die private Mauer des Glaubens zurückziehen, wo sie für uns nicht mehr zu erreichen sind.

In der Praxis fallen natürlich auch einzelne Wissenschaftler manchmal in die Unart des Glaubens zurück, und einige glauben vielleicht sogar so unbeirrbar an eine Lieblingstheorie, dass sie gelegentlich Belege fälschen. Die Tatsache, dass so etwas manchmal geschieht, ändert aber nichts am Prinzip, dass diejenigen, die es tun, es nicht mit Stolz, sondern voller Scham tun. Die Methode der Naturwissenschaft ist so angelegt, dass Fälscher in der Regel am Ende entlarvt werden.

Naturwissenschaft ist eigentlich einer der moralischsten, ehrlichsten Tätigkeitsbereiche überhaupt – denn die Naturwissenschaft würde völlig zusammenbrechen, wenn man in den Berichten über Belege nicht pedantisch an der Ehrlichkeit festhalten würde.[24] Wie James Randi deutlich gemacht hat, ist dies einer der Gründe, warum Naturwissenschaftler sich so häufig von paranormalen Schwindlern täuschen lassen und warum professionelle Zauberkünstler die Rolle des Aufklärers besser spielen können. Wissenschaftler sehen absichtliche Unehrlichkeit einfach nicht so gut voraus. Auch in anderen Berufen (die Anwälte ausdrücklich zu erwähnen ist hier nicht nötig) ist die Verdrehung und sogar Fälschung von Belegen genau das, wofür die Menschen bezahlt werden und Fleißkärtchen erhalten.

Wissenschaft ist also frei vom Hauptübel der Religion, dem blinden Glauben. Aber wie ich erwähnt habe, hat Wissenschaft auch einige Vorzüge einer Religion. Religion kann danach streben, ihren Anhängern verschiedene Vorteile zu verschaffen – beispielsweise Erklärung, Trost und Erbauung. In diesen Bereichen hat auch die Naturwissenschaft etwas zu bieten.

Menschen haben einen großen Hunger nach Erklärungen. Das dürfte einer der Hauptgründe sein, warum die Menschheit ganz allgemein Religionen besitzt, denn Religionen streben danach, Erklärungen zu liefern. Wir kommen mit unserem individuellen Bewusstsein in ein rätselhaftes Universum und sehnen uns danach, es zu verstehen. Die meisten Religionen bieten eine Kosmologie und eine Biologie, eine Theorie des Lebendigen, eine Theorie über Ursprünge und Gründe des Daseins. Damit machen sie deutlich, dass Religion in einem gewissen Sinn Wissenschaft ist; nur ist sie schlechte Wissenschaft. Man sollte nicht auf das Argument hereinfallen, Religion und Naturwissenschaft seien in verschiedenen Dimensionen tätig und würden sich mit Fragen ganz unterschiedlichen Typs beschäftigen. Religionen haben in der Geschichte immer versucht, die Fragen zu beantworten, die eigentlich in die Wissenschaft gehören. Deshalb sollte man den Religionen nicht gestatten, sich heute von dem Terrain zurückzuziehen, auf dem sie traditionell zu kämpfen versucht haben. Sie bieten sowohl eine Kosmologie als auch eine Biologie. Nur sind beide falsch.

Schwieriger ist es für die Wissenschaft, Trost zu spenden. Im Gegensatz zur Religion kann Naturwissenschaft den Hinterbliebenen kein freudiges Wiedersehen mit ihren Angehörigen im Jenseits anbieten. Diejenigen, die auf dieser Erde Unrecht erlitten haben, können aus wissenschaftlicher Sicht nicht damit rechnen, dass ihre Peiniger im Leben nach dem Tod eine wohlverdiente Strafe bekommen. Wenn die Vorstellung vom Jenseits eine Illusion ist (was ich glaube), kann man die Ansicht vertreten, dass der damit angebotene Trost hohl ist. Aber das muss nicht zwangsläufig so sein; ein falscher Glaube kann ebenso tröstlich wirken wie ein wahrer, vorausgesetzt, der Gläubige bemerkte nie, dass er falsch ist. Wenn Trost aber so billig zu haben ist, kann die Wissenschaft mit anderen billigen Linderungsverfahren ein Gegengewicht schaffen, beispielsweise mit Schmerzmitteln: Der Trost, den sie bieten, kann eine Illusion sein oder auch nicht, aber sie wirken.

Dagegen kann die Wissenschaft bei der Erbauung wirklich zeigen, was in ihr steckt. Alle großen Religionen bieten Raum für Ehrfurcht, für ekstatische Versenkung in das Staunen und in die Schönheit der Schöpfung. Und genau dieses Gänsehautgefühl atemberaubenden, fast ehrfürchtigen Staunens, dieses überströmende Glücksgefühl im Moment der Erleuchtung, kann die moderne Wissenschaft bieten. Und wie sie es tut, hätten sich Heilige und Mystiker in ihren wildesten Träumen nicht ausmalen können. Die Tatsache, dass das Übernatürliche in unseren Erklärungen, in unserem Verständnis für das Universum und das Leben keinen Platz hat, mindert das Staunen nicht. Ganz im Gegenteil. Schon der bloße Blick durch ein Mikroskop auf das Gehirn einer Ameise oder durch ein Teleskop auf eine längst vergangene Galaxie mit Milliarden Welten reicht aus, um selbst die Lobgesänge der Psalmen blass und provinziell erscheinen zu lassen.

Nun, wie ich bereits gesagt habe: Wenn man mir vorhält, die Wissenschaft oder ein bestimmter Teil davon, wie beispielsweise die Evolutionstheorie, sei nur eine Religion wie jede andere, widerspreche ich in der Regel voller Empörung. Aber allmählich frage ich mich, ob das nicht vielleicht die falsche Taktik ist. Vielleicht wäre es richtiger, den Vorwurf dankbar aufzunehmen und die gleiche Zeit für Naturwissenschaft im Religionsunterricht zu fordern. Und je mehr ich darüber nachdenke, desto mehr wird mir klar, dass man dafür ausgezeichnete Gründe anführen könnte. Deshalb möchte ich ein wenig über Religionsunterricht reden und über den Platz, den die Wissenschaft darin einnehmen könnte.

Man kann vom Religionsunterricht verschiedene Dinge erwarten, und eines dieser Ziele könnte es sein, Kinder dazu zu ermutigen, über die tiefen Fragen des Daseins nachzudenken; sie einzuladen, über die Banalitäten des Alltags hinauszudenken und die Dinge *sub specie aeternitatis* (unter dem Gesichtspunkt der Ewigkeit) zu betrachten.

Die Wissenschaft kann eine Vision des Lebens und des Universums bieten, die, wie ich bereits angemerkt habe, in Sachen Demut lehrende poetische Inspiration um Klassen besser ist als alle sich gegenseitig widersprechenden Glaubensrichtungen und die enttäuschend jungen Traditionen der Weltreligionen.

Wie könnte beispielsweise bei einem Kind im Religionsunterricht die Inspiration ausbleiben, wenn wir ihm eine Ahnung vom Alter des Universums vermitteln? Angenommen, im Augenblick von Jesu Tod hätte sich die Nachricht darüber von der Erde aus mit größtmöglicher Geschwindigkeit im Universum verbreitet. Wie weit wären die entsetzlichen Neuigkeiten bis heute gekommen? Nach der Speziellen Relativitätstheorie lautet die Antwort: Die Nachricht kann nicht und unter keinen Umständen mehr als ein Fünfzigstel des Weges quer durch eine Galaxis zurückgelegt haben – und nicht einmal ein Tausendstel der Entfernung zu unserer nächsten Nachbargalaxie in dem hundert Millionen Galaxien großen Universum. Das Universum als Ganzes kann Christus, seiner Geburt, seiner Passion, seinem Tod gar nicht anders als gleichgültig gegenüberstehen. Selbst eine so folgenschwere Nachricht wie die über die Entstehung des Lebens auf der Erde kann sich erst in unserer kleinen, lokalen Galaxiengruppe ausgebreitet haben. Und doch liegt dieses Ereignis nach unseren irdischen Zeitmaßstäben weit zurück: Wenn wir den Zeitraum mit ausgebreiteten Armen symbolisieren, macht die ganze Menschheitsgeschichte, die ganze menschliche Kultur nicht mehr aus als den Staub von unserem Fingernagel nach einem einzigen Strich mit der Nagelfeile.

Wie ich nicht besonders zu betonen brauche, würde man das Argument der schöpferischen Gestaltung, das einen wichtigen Teil der Religionsgeschichte darstellt, in meinem Religionsunterricht nicht übergehen. Die Kinder würden die zauberhaften Wunder der Organismenreiche kennenlernen, den Darwinismus neben den kreationistischen Alternativen betrachten und sich ihre eigene Meinung bilden. Nach meiner Überzeugung hätten die Kinder keine Schwierigkeiten damit, sich das Richtige zu überlegen, wenn man sie mit den Belegen bekannt macht.

Interessant wäre es auch, mehr als nur eine Schöpfungstheorie zu unterrichten. Die beherrschende Rolle spielt in unserer Kultur der jüdische Schöpfungsmythos, der seinerseits auf einem babylonischen Schöpfungsmythos basiert. Es gibt natürlich jede Menge andere, und vielleicht sollte man allen die gleiche Zeit widmen (nur bliebe dann nicht mehr viel Zeit übrig, um irgendetwas anderes zu studieren). Nach meiner Kenntnis gibt es Hindus, nach deren Glauben die Welt in einem kosmischen Butterfass erschaffen wurde, und nigerianische Völker glauben, die Welt sei von Gott aus den Exkrementen von Ameisen erschaffen worden. Haben solche Geschichten nicht ebenso viel Recht auf gleiche Unterrichtszeit wie der jüdisch-christliche Mythos von Adam und Eva?

So viel zur Entstehung der Welt! Wenden wir uns jetzt den Propheten zu. Der Halley-Komet wird zuverlässig im Jahr 2062 wiederkehren. Biblische oder delphische Prophezeiungen streben nicht einmal ansatzweise eine solche Genauigkeit an, Astrologen und Nostradamiker wagen es nicht, sich auf die Prognose von Tatsachen festzulegen, sondern tarnen ihre Scharlatanerie stattdessen mit einer Nebelwand der Unbestimmtheit. Wenn in der Vergangenheit Kometen auftauchten, galten sie häufig als Vorboten von Katastrophen. Die Astrologie spielte in verschiedenen religiösen Traditionen eine wichtige Rolle, so auch im Hinduismus. Angeblich wurden drei weise Männer von einem Stern zur Krippe Jesu geführt. Wir könnten die Kinder fragen, welchen physikalischen Weg der angebliche Einfluss der Sterne auf die Angelegenheiten der Menschen nehmen könnte.

Nebenbei bemerkt, brachte die BBC um die Weihnachtszeit 1995 eine schockierende Sendung. Darin traten eine Astronomin, ein Bischof und ein Journalist auf, die man mit dem Auftrag ausgeschickt hatte, den Weg der drei weisen Männer nachzuvollziehen. Nun, dass ein Bischof und ein Journalist (der zufällig ein religiöser Autor war) teilnahmen, kann man verstehen – aber die Astronomin war angeblich eine angesehene Autorin auf ihrem Fachgebiet, und doch ging sie mit! Auf dem ganzen Weg redete sie über die Vorzeichen, wenn Saturn und Jupiter im Aszendenten über Uranus standen oder was es auch war. Eigentlich glaubt sie nicht an Astrologie, aber in unserer Kultur haben wir unter anderem das Problem, dass man uns gelehrt hat, sie zu tolerieren und sie sogar unbestimmt lustig zu finden – und zwar so sehr, dass sogar wissenschaftlich denkende Menschen, die nicht an Astrologie glauben, sie häufig für einen harmlosen Spaß halten. Ich nehme die Astrologie dagegen sehr ernst: Nach meiner Auffassung ist sie zutiefst gefährlich, weil sie die Rationalität untergräbt, und ich würde gern einen gegen sie gerichteten Feldzug miterleben.

Wenn es im Religionsunterricht um Ethik geht, hat die Wissenschaft nach meiner Auffassung tatsächlich nicht viel zu sagen, und ich würde eine rationale Moralphilosophie an ihre Stelle setzen. Glauben die Kinder, dass es absolute Maßstäbe für Richtig und Falsch gibt? Und wenn ja, woher kommen sie? Kann man sich für Richtig und Falsch gute praktische Prinzipien ausdenken, wie »Behandle andere so, wie du behandelt werden möchtest« und »Das größtmögliche Gute für die größtmögliche Zahl« (was auch immer das bedeuten soll)? Unabhängig von der eigenen Ethik lohnt es sich, als Evolutionsforscher zu fragen, woher die Moral kommt. Auf welchem Weg hat sich das Gehirn der Menschen seine Neigung zu Ethik und Moral, sein Gefühl für Richtig und Falsch angeeignet?

Sollen wir Menschenleben höher bewerten als alles andere Leben? Soll man um die Spezies *Homo sapiens* eine starre Mauer bauen, oder sollten wir darüber reden, ob auch andere Arten möglicherweise ein Anrecht auf unsere humanistischen Sympathien haben? Sollen wir beispielsweise der Lobby der Lebensschützer folgen, die ausschließlich vom menschlichen Leben spricht und das Leben eines menschlichen Fötus, der die Fähigkeiten eines Wurms besitzt, höher bewertet als das Leben eines denkenden, fühlenden Schimpansen? Welches Fundament hat der Zaun, den wir rund um den *Homo sapiens* errichten – und selbst um ein kleines Stückchen Embryonalgewebe? (Was bei genauerem Nachdenken unter Evolutionsgesichtspunkten keine gut begründete Idee ist.) Wann, nachdem sich unsere Abstammungslinie von der der Schimpansen getrennt hatte, wuchs der Zaun plötzlich in die Höhe?

Kommen wir nun von der Ethik zu den letzten Dingen, zur Eschatologie: Aus dem zweiten Hauptsatz der Thermodynamik wissen wir, dass alle Komplexität, alles Leben, alles Lachen, alle Sorgen darauf hinstreben, sich am Ende in kaltem Nichts zu nivellieren. Sie – und wir – können nie mehr sein als vorübergehende, lokal begrenzte Buckel auf der großen universellen Rutschbahn in den Abgrund der Einheitlichkeit. Wir wissen, dass sich das Universum ausdehnt und vermutlich für alle Zeiten weiter ausdehnen wird, es ist allerdings auch möglich, dass es sich irgendwann wieder zusammenzieht. Und was mit dem Universum auch geschehen mag, wir wissen, dass die Sonne in ungefähr 60 Millionen Jahrhunderten die Erde verschlingen wird.

Die Zeit als solche begann in einem bestimmten Augenblick, und die Zeit könnte auch in einem bestimmten Augenblick zu Ende sein – oder auch nicht. Die Zeit könnte lokal in kleinen Zusammenbrüchen enden, die man schwarze Löcher nennt. Die Gesetze des Universums gelten anscheinend überall im Universum. Warum ist das so? Könnten die Gesetze sich im Bereich der Zusammenbrüche verändern? Um wirklich zu spekulieren: Die Zeit könnte mit neuen physikalischen Gesetzen, neuen physikalischen Konstanten von vorn beginnen. Und man hat die plausible Vermutung geäußert, dass es viele Universen geben könnte, die so vollständig voneinander isoliert sind, dass die jeweils anderen für jedes einzelne nicht existieren. Sogar die Vermutung des theoretischen Physikers Lee Smolin, wonach unter den Universen eine darwinistische Selektion stattfindet, könnte zutreffen.

Die Wissenschaft könnte also schon allein im Religionsunterricht gute Inhalte liefern. Aber das wäre nicht genug. Nach meiner Überzeugung ist eine gewisse Vertrautheit mit der King-James-Version der Bibel für jeden wichtig, der verstehen will, welche Anspielungen in der englischen Literatur vorkommen. Zusammen mit dem *Book of Common Prayer* nimmt die Bibel im *Oxford Dictionary of Quotations* 58 Seiten in Anspruch. Mehr hat nur Shakespeare. Ich glaube tatsächlich, dass das Fehlen jeglichen Bibelunterrichts für Kinder nachteilig ist, wenn sie englische Literatur lesen und die Herkunft von Formulierungen wie »through a glass darkly« (»durch einen Spiegel in einem dunklen Bild«), »all flesh is as grass« (»alles Fleisch ist Gras«), »the race is not the swift« (»zum Laufen hilft nicht schnell sein«), »crying in the wilderness« (»Rufer in der Wüste«), »reaping the whirlwind« (»Wind säen und Sturm ernten«), »amid the alien corn« (»sie einst stand im fremden Korn«), »eyeless in Gaza« (»geblendet in Gaza«), Job's »miserable comforters« (Hiobs »leidige Tröster«) oder »the widow's mite« (»das Scherflein der Witwe«) nicht kennen.

Jetzt möchte ich auf den Vorwurf zurückkommen, Naturwissenschaft sei nur ein Glaube. In seiner extremen Form – der ich als Wissenschaftler und Rationalist häufig begegne – lautet der Vorwurf, Fanatismus und Bigotterie seien bei Wissenschaftlern ebenso groß wie bei manchen religiösen Menschen. Manchmal steckt darin eine gewisse Berechtigung, aber als bigotte Fanatiker sind wir Wissenschaftler nur Amateure. Wir geben uns damit zufrieden, mit denen zu diskutieren, die anderer Meinung sind als wir. Wir bringen sie nicht um.

Aber ich möchte auch dem geringeren Vorwurf des rein verbalen Fanatismus widersprechen. Es ist ein sehr, sehr wichtiger Unterschied, ob wir starke und sogar leidenschaftliche Gefühle für etwas haben, weil wir darüber nachgedacht und die dafür sprechenden Belege untersucht haben, oder ob wir starke Gefühle für etwas hegen, weil es uns in unserem Inneren offenbart wurde oder weil es jemand anders in der Geschichte innerlich offenbart und später durch Tradition geheiligt wurde. Zwischen einem Glauben, den man verteidigen kann, indem man sich auf Belege und Logik beruft, und einem Glauben, der durch nichts anderes gestützt wird als durch Tradition, Autorität oder Offenbarung, liegen Welten. Wissenschaft gründet sich auf rationale Überzeugungen. Wissenschaft ist keine Religion.

Atheisten für Jesus[25]

Wie ein gutes Kochrezept, so muss auch die Argumentation für eine Bewegung namens »Atheisten für Jesus« Schritt für Schritt aufgebaut werden, wobei wir als Erstes die Zutaten bereitstellen. Beginnen wir mit dem scheinbar widersprüchlichen Titel. In einer Gesellschaft, in der die Mehrheit der Theisten zumindest dem Namen nach Christen sind, werden die Wörter »Theist« und »Christ« nahezu in der gleichen Bedeutung verwendet. Bertrand Russells berühmte Verteidigung des Atheismus trug den Titel *Why I Am Not a Christian* (dt. *Warum ich kein Christ bin*) und nicht, wie es vermutlich richtiger gewesen wäre »Warum ich kein Theist bin«. Alle Christen sind Theisten, das muss man anscheinend nicht besonders erwähnen.[26]

Jesus war natürlich Theist, aber das ist das am wenigsten Interessante an ihm. Er war Theist, weil es zu seiner Zeit jeder war. Atheismus war selbst für einen radikalen Denker wie Jesus keine Option. Das Interessante und Bemerkenswerte an Jesus war nicht die offenkundige Tatsache, dass er an den Gott seiner jüdischen Religion glaubte, sondern dass er gegen Jahwes widerwärtige Rachsucht aufbegehrte. Zumindest in den Lehren, die ihm zugeschrieben werden, setzte sich Jesus öffentlich für Freundlichkeit ein, und er war einer der Ersten, die auch so handelten. Für diejenigen, die in der Tradition der Scharia-artigen Grausamkeiten von Leviticus und Deuteronomium standen, und für diejenigen, die mit der Furcht vor dem nachtragenden, Ajatollah-ähnlichen Gott Abrahams und Isaaks aufgewachsen waren, muss ein charismatischer junger Prediger, der sich für großzügige Vergebung einsetzte, radikal und geradezu ein Umstürzler gewesen sein. Kein Wunder, dass sie ihn ans Kreuz nagelten.

Ihr habt gehört, dass gesagt ist: »Auge um Auge, Zahn um Zahn.« Ich aber sage euch, dass ihr nicht widerstreben sollt dem Übel, sondern: wenn dich jemand auf deine rechte Backe schlägt, dem biete die andere auch dar. Und wenn jemand mit dir rechten will und dir einen Rock nehmen, dem lass auch den Mantel. Und wenn jemand dich nötigt, eine Meile mitzugehen, so geh mit ihm zwei. Gib dem, der dich bittet, und wende dich nicht ab von dem, der etwas von dir borgen will. Ihr habt gehört, dass gesagt ist: »Du sollst deinen Nächsten lieben« und deinen Feind hassen. Ich aber sage euch: Liebt eure Feinde, segnet, die euch fluchen, tut wohl denen, die euch hassen, und bittet für die, die euch beleidigen und verfolgen. (Matthäus 5, 38–44)

Meine zweite Zutat ist ein weiteres Paradoxon, das aber dieses Mal seinen Ursprung in meinem eigenen Fachgebiet hat: dem Darwinismus. Die natürliche Selektion ist ein zutiefst abscheulicher Prozess. Darwin selbst bemerkte einmal: »Was für ein Buch könnte ein Kaplan des Teufels über die schwerfälligen, verschwenderischen, tölpelhaft ordinären und entsetzlich grausamen Werke der Natur schreiben.« Was Darwin erzürnte, waren nicht nur die Tatsachen der Natur, unter denen er besonders die Larven der Schlupfwespen und ihre Gewohnheit, den Körper lebender Raupen von innen heraus aufzufressen, herausgriff. Die Theorie der natürlichen Selektion als solche scheint darauf aus zu sein, den Egoismus auf Kosten des Allgemeinwohls zu fördern, Gewalt, kaltschnäuzige Gleichgültigkeit gegenüber dem Leiden, kurzfristige Gier auf Kosten langfristiger Voraussicht. Wenn wissenschaftliche Theorien wählen könnten, würde die Evolution sicher republikanisch wählen.[27] Mein Paradoxon erwächst aus einer undarwinistischen Tatsache, die jeder von uns im eigenen Bekanntenkreis beobachten kann: Viele einzelne Menschen sind freundlich, großzügig, hilfsbereit, mitfühlend, nett – der Typ Menschen, von dem wir sagen: »Sie ist eine richtige Heilige« oder »Er ist wirklich ein barmherziger Samariter«.

Wir alle kennen Menschen, zu denen wir ehrlich sagen können: »Wenn alle so wären wie du, würden die Probleme der Welt dahinschwinden.« Die Milch der menschlichen Freundlichkeit ist nur eine Metapher, aber so naiv es auch klingt: Ich halte manche meiner Freundinnen und Freunde für so selbstlos und offensichtlich undarwinistisch, dass ich das Gefühl habe, ich würde das, was sie so freundlich macht, gern in Flaschen füllen.

Darwinisten können durchaus Erklärungen für die Nettigkeit der Menschen liefern: Verallgemeinerungen der gut ausgearbeiteten Modelle von Verwandtenselektion und gegenseitigem Altruismus, bekannte Hilfsmittel der Theorie der »egoistischen Gene«, die erklären will, wie Altruismus und Kooperation unter einzelnen Tieren aus dem Eigeninteresse auf der genetischen Ebene erwachsen können. Aber die erwähnte übermäßige Nettigkeit von Menschen geht zu weit. Sie ist ein Fehlschuss, ja sogar eine Perversion der darwinistischen Auffassung von Nettigkeit. Aber wenn es eine Perversion ist, dann eine, die wir unterstützen und verbreiten müssen.

Die Supernettigkeit von Menschen ist eine Perversion des Darwinismus, weil sie in einer wild lebenden Population von der natürlichen Selektion ausgemerzt würde. Außerdem ist sie – auch wenn hier nicht genügend Platz ist, um bei dieser dritten Zutat meines Rezept ins Detail zu gehen – ganz offensichtlich eine Perversion der Theorie rationaler Entscheidungen, mit der Wirtschaftswissenschaftler das Verhalten von Menschen als berechnete Maximierung des Eigeninteresses erklären.

Formulieren wir es noch krasser. Unter rationalen Gesichtspunkten oder unter darwinistischen Gesichtspunkten ist die Supernettigkeit von Menschen schlichtweg dumm. Aber es ist die Art von Dummheit, die wir unterstützen sollten – und das ist der Zweck meines Artikels. Wie schaffen wir das? Wie können wir die Minderheit der supernetten Menschen, die wir alle kennen, anerkennen und ihre Zahl vielleicht sogar so weit vergrößern, dass sie in der Bevölkerung zur Mehrheit werden? Könnte man die Supernettigkeit dazu veranlassen, sich wie eine Epidemie zu verbreiten? Könnte man Supernettigkeit so verpacken, dass sie in einer wachsenden, sich fortpflanzenden Tradition durch die Generationen weitergereicht wird?

Kennen wir eigentlich auch vergleichbare Beispiele dafür, wie dumme Ideen sich bekanntermaßen epidemieartig ausgebreitet haben? Ja, bei Gott! Die *Religion*. Religiöse Überzeugungen sind irrational. Religiöse Überzeugungen sind dumm und dümmer: superdumm. Religion treibt ansonsten vernünftige Menschen in zölibatäre Klöster oder lässt sie in New Yorker Wolkenkratzer fliegen. Religion bringt Menschen dazu, ihren eigenen Rücken zu geißeln, sich selbst oder ihre Töchter anzuzünden, ihre eigenen Großmütter als Hexen zu denunzieren oder in weniger extremen Fällen Woche für Woche stehend oder kniend Zeremonien von betäubender Langeweile über sich ergehen zu lassen. Wenn Menschen sich mit einer derart selbst schädigenden Dummheit anstecken können, sollte es doch ein Leichtes sein, sie auch mit Nettigkeit zu infizieren.

Religiöse Überzeugungen breiten sich mit ziemlicher Sicherheit epidemieartig aus, und noch offensichtlicher wandern sie durch die Generationen, bilden langjährige Traditionen und begünstigen lokale Enklaven von ganz besonders eigenartiger Irrationalität. Wir verstehen vielleicht nicht, warum Menschen sich bizarre Verhaltensweisen zu eigen machen, die wir religiös nennen, aber dass sie es tun, ist eine offenkundige Tatsache. Die Existenz der Religion ist ein Beleg, dass Menschen eifrig irrationale Überzeugungen übernehmen und verbreiten, und zwar sowohl vertikal in der Überlieferung als auch horizontal in Epidemien der Evangelisation. Könnte man diesen wunden Punkt, diese spürbare Anfälligkeit für Infektionen der Irrationalität, zu wirklich guten Zwecken nutzen?

Menschen neigen zweifellos stark dazu, von bewunderten Vorbildern zu lernen und sie nachzuahmen. Unter geeigneten Bedingungen kann dies dramatische epidemiologische Folgen haben. Die Frisur eines Fußballspielers, der Kleidungsstil einer Sängerin, die manierierte Sprache eines Showmasters – solche trivialen Eigentümlichkeiten können sich in einer anfälligen Altersgruppe ausbreiten wie ein Virus. Die Werbebranche beschäftigt sich professionell mit der Wissenschaft – oder vielleicht ist es auch eine Kunst –, Nachahmungsepidemien in Gang zu setzen und ihre Ausbreitung zu unterstützen. Auch das Christentum wurde durch die Entsprechung zu solchen Methoden verbreitet, anfangs von Paulus, später von Priestern und Missionaren, die sich systematisch daranmachten, die Zahl der Bekehrten zu steigern, was manchmal in exponentielles Wachstum mündete. Könnten wir eine exponentielle Vermehrung der Zahl supernetter Menschen ins Werk setzen?

Kürzlich führte ich in Edinburgh eine Podiumsdiskussion mit Richard Holloway, dem früheren Bischof dieser wunderschönen Stadt. Bischof Holloway hat offensichtlich den Glauben an Übernatürliches, den die meisten Christen bis heute mit ihrer Religion gleichsetzen, hinter sich gelassen (er bezeichnet sich selbst als Postchristen oder als »genesenden Christen«). Bis heute hat er sich aber die Verehrung für die Poesie religiöser Mythen bewahrt, und das reicht aus, um ihn weiterhin zum Kirchgang zu veranlassen. Im Laufe unseres Gesprächs in Edinburgh machte er eine Bemerkung, die mich bis ins Mark erschütterte. Im Rückgriff auf einen poetischen Mythos aus der Welt von Mathematik und Kosmologie bezeichnete er die Menschheit als »Singularität« in der Evolution. Damit meinte er genau das, worüber ich in diesem Essay spreche, auch wenn er es anders ausdrückte.[28] Die Entstehung der Supernettigkeit von Menschen hatte in den vier Milliarden Jahren der Evolutionsgeschichte nicht ihresgleichen. Es scheint, als würde die Evolution nach der Singularität des Homo sapiens nie mehr so sein wie früher.

Man sollte sich keine Illusionen machen, denn Bischof Holloway machte sie sich auch nicht. Die Singularität ist keine Schöpfung einer nicht durch Evolution entstandenen Intelligenz, sondern ein Produkt der blinden Evolution selbst. Sie ist das Ergebnis der natürlichen Selektion des menschlichen Gehirns, das unter dem blinden Einfluss der natürlichen Selektion immer größer wurde, bis es vollkommen unvorhergesehen über sich selbst hinauswuchs und sich aus Sicht der egoistischen Gene verrückt verhielt. Die durchsichtigste undarwinistische Fehlentwicklung ist die Empfängnisverhütung, die das sexuelle Vergnügen von seiner natürlichen Funktion der Fortpflanzung von Genen trennt. Subtilere Übertreibungen sind zum Beispiel intellektuelle und künstlerische Unternehmungen, die unter dem Gesichtspunkt der egoistischen Gene Zeit und Energie verbrauchen, obwohl man diese eigentlich dem Überleben und der Fortpflanzung widmen sollte. Das große Gehirn erwarb die evolutionär beispiellose Fähigkeit zu echter Voraussicht: Es war nun in der Lage, langfristige Folgen gegen kurzfristige, egoistische Gewinne aufzurechnen. Und zumindest bei manchen Menschen schoss das Gehirn sogar weit übers Ziel hinaus und suhlte sich in jener Supernettigkeit, deren einzigartige Existenz das zentrale Paradoxon meiner These ist. Ein großes Gehirn kann von den Triebkräften, den zielgerichteten Mechanismen, die ursprünglich im Sinn der egoistischen Gene begünstigt wurden, ausgehen und sie so umlenken (umstürzen? umkehren?), dass sie von ihren darwinistischen Zielen ablassen und andere Wege einschlagen.

Ich bin kein Memtechniker und habe kaum eine Ahnung, wie man die Zahl der supernetten Menschen steigern und ihre Meme im Mempool verbreiten könnte. Das Beste, was ich anbieten kann, ist ein hoffentlich eingängiger Slogan: »Atheisten für Jesus« wäre eine Zierde für jedes T-Shirt. Es gibt keinen besonders stichhaltigen Grund, Jesus als Musterbeispiel zu wählen und nicht irgendein anderes Vorbild aus den Reihen der supernetten Menschen wie Mahatma Gandhi (aber nicht die grauenhaft selbstgerechte, heuchlerische Mutter Teresa, um Himmels willen, nein[29]). Nach meiner Überzeugung sind wir es Jesus schuldig, seine wirklich neuartige, radikale Ethik von dem übernatürlichen Unsinn zu trennen, den er sich als Mensch seiner Zeit zwangsläufig zu eigen machte. Und vielleicht bedarf es gerade der widersprüchlichen Wirkung von »Atheisten für Jesus«, um dem Mem der Supernettigkeit in einer postchristlichen Gesellschaft die nötige Schubkraft zu verleihen. Angenommen, wir spielen unsere Karten richtig aus: Können wir dann die Gesellschaft von den niederen Regionen ihrer darwinistischen Ursprünge in die freundlicheren, mitfühlenden Höhen einer Post-Singularitäts-Aufklärung führen?

Ich glaube, ein wiedergeborener Jesus würde das T-Shirt tragen. Es ist zu einem Gemeinplatz geworden: Würde er heute wiederkehren, er wäre entsetzt über das, was in seinem Namen von Christen getan wird – von der katholischen Kirche mit ihrem riesigen, zur Schau gestellten Reichtum bis zur fundamentalistisch-religiösen Rechten mit ihrer ausdrücklichen Doktrin, die Jesus unmittelbar widerspricht: »Gott will, dass du reich bist.« Weniger offensichtlich, aber im Licht der modernen wissenschaftlichen Kenntnisse immer noch plausibel ist etwas anderes: Ich glaube, er würde die übernatürliche Vernebelung durchschauen. Aber natürlich würde die Bescheidenheit ihn zwingen, sein T-Shirt umzudrehen, sodass die Beschriftung lautet: »Jesus für die Atheisten«.

Nachwort

Der Wortlaut dieses Essays geht von der Annahme aus, dass Jesus ein Mensch war, der tatsächlich gelebt hat. Eine Minderheit unter den Historikern vertritt die Ansicht, dies sei nicht der Fall; dafür spricht eine Menge. Die Evangelien wurden erst Jahrzehnte nach Jesu angeblichem Tod von unbekannten Jüngern geschrieben, die ihn nie kennengelernt hatten, aber durch machtvolle religiöse Ziele motiviert waren. Außerdem unterschied sich ihre Vorstellung von historischen Tatsachen so stark von der unseren, dass sie unbekümmert Geschichten erfanden, um die Prophezeiungen des Alten Testaments zu erfüllen. Matthäus' Geschichte von der Jungfrauengeburt wurde erfunden, weil man eine angebliche Prophezeiung von Jesaja erfüllen wollte, die ihre Ursache in Wirklichkeit in einer falschen Übersetzung hatte: Das hebräische Wort für »junge Frau« wurde in ein griechisches Wort für »Jungfrau« übersetzt. Die ältesten Bücher des Neuen Testaments finden sich unter den Briefen und sagen nahezu nichts über Jesu Leben aus, sondern enthalten nur viele erfundene Äußerungen über seine theologische Bedeutung. In Dokumenten außerhalb der Bibel wird er verdächtig selten erwähnt. In meinem Zusammenhang spielt das – ob so oder so herum – eigentlich kaum eine Rolle. Wenn er eine fiktive oder mythische Gestalt war, dann möchte ich, dass wir die Tugenden dieser fiktiven Gestalt nachahmen. Das Verdienst sollte entweder an einen Mann namens Jesus gehen oder aber an den Autor, der ihn erfunden hat. Die Aussage meines Essays bleibt die gleiche.

Als eigenständige Frage ist es jedoch durchaus interessant, ob er wirklich existiert hat. Jesus ist die lateinische Form von Yehoshua, Yeshua, Yeshu oder Joshua, und von denen gab es zu jener Zeit eine Menge. Ebenso gab es viele Wanderprediger, und die beiden Gruppen überschnitten sich vermutlich. So betrachtet, könnte es ohne Weiteres mehrere Jesusse gegeben haben. Und von denen könnten durchaus mehrere eine Kreuzigung erlitten haben: Auch die gab es in römischer Zeit häufig. Aber konnte irgendeiner von ihnen über das Wasser gehen, Wasser in Wein verwandeln, eine Jungfrau als Mutter haben, sich selbst oder andere von den Toten auferwecken oder Wunder vollbringen, welche die Gesetze der Physik verletzten? Nein. Sagte einer von ihnen etwas so Gutes wie die Bergpredigt? Entweder tat es einer von ihnen, oder ein anderer dachte es sich aus und legte es einer fiktiven Gestalt in den Mund – das ist alles, was hier für mich von Interesse ist. Supernettigkeit ist es wert, dass man sie verbreitet, und die Religion könnte uns dazu einen Weg weisen.

TEIL V

Leben in der Wirklichkeit

Zu lesen, was Richard Dawkins über Themen von öffentlichem Interesse – ob Ethik oder Bildung, Gesetze oder Sprache – zu sagen hat, fühlt sich manchmal an, als würde man zum Schwimmen in eiskaltes Meerwasser eintauchen: Zuerst muss man tief Luft holen, dann nimmt das Hochgefühl zu, und schließlich kommt man mit einem prickelnden Gefühl des Wohlbefindens wieder heraus. Nach meiner Überzeugung liegt das manchmal an der Kombination aus klarem Denken, geschickter Ausdrucksweise, ernsthaftem Engagement für das Thema und einem nüchternen Zutrauen zu der Fähigkeit der objektiven Vernunft, vielleicht nicht immer Lösungen, stets aber positive Wege in die Wirklichkeit aufzuzeigen.

Angesichts der Überschrift für diesen Abschnitt mag es widersinnig erscheinen, mit einem Artikel zu beginnen, dessen Titel auf einen antiken griechischen Denker verweist, der eher wegen seines Faibles für Idealformen bekannt ist. Aber genau darum geht es. Der Schlüsselgedanke des »Essentialismus« oder der »Tyrannei des diskontinuierlichen Geistes« beruht auf einer grundlegend falschen Vorstellung davon, wie man über die Welt denken sollte; der Essay weist sie zurück und zeigt, wie unsere Denkweise und unser Sprachgebrauch mit darüber bestimmen, wie wir beobachten, analysieren und verstehen, was um uns herum vorgeht. Meisterhaft stellt er dabei Beziehungen zwischen theoretischen Konzepten und praktischer Erfahrung her.

Zu den Zielscheiben dieses Artikels gehören »den Zeigefinger hebende, einschüchternde Anwälte«, die auf komplexe Fragen nach

Risiken, Sicherheit oder Schuld einfache Ja-nein-Antworten verlangen. Weitere Kritik muss das juristische System in dem zweiten Aufsatz mit dem Titel »Über jeden vernünftigen Zweifel erhaben« einstecken, der die Praxis von Schwurgerichtsverhandlungen mit einer forensischen Strenge hinterfragt, auf die viele Anwälte stolz wären.

»Aber können sie leiden?« beschäftigt sich mit dem Dilemma der Schmerzen und ihrer Wahrnehmung bei uns selbst und anderen Lebewesen. Er stellt die weitverbreitete »speziesistische« Annahme infrage, die das Erleben der Menschen höher einstuft als das anderer Tiere, und bietet gute Gründe, daran zu zweifeln, dass zwischen geistigen Fähigkeiten und der Fähigkeit, Schmerz zu erleben, ein Zusammenhang besteht. »Ich mag Feuerwerk, aber ...« nähert sich dem Thema des Leidens von Tieren weiter an, indem es darauf aufmerksam macht, wie Haus- und Wildtiere – von Kriegsveteranen ganz zu schweigen – die Explosionsgeräusche erleben, die zu so vielen Veranstaltungen gehören.

Der nächste Aufsatz mit dem Titel »Wer würde gegen die Vernunft demonstrieren?« spricht eine aufrüttelnde Einladung zu der Reason Rally in Washington aus. Er beginnt mit einem Loblied auf die Errungenschaften der Vernunft und endet mit einem erneuten Aufruf zu ihrer Verteidigung. Wenn manche britischen Leser bei diesem Text eine gewisse Selbstzufriedenheit empfinden, sollte der nächste mit der Überschrift »Lob der Untertitel« einer solchen Selbstgefälligkeit bei nicht wenigen von uns einen Riegel vorschieben, die staunend zuhören, wie fließend Europäer Englisch sprechen. Dies ist mehr als nur eine Klage über einen landesweiten Mangel: Der Artikel stellt wissenschaftliche Fantasie in den Dienst realer Beobachtungen, nennt Gründe, die über Faulheit oder den langen Schatten des Kolonialreiches hinausgehen, und unterbreitet faszinierende Vorschläge für Abhilfe.

So viele Probleme auch behandelt werden, ebenso viele Hindernisse stehen im Weg: Da ist es kein Wunder, dass ein Autor von intellektuellem Gewicht, weitreichender Fantasie und starkem öffentlichen Engagement manchmal frustriert ist. Der letzte Text in diesem Abschnitt vermittelt nur eine kleine Ahnung davon, was geschehen könnte, wenn es nach Richard Dawkins ginge ...

G. S.

Die tote Hand Platons[1]

Wie viel Prozent der britischen Bevölkerung leben unterhalb der Armutsgrenze? Wenn ich das als törichte Frage bezeichne, die keine Antwort verdient, bin ich, was Armut angeht, nicht kaltschnäuzig oder gefühllos. Es macht mir sehr viel aus, wenn Kinder hungern oder Rentner vor Kälte zittern. Mein Einwand – und da ist dieses nur eines von vielen Beispielen – richtet sich allein gegen die Idee einer Grenzlinie, gegen eine willkürlich festgelegte Unstetigkeit in einer stetigen Realität.

Wer entscheidet, wie arm so arm ist, dass es die Einstufung unterhalb einer »Armutsgrenze« verdient? Was hindert uns daran, die Linie zu verschieben und damit den Prozentsatz zu verändern? Armut/Reichtum ist eine kontinuierlich verteilte Größe, die man beispielsweise als wöchentliches Einkommen messen kann. Warum werfen wir die Information zum größten Teil weg, indem wir eine sich kontinuierlich verändernde Variable in zwei Kategorien oberhalb und unterhalb der »Grenze« aufspalten? Wie viele von uns liegen unterhalb der Dummheitsgrenze? Wie viele Läufer übertreffen die Geschwindigkeitsgrenze? Wie viele Studienanfänger liegen in Oxford oberhalb der Erstklassigkeitsgrenze?

Ja, wir tun es auch an den Universitäten. Examensleistungen sind wie die meisten messbaren Fähigkeiten oder Leistungen von Menschen sich kontinuierlich verändernde Variablen mit einer glockenförmigen Häufigkeitsverteilung. Dennoch bestehen britische Universitäten darauf, eine in »Klassen« unterteilte Liste zu veröffentlichen, in der eine Minderheit der Studierenden *first-class degrees* (Note 1) erhält; viele erhalten *second-class degrees* (Note 2, die heute in eine 2+ und eine 2[-] unterteilt ist), und einige wenige erhalten *third-class degrees* (Note 3). Das könnte sinnvoll sein, wenn die Verteilung drei oder vier Spitzenwerte mit tiefen Tälern dazwischen hätte, aber das ist nicht der Fall. Das Prinzip kennt jeder, der schon einmal ein Examen bewertet hat: Der untere Teil einer »Klasse« ist vom oberen Teil der darunterliegenden Klasse nur durch einen kleinen Bruchteil der Entfernung getrennt, die zwischen ihm und dem oberen Ende der eigenen Klasse liegt. Schon diese Tatsache weist darauf hin, dass das System der diskontinuierlichen Klassifikation zutiefst unfair ist.

Prüfer nehmen große Mühe auf sich, um jede Examensklausur mit einer Punktzahl – von vielleicht 100 möglichen Punkten – zu bewerten. Die Klausuren werden von unterschiedlichen Prüfern zwei- oder dreimal beurteilt, und dann diskutieren sie über die Nuancen, deretwegen eine Antwort vielleicht 55 oder 52 Punkte verdient. Die Punkte werden peinlich genau addiert, normalisiert, transformiert, hin- und hergewendet und durchdiskutiert. Die endgültige Bewertung, die sich am Ende herauskristallisiert, und die Rangfolge der Studierenden sind so aufschlussreich, wie gewissenhafte Prüfer es möglich machen können. Aber was geschieht mit den reichhaltigen Informationen? Der größte Teil davon wird in rücksichtsloser Missachtung aller Mühe, nuancierter Überlegung und Anpassung, die in den Bewertungsprozess eingeflossen sind, weggeworfen. Die Studierenden werden in drei oder vier Klassen eingeteilt, und das ist die einzige Information, die aus den Prüfungszimmern nach außen dringt.

In Cambridge überlisten Mathematiker, fast schon erwartungsgemäß, die Diskontinuität und verraten die Rangordnung. Informell wurde bekannt, dass Jacob Bronowski der Beste seines Jahrgangs war (»Senior Wrangler«), Bertrand Russell belegte in seinem Examensjahr Platz 7, und so weiter. An anderen Universitäten steht in den Zeugnissen der Tutoren beispielsweise Folgendes: »Sie wurde nicht nur in die erste Klasse eingestuft: Ich kann Ihnen im Vertrauen sagen, dass sie in ihrer Klasse von 106 an der gesamten

Universität Platz 3 belegt.« Das sind Informationen, die in Empfehlungsbriefen wirklich zählen. Und genau diese Informationen werden in der offiziell veröffentlichten Klassen-Liste willkürlich weggeworfen.

Vielleicht ist eine solche Vergeudung von Informationen unvermeidlich und ein notwendiges Übel. Ich möchte das Thema nicht überstrapazieren. Viel schwerer wiegt, dass manche Lehrer – und ich wage zu sagen: insbesondere in nicht naturwissenschaftlichen Fächern – sich selbst etwas vormachen, indem sie glauben, es gebe eine Art platonisches Ideal namens »Einser-Hirn« oder »Alpha-Hirn« – eine qualitativ eigenständige Kategorie, die so abgegrenzt ist wie weiblich von männlich oder Schaf von Ziege. Dies ist eine Extremform des diskontinuierlichen Geistes, wie ich ihn nenne. Er lässt sich vermutlich auf Platons »Essentialismus« zurückführen, eine der heimtückischsten Ideen der gesamten Geistesgeschichte.

Platon wandte seine typisch griechisch-geometrische Betrachtungsweise auch auf Dinge an, die damit nichts zu tun hatten. Ein Kreis oder ein rechtwinkliges Dreieck war für Platon eine ideale Form, die sich mathematisch definieren lässt, in der Praxis aber nie realisiert wird. Ein Kreis, den man in den Sand zeichnete, war eine unvollkommene Annäherung an den idealen Kreis, der in irgendeinem abstrakten Raum existierte. Für Kreise und andere geometrische Formen funktioniert das, der Essentialismus wurde aber auch auf Lebewesen angewendet, und Ernst Mayr sah darin den Grund, warum die Menschheit so spät – nämlich erst im 19. Jahrhundert – die Evolution entdeckte. Wenn man alle Kaninchen aus Fleisch und Blut als unvollkommene Annäherungen an ein ideales Kaninchen im platonschen Sinne betrachtet, kommt man nicht auf die Idee, dass Kaninchen sich aus einem Vorfahren entwickelt haben könnten, der kein Kaninchen war, und in der weiteren Entwicklung auch Nachkommen haben werden, die wiederum keine Kaninchen sind. Wenn man der Wörterbuchdefinition des Essentialismus folgt und glaubt, dass die *Essenz* oder Wesensform des Kaninchenseins »vor« der *Existenz* von Kaninchen steht (was »vor« hier auch bedeuten mag – schon das ist in sich selbst unsinnig), kommt man nicht ohne Weiteres auf den Gedanken an eine Evolution, und wenn ein anderer ihn vorschlägt, leistet man möglicherweise Widerstand dagegen.

Zu juristischen Zwecken – beispielsweise wenn wir entscheiden wollen, wer zur Wahl gehen darf – müssen wir eine Grenze zwischen Erwachsenen und Nichterwachsenen ziehen. Man kann über die verschiedenen Vorzüge von achtzehn, 21 oder sechzehn Jahren diskutieren, aber alle sind sich einig, dass es eine Grenze geben muss, und die Grenze muss ein Geburtstag sein. Nur die wenigsten würden abstreiten, dass manche Fünfzehnjährigen als Wähler besser qualifiziert sind als manche Vierzigjährigen. Aber vor der Entsprechung zu einer Fahrprüfung schrecken wir, wenn es um Wahlen geht, zurück, und deshalb erkennen wir die Altersgrenze als notwendiges Übel an. Vielleicht gibt es aber andere Fälle, in denen wir dazu weniger leicht bereit sind. Gibt es Fälle, in denen die Tyrannei des diskontinuierlichen Geistes echten Schaden anrichtet – Fälle, in denen wir uns ihm aktiv widersetzen sollten? Ja, die gibt es.

Der Essentialismus erschwert ethische Diskussionen wie die über Abtreibung und Euthanasie. An welchem Punkt definiert man ein gehirntotes Unfallopfer als »tot«? In welchem Augenblick seiner Entwicklung wird ein Embryo zu einem »Menschen«? Solche Fragen kann nur ein Hirn stellen, das vom Essentialismus infiziert ist. Ein Embryo entwickelt sich stetig von der einzelligen Zygote bis zum neugeborenen Baby, und es gibt keinen einzelnen Zeitpunkt, von dem man annehmen kann, mit ihm sei das »Menschsein« eingetreten. Die Welt ist unterteilt in jene, die diese Wahrheit verstehen, und diejenigen, die jammern: »Aber es muss doch irgendeinen Augenblick geben, in dem der Fötus zum Menschen wird.« Nein, den gibt es ebenso wenig, wie es einen Tag geben muss, an dem eine Person mittleren Alters zu einem alten Menschen wird. Besser – allerdings immer noch nicht ideal – wäre es, wenn man sagen würde, der Embryo mache Stadien durch und sei zu einem Viertel ein Mensch, zur Hälfte ein Mensch, zu drei Vierteln ein Mensch ...

Der essentialistische Geist wird vor solchen Formulierungen zurückschrecken und mir alle möglichen entsetzlichen Dinge vorwerfen, weil ich die *Essenz* des Menschseins leugne.

Es gibt Menschen, die einen Embryo aus sechzehn Zellen nicht von einem Baby unterscheiden können. Sie bezeichnen Abtreibung als Mord und leiten daraus die Rechtfertigung für einen echten Mord an einem Arzt ab – an einem denkenden, fühlenden, empfindungsfähigen Erwachsenen mit einer Familie, die ihn liebt und betrauert. Der diskontinuierliche Geist ist blind für Zwischenstufen. Ein Embryo ist entweder ein Mensch, oder er ist es nicht. Alles ist entweder dies oder das, ja oder nein, schwarz oder weiß. Aber so ist die Realität nicht.

Genau wie der achtzehnte Geburtstag als Zeitpunkt für den Erhalt des Wahlrechts definiert ist, so dürfte es aus Gründen der juristischen Klarheit auch notwendig sein, bei irgendeinem willkürlichen Zeitpunkt der Embryonalentwicklung eine Grenze zu ziehen, nach der die Abtreibung verboten ist. Aber das Menschsein erscheint nicht in irgendeinem Augenblick auf der Bildfläche: Es reift nach und nach heran, und diese Reifung setzt sich auch während der gesamten Kindheit und darüber hinaus fort.

Für den diskontinuierlichen Geist ist ein Gebilde entweder ein Mensch oder nicht. Der diskontinuierliche Geist kann die Vorstellung von einem halben Menschen oder von drei Vierteln eines Menschen nicht begreifen. Manche Absolutisten gehen bis zur Befruchtung als dem Augenblick zurück, zu dem ein Mensch ins Dasein tritt – dem Augenblick, in dem ihm die Seele verliehen wird. Dann ist jede Abtreibung definitionsgemäß Mord. In der katholischen Glaubensdoktrin mit dem Titel *Donum Vitae* heißt es:

Von dem Augenblick an, in dem die Eizelle befruchtet wird, beginnt ein neues Leben, welches weder das des Vaters noch das der Mutter ist, sondern das eines neuen menschlichen Wesens, das sich eigenständig entwickelt. Es würde niemals menschlich werden, wenn es das nicht schon von diesem Augenblick an gewesen

324 Leben in der Wirklichkeit

wäre. Die neuere Genetik bestätigt diesen Sachverhalt, der immer eindeutig war ... in eindrucksvoller Weise. Sie hat gezeigt, dass schon vom ersten Augenblick an eine feste Struktur dieses Lebewesens vorliegt: eines Menschen nämlich, und zwar dieses konkreten menschlichen Individuums, das schon mit all seinen genau umschriebenen charakteristischen Merkmalen ausgestattet ist. Mit der Befruchtung beginnt das Abenteuer des menschlichen Lebens ... [2]

Amüsant ist es, solche Absolutisten zu ärgern, indem man sie mit eineiigen Zwillingen konfrontiert (die sich natürlich nach der Befruchtung getrennt haben), und zu fragen, welcher Zwilling die Seele abbekommen hat und welcher die Unperson ist – der Zombie. Kindischer Spott? Vielleicht. Aber er trifft, weil die Überzeugung, die er zerstört, kindisch ist. Und unwissend.

»Es würde niemals menschlich werden, wenn es das nicht schon von diesem Augenblick an gewesen wäre.« Wirklich? Meinen Sie das ernst? Nichts kann zu etwas werden, wenn es dieses Etwas nicht schon ist? Ist eine Eichel schon eine Eiche? Ist ein Hurrikan das kaum wahrnehmbare Lüftchen, das ihn gesät hat? Würden Sie Ihre Doktrin auch auf die Evolution anwenden? Gehen Sie davon aus, dass es in der Evolutionsvergangenheit einen Augenblick gab, in dem eine Unperson die erste Person zur Welt brachte?

Paläontologen können sich leidenschaftlich darüber streiten, ob es sich bei einem bestimmten Fossil beispielsweise um einen *Australopithecus* oder einen *Homo* handelt. Aber jeder Evolutionsforscher weiß, dass es Individuen gegeben haben muss, die genau dazwischen standen. Das Fossil mit Gewalt der einen oder anderen Gattung zuzuordnen, ist essentialistische Torheit. Es gab nie eine Mutter der Gattung *Australopithecus*, die ein Kind der Gattung *Homo* zur Welt gebracht hätte, denn jedes jemals geborene Kind gehörte immer zur gleichen Spezies wie die Mutter. Das ganze System, biologische Arten mit nicht kontinuierlichen Namen zu belegen, ist an einen kurzen Zeitraum wie beispielsweise die Gegenwart gebunden, in dem die Vorfahren bequemerweise aus unserem Bewusstsein getilgt wurden. Wäre durch irgendein Wunder jeder einzelne Vorfahre als Fossil erhalten geblieben, eine diskontinuierliche Namensgebung wäre unmöglich.[3] Kreationisten sind irrtümlicherweise erpicht darauf, »Lücken« als Peinlichkeit für Evolutionsforscher darzustellen, aber in Wirklichkeit sind die Lücken nur ein glückliches Geschenk für biologische Systematiker, die den Arten aus stichhaltigen Gründen verschiedene Namen geben wollen. Darüber zu streiten, ob es sich bei einem Fossil »wirklich« um *Australopithecus* oder um *Homo* handelt, ist so, als würde man darüber diskutieren, ob man George als »groß« bezeichnen soll. Er ist 1,75 Meter groß – ist damit nicht alles gesagt, was man wissen muss?

Könnte uns eine Zeitmaschine unseren 200-Millionen-Mal-Ur-Groß-Vater herbeizaubern, wir würden ihn mit *Sauce tartare* und einer Zitronenscheibe verzehren. Er war ein Fisch. Und doch sind wir durch eine ununterbrochene Reihe von Vorfahren mit ihm verbunden, von denen jeder einzelne zur gleichen Spezies gehörte wie seine Eltern und seine Kinder.

»Ich habe mit einem Mann getanzt, der mit einem Mädchen getanzt hat, das mit dem Prince of Wales getanzt hat«, heißt es in einem Lied. Ich könnte mich mit einer Frau paaren, die sich mit einem Mann paaren könnte, der sich mit einer Frau paaren könnte, die sich ... nach einer ausreichend großen Zahl von Schritten ... mit einem urtümlichen Fisch paaren und fruchtbare Nachkommen hervorbringen könnte. Um noch einmal unsere Zeitmaschine zu bemühen: Wir könnten uns nicht mit *Australopithecus* paaren (oder zumindest würden aus der Paarung keine fruchtbaren Nachkommen hervorgehen), aber wir sind mit *Australopithecus* durch eine ununterbrochene Kette von Zwischenstufen verbunden, die sich auf jedem Schritt des Weges mit ihren Nachbarn in der Kette kreuzen konnten. Und die Kette läuft rückwärts ohne jede Unterbrechung in die Vergangenheit bis zu jenem Fisch in der Zeit des Devon und darüber hinaus. Wären nicht die Zwischenstufen ausgestorben, die den Menschen mit dem Vorfahren verbinden, den wir mit den Schweinen gemeinsam haben (und der sein spitzmausartiges Dasein vor 85 Millionen Jahren im Schatten der Dinosaurier führte), und wären nicht die Zwischenstufen ausgestorben, die denselben Vorfahren mit den heutigen Schweinen verbinden, es gäbe keine klare Trennung zwischen *Homo sapiens* und *Sus scrofa*. Ich könnte mich mit X paaren, die sich mit Y paaren könnte, der sich mit (... hier folgen mehrere Tausend Zwischenstufen ...), der durch die Paarung mit einer Sau fruchtbare Nachkommen hervorbringen könnte.

Nur der diskontinuierliche Geist beharrt darauf, eine klare, harte Grenze zwischen einer Art und den Vorläuferarten zu ziehen, von denen sie hervorgebracht wurde. Evolutionärer Wandel verläuft allmählich: Es gab nie eine Grenzlinie zwischen irgendeiner Art und ihrem entwicklungsgeschichtlichen Vorläufer.[4]

In einigen Fällen starben die Zwischenstufen nicht aus, und hier muss sich der diskontinuierliche Geist in der krassen Realität mit dem Problem auseinandersetzen. Silbermöwen (*Larus argentatus*) und Heringsmöwen (*Larus fuscus*) brüten in Westeuropa in gemischten Kolonien, kreuzen sich aber nicht. Damit sind sie als echte, getrennte Arten definiert. Wenn man aber in westlicher Richtung rund um die nördliche Erdhalbkugel reist und unterwegs immer wieder einzelne Möwen untersucht, so stellt man fest, dass die einheimischen Exemplare vom Hellgrau der Silbermöwe abweichen und auf dem Weg rund um den Nordpol allmählich immer dunkler werden, und wenn man schließlich wieder in Westeuropa ankommt, sehen sie so dunkel aus, dass sie zu Heringsmöwen »geworden« sind. Und das ist noch nicht alles: Nachbarpopulationen kreuzen sich auf dem ganzen kreisförmigen Weg untereinander, obwohl die Enden des Ringes – die beiden Arten, die wir in Großbritannien beobachtet haben – sich nicht kreuzen. Sind sie nun getrennte Arten oder nicht? Nur wer von einem diskontinuierlichen Geist tyrannisiert wird, fühlt sich verpflichtet, diese Frage zu beantworten. Gäbe es nicht das zufällige Aussterben entwicklungsgeschichtlicher Zwischenformen, jede Spezies wäre – wie diese Möwen – mit jeder anderen durch kreuzungsfähige Ketten verbunden.

Sein hässliches Haupt erhebt der Essentialismus in der Rassenterminologie. Die Mehrzahl der »Afroamerikaner« ist gemischtrassig. Aber unsere essentialistische Geisteshaltung ist so tief verwurzelt, dass amerikanische Behördenformulare von jedem verlangen, dieses oder jenes Kästchen für Rasse/ethnische Zugehörigkeit anzukreuzen: Raum für Zwischenstufen gibt es nicht. In den Vereinigten Staaten wird jemand heute selbst dann als »Afroamerikaner« bezeichnet, wenn beispielsweise nur einer seiner acht Urgroßeltern afrikanischer Abstammung war.

Colin Powell und Barack Obama werden als Schwarze bezeichnet. Sie haben tatsächlich schwarze Vorfahren, aber sie haben auch weiße Vorfahren, warum also bezeichnen wir sie nicht als Weiße? Einer seltsamen Konvention zufolge dient die Bezeichnung »schwarz« als kulturelle Entsprechung zu einer dominanten genetischen Eigenschaft. Gregor Mendel, der Vater der Genetik, kreuzte gerunzelte und glatte Erbsen, und alle Nachkommen waren glatt: Die Glattheit ist »dominant«. Wenn ein weißer und ein schwarzer Mensch sich kreuzen, steht das Kind in der Mitte, aber es wird als »schwarz« bezeichnet: Das kulturelle Etikett wird über die Generationen weitergegeben wie ein dominantes Gen, und das gilt sogar dann, wenn beispielsweise nur einer von acht Urgroßeltern schwarz war und dies an der Hautfarbe überhaupt nicht zu erkennen ist. Es ist die rassistische »Verunreinigungsmetapher« (auf die Lionel Tiger mich aufmerksam machte), das »Anschwärzen«. In unserer Sprache fehlt die Entsprechung »Anweißen«, und auch für den Umgang mit einem kontinuierlichen Spektrum von Zwischenformen ist sie schlecht gerüstet. Genau wie wir darauf bestehen, dass Menschen oberhalb oder unterhalb der Armuts»grenze« liegen müssen, so klassifizieren wir sie auch dann als »Schwarze«, wenn sie in Wirklichkeit irgendwo zwischen schwarz und weiß stehen. Wenn ein offizielles Formular uns auffordert, ein Kästchen für die »Rasse« oder »ethnische Zugehörigkeit« anzukreuzen, empfehle ich, es durchzustreichen und »Mensch« danebenzuschreiben.

Bei US-Präsidentschaftswahlen muss jeder Bundesstaat (ausgenommen Maine und Nebraska) am Ende entweder als demokratisch oder als republikanisch etikettiert werden, unabhängig davon, wie sich die Wähler in dem betreffenden Staat aufgeteilt haben. Jeder Bundesstaat schickt eine Zahl von Abgeordneten, die seiner Bevölkerungszahl proportional ist, in das Wahlmännergremium. So weit, so gut. Aber der diskontinuierliche Geist besteht darauf, dass alle Abgeordneten eines Staates gleich abstimmen müssen. Wie einfältig das System »the winner takes it all« ist, zeigte sich bei der Präsidentschaftswahl des Jahres 2000, als es in Florida ein Unentschieden gab. Al Gore und George W. Bush vereinigten die gleiche Zahl von Wählerstimmen auf sich – der winzige, umstrittene Unterschied lag deutlich innerhalb der Fehlerquote. Florida entsendet 25 Delegierte in das Wahlmännergremium.[5] Der Oberste Gerichtshof musste entscheiden, welcher Kandidat alle 25 Stimmen (und damit das Präsidentenamt) erhalten sollte. Da es unentschieden stand, wäre es vernünftig gewesen, dem einen Kandidaten dreizehn und dem anderen zwölf Stimmen zuzuschlagen. Ob Bush oder Gore die dreizehn Stimmen erhalten hätte, wäre bedeutungslos gewesen: In beiden Fällen hätte der Präsident Gore geheißen. Gore hätte Bush sogar 22 der 25 Wahlmännerstimmen überlassen können und wäre immer noch Präsident geworden.

Damit will ich nicht sagen, dass der Oberste Gerichtshof die Wahlmänner aus Florida tatsächlich hätte aufteilen sollen. Er muss sich an die Regeln halten, ganz gleich, wie idiotisch sie sind. Ich würde vielmehr sagen: Angesichts der beklagenswerten verfassungsmäßigen Bestimmung, wonach die 25 Stimmen als Block an eine Partei gebunden sein müssen, hätte die natürliche Gerechtigkeit den Gerichtshof veranlassen müssen, die 25 Stimmen dem Kandidaten zuzuschlagen, der die Wahl gewonnen hätte, wenn man die Stimmen aus Florida aufgeteilt hätte, und das wäre Gore gewesen. Aber darum geht es mir hier nicht. Was ich sagen will, ist Folgendes: Das Winner-takes-it-all-Prinzip eines Wahlmännerkollegiums, in dem jeder Staat einen unteilbaren Block von Delegierten stellt, die unabhängig davon, wie eng die Wahl ausgefallen ist, alle entweder Demokraten oder Republikaner sein müssen, ist eine erschreckend undemokratische Ausdrucksform der Tyrannei des diskontinuierlichen Geistes. Warum fällt es so schwer zuzugeben, dass es auch Zwischenformen gibt, wie Maine und Nebraska es tun? Die meisten Staaten sind nicht »rot« oder »blau«, sondern eine komplizierte Mischung.[6]

Regierungen, Gerichte und die Öffentlichkeit als Ganzes rufen nach Wissenschaftlern, die eine definitive, absolute Ja-oder-nein-Antwort auf wichtige Fragen geben sollen, beispielsweise auf solche nach Risiken. Ob es ein neues Medikament, ein neues Unkrautvernichtungsmittel, ein neues Kraftwerk oder ein neues Flugzeug ist, der »Experte« wird gefragt: Ist es ungefährlich? Beantworten Sie die Frage! Ja oder nein? Vergeblich versucht der Wissenschaftler dann zu erklären, dass Sicherheit und Risiko nichts Absolutes sind. Manche Dinge sind ungefährlicher als andere, aber vollkommen ungefährlich ist nichts. Es gibt eine gleitende Skala der Zwischenformen und Wahrscheinlichkeiten, aber keine handfeste Abgrenzung zwischen gefährlich und ungefährlich. Aber das ist eine andere Geschichte, und hier wird der Platz knapp.

Ich hoffe aber, ich habe mit meinen Ausführungen ausreichend deutlich gemacht, dass die kategorische Forderung nach einer absoluten Ja-oder-nein-Antwort, die Journalisten, Politiker und den Zeigefinger hebende, einschüchternde Anwälte lieben, nur eine unvernünftige Ausdrucksform einer bestimmten Form von Tyrannei ist: der Tyrannei des diskontinuierlichen Geistes, der toten Hand Platons.

»Über jeden vernünftigen Zweifel erhaben?«[7]

Vor Gericht – beispielsweise in einem Mordprozess – soll eine Jury aus Geschworenen ein über jeden vernünftigen Zweifel erhabenes Urteil darüber fällen, ob jemand schuldig ist oder nicht. In einer ganzen Reihe von Rechtssystemen, so auch in 34 US-Bundesstaaten, kann das Urteil »schuldig« zur Hinrichtung führen. Man kennt zahlreiche Fälle, in denen spätere Indizien, die zur Zeit des Prozesses noch nicht zur Verfügung standen – insbesondere DNA-Analysen –, im Nachhinein zur Aufhebung alter Urteile und in manchen Fällen zu einer postumen Entschuldigung führten.

Gerichtsdramen zeichnen sehr augenfällig die Spannung nach, die in der Luft hängt, wenn die Geschworenen den Saal wieder betreten und ihr Urteil sprechen sollen. Alle, auch die Anwälte beider Seiten und der Richter, halten den Atem an und warten darauf, ob der Sprecher der Geschworenen »schuldig« oder »nicht schuldig« sagt. Aber wenn die Formulierung »über jeden vernünftigen Zweifel erhaben« das bedeutet, was sie sagt, sollte es in den Köpfen aller, die den Prozess ebenso miterlebt haben wie die Geschworenen, eigentlich keinen Zweifel mehr geben. Das schließt auch den Richter ein: Sobald die Geschworenen ihr Urteil gesprochen haben, ist er darauf vorbereitet, die Anweisung zur Hinrichtung zu geben – oder den Angeklagten mit weißer Weste freizulassen.

Und doch bestanden im Kopf desselben Richters vor der Rückkehr der Geschworenen so viele »vernünftige Zweifel«, dass er wie auf glühenden Kohlen sitzt und auf das Urteil wartet.

Man kann nicht beides haben. Entweder ist das Urteil über jeden vernünftigen Zweifel erhaben – in diesem Fall sollte keine

Spannung aufkommen, während die Geschworenen beraten –, oder es besteht eine echte, quälende Spannung, und in diesem Fall kann man nicht behaupten, die Tatsachen seien »über jeden vernünftigen Zweifel« erhaben.

Amerikanische Wettervorhersagen liefern keine Sicherheit, sondern Wahrscheinlichkeiten: »Mit achtzig Prozent Wahrscheinlichkeit wird es regnen.« So etwas ist Geschworenen nicht erlaubt, aber ein ähnliches Gefühl hatte ich, als ich einmal in einem solchen Amt tätig war. »Wie lautet Ihr Urteil, schuldig oder nicht schuldig?« – »Schuldig mit einer Wahrscheinlichkeit von 75 Prozent, Mylord.« Das wäre unseren Richtern und Anwälten ein Gräuel. Grautöne darf es nicht geben: Das System beharrt auf Sicherheit, ja oder nein, schuldig oder nicht schuldig. Richter erkennen nicht einmal eine gespaltene Jury an und schicken die Geschworenen mit der Anweisung zurück ins Beratungszimmer, nicht wieder herauszukommen, bevor es ihnen gelungen ist, irgendwie zur Einstimmigkeit zu gelangen. Wie war das mit »über jeden vernünftigen Zweifel erhaben«?

Damit ein Experiment in der Wissenschaft ernst genommen wird, muss es wiederholbar sein. Nicht alle Experimente werden tatsächlich wiederholt – dazu bleibt uns nicht Welt genug und Zeit[8] –, aber umstrittene Befunde müssen wiederholbar sein, sonst müssen wir sie nicht glauben. Das ist der Grund, warum die Welt der Physik auf Wiederholungsexperimente wartete, bevor sie die Behauptung aufgriff, Neutrinos könnten schneller sein als das Licht – und tatsächlich wurde die Behauptung am Ende zurückgewiesen.

Sollte man nicht auch die Entscheidung, jemanden hinzurichten oder lebenslänglich einzusperren, so ernst nehmen, dass eine Wiederholung des Experiments gerechtfertigt wäre? Damit meine ich nicht einen erneuten Prozess, und ich meine auch nicht eine Berufungsverhandlung, auch wenn sie wünschenswert ist und stattfindet, wenn es umstrittene juristische Aussagen oder neue Indizien gibt. Aber angenommen, es gäbe in jedem Prozess zwei Jurys, die in demselben Gerichtssaal sitzen, aber nicht miteinander sprechen dürfen. Wer würde darauf wetten, dass sie immer zu dem gleichen Urteil gelangen? Glaubt *irgendjemand*, dass auch eine zweite Jury O. J. Simpson freigesprochen hätte?

Meine Vermutung lautet: Würde man das Experiment mit den zwei Jurys bei einer großen Zahl von Gerichtsverfahren machen, würden die beiden Geschworenengremien mit einer Wahrscheinlichkeit von knapp über fünfzig Prozent zu demselben Urteil gelangen. Aber alles, was unter hundert Prozent liegt, wirft die Frage auf, ob »über jeden vernünftigen Zweifel erhaben« ausreicht, um jemanden auf den elektrischen Stuhl zu schicken. Und würde irgendjemand auf eine hundertprozentige Übereinstimmung zwischen zwei Jurys wetten?

Nun könnte man fragen: Reicht es nicht, dass die Jury aus zwölf Personen besteht? Ist das nicht gleichbedeutend mit zwölf Wiederholungen des Experiments? Nein, das ist es nicht, denn die zwölf Geschworenen sind nicht unabhängig voneinander; sie werden alle in demselben Zimmer eingeschlossen.

Jeder, der einmal Mitglied einer Jury war (ich war es dreimal), weiß, dass maßgebliche, wortgewandte Sprecher die anderen beeinflussen. Der Film *Twelve Angry Men* (dt. *Die zwölf Geschworenen*) ist Fiktion und zweifellos übertrieben, aber das Prinzip gilt tatsächlich. Eine zweite Jury ohne die Gestalt des Henry Fonda hätte den Jungen für schuldig befunden. Soll eine Todesstrafe von dem glücklichen Zufall abhängen, dass eine bestimmte, besonders aufmerksame oder überzeugende Person für die Tätigkeit in einer Jury ausgewählt wird?

Ich schlage hier nicht vor, in der Praxis ein System mit zwei Jurys einzuführen. Zwar habe ich den Verdacht, dass zwei unabhängige Jurys von jeweils sechs Personen zu einem gerechteren Ergebnis gelangen würden als eine einzelne Jury mit zwölf Mitgliedern, aber was würde man in den (nach meiner Vermutung) vielen Fällen tun, in denen die beiden Jurys unterschiedlicher Meinung sind? Würde ein System mit zwei Jurys zu einem Ungleichgewicht zugunsten der Verteidigung führen? Ich kann keine gut durchdachte Alternative zu dem derzeitigen System der Geschworenen vorschlagen, aber ich halte es nach wie vor für schrecklich.

Ich habe die starke Vermutung, dass zwei Richter, die nicht miteinander reden dürfen, eine höhere Übereinstimmungsquote erzielen würden als zwei Jurys und in diesem Fall sogar nahezu hundert Prozent erreichen könnten. Aber auch hier bleibt Platz für den Einwand, dass die Richter möglicherweise aus derselben Gesellschaftsschicht stammen, ein ähnliches Alter und entsprechend auch die gleichen Vorurteile haben.

Als Mindestlösung schlage ich vor, dass wir in »über jeden vernünftigen Zweifel erhaben« eine hohle, leere Phrase erkennen. Wer die Ansicht verteidigt, ein System mit einer Jury würde ein Urteil fällen, das »über jeden vernünftigen Zweifel erhaben« ist, muss wohl oder übel auch der Meinung zustimmen, dass zwei Jurys immer zu dem gleichen Urteil gelangen würden. Und wenn man es so formuliert, wird dann noch *irgendjemand* sich hinstellen und auf eine Übereinstimmungsquote von hundert Prozent wetten?

Wer eine solche Wette eingeht, kann genauso gut erklären, er werde sich nicht die Mühe machen, im Gerichtssaal zu bleiben und das Urteil anzuhören, denn dieses liege ja für jeden auf der Hand, der sich den ganzen Prozess angehört hat, einschließlich des Richters und der Anwälte beider Seiten. Keine Spannung. Keine glühenden Kohlen.

Vielleicht gibt es keine praktikable Alternative, aber wir sollten nicht heucheln. Was in unseren Gerichtssälen abläuft, lässt die Formulierung »über jeden vernünftigen Zweifel erhaben« wie Hohn klingen.

Aber können sie leiden?[*]

Von Jeremy Bentham, dem großen Moralphilosophen und Begründer des Utilitarismus, stammt der berühmte Ausspruch: »Die Frage lautet nicht ›Können sie denken?‹ oder ›Können sie sprechen?‹, sondern ›Können sie leiden?‹.« Die meisten Menschen verstehen, was damit gemeint ist, aber die Schmerzen von Menschen sind besonders beunruhigend, weil wir das dumpfe Gefühl haben, dass die Leidensfähigkeit einer Spezies in einem positiven Zusammenhang mit ihren geistigen Fähigkeiten stehen muss. Pflanzen können nicht denken, und man muss schon ziemlich exzentrisch sein, um zu glauben, dass sie leiden können. Es scheint plausibel, dasselbe über Regenwürmer zu denken. Aber wie steht es mit Kühen?

Und mit Hunden? Ich kann es fast nicht glauben, dass René Descartes, der nun wirklich nicht als Monster bekannt ist, seine philosophische Überzeugung, nur Menschen hätten einen Geist, ins selbstbewusste Extrem trieb und ein lebendes Säugetier unbekümmert mit ausgebreiteten Beinen auf ein Brett nagelte, um es zu sezieren. Man würde annehmen, dass er trotz seiner philosophischen Überlegungen bei dem Tier in gewisse Zweifel geraten wäre. Aber er stand in der langen Tradition von Vivisektionisten wie Galen und Vesalius, und nach ihm kamen William Harvey und viele andere.

Wie konnten sie es ertragen, so etwas zu tun: ein strampelndes, schreiendes Säugetier mit Seilen zu fesseln und dann beispielsweise sein lebendes Herz zu sezieren? Vermutlich glaubten sie, was Descartes ausdrücklich in Worte fasste: Tiere, die keine Menschen sind, haben keine Seele und empfinden keine Schmerzen.

Heute sind die meisten von uns überzeugt, dass Hunde und

andere Säugetiere durchaus Schmerzen empfinden können. Kein seriöser Wissenschaftler unserer Zeit würde dem entsetzlichen Beispiel von Descartes und Harvey folgen und ein lebendes Tier ohne Betäubung sezieren. Täte er es, er hätte nach den Gesetzen Großbritanniens und anderer Länder mit empfindlichen Strafen zu rechnen (wirbellose Tiere sind allerdings nicht so gut geschützt, nicht einmal die Tintenfische mit ihrem großen Gehirn). Dennoch nehmen offenbar die meisten von uns ohne weitere Fragen an, dass die Fähigkeit, Schmerzen zu empfinden, in einem positiven Zusammenhang mit geistigen Fähigkeiten steht – mit der Fähigkeit, zu denken, zu reflektieren, Schlüsse zu ziehen und so weiter. Diese Annahme möchte ich hier infrage stellen. Ich kann keinerlei Grund erkennen, warum es einen solchen positiven Zusammenhang geben sollte. Schmerzempfinden ist etwas ebenso Grundlegendes wie die Fähigkeit, Farben zu sehen oder Geräusche zu hören. Zum Erleben dieses Gefühls ist kein Intellekt erforderlich. Gefühle haben in der Wissenschaft kein Gewicht, aber sollten wir uns im Zweifelsfall nicht verhalten, als wäre es so?

Auch ohne näher auf die interessante Literatur über das Leiden von Tieren einzugehen (beispielsweise auf die ausgezeichneten Bücher *Animal Suffering* [dt.: *Leiden und Wohlbefinden bei Tieren*] und das nachfolgende *Why Animals Matter* von Marian Stamp Dawkins), erkenne ich einen darwinistischen Grund, warum zwischen Intellekt und Schmerzempfindlichkeit möglicherweise sogar eine negative Korrelation besteht. Dazu frage ich zunächst, wofür Schmerzen im darwinistischen Sinn gut sind. Sie sind eine Warnung: Wir sollen eine Tätigkeit, die unter Umständen körperliche Schäden anrichtet, nicht wiederholen. Stoße dir nicht wieder den großen Zeh an, ärgere keine Schlange, setz dich nicht auf eine Hornisse, greife nicht nach glühenden Holzscheiten, so hübsch sie auch leuchten mögen, pass auf, dass du dir nicht auf die Zunge beißt. Pflanzen haben kein Nervensystem, das lernen könnte, schädliche Handlungen nicht zu wiederholen; deshalb schneiden wir ohne Gewissensbisse lebende Salatköpfe ab.

Nebenbei bemerkt, ist es auch eine interessante Frage, warum Schmerzen eigentlich so verdammt schmerzhaft sein müssen. Warum ist das Gehirn nicht mit der Entsprechung zu einer kleinen roten Fahne ausgestattet, die schmerzlos erhoben wird und warnt: »Mach das nicht noch einmal«? In meinem Buch *The Greatest Show on Earth* (dt. *Die Schöpfungslüge*) habe ich die Vermutung geäußert, das Gehirn könnte vielleicht zwischen widerstrebenden Trieben hin- und hergerissen sein, sodass es dann versucht ist, hedonistisch zu »rebellieren« und nicht mehr die Interessen der genetischen Fitness des Individuums zu verfolgen; in diesem Fall muss es vielleicht schmerzhaft wieder auf Linie gebracht werden. Aber ich lasse das hier beiseite und kehre zu meiner heutigen Hauptfrage zurück: Würden wir eine positive oder eine negative Korrelation zwischen geistigen Fähigkeiten und der Schmerzempfindungsfähigkeit erwarten? Die meisten Menschen unterstellen ohne weiteres Nachdenken eine positive Korrelation. Aber warum?

Ist es nicht plausibel, dass eine schlaue Spezies wie unsere vielleicht weniger Schmerzen empfinden muss, gerade weil wir in der Lage sind, schneller zu lernen oder mit intelligenten Mitteln herauszufinden, was gut für uns ist und welche schädlichen Ereignisse wir meiden sollten? Ist es nicht plausibel, dass eine unintelligente Spezies einen viel schmerzhafteren Schlag braucht, damit sie eine Lektion verinnerlicht, die wir mit einem weniger heftigen Auslöser lernen können?

Zumindest gelange ich zu dem Schluss, dass wir keinen Grund zu der Annahme haben, Tiere würden Schmerzen weniger heftig empfinden als wir, und im Zweifel sollten wir uns so verhalten, als wäre es so. Praktiken wie das Brandzeichnen von Rindern, die Kastration ohne Betäubung und Stierkämpfe sollten moralisch ebenso bewertet werden, als würde man Menschen das Gleiche antun.

Ich mag Feuerwerk, aber ...

Am 12. Oktober 1984 deponierte ein Mitglied der Provisional IRA im Grand Hotel von Brighton eine Bombe, um die Premierministerin zu töten. Das Ziel wurde nicht erreicht, aber fünf Menschen starben, und viele weitere wurden verletzt. Würden wir uns wünschen, dass jedes Jahr am 12. Oktober ein Nationalfeiertag stattfindet, an dem wir mit Feuerwerk an dieses Ereignis erinnern? Und würde unsere Abscheu nicht noch zunehmen, wenn wir zusätzlich den Täter Patrick Magee in Form einer Puppe überall im Land verbrennen?

Die *Bonfire Night* mit ihrem »Gedenkfeuerwerk« erinnert an einen Anschlagsversuch im Jahr 1605.[10] Ein terroristischer Bombenanschlag, das hört sich selbst dann, wenn er gescheitert ist, nach einem ziemlich hässlichen Anlass für eine Feier an, und das war natürlich der Grund, warum ich den Vergleich mit dem Anschlag in dem Hotel in Brighton gezogen habe. Aber von Guy Fawkes trennen uns mehr als vierhundert Jahre, ein so langer Zeitraum, dass die Erinnerung nicht von schlechtem Geschmack zeugt, sondern von der Seltsamkeit der entfernten Vergangenheit. Deshalb möchte ich mir Mühe geben, keine Spaßbremse und kein November-Spielverderber zu sein.

Außerdem habe ich Spaß an Feuerwerk. Das hatte ich immer. Für mich liegt der Reiz mehr im Auge als im Ohr – die spektakulären Farben, die den Himmel psychedelisch erleuchten, das Flackern auf den lächelnden Gesichtern von Kindern, die mit Wunderkerzen wedeln, das Sirren der Feuerräder (auf Englisch *Catherine Wheels* – auch hier hilft die historische Distanz zu vergessen, dass dieser Name

ebenfalls von recht hässlicher Herkunft ist). Das laute Knallen hat
für mich einen geringeren Reiz, aber vermutlich mögen manche
Menschen auch das, sonst würden die Hersteller es nicht einbauen.
Ich möchte also nicht leugnen, dass Feuerwerk und selbst das Knallen durchaus Spaß macht, und ich habe mich im Laufe der Jahre seit
meiner Kindheit häufig über die Bonfire Night gefreut.

Aber ich liebe nicht nur Feuerwerk, sondern auch Tiere, Tiere
der Gattung Mensch eingeschlossen, aber jetzt möchte ich über
nicht menschliche Tiere sprechen. Über Tiere wie unsere kleinen
Hunde Tycho und Cuba, nur zwei von Millionen im ganzen Land,
die jedes Jahr durch die reichlich unsozialen Dezibel moderner
Feuerwerkskörper verängstigt werden. Man könnte es noch hinnehmen, wenn es nur am 5. November geschehen würde. Aber im Laufe
der Jahre hat sich der 5. November gnadenlos in beide Richtungen
ausgedehnt.[11] Anscheinend sind viele Leute nach dem Kauf ihrer
Feuerwerkskörper so ungeduldig, dass sie nicht bis zu der eigentlichen Nacht warten wollen. Oder die Nacht selbst hat ihnen so viel
Spaß gemacht, dass sie der Versuchung nicht widerstehen können,
sie danach noch wochenlang zu wiederholen. Und in Oxford ist die
Feuerwerkssaison überhaupt keine begrenzte Saison mehr, sondern sie erstreckt sich während der Universitätssemester über nahezu alle Wochenenden.

Wären Tycho und Cuba die Einzigen, denen das Leben zur
Qual gemacht wird, ich würde meinen Mund halten. Aber als ich
meine Bedenken im Zusammenhang mit dem Lärm twitterte,
folgte eine überwältigende Reaktion von anderen Hunde-, Katzen-
und Pferdebesitzern. Der subjektive Eindruck wird durch wissenschaftliche Studien bestätigt. Die tiermedizinische Literatur führt
bei Hunden mehr als zwanzig physiologisch messbare Beschwer-
desymptome auf, die von Feuerwerk herrühren. In extremen Fällen
hat die vom Feuerwerk verursachte Angst sogar dazu geführt, dass
normalerweise gutmütige Hunde ihre Eigentümer gebissen haben.
Man schätzt, dass rund fünfzig Prozent der Hunde und sechzig
Prozent der Katzen an Feuerwerksangst leiden.

Und denken wir dann einmal an die vielen wilden Tiere im ganzen Land. Und an Rinder, Schweine und andere landwirtschaftliche Nutztiere. Es besteht kein Grund zu der Annahme, dass Wildtiere, die wir nicht sehen können, weniger verängstigt sind als Haustiere, die wir beobachten. Eher dürfte es umgekehrt sein, wenn man bedenkt, dass geliebte Haustiere wie Tycho und Cuba von Menschen beruhigt und getröstet werden. Wildtiere erleben, wie ihre natürliche Umwelt und die friedlichen Nächte ganz plötzlich und ohne Vorwarnung von der akustischen Entsprechung zu einer Schlacht aus dem Ersten Weltkrieg verunreinigt werden. Und wo wir schon dabei sind: Unter denen, die mitfühlend auf meine Feuerwerk-Tweets reagierten, waren Kriegsveteranen, die an der modernen Entsprechung zu einer Weltkriegsneurose litten.

Was ist zu tun? Ich würde kein vollständiges Verbot von Feuerwerk fordern (wie es in manchen Gebieten durchgesetzt wurde, so auch in Nordirland während der Unruhen[12]). Häufig werden zwei Kompromisse vorgeschlagen. Erstens könnte man Feuerwerk auf bestimmte Tage im Jahr beschränken, so auf die Guy Fawkes' Night und die Silvesternacht. Anderen besonderen Gelegenheiten – große Partys, Bälle und Ähnliches – könnte man durch Einzelgenehmigungen gerecht werden, die nach den gleichen Richtlinien erteilt werden wie die Genehmigung, bei besonderen Gelegenheiten laute Musik zu spielen. Der andere Kompromissvorschlag sieht vor, dass Feuerwerk nur von öffentlichen Körperschaften veranstaltet werden darf, nicht aber von Privatpersonen in ihrem eigenen Garten. Ich würde einen dritten Kompromiss befürworten, der die Notwendigkeit der beiden anderen vermindern könnte: Erlaubt visuell ansprechendes Feuerwerk, aber erlegt dem Lärm strenge Beschränkungen auf. Leises Feuerwerk gibt es durchaus.

Auf meine Tweets erhielt ich zwar eine überwältigende Mehrheit von zustimmenden Antworten, es gab aber auch zwei abweichende Argumente, die man ernst nehmen muss. Erstens: Beeinträchtigt eine juristische Beschränkung von Feuerwerk nicht die persönliche Freiheit? Und zweitens: Das sind doch »nur Tiere«. Sollte der Spaß der Menschen da nicht Vorrang haben?

Das Argument der persönlichen Freiheit ist oberflächlich überzeugend. Mehrere Tweeter erklärten, was Menschen in ihrem eigenen Garten – auf ihrem eigenen Privatgrundstück – tun, gehe nur sie etwas an und sonst niemanden, insbesondere nicht den »fürsorglichen Staat«. Aber Lärm und Druckwellen einer lauten Explosion setzen sich weit über die Grenzen jedes beliebigen Gartens hinaus fort. Nachbarn, denen das Blitzen und die Farben von Feuerwerk nicht gefallen, können die Vorhänge zuziehen und sie damit aussperren. Gegen lautes Knallen gibt es keine solchen wirksamen Abschirmungen. Akustische Umweltverschmutzung ist auf eine besonders unausweichliche Weise unsozial, und das ist der Grund, warum die Noise Abatement Society so notwendig ist.

Und wie steht es mit der Aussage, es seien ja »nur Tiere«? Ist nicht das Vergnügen der Menschen wichtiger als das Entsetzen von Hunden, Katzen, Pferden, Kühen, Kaninchen, Mäusen, Wieseln, Dachsen und Vögeln? Die Annahme, Menschen würden eine wichtigere Rolle spielen als andere Tiere, ist tief in uns verwurzelt. Sie stellt ein schwieriges philosophisches Problem dar, und hier ist nicht der Ort, um damit weiter in die Tiefe zu gehen. Ich möchte nur einige Gedanken nennen.

Erstens sind uns zwar nicht menschliche Tiere in ihrer Fähigkeit zu vernünftigem Denken und in ihrer Intelligenz weit unterlegen, aber die Fähigkeit, zu leiden – Schmerzen oder Angst zu empfinden –, ist nicht von vernünftigem Denken oder Intelligenz abhängig.[13] Ein Einstein ist nicht besser in der Lage, Schmerzen oder Angst zu empfinden, als eine Sarah Palin. Und es gibt keinen naheliegenden Grund für die Annahme, ein Hund oder ein Dachs sei weniger fähig, Schmerzen oder Angst zu fühlen als ein beliebiger Mensch.

Was die Angst vor Feuerwerk angeht, besteht sogar Anlass, das Umgekehrte zu vermuten. Menschen verstehen, was Feuerwerk ist. Menschenkinder kann man mit erklärenden Worten trösten:

»Ist schon gut, Liebling, das ist nur Feuerwerk, das ist lustig, da muss man sich keine Sorgen machen.« Mit nicht menschlichen Tieren kann man nicht so umgehen.

Seien wir keine Spaßverderber. Aber Feuerwerk ist fast ebenso reizvoll, wenn es leise abläuft. Und unsere derzeitige Missachtung von Millionen empfindungsfähiger Wesen, die nicht verstehen können, was Feuerwerk ist, aber durchaus in der Lage sind, es zu fürchten, ist ganz und gar – wenn auch in der Regel unwissentlich – egoistisch.

Nachwort

Ich hoffe, dieser Essay wirkt nicht zu engstirnig-britisch. Er handelt nur nebenbei von der Guy Fawkes' Night. Feuerwerke verunreinigen mit ihren Schallwellen Länder auf der ganzen Welt, häufig zur Feier einzelner Tage wie des 4. Juli in Amerika oder bei Festen wie dem hinduistischen Diwali oder dem chinesischen Neujahrsfest. Und die Tiere auf der ganzen Welt begreifen es nicht und sind verängstigt.

Wer würde gegen die Vernunft demonstrieren?[14]

Wie sind wir so weit gekommen, dass es einer Demonstration zur Verteidigung der Vernunft bedarf? Unser Leben auf Vernunft zu gründen heißt, es auf Belege und Logik zu gründen. Belege sind der einzige Weg, den wir kennen, wenn wir wissen wollen, was in der wirklichen Welt wahr ist. Mit Logik leiten wir die Folgen ab, die sich aus den Belegen ergeben. Wer könnte gegen eines von beiden etwas haben? Leider viele, und deshalb brauchen wir die Reason Rally.

Die Vernunft, wie sie in dem großen Gemeinschaftsunternehmen namens Wissenschaft zum Tragen kommt, macht mich stolz auf den *Homo sapiens*. *Sapiens* bedeutet wörtlich »weise«, aber dieses Attribut haben wir erst verdient, seit wir aus dem Sumpf des primitiven Aberglaubens und der Leichtgläubigkeit an Übernatürliches herausgekrochen sind und uns Vernunft, Logik, Wissenschaft und evidenzbasierte Wahrheit zu eigen gemacht haben.

Heute kennen wir das Alter unseres Universums (dreizehn bis vierzehn Milliarden Jahre) und das Alter der Erde (vier bis fünf Milliarden Jahre), wir wissen, woraus wir und alle anderen Dinge bestehen (aus Atomen), woher wir kommen (durch Evolution aus anderen biologischen Arten entstanden) und warum alle Arten so gut an ihre Umwelt angepasst sind (durch natürliche Selektion ihrer DNA). Wir wissen, warum es Tag und Nacht gibt (die Erde dreht sich wie ein Kreisel), warum wir Winter und Sommer haben (die Erde steht schräg) und mit welcher Maximalgeschwindigkeit wir reisen können (mit etwas mehr als einer Milliarde Stundenkilometern). Wir wissen, was die Sonne ist (ein Stern unter Milliarden in unserer Galaxis, der Milchstraße). Wir kennen die Ursache der Pocken (ein Virus, das wir ausgerottet haben), der Kinderlähmung (ein Virus, dass wir nahezu ausgerottet haben), der Malaria (ein Protozoon, das es noch gibt, aber wir arbeiten daran), der Syphilis, der Tuberkulose, des Wundbrands und der Cholera (Bakterien, und wir wissen, wie wir sie abtöten können). Wir haben Flugzeuge gebaut, die den Atlantik in wenigen Stunden überqueren, Raketen, mit denen Menschen sicher auf dem Mond, und Roboterfahrzeuge, mit denen sie auf dem Mars landen können, und eines Tages werden wir vielleicht unseren Planeten retten, indem wir einen Meteor des Typs ablenken, der – wie wir heute wissen – die Dinosaurier getötet hat.[15] Dank unserer evidenzbasierten Vernunft haben wir uns glücklicherweise von uralten Ängsten vor Gespenstern und Teufeln, bösen Geistern und Dschinns, magischen Zaubersprüchen und Hexenflüchen befreit.

Wer also würde gegen die Vernunft demonstrieren? Die folgenden Aussagen kommen Ihnen vermutlich bekannt vor.

»Ich traue studierten Intellektuellen nicht, Angehörigen der Elite, die mehr wissen als ich. Ich würde lieber jemanden wie mich wählen und nicht jemanden, der tatsächlich für das Präsidentenamt qualifiziert ist.«
Wie anders als mit einer solchen Mentalität lässt sich die Beliebtheit von Donald Trump, Sarah Palin oder George W. Bush erklären – Politiker, die ihr Unwissen als Tugend zur Schau stellen, mit der man Wahlen gewinnen kann?[16] Wenn wir eine Flugreise unternehmen, wollen wir, dass der Pilot in Luftfahrt und Navigation ausgebildet ist. Wir wollen, dass unser Chirurg etwas über Anatomie gelernt hat. Aber wenn wir einen Präsidenten wählen, der ein großes Land führen soll, bevorzugen wir jemanden, der nichts weiß und stolz darauf ist? Jemanden, mit dem wir gern etwas trinken gehen, und nicht jemanden, der für das hohe Amt qualifiziert ist? Wenn Sie zu diesen Wählern gehören, werden Sie nicht an der Reason Rally teilnehmen.

»Mir wäre es lieber, wenn meine Kinder nicht moderne Wissenschaft lernten, sondern stattdessen ein Buch studieren würden, das 800 v. Chr. von unbekannten Autoren geschrieben wurde, deren Wissen und Qualifikationen auf dem Stand ihrer Zeit waren. Wenn ich nicht darauf vertrauen kann, dass die Schule sie vor der Wissenschaft schützt, unterrichte ich sie lieber zu Hause.«

Solche Eltern werden an der Reason Rally keine Freude haben. Im Jahr 2008 berichtete ein Lehrer bei einer Tagung amerikanischer Lehrer für Naturwissenschaften in Atlanta in Georgia, die Schüler seien »in Tränen ausgebrochen«, als sie erfuhren, dass sie sich mit Evolution beschäftigen würden. Ein anderer Lehrer schilderte, wie Schüler immer wieder »Nein!« schrien, als er im Unterricht auf die Evolution zu sprechen kam.[17] Wenn Sie ein solcher Schüler sind, ist die Reason Rally ebenfalls nichts für Sie – es sei denn, Sie verstopfen sich vorsorglich die Ohren, damit kein Wort einer unerwünschten Wahrheit hineindringt.

»Wenn ich vor einem Rätsel stehe und etwas nicht verstehe, frage ich nicht die Wissenschaft nach einer Lösung, sondern schließe sofort daraus, dass es etwas Übernatürliches sein muss und dass es keine Lösung gibt.«

Das war während des größten Teils unserer Geschichte die beklagenswerte, aber verständliche erste Zuflucht der Menschheit. Erst in den letzten Jahrhunderten sind wir darüber hinausgewachsen. Viele Menschen sind bis heute nicht so weit, und wenn Sie zu ihnen gehören, wird die Reason Rally auf Sie keinen Reiz ausüben.

Dies ist in diesem Artikel bereits das vierte Mal, dass ich etwas wie »die Reason Rally ist nichts für Sie« sage. Ich möchte aber mit einer positiveren Anmerkung schließen. Selbst wenn Sie es nicht gewohnt sind, nach der Vernunft zu leben, wenn Sie vielleicht zu denen gehören, die der Vernunft regelrecht misstrauen – warum versuchen Sie es nicht einmal? Lassen Sie die Vorurteile von Erziehung und Gewohnheit beiseite, und kommen Sie einfach mit.

Wenn Sie mit offenen Ohren und aufgeschlossener Neugier kommen, werden Sie etwas lernen; wahrscheinlich werden Sie unterhalten werden, und vielleicht ändern Sie sogar Ihre Ansichten. Und wie Sie feststellen werden, ist das ein befreiendes, erfrischendes Erlebnis.

In hundert Jahren wird eine Reason Rally wahrscheinlich nicht mehr notwendig sein. Vorerst aber ist die Notwendigkeit leider überall um uns herum spürbar, und in diesem Wahljahr dürfte sie immer deutlicher werden.[18] Bitte kommen Sie nach Washington, und setzen Sie sich ein für Vernunft, Wissenschaft und Wahrheit.

Lob der Untertitel[19]

Einer Legende ungesicherter Herkunft zufolge löste Winston Churchill bei einer Rede vor französischem Publikum, in der es darum ging, was er aus seiner eigenen Vergangenheit gelernt hatte, unbeabsichtigt großes Gelächter aus: »*Quand je regarde mon derrière, je vois qu'il est divisé en deux parties égales.*« Die meisten Engländer können so viel Französisch, dass sie den Witz verstehen. Aber leider reichen unsere Kenntnisse nicht viel weiter als die von Churchill. Welche Sprachen wir auch in der Schule gelernt haben – bei mir waren es Französisch und Deutsch (und auch Altgriechisch und Latein, die vermutlich Einfluss darauf hatten, wie mir die modernen Sprachen vermittelt wurden[20]): Wir können vielleicht ein wenig lesen, aber was unsere Leistungen bei der gesprochenen Sprache angeht, sollten wir vor Scham im Boden versinken.

Wenn ich Universitäten in Skandinavien oder den Niederlanden besuche, ist es vollkommen selbstverständlich, dass alle dort fließend Englisch sprechen, und das sogar besser als die meisten Muttersprachler. Das Gleiche gilt für fast alle, mit denen ich außerhalb der Universität zusammentreffe: Ladenbesitzer, Kellner, Taxifahrer, Barkeeper, Menschen, bei denen ich mich zufällig auf der Straße nach dem Weg erkundige. Kann man sich einen Besucher in England vorstellen, der einen Londoner Taxifahrer auf Französisch oder Deutsch anspricht? Und auch mit einem Angehörigen der Royal Society wird man kaum mehr Glück haben.

Die herkömmliche Erklärung, die vermutlich eine gewisse Berechtigung hat, lautet ungefähr so: Gerade weil Englisch so verbreitet gesprochen wird, ist es nicht notwendig, dass wir eine andere

Sprache lernen. Biologen wie ich werden misstrauisch, wenn »Notwendigkeit« als Erklärung für irgendetwas angeführt wird. Der Lamarckismus, eine seit Langem in Verruf geratene Alternative zum Darwinismus, berief sich auf »Notwendigkeit« als Triebkraft der Evolution: Danach war es für die vorzeitlichen Giraffen *notwendig*, die Blätter an hohen Bäumen zu erreichen, und ihr energisches Streben danach ließ irgendwie den längeren Hals entstehen. Aber damit »Notwendigkeit« in Handeln umgesetzt wird, ist in der Argumentation noch ein weiterer Schritt erforderlich. Die vorzeitliche Giraffe streckte ihren Hals gewaltig nach oben, also wurden Knochen und Muskeln länger, und ... nun ja, den Rest kennst du, mein allerliebster Liebling![21] Der wahre darwinistische Mechanismus sieht natürlich so aus, dass diejenigen Giraffenindividuen, die der Notwendigkeit gerecht wurden, überlebten und die genetische Veranlagung dafür weitergaben.

Man könnte sich vorstellen, dass die wahrgenommene Notwendigkeit, Englisch zu lernen, bei den Studierenden der Kausalmechanismus für verdoppelte Anstrengungen im Unterricht war. Und es ist auch möglich, dass wir, die wir Englisch als Muttersprache haben, absichtlich die Entscheidung treffen, uns nicht mit anderen Sprachen herumzuschlagen. Zur Abhilfe nahm ich als junger Wissenschaftler Deutschunterricht, um besser an internationalen Tagungen teilnehmen zu können, und ein Kollege sagte ausdrücklich: »Ach, das sollten Sie nicht tun. Es wird die anderen nur *ermutigen*.« Aber ich bezweifle, dass die meisten von uns so zynisch sind.

Nach meiner Auffassung sollte man auch eine andere Erklärung ernst nehmen, und sei es auch nur, weil sie im Gegensatz zur »Notwendigkeitshypothese« die Möglichkeit bietet, etwas dagegen zu tun. Wieder gehen wir davon aus, dass Englisch viel weiter verbreitet gesprochen wird als jede andere europäische Sprache. Das nächste Stadium der Argumentation ist aber anders. Die Welt wird ständig mit englischsprachigen (insbesondere amerikanischen) Filmen, Liedern, Fernsehshows und Seifenopern bombardiert. Alle Europäer sind Tag für Tag dem Englischen ausgesetzt und nehmen

348 Leben in der Wirklichkeit

es ungefähr so auf, wie ein Kind seine Muttersprache lernt. Das Kind ist nicht darauf aus, einer vermeintlichen Kommunikationsnotwendigkeit gerecht zu werden. Vielmehr eignet es sich die Muttersprache mühelos an, *weil sie da ist*. Selbst Erwachsene können auf ähnliche Weise lernen, auch wenn wir unsere kindliche Fähigkeit, uns Sprache anzueignen, teilweise verlieren.[22] Mir geht es darum, dass uns Anglos der tägliche Kontakt mit anderen Sprachen als unserer eigenen im Wesentlichen vorenthalten wird. Selbst wenn wir ins Ausland reisen, fällt es uns schwer, unsere Sprachkenntnisse zu verbessern, weil so viele von denen, mit denen wir zusammentreffen, ganz erpicht darauf sind, Englisch zu sprechen.

Und die Theorie des »Eintauchens« legt im Gegensatz zur »Notwendigkeitstheorie« ein Mittel gegen unsere einsprachige Schande nahe. Wir könnten die Praxis unserer Fernsehsender ändern. Im britischen TV sehen wir Abend für Abend die Aufnahmen mit ausländischen Politikern, Fußballmanagern, Polizeisprechern, Tennisspielern oder zufälligen Stimmen des Volkes auf der Straße. Man gestattet uns, ein paar Sekunden beispielsweise Französisch oder Deutsch zu hören. Dann aber tritt die Originalstimme in den Hintergrund und wird von der eines Dolmetschers erstickt (was in der Fachsprache keine echte Synchronisation ist, sondern als »Voice-over« bezeichnet wird). Ich habe es sogar dann gehört, wenn es sich bei dem eigentlichen Sprecher um einen großen Redner oder Staatsmann handelte, beispielsweise um General de Gaulle. Das ist auch aus einem Grund bedauerlich, der weit über die wichtigste Aussage dieses Artikels hinausgeht. Im Fall eines historisch bedeutsamen Staatsmanns wollen wir den Redner mit seiner eigenen Stimme sprechen hören – seinen Sprachrhythmus, die Betonungen, die dramatischen Pausen, den berechneten Wechsel von Leidenschaft zu Vertraulichkeit im Ausdruck. Das bekommen wir selbst dann mit, wenn wir die Worte nicht verstehen. Wir wollen nicht die ausdruckslose Stimme eines Fachdolmetschers, ja nicht einmal eines Dolmetschers, der sich um eine stärkere dramatische Umsetzung bemüht. Ein Laurence Olivier oder Richard Burton mag ein besserer Redner sein als General de Gaulle, aber wir wollen den Staatsmann hören. Wie ehrlich ist er? Meint er es so, oder will er nur dem Publikum gefallen? Wie reagieren die Zuhörer auf seine Rede? Und wie gut nimmt er ihre Reaktionen auf? Und um – ganz abgesehen von alledem – auf mein wichtigstes Anliegen zurückzukommen: Selbst wenn es sich bei dem Sprecher nicht um de Gaulle handelt, sondern um einen gewöhnlichen Bürger, der auf der Straße interviewt wird, wollen wir die Gelegenheit haben, Französisch oder Deutsch oder Spanisch oder eine andere Sprache ein wenig auf die gleiche Weise zu lernen, auf die so viele Europäer jeden Tag das Englische aus ihren Fernsehnachrichten aufnehmen.

Wie wirksam der »Eintaucheffekt« ist, wird übrigens auch an der memetischen Ausbreitung amerikanischer Ausdrücke in Großbritannien deutlich. Und das »Upspeak«, die steigende Intonation junger Briten und Amerikaner, durch die Feststellungen wie Fragen klingen, lässt sich vermutlich auf die Beliebtheit australischer Seifenopern zurückführen. Nach meiner Ansicht ist es der gleiche, auf das Niveau der Sprache selbst aufgeblasene Prozess, der auch für die guten Englischkenntnisse in vielen europäischen Nationen gesorgt hat.

Wenn es ums Kino geht, sind die Länder gespalten in solche, die synchronisieren, und andere, die Untertitel verwenden. Deutschland, Spanien und Italien haben Synchronisierungskulturen. Einer Vermutung zufolge liegt das daran, dass der Übergang vom Stumm- zum Tonfilm dort in Zeiten der Diktatur stattfand, wo die eigene Sprache mit allen Mitteln gefördert werden sollte. Skandinavier und Niederländer dagegen benutzen Untertitel. Man hat mir gesagt, das deutsche Publikum erkenne beispielsweise die Stimme »des deutschen Sean Connery« ebenso leicht, wie wir Connerys eigene, charakteristische Stimme erkennen. Eine derartige echte Synchronisation ist sehr kostspielig und erfordert großes Fachwissen, unter anderem weil peinlich genau auf lippensynchrone Einzelheiten geachtet wird.[23]

Bei Spielfilmen lässt sich die Synchronisation vielleicht mit stichhaltigen Argumenten verteidigen, ich bevorzuge allerdings auch hier die Untertitel. Hier geht es mir aber nicht um die Synchronisation in der teuren, lippensynchronen Welt der Spielfilme und Fernsehspiele. Vielmehr rede ich über die täglichen, flüchtigen Nachrichtensendungen, in denen man die Wahl zwischen zwei billigen Alternativen hat: Untertitel oder Ausblenden mit Voice-over. Nach meiner Überzeugung lässt sich das Voice-over-Verfahren nicht stichhaltig verteidigen. Untertitel sind immer schlicht und einfach besser.

Das Argument, dass bei Nachrichtenmeldungen nicht genug Zeit für die Erstellung der Untertitel zur Verfügung steht, ist lächerlich. Fast alle Aufnahmen, die wir in den Nachrichtensendungen sehen, sind nicht live, sondern ständige Wiederholungen, das heißt, es bleibt viel Zeit zum Schreiben von Untertiteln. Und selbst bei Liveübertragungen, ja selbst wenn man die (noch unvollkommenen) Computerübersetzungen beiseitelässt, ist die Geschwindigkeit bei der Vorbereitung von Untertiteln kein Problem. Das einzige entfernt ernsthafte Argument, das ich jemals zugunsten der Voice-over-Technik gehört habe, lautet: Blinde können keine Untertitel lesen. Aber taube Menschen können auch kein Voice-over hören, und ohnehin bietet die moderne Technologie für beide Formen der Behinderung brauchbare Lösungen. Würde man Fernsehveranstalter bitten, ihre Methoden zu rechtfertigen, dann würde man – so mein starker Verdacht – nichts Besseres zu hören bekommen als »So haben wir es immer gemacht, und wir sind nie auf die Idee gekommen, Untertitel zu verwenden«[24].

Dann gibt es diejenigen, die angeblich Voice-over gegenüber Untertiteln »bevorzugen«. Mein Absatz über General de Gaulle war vermutlich Ausdruck meiner umgekehrten persönlichen Präferenz. Aber persönliche Vorlieben sind unterschiedlich, und häufig gleichen sie sich ohnehin gegenseitig aus. Ich möchte mich dafür einsetzen, dass eigenwillige persönliche Vorlieben ein Gegengewicht in ernsthaften Bildungsvorteilen haben sollten, und die gehen nur in eine Richtung. Ich habe den starken Verdacht, dass der

Wechsel zu einer nachhaltigen Untertitelungsmethodik unsere Sprachfähigkeiten verbessern und uns in der Linderung unserer nationalen Schande ein Stück voranbringen würde.

Nachwort

Einige Monate nachdem dieser Artikel erschienen war, schrieb ich für *Prospect* einen weiteren Beitrag und erklärte darin, ich wolle mich bemühen, mein Deutsch zu verbessern. Als Grund nannte ich, ein wenig, aber nicht nur augenzwinkernd, dass ich »mich schämte, Engländer zu sein« – vor allem wegen der Fremdenfeindlichkeit, die zur Triebkraft der Brexit-Entscheidung wurde, aber auch wegen der schlechten Sprachkenntnisse meiner Landsleute.

Wenn es nach mir ginge …

Wie oft murmeln wir gereizt etwas wie »Wenn es nach mir ginge, würde ich …«. Aber wenn ein Redakteur einem aus heiterem Himmel eine Plattform für solche Selbstgerechtigkeit anbietet[25], ist der Kopf plötzlich leer. Alberne Antworten von sich zu geben ist einfach: Ich verbiete Kaugummi, Baseballkappen und Burkas, und alle Eisenbahnzüge werden mit Handy-Störsendern ausgestattet. Aber solche Kleinlichkeit wird der Großzügigkeit der Redakteure nicht gerecht. Wie steht es mit dem anderen Extrem, dem Luftschloss des universellen Glücks, der Abschaffung von Hunger, Kriminalität, Armut, Krankheiten und Religion? Zu unrealistisch. Deshalb nenne ich eine einigermaßen bescheidene, aber dennoch lohnende Bestrebung: Wenn ich die Welt regierte, würde ich Vorschriften abbauen und sie wo immer möglich durch menschliches, intelligentes Ermessen ersetzen.

Ich schreibe diese Zeilen in einem Flugzeug, nachdem ich gerade am Flughafen Heathrow die Sicherheitskontrollen passiert habe. Eine nette junge Mutter war bekümmert, weil sie eine Tube mit Salbe für das Ekzem ihrer kleinen Tochter nicht mit an Bord nehmen durfte. Der Sicherheitsbeamte war höflich, aber unerbittlich. Sie durfte nicht einmal eine geringere Menge mit einem Löffel in ein kleineres Gefäß umfüllen. Ich begriff nicht, was an diesem Vorschlag falsch war, aber die Vorschriften waren beinhart. Der Beamte bot an, seine Vorgesetzte zu holen. Diese kam und war ebenso höflich, aber auch sie war an die eisernen Ösen des Regelwerkes gekettet.[26]

Ich war machtlos, und es half auch nicht, dass ich eine Website empfahl, auf der ein Chemiker in köstlichen, komödiantischen Einzelheiten erklärte, was man wirklich braucht, um aus zwei flüssigen Zutaten eine funktionsfähige Bombe zu bauen: Man muss sich dazu mehrere Stunden auf der Flugzeugtoilette abmühen, und man braucht üppige Mengen Eis in einer ganzen Reihe von Champagnerkühlern, die vom hilfreichen Kabinenpersonal durch die Tür gereicht werden müssen.

Das Verbot, mehr als sehr geringe Mengen von Flüssigkeiten oder Pasten mit in ein Flugzeug zu nehmen, ist nachweislich lächerlich. Anfangs war es eine jener Demonstrationen nach dem Motto »Seht her, wir ergreifen entschiedene Maßnahmen«, eine Handlung, die dazu bestimmt ist, der Öffentlichkeit die größtmögliche Unbequemlichkeit zu bereiten, nur damit die minderbemittelten Dundridges[27], die über unser Leben herrschen, sich wichtig fühlen und beschäftigt aussehen.

Genauso verhält es sich mit der Anforderung, die Schuhe auszuziehen (auch das ein Juwel der amtlichen Trottelei, über das Bin Laden siegessicher in seinen Bart gekichert haben muss), und allen anderen Übungen in verspätetem Brunnenzudecken. Aber ich möchte auf das allgemeine Prinzip zu sprechen kommen. Regelwerke werden aufgrund der Urteile von Menschen zusammengestellt. Oft sind es schlechte Urteile, aber in jedem Fall wurden sie von Menschen getroffen, die vermutlich nicht klüger oder besser dazu qualifiziert waren als diejenigen, die sie später in der wirklichen Welt in die Praxis umsetzen müssen.

Kein geistig gesunder Mensch, der Zeuge jener Szene am Flughafen wurde, hätte ernsthaft gefürchtet, dass diese Frau vorhatte, sich selbst in einem Flugzeug in die Luft zu sprengen. Den ersten Hinweis gab uns die Tatsache, dass sie von Kindern begleitet war. Unterstützende Indizien kamen hinzu: Gesicht und Haare waren vollständig zu sehen, sie trug weder einen Koran noch einen Gebetsteppich oder einen langen schwarzen Bart, und schließlich war es eine absurde Vorstellung, dass sich ihre Salbentube innerhalb der nächsten Million Jahre wie von Zauberhand in Sprengstoff

verwandeln konnte – erst recht nicht unter den beengten Verhältnissen einer Flugzeugtoilette. Der Sicherheitsbeamte und seine
Vorgesetzte waren Menschen, die sich offensichtlich wünschten,
sie könnten sich anständig verhalten, aber ihnen waren die Hände
gebunden: Sie waren durch ein Regelwerk gelähmt. Nur ein solches Objekt, das nicht aus flexiblem menschlichen Gehirngewebe
besteht, sondern aus Papier und unabänderlicher Druckerschwärze, ist unfähig zu Ermessensentscheidungen, Mitgefühl
oder Menschlichkeit.

Das ist nur ein Einzelfall, und er mag trivial erscheinen. Ich
bin mir aber sicher, dass Sie, lieber Leser, aus ihrer eigenen Erfahrung ein halbes Dutzend ähnliche Fälle aufzählen können.[28] Man
kann mit einem beliebigen Arzt oder einer Krankenschwester sprechen, immer wird man die Frustration heraushören, weil sie einen
beträchtlichen Teil ihrer Arbeitszeit mit dem Ausfüllen von Formu-
laren und dem Ankreuzen von Kästchen verbringen müssen. Wer
glaubt denn im Ernst, die wertvolle Zeit von Fachleuten sei damit
gut genutzt? Zeit, die sie auch auf die Versorgung von Patienten
verwenden könnten? Doch sicher kein Mensch – nicht einmal ein
Anwalt. Nur ein geistloses Regelwerk.

Wie oft kommt ein Verbrecher wegen eines »Formfehlers«
frei? Vielleicht hat der festnehmende Beamte die Zeilen vertauscht,
als er die offizielle Rechtsbelehrung ausgesprochen hat. Entscheidungen, die schwerwiegende Auswirkungen auf das Leben eines
Menschen haben, hängen unter Umständen von der Machtlosigkeit
eines Richters ab, der keine Ermessensentscheidung fällen darf
und nicht zu dem einen Urteil gelangen kann, von dem jede einzelne Person im Gerichtssaal, oft sogar einschließlich des Angeklagten und seines Verteidigers, weiß, dass sie gerecht ist.

So einfach ist es natürlich nicht. Ermessensentscheidungen
können missbraucht werden, und dagegen sind Regelbücher eine
wichtige Vorkehrung. Aber das Gleichgewicht hat sich zu weit in
Richtung einer fanatischen Verehrung von Regeln verschoben. Es
muss Wege geben, um dem intelligenten Ermessen wieder Bedeu-

tung zu verschaffen und die unflexible Tyrannei der Buchstaben des Gesetzes abzuschaffen, ohne damit dem Missbrauch Tür und Tor zu öffnen. Wenn es nach mir ginge, ich würde es mir zur Aufgabe machen, solche Wege zu finden.[29]

TEIL VI

Die heilige Wahrheit der Natur

In der Überschrift dieses Abschnitts hallt eine Bemerkung aus dem Eröffnungsartikel des vorliegenden Buches nach: Für Wissenschaftler »hat die Wahrheit der Natur fast etwas Heiliges«. Der Zusammenhang war dort die Unantastbarkeit der Wahrheit in der Wissenschaft; hier kündige ich mit der Formulierung eine Gruppe von Artikeln an, die diese Wahrheit in der uns umgebenden Welt feiern, durch die Beobachtung der Pracht und Komplexität der Natur. Das Kernstück bilden zwei Essays, die von einem der üppigsten ökologischen Zentren überhaupt handeln, dem Wallfahrtsort schlechthin für jeden glühenden Darwinisten: den Galapagosinseln.

Wir beginnen aber nicht an einem Strand am Äquator, sondern in höchst abstrakten Gefilden: mit dem Begriff der Zeit, dem Thema des Eröffnungsvortrags für eine Ausstellung mit dem Titel »Von der Zeit«. Er und der letzte Artikel des Abschnitts zeichnen sich durch eine lyrische und sogar elegische Nachdenklichkeit aus, die von leidenschaftlichem Entzücken über die Launen und Seltsamkeiten der Natur unterbrochen wird, über das lächerlich Faszinierende und das faszinierend Lächerliche – wie der Samoa-Palolowurm, der zu Paarungszwecken gemeinschaftliche Selbstamputation betreibt, oder der gedächtnislose und flugunfähige Kakapo, der sich in Panik von einem Baum fallen lässt und als Häuflein Elend auf dem Boden liegen bleibt.

Das Thema der Zeit setzt sich auch in den beiden nachfolgenden »Geschichten« fort; ihre Überschriften erinnern an *The Ancestors's Tale* (dt. *Geschichten vom Ursprung des Lebens*), das fantasievollste und umfangreichste Werk von Richard. Sie entstanden 2005 während einer Reise zu den Inseln und sind von der Begeisterung des Pilgers über dieses üppig-surreale Arkadien durchtränkt. Um die symbolträchtigen Hauptfiguren – die Riesen- und die Meeresschildkröte – ranken sich Erörterungen über die gewundenen Wege des Lebendigen vom Wasser aufs Land (und manchmal auch wieder zurück) während unvorstellbar großer geologischer Zeiträume.

Der Abschnitt schließt mit dem Vorwort zu einem großartigen Buch, in dem dieses verletzliche Paradies und die Verletzlichkeit der weltweiten biologischen Vielfalt insgesamt gefeiert wird: zu der überarbeiteten Ausgabe von *Last Chance to See* (dt. *Die Letzten ihrer Art*) von Douglas Adams und Mark Carwardine. Dass dieser Essay einen melancholischen Ton anschlägt, ist nicht verwunderlich. Das Buch, für das er geschrieben wurde, ist zum einen ein Klagelied über verschwindende Arten, die an den Rand des Aussterbens getrieben werden, und zum anderen trauerte der Autor zu der Zeit, als er ihn schrieb, noch mit unzähligen anderen über den viel zu frühen Tod des Humoristen, Humanisten und Lobredners auf die Wissenschaft Douglas Adams, der im tragisch jungen Alter von 49 Jahren starb. Der Artikel ist sowohl ein Loblied auf die unbezahlbaren Reichtümer unseres lebenden Planeten als auch ein Klagelied auf einen unbezahlbaren Menschen.

G. S.

Von der Zeit¹

Zeit ist ein ziemlich rätselhaftes Ding – sie ist fast ebenso flüchtig und schwer fassbar wie die bewusste Wahrnehmung. Sie scheint zu fließen »wie ein ewig dahinströmender Fluss«, aber was fließt da eigentlich? Wir haben das Gefühl, als wäre die Gegenwart der einzige Zeitpunkt, der tatsächlich existiert. Die Vergangenheit ist schemenhafte Erinnerung, die Zukunft vage Ungewissheit. Physiker sehen es nicht so. In ihren Gleichungen nimmt die Gegenwart keine Sonderstellung ein. Manche modernen Physiker gehen sogar so weit, die Gegenwart als Illusion zu beschreiben, als Produkt, das im Geist des Beobachters entsteht.

Für Dichter ist Zeit alles andere als eine Illusion. Sie hören ihren geflügelten Wagen in der Nähe vorübereilen; sie streben danach, Fußspuren in ihrem Sand zu hinterlassen; sie wünschen sich, es gebe mehr davon – zum Stehenbleiben und Staunen; sie laden sie ein, ihr Lager aufzuschlagen, und sei es auch nur für einen Tag. Sprichwörter erklären Zögern zu ihrem Dieb oder sie berechnen mit unwahrscheinlicher Genauigkeit das Verhältnis der Stiche, die mit ihr gespart werden. Archäologen graben rosarote Städte aus, die halb so alt sind wie sie. Kneipenwirte verkünden sie, »Bitte, meine Herren«. Wir vergeuden sie, verbringen sie, nehmen sie uns, schlagen sie tot.

Schon lange bevor es Uhren oder Kalender gab, richteten wir – und damit meine ich alle Tiere und Pflanzen – unser Leben nach den Zyklen der Astronomie aus. Nach den Drehungen der großen himmlischen Uhren: der Erde, die sich um ihre Achse dreht, der Erde, die um die Sonne kreist, und des Mondes, der seine Bahn um die Erde zieht.

Nebenbei bemerkt, glauben erstaunlich viele Menschen, die Erde sei der Sonne im Sommer *näher* als im Winter. Wäre es wirklich so, die Australier würden den Winter zur gleichen Zeit erleben wie wir. Ein krasses Beispiel für diesen Chauvinismus der Nordhalbkugel war die Science-Fiction-Geschichte, in der eine Gruppe von Raumfahrern weit draußen in einem abgelegenen Sternsystem nostalgisch an ihren Heimatplaneten denkt: »Schon der Gedanke, dass zu Hause auf der Erde gerade Frühling ist!«

Die dritte große Uhr in unserem Himmel, der kreisende Mond, übt seine Wirkung auf die Lebewesen vorwiegend in Form der Gezeiten aus. Viele Meeresbewohner ordnen ihr Leben nach einem Mondkalender. Der Samoa-Palolowurm *Palolo viridis* oder *Eunice viridis* lebt in den Spalten von Korallenriffen. An zwei ganz bestimmten Tagen im letzten Viertel des Mondes im Oktober reißen sich frühmorgens gleichzeitig die Hinterenden aller Würmer los und schwimmen zur Oberfläche, wo sie sich hektisch paaren. Es sind bemerkenswerte Hinterenden. Sie haben sogar ihr eigenes Augenpaar.

Das Gleiche geschieht 28 Tage später, im letzten Viertel des Novembermondes. Der zeitliche Ablauf lässt sich so präzise vorhersagen, dass die Inselbewohner genau wissen, wann sie mit ihren Kanus hinausfahren müssen, um die schwärmenden Hinterenden der Palolowürmer einzusammeln, die eine beliebte Delikatesse sind.

Interessanterweise handeln die Palolowürmer nicht deshalb synchron, weil sie gleichzeitig auf ein bestimmtes Signal aus dem Himmel reagieren würden. Vielmehr *integriert* jeder Wurm eigenständig Zyklen, die er über viele Mondzyklen hinweg wahrgenommen hat. Alle gelangen mit den gleichen Daten zum gleichen Ergebnis; entsprechend ziehen sie wie gute Wissenschaftler alle die gleiche Schlussfolgerung, und die Hinterenden reißen gleichzeitig ab.

Eine ähnliche Geschichte könnte man über Pflanzen erzählen, die ihre Blütezeit synchronisieren, indem sie nacheinander gemessene Veränderungen der Tageslänge integrieren. Viele Vögel legen auf die gleiche Weise ihre Brutzeit fest. Dies lässt sich sehr leicht mit Experimenten zeigen, in denen Zeitschaltuhren künstliches Licht ein- und ausschalten, um so die Tageslängen verschiedener Jahreszeiten zu simulieren.

Viele Tiere und Pflanzen – und vermutlich alle lebenden Zellen – tragen, tief in ihren biochemischen Abläufen verborgen, innere Uhren in sich. Diese biologischen Uhren machen sich durch alle möglichen Rhythmen von Physiologie und Verhalten bemerkbar. Man kann sie auf Dutzende von Arten messen. Sie sind an die äußeren astronomischen Uhren gekoppelt und normalerweise mit ihnen synchronisiert. Was dabei aber interessant ist: Die biologischen Uhren laufen auch dann weiter, wenn sie von der Außenwelt abgeschirmt werden. Es sind wirklich *innere* Uhren. Das unangenehme Gefühl des Jetlags erleben wir, wenn unsere innere Uhr nach einem größeren Wechsel des Längengrades vom äußeren Zeitgeber[2] neu eingestellt wird.

Der Längengrad steht natürlich in enger Verbindung zur Zeit. Die Lösung, mit der John Harrison im 18. Jahrhundert den großen Längengrad-Wettbewerb gewann, war nichts anderes als eine Uhr, die auch dann genau blieb, wenn man sie mit aufs Meer nahm. Zugvögel bedienen sich zu ähnlichen Navigationszwecken ebenfalls ihrer inneren Uhr.

Ich möchte ein besonders schönes Beispiel für eine innere Uhr geben. Wie wir wissen, verfügen Bienenarbeiterinnen über einen Code, mit dem sie ihren Schwestern im Bienenstock mitteilen, wo sie Nahrung gefunden haben. Der Code ist ein Tanz in Form einer Acht, den sie auf der senkrecht stehenden Wabe im Inneren des Stockes aufführen. In der Mitte der Acht liegt eine gerade Strecke, und deren Richtung zeigt die Richtung der Futterquelle an. Da der Tanz auf der senkrecht stehenden Wabe ausgeführt wird, während sich der Winkel zum Futter in der Horizontalen befindet, muss es eine Konvention geben. Diese lautet: »Nach oben« auf der Wabe entspricht der Richtung der Sonne in der horizontalen Ebene. Führt der Tanz also auf der Wabe gerade nach oben, wissen die anderen Bienen, dass sie den Stock verlassen und geradewegs in Richtung der Sonne fliegen müssen. Ein Tanzkorps, dessen gerade Strecke im Vergleich zur Senkrechten um dreißig Grad gedreht ist, sagt den anderen Bienen: Verlasst den Stock und fliegt in einem Winkel von dreißig Grad rechts von der Sonne.

Nun, schon das ist bemerkenswert genug, und als Karl von Frisch es entdeckte, konnten viele Kollegen es kaum glauben. Aber es stimmt.[3] Und es kommt noch besser, womit wir auch wieder beim Zeitgefühl sind. Wenn man die Sonne als Bezugspunkt verwendet, ergibt sich ein Problem. Sie bewegt sich. Oder genauer gesagt: Da sich die Erde dreht, scheint die Sonne sich im Laufe des Tages (auf der Nordhalbkugel von links nach rechts) zu bewegen. Wie kommen die Bienen damit zurecht?

Von Frisch probierte es aus: Er hielt die Bienen mehrere Stunden lang in seinem Beobachtungsbienenstock fest. Sie tanzten weiter. Dabei fiel ihm aber etwas auf, was fast zu schön ist, um wahr zu sein. Während die Stunden vergingen, drehten die Bienen langsam den Winkel ihrer geraden Laufstrecke, sodass sie weiterhin richtige Angaben über die Richtung der Nahrungsquelle machten und die sich verändernde Position der Sonne ausglichen. Und das taten sie, obwohl sie im Inneren des Bienenstockes tanzten und deshalb die Sonne nicht sehen konnten. Mit ihrer inneren Uhr kompensierten sie die veränderliche Position der Sonne, über die sie »Bescheid wussten«.

Wenn man genauer darüber nachdenkt, bedeutet das, dass die gerade Laufstrecke des Tanzes rotiert wie der Stundenzeiger einer normalen Uhr (allerdings mit der halben Geschwindigkeit). Er dreht sich aber (auf der Nordhalbkugel) im Gegenuhrzeigersinn wie der Schatten einer Sonnenuhr. Wären wir an von Frischs Stelle nicht glücklich gestorben nach einer solchen Entdeckung?

Selbst nachdem die Uhren erfunden waren, blieben Sonnenuhren unentbehrlich, wenn man die mechanischen Uhren stellen und mit der großen Uhr am Himmel im Einklang halten wollte. Der berühmte Reim von Hilaire Belloc ist demnach ziemlich unfair:

Ich bin die Sonnenuhr und mache nur Mist,
Wo die Armbanduhr viel genauer ist.

Weniger bekannt ist, dass Belloc eine ganze Reihe von Versen über
Sonnenuhren schrieb, manche humorvoll, manche auch düster
und passender zum »Kampf gegen die Zeit«, dem Thema unserer
Ausstellung:

Wie langsam kriecht der Schatten, doch ist er dann zur Stell',
Wie schnell die Schatten sinken. Wie schnell! Wie schnell!

Schleiche, Schatten, schleiche: sag Altersstunden an,
Ich kann dich doch nicht halten, du hätt'st es doch getan!

Heimlich vergehen die Stunden, heimlich, leise und stumm;
Jede kann dich verwunden, die letzte bringt dich um.

Außer für seltene Fälle, in denen die Sonne lacht,
Zum Spaß nur bin ich hier angebracht.

Ich bin die Sonnenuhr, falsch rum und rund,
Und koste meine törichte Dame fünfzig britische Pfund.

An den letzten Vers können Sie vielleicht denken, wenn Sie sich in
der Ausstellung umsehen und die hübsche kleine Taschensonnen-
uhr entdecken. Sie hat einen eingebauten Kompass – ohne ihn wäre
sie nutzlos.

Als ich von den großen Uhren am Himmel gesprochen habe,
bin ich nicht über den Zeitraum von einem Jahr hinausgegangen,
potenziell gibt es aber auch astronomische Uhren mit viel längerer
Periode. Unsere Sonne braucht ungefähr zweihundert Millionen
Jahre, um einen vollständigen Umlauf um das Zentrum der Galaxis
zu vollenden. Soweit mir bekannt ist, folgt kein biologischer Prozess dieser kosmischen Uhr.[4]

Der langsamste Zeitgeber, für den ernsthaft ein Einfluss auf das Lebendige vermutet wurde, ist die ungefähr 26 Millionen Jahre lange Periodizität von Massenaussterben. Zu den Belegen gehören komplizierte statistische Analysen der Aussterberate in den Fossilfunden. Das alles ist umstritten und keineswegs schlüssig nachgewiesen. Dass es zu Massenaussterben kommt, steht außer Zweifel, und zumindest ein solches Ereignis wurde mit ziemlicher Sicherheit durch einen Kometen verursacht, der vor 65 Millionen Jahren einschlug und die Dinosaurier verschwinden ließ. Umstrittener ist der Gedanke, dass die Wahrscheinlichkeit solcher Ereignisse alle 26 Millionen Jahre einen Spitzenwert erreicht.[5]

Eine weitere mutmaßliche astronomische Uhr, deren Zyklus länger als ein Jahr dauert, ist der elfjährige Sonnenfleckenzyklus, der eine Erklärung für bestimmte Populationszyklen arktischer Säugetiere sein könnte, so der Luchse und Schneeschuhhasen. Der große Ökologe Charles Elton aus Oxford entdeckte sie in Berichten der Hudson Bay Company über die Ausbeute an Tierfellen. Aber auch diese Theorie ist nach wie vor umstritten.

Herr Direktor, Sie haben als Redner für diese Eröffnung einen Biologen eingeladen, also wird es Sie nicht wundern, dass Sie mit Geschichten über Bienen, Palolowürmer und Schneeschuhhasen unterhalten wurden. Sie hätten auch einen Archäologen fragen können, dann hätten uns Geschichten über Dendrochronologie oder Radiokarbondatierung gefesselt. Oder einen Paläontologen, dann hätten wir etwas über Kalium-Argon-Datierung gehört und auch darüber, dass es für den Geist des Menschen nahezu unmöglich ist, die schiere Länge der erdgeschichtlichen Zeiträume zu begreifen. Der Geologe hätte eine jener Metaphern benutzt, mit denen wir uns – meist vergeblich – darum bemühen, die ferne geologische Vergangenheit zu verstehen. Meine eigene Lieblingsmetapher habe ich, wie ich gleich hinzufügen muss, nicht selbst erfunden, aber in einem meiner Bücher verwendet. Sie geht so:

Man breitet die Arme so weit wie möglich aus, sodass sie die Evolution von ihren Anfängen an der linken Fingerspitze bis zur Gegenwart an der rechten Fingerspitze umfassen. Die ganze Strecke über die Körpermitte hinweg bis weit über die rechte Schulter hinaus besteht das Leben ausschließlich aus Bakterien. Das vielzellige, wirbellose Leben blüht irgendwo in der Gegend des rechten Ellenbogens auf. Die Dinosaurier entstehen in der Mitte der rechten Handfläche und sterben ungefähr am letzten Fingergelenk wieder aus. Aber die gesamte Geschichte des *Homo sapiens* und seines Vorfahren, des *Homo erectus*, ist in der schmalen Hornsichel enthalten, die man vom Fingernagel abschneidet. Und was die aufgezeichnete Geschichte angeht – die Sumerer und Babylonier, die jüdischen Stammväter, die Dynastien der Pharaonen, die Legionen Roms, die christlichen Kirchenväter, die unabänderlichen Gesetze der Meder und Perser, Troja und die Griechen, Helena und Achilles und den toten Agamemnon, Napoleon und Hitler, die Beatles und Bill Clinton – sie und alle, die sie gekannt haben, werden von einem einzigen leichten Strich mit der Nagelfeile als Staub hinweggetragen.

Wenn ich Historiker wäre, hätte ich berichtet, wie verschiedene Menschen die Zeit wahrgenommen haben. Wie manche Kulturkreise sie als Kreislauf sehen, andere als lineare Abfolge, und wie solche Ansichten die ganze Einstellung zum Leben beeinflussen. Ich hätte darüber gesprochen, dass der islamische Kalender auf dem Mondzyklus basiert, unserer dagegen auf dem Sonnenjahr. Und darüber, wie man früher Uhren herstellte, in den Zeiten, bevor Galilei sein Herz als Uhr verwendete, um das Pendelgesetz auszuarbeiten, und als Ingenieure die Ankerhemmung vervollkommnet hatten. Ich hätte hinzugefügt, dass die Chinesen schon im 10. Jahrhundert eine wasserbetriebene, mit einem Hemmwerk ausgestattete Uhr besaßen.

Ich hätte angemerkt, dass ägyptische Wasseruhren zu verschiedenen Jahreszeiten unterschiedlich geeicht werden mussten, weil die ägyptische Stunde als der zwölfte Teil der Zeit zwischen Morgengrauen und Abenddämmerung definiert war – entsprechend war eine Stunde im Sommer länger als im Winter. Richard Gregory, von dem ich diese einzigartige Tatsache erfahren habe, merkt dazu vorsichtig an: »Demnach müssen die Ägypter ein ganz anderes Zeitgefühl gehabt haben als wir ...«

Die bemerkenswertesten Gedanken über die Zeit hätte ich mir vielleicht gemacht, wenn ich Physiker oder Kosmologe wäre. Ich hätte – vermutlich vergeblich – zu erklären versucht, dass der Urknall nicht nur der Anbeginn des Universums war, sondern auch der Anbeginn der Zeit. Auf die naheliegende Frage, was vor dem Urknall war, lautet die Antwort – jedenfalls bemühen sich die Physiker vergeblich, uns davon zu überzeugen: Diese Frage ist einfach unberechtigt. Das Wort »vor« kann man auf den Urknall ebenso wenig anwenden, wie man vom Nordpol weiter nach Norden gehen kann.

Wäre ich Physiker, ich hätte zu erklären versucht, dass die Zeit sich in einem Fahrzeug, das sich mit einem nennenswerten Bruchteil der Lichtgeschwindigkeit bewegt, verlangsamt – jedenfalls wenn sie von außerhalb des Fahrzeugs wahrgenommen wird, nicht aber in seinem Inneren. Wenn man mit einer solchen ungeheuren Geschwindigkeit durch den Weltraum reisen würde, könnte man in fünfhundert Jahren zur Erde zurückkehren und wäre selbst kaum gealtert. Das ist keine therapeutische Wirkung von Hochgeschwindigkeitsreisen auf die Konstitution des Menschen. Es ist eine Wirkung auf die Zeit selbst. Anders als die newtonsche Kosmologie besagt, ist Zeit nichts Absolutes.

Manche Physiker sind sogar bereit, über echte Zeitreisen nachzudenken, die in die Vergangenheit führen – was nach meiner Vermutung der Traum jedes Historikers sein müsste. Ich finde es fast komisch, dass eines der wichtigsten Argumente gegen diesen Gedanken das Element eines Paradoxons ist. Angenommen, wir töten unsere eigene Urgroßmutter![6] Science-Fiction-Autoren haben deshalb ihren Zeitreisenden einen strengen Verhaltenskodex mitgegeben. Die Reisenden müssen jedes Mal einen Eid ablegen, dass sie sich nicht in die Geschichte einmischen werden. Aber irgendwie hat man den Eindruck, dass die Natur selbst Schranken errichten muss, die höher sind als Gesetze und Übereinkünfte der Menschen, die oft nicht lange Bestand haben.

Wäre ich Physiker, ich hätte mich auch mit der Symmetrie oder Asymmetrie der Zeit beschäftigt. Wie scharf sind Prozesse, die in der Zeit vorwärts und rückwärts ablaufen, getrennt? Wie grundlegend ist der Unterschied zwischen einem Film im Vor- und Rücklauf? Die Gesetze der Thermodynamik scheinen eine Asymmetrie vorzugeben. Berühmt ist das Bild von dem Ei, das man nach dem Aufschlagen nicht wieder zusammensetzen kann, und ein zerbrochenes Glas fügt sich ebenfalls nicht von selbst wieder zusammen.

Kehrt die biologische Evolution den thermodynamischen Pfeil um? Nein, denn das Gesetz der Entropiezunahme gilt nur für geschlossene Systeme, und das Leben ist ein offenes System, das durch Energie von außen stromaufwärts getrieben wird. Aber auch Evolutionsforscher haben ihre eigene Version der Frage, ob die Zeit einen Richtungspfeil hat. Ist Evolution fortschrittlich?

Nun, ich mag kein Physiker sein, aber ich bin Evolutionsbiologe, und Sie veranlassen mich besser nicht, über diese faszinierende Frage zu sprechen.

Eines kann jeder Vortragende mit der Zeit machen: Er kann sie knapp werden lassen. Heute Abend ist es das Wichtigste, sich diese Ausstellung über die Zeit anzusehen. Ich hatte das Privileg, schon gestern eine Führung zu erhalten, und ich kann Ihnen sagen: Sie ist faszinierend – in unterschiedlichster Hinsicht. Es ist mir eine große Freude, die Ausstellung hiermit als eröffnet zu erklären.

Nachwort

Wenn ich diesen Vortrag noch einmal lese, wird mir klar, wie aufreizend knapp meine wissenschaftlichen Einschübe über die Zeit gewirkt haben müssen – sie waren nicht lang genug, als dass ich irgendetwas ordentlich hätte erklären können. Als Ausrede kann ich nur sagen, dass es meine Aufgabe war, aufzureizen: Ich sollte die Gäste auffordern, in die Ausstellung zu gehen, sie zu genießen und gleichzeitig über die Zeit nachzudenken.

Manchmal wird übrigens gesagt, man solle das Ashmolean Museum lieber Tradescantian Museum nennen, denn es wurde ursprünglich gegründet, weil es die vorwiegend naturhistorischen Sammlungen von Vater und Sohn John Tradescant aufnehmen sollte. Die Tradescant-Sammlungen wurden (manche sagen, mit zweifelhaften Methoden) von Elias Ashmole (1617–1692) erworben, und dieser vermachte sie der Universität Oxford, die sie weiter ergänzte. Die naturhistorischen Sammlungen der Tradescants wurden in den 1850er-Jahren in das neu erbaute Universitätsmuseum für Naturgeschichte überführt, und das Ashmolean Museum wurde vorwiegend zu einem Kunstmuseum.

Es gibt noch ein anderes Argument dafür, den Namen des naturhistorischen Museums ebenfalls zu ändern, weil viele Oxford-Besucher glauben, es heiße »Pitt Rivers«. In Wirklichkeit ist das Pitt Rivers Museum zwar in einem Anbau des Museumshauptgebäudes untergebracht, es ist aber eine vollkommen eigenständige Einrichtung mit einer bemerkenswerten Sammlung anthropologischer Artefakte, die nicht, wie es sonst üblich ist, nach Regionen geordnet sind, sondern nach ihrer Funktion: alle Fischernetze zusammen, alle Flöten zusammen, alle Zeitmessgeräte zusammen, und so weiter. Um die beliebte Verwechslung mit Pitt Rivers zu vermeiden, habe ich vorgeschlagen, das Museum für Naturgeschichte in »Huxley-Museum« umzubenennen. »Tradescantian« würde eine Ungerechtigkeit aus dem 17. Jahrhundert wiedergutmachen, aber auch neue Verwirrung stiften. Das Huxley-Museum würde an den angeblichen »Sieg« von T. H. Huxley über den Bischof Sam Wilberforce in der »Großen Diskussion« erinnern, die in dem neu errichteten Museumsgebäude stattfand. Ich muss sagen, dass ich dies mit gemischten Gefühlen sehe, denn es besteht Grund zu der Annahme, dass das Ausmaß des »Sieges« übertrieben dargestellt wurde.

Die Geschichte der Riesenschildkröte: Inseln auf Inseln[7]

Diese Zeilen schreibe ich auf einem Schiff im Galapagos-Archipel, dessen berühmteste Bewohner die gleichnamigen Riesenschildkröten sind. Ihr berühmtester Besucher war der Geistesriese Charles Darwin. Den Bericht über die Reise auf der HMS *Beagle* verfasste er, lange bevor sich der zentrale Gedanke seines Buches *On the Origin of Species* (dt. *Über die Entstehung der Arten*) in seinem Kopf herauskristallisierte. Über die Galapagosinseln schreibt Darwin:

> Die meisten organischen Erzeugnisse sind heimische Geschöpfe, die nirgendwo sonst zu finden sind; sogar zwischen den Bewohnern der verschiedenen Inseln gibt es Unterschiede, doch alle zeigen eine ausgeprägte Verwandtschaft mit denen Amerikas, obgleich sie von diesem Kontinent durch einen freien Ozean von 500–600 Meilen Breite getrennt sind. Der Archipel ist eine kleine Welt für sich ... Angesichts der geringen Größe dieser Inseln sind wir desto erstaunter über die Zahl ihrer ursprünglichen Lebewesen und deren begrenzte Ausbreitung ... Daher scheint es, als wären wir, sowohl in Zeit wie Raum, einigermaßen nahe jenem großen Faktum gebracht – jenem Rätsel aller Rätsel –, dem ersten Erscheinen neuer Lebewesen auf dieser Erde.

Wie es seiner vordarwinistischen Erziehung entsprach, gebrauchte der junge Darwin den Begriff »heimische Geschöpfe« für endemische Arten, wie wir sie heute nennen würden – Arten, die sich auf den Inseln entwickelt haben und sonst nirgendwo anzutreffen sind. Dennoch hatte Darwin bereits mehr als nur eine schwache

Ahnung von jener großen Wahrheit, mit der er in seinen reifen Mannesjahren die Welt erleuchten sollte. Über die kleinen Vögel, die heute als Darwin-Finken bekannt sind, schrieb er:

> Wenn man diese Abstufung und strukturelle Vielfalt bei einer kleinen, eng verwandten Vogelgruppe sieht, möchte man wirklich glauben, dass von einer ursprünglich geringen Zahl von Vögeln auf diesem Archipel eine Art ausgewählt und für verschiedene Zwecke modifiziert wurde.

Das Gleiche hätte er auch über die Riesenschildkröten sagen können; denn Mr Lawson, der Vizegouverneur, erklärte ihm,

> die Schildkröten unterschieden sich auf den verschiedenen Inseln und dass er mit Sicherheit sagen könne, von welcher Insel eine stammte. Dieser Erklärung schenkte ich eine Zeit lang nicht genügend Beachtung und hatte die Sammlungen von zweien der Inseln schon teilweise vermischt. Ich hätte mir nicht träumen lassen, dass Inseln, die rund fünfzig bis sechzig Meilen voneinander entfernt und zumeist in Sichtweite voneinander liegen, aus genau demselben Gestein geformt, einem ganz ähnlichen Klima ausgesetzt, auf eine nahezu gleiche Höhe ansteigend, unterschiedlich bewohnt sind.

Ganz Ähnliches schrieb er auch über die Meeres- und Landechsen sowie über die Pflanzen.

Wir haben den Vorteil, zurückblicken zu können – mit dem Blick eines Darwinisten –, und können uns daher zusammenreimen, was geschehen ist. In allen genannten Fällen – und das ist überall typisch für die Entstehung von Arten – bilden Inseln die entscheidende, wenn auch zufällige Zutat. Ohne die durch Inseln ermöglichte Isolation wird die Auseinanderentwicklung von Arten durch die sexuelle Vermischung der Genpools bereits im Keim erstickt. Jede aufstrebende neue Spezies würde ständig von Genen der alten Spezies überschwemmt. Inseln sind natürliche Evolutionswerkstätten. Notwendig ist eine Schranke für die sexuelle Vermischung: Sie ermöglicht die anfängliche Auseinanderentwicklung der Genpools, die die Entstehung von Arten, Darwins »Rätsel aller Rätsel«, ausmacht.

Aber Inseln müssen nicht unbedingt von Wasser umgebenes Land sein. Die Geschichte der Schildkröte hält zwei Lektionen für uns bereit, und dies ist die erste. Für eine Riesenschildkröte, die sich im Hochland paart, ist jeder der fünf Vulkane auf der Länge der großen Insel Isabela (für Darwin, der sich der traditionellen englischen Namen bediente, hieß sie Albemarle) eine grüne, bewohnbare Insel, die von einer unwirtlichen Lavawüste umgeben ist. Die meisten Galapagosinseln bestehen jeweils aus einem einzigen Vulkan, sodass Inseln beider Typen zusammenfallen. Auf der großen Insel Isabela befindet sich jedoch eine Kette von fünf Vulkanen, die voneinander jeweils ungefähr ebenso weit entfernt sind wie von dem einzelnen Vulkan der Nachbarinsel Fernandina; dieser könnte unter bestimmten Gesichtspunkten ebenso gut ein sechster Vulkan auf Isabela sein. Für eine Schildkröte ist Isabela ein Archipel innerhalb eines Archipels.

Für die Evolution der Riesenschildkröten waren beide Ebenen der Isolation von Bedeutung. Alle Galapagos-Riesenschildkröten sind mit einer bestimmten Spezies von Landschildkröten auf dem Festland verwandt; sie heißt *Geochelone chilensis*, hat sich bis heute erhalten und ist kleiner als alle Galapagos-Arten. Irgendwann während der wenigen Millionen Jahre, seitdem es die Inseln gibt, fielen eine oder einige wenige dieser Festlandschildkröten ins Meer und wurden abgetrieben. Wie konnten sie die lange, zweifellos anstrengende »Überfahrt« ohne Nahrung oder Süßwasser überleben? Nun, die ersten Walfänger holten auf den Galapagosinseln Tausende von Riesenschildkröten als Nahrung auf ihre Schiffe. Um das Fleisch frisch zu halten, tötete man die Schildkröten erst, wenn man sie brauchte. Aber während sie darauf warteten, geschlachtet zu werden, wurden sie weder gefüttert noch mit

Wasser versorgt. Man drehte sie einfach auf den Rücken, damit sie nicht weglaufen konnten. Ich erzähle die Geschichte nicht, um Entsetzen zu erzeugen (obwohl ich sagen muss, dass ich darüber entsetzt bin), sondern um etwas zu verdeutlichen. Schildkröten können wochenlang ohne Nahrung und Süßwasser überleben, und das ist Zeit genug, um mit dem Humboldtstrom von Südamerika auf die Galapagosinseln zu gelangen. Und Schildkröten treiben tatsächlich oben.

Nachdem sie auf dem Archipel eingetroffen waren, taten die Schildkröten, was viele Tiere tun, wenn sie auf eine Insel kommen. Sie entwickelten sich weiter und wurden größer – das Phänomen des Insel-Riesenwuchses erkennt man schon lange.[8] Hätte sich die Geschichte der Schildkröten nach dem gleichen Prinzip abgespielt wie die der Finken, wäre auf jeder Insel eine andere Spezies entstanden. Wenn die Tiere dann später von Insel zu Insel abgetrieben worden wären, hätten sie sich nicht mehr kreuzen können (das ist die Definition einer eigenständigen Spezies), und es hätte ihnen freigestanden, eine Lebensweise zu entwickeln, die anders war als die ihrer Kollegen der anderen Arten auf der neuen Insel und auch anders als die ihrer Kollegen derselben Spezies auf anderen Inseln.[9] Bei den Finken könnte man sagen, dass die unterschiedlichen Paarungsgewohnheiten und Vorlieben der einzelnen Arten eine Art genetischen Ersatz für die geografische Isolation auf getrennten Inseln darstellen. Sie überschneiden sich zwar geografisch, sind aber auf verschiedenen Inseln der exklusiven Paarung getrennt. Auf diese Weise können sie sich noch weiter auseinanderentwickeln. Auf den meisten Galapagosinseln gibt es den Großen, den Mittleren und den Kleinen Grundfinken, die sich auf unterschiedliche Nahrung spezialisiert haben. Diese drei Arten entwickelten sich mit Sicherheit ursprünglich auf verschiedenen Inseln auseinander und sind später wieder zusammengetroffen; heute existieren sie nebeneinander auf denselben Inseln als unterschiedliche Arten: Sie kreuzen sich nie, und jeder hat sich auf die Ernährung mit einer anderen Art von Samenkörnern spezialisiert.

Ähnlich haben es auch die Schildkröten gemacht[10]: Bei ihnen hat sich auf den einzelnen Inseln jeweils eine charakteristische Form des Panzers entwickelt. Er ist bei den Schildkröten auf den größeren Inseln in der Regel höher gewölbt; die Bewohner der kleineren Inseln haben einen sattelförmigen Panzer mit einer nach oben gebogenen Öffnung für den Kopf auf der Vorderseite. Das scheint daran zu liegen, dass es auf den großen Inseln in der Regel genügend Wasser gibt, sodass dort Gras wachsen kann, und die Schildkröten sind Grasfresser. Auf kleineren Inseln reicht das Wasser häufig für das Wachstum von Gras nicht aus, sodass die Schildkröten sich an die Kakteen halten müssen. Der nach oben gebogene Rand des Panzers schafft für den Hals so viel Platz, dass er die Kakteen erreichen kann. Diese werden ihrerseits in dem evolutionären Rüstungswettlauf mit den kaktusfressenden Schildkröten immer größer.

In der Geschichte der Schildkröten kommt zu dem Vorbild der Finken die zusätzliche Komplikation hinzu, von der bereits die Rede war: Für sie sind Vulkane Inseln auf Inseln. Vulkane bieten hohe, kühle, feuchte, grüne Oasen, und die trockenen Lavafelder, von denen sie in geringerer Höhe umgeben sind, stellen für Riesenschildkröten eine lebensfeindliche Wüste dar. Auf den meisten Inseln gibt es nur einen einzigen Vulkan, und jeweils auch nur eine einzige Art (oder Unterart) von Riesenschildkröten (und auf manchen Inseln gibt es überhaupt keine). Auf der großen Insel Isabela jedoch liegen fünf Hauptvulkane, und jeder davon beherbergt eine eigene Art oder Unterart von Schildkröten. Isabela ist tatsächlich ein Archipel innerhalb eines Archipels. Und das Prinzip des Archipels als Kraftzentrum der evolutionären Auseinanderentwicklung zeigte sich nie eleganter als hier auf den Inseln von Darwins gesegneter Jugend.

Die Geschichte der Meeresschildkröte: hin und zurück (und wieder hin?)"

In der »Geschichte der Riesenschildkröte« habe ich geschildert, wie vorzeitliche Schildkröten aus Südamerika abgetrieben wurden, versehentlich die Galapagosinseln besiedelten und im Laufe ihrer weiteren Evolution auf den einzelnen Inseln lokale Unterschiede herausbildeten, wobei aber alle riesengroß wurden. Aber warum gehen wir davon aus, dass es sich bei dem ersten Siedler um eine Landschildkröte handelte? Wäre es nicht eine einfachere Annahme, dass Meeresschildkröten, die ohnehin bereits im Wasser zu Hause waren, sich zur Eiablage an die Strände der Inseln schleppten, und dann gefiel ihnen, was sie sahen, sodass sie auf dem trockenen Land blieben und sich zu Landschildkröten weiterentwickelten? Nein. So etwas ist auf den Galapagosinseln, die es erst seit wenigen Millionen Jahren gibt, nicht geschehen.

Doch etwas in dieser Art hat sich – allerdings vor viel längerer Zeit – in der Abstammungslinie sämtlicher Schildkröten abgespielt. Aber damit nehme ich den Höhepunkt meiner Geschichte über Meeresschildkröten bereits vorweg. (Übrigens ist das englische Wort turtle für die Meeresschildkröte ein häufig strapaziertes Beispiel für die Beobachtung von Bernard Shaw, dass England und Amerika durch eine gemeinsame Sprache getrennt sind. Im britischen Sprachgebrauch leben turtles im Wasser und tortoises an Land. Für Amerikaner sind tortoises diejenigen turtles, die an Land leben.)

Stichhaltigen Anhaltspunkten zufolge war der letzte gemeinsame Vorfahre aller heutigen Landschildkröten, darunter die auf dem Festland Amerikas, Australiens, Afrikas und Eurasiens, aber auch die Riesen auf den Galapagosinseln, Aldabra, den Seychellen und anderen ozeanischen Inseln, ebenfalls eine Landschildkröte. In ihrer jüngeren Vorfahrenlinie gibt es, um Stephen Hawking falsch zu zitieren, immer nur Landschildkröten. Die verschiedenen Riesenschildkröten der Galapagosinseln stammen mit Sicherheit von südamerikanischen Landschildkröten ab.

Begibt man sich weit genug in die Vergangenheit, lebten alle Organismen im Meer: Es war die wässrige Urmutter alles Lebendigen. Zu verschiedenen Zeitpunkten der Evolutionsgeschichte begaben sich unternehmungslustige Individuen aus vielen verschiedenen Tiergruppen an Land, manchmal sogar in die sonnenversengte Wüste. Dabei nahmen sie ihr privates Meerwasser in Form von Blut und Zellflüssigkeit mit. Neben den Reptilien, Vögeln, Säugetieren und Insekten, die wir um uns herum beobachten, gelang es auch anderen Gruppen, dem Wasser zu entkommen, darunter Skorpione, Schnecken, Krebstiere wie die Landasseln und Landkrebse, Tausend- und Hundertfüßer, Spinnen und ihre Verwandtschaft sowie verschiedene Würmer. Außerdem dürfen wir die Pflanzen nicht vergessen: Hätten sie nicht zuvor bereits das Land besiedelt, alle anderen Wanderungsbewegungen hätten nicht stattfinden können.

Es war eine gewaltige Reise, wenn auch nicht zwangsläufig im Hinblick auf die geografischen Entfernungen; in jedem Fall aber bedeutete sie eine Umwälzung in allen Lebensaspekten von der Atmung bis zur Fortpflanzung. Unter den Wirbeltieren machte sich eine besondere Gruppe der Fleischflosser, die mit den heutigen Quastenflossern und Lungenfischen verwandt ist, auf den Weg an Land, und dabei entwickelten sich Lungen zum Atmen von Luft. Bei ihren Nachkommen, den Reptilien, entwickelte sich ein großes Ei mit einer wasserdichten Schale, sodass die Feuchtigkeit, die alle Wirbeltierembryonen seit der Urzeit im Meer brauchen, zurückgehalten wurde. Unter den späteren Nachkommen der ersten Reptilien waren Säugetiere und Vögel: Bei ihnen entwickelte sich ein breites Spektrum verschiedener Methoden, mit denen sie die Umwelt an Land nutzen und sogar in Wüsten leben konnten. Diese

Revolution in ihrer Lebensweise hatte zur Folge, dass sie sich von den urtümlichen Lebensformen im Meer irgendwann so stark unterschieden, wie man es sich überhaupt nur vorstellen kann.

Unter den vielen Spezialisierungen, die man bei den Landlebewesen beobachtet, erscheint eine gewollt widersinnig: Eine beträchtliche Zahl kompromissloser Landtiere trat später den Rückweg an, gab die hart erarbeiteten Hilfsmittel für das Landleben auf und marschierte zurück ins Wasser. Robben und Seelöwen (darunter auch die erstaunlich zahmen Galapagos-Seelöwen) haben den Rückweg nur teilweise zurückgelegt. Sie zeigen uns, wie die Zwischenformen auf dem Weg zu Extremfällen wie Walen und Seekühen ausgesehen haben könnten. Die Wale (darunter die kleinen Formen, die wir als Delfine bezeichnen) und Seekühe sowie die eng mit ihnen verwandten Manatis waren nun überhaupt keine Landlebewesen mehr, sondern kehrten zu der ausschließlich ans Meer gebundenen Lebensweise ihrer entfernten Vorfahren zurück. Nicht einmal zur Paarung kommen sie noch an die Küste. Aber auch sie atmen noch Luft – eine Entsprechung zu den Kiemen der früheren marinen Formen entwickelte sich nie mehr wieder.

Andere Tiere, die den Rückweg vom Land ins Wasser angetreten haben, sind Schlammschnecken, Wasserspinnen, Wasserkäfer, die flugunfähigen Galapagos-Kormorane, Pinguine (auf den Galapagosinseln leben die einzigen Pinguine der Nordhalbkugel[12]), Meerechsen (die nirgendwo außer auf den Galapagosinseln vorkommen) und Meeresschildkröten (die es in den umgebenden Gewässern in großer Zahl gibt).

Große Leguane sind in der Lage, eine versehentliche Ozeanüberquerung auf Treibholz zu überleben (was in der Karibik gut dokumentiert ist), und es kann kein Zweifel daran bestehen, dass auch die Meerechsen der Galapagosinseln auf solches lebendes Treibgut aus Südamerika zurückgehen. Die älteste der heutigen Galapagosinseln ist nicht älter als rund vier Millionen Jahre. Da die Meerechsen ihre Evolution hier und nirgendwo sonst durchgemacht haben, könnte man meinen, dies sei der früheste Zeitpunkt,

an dem sie ins Wasser zurückgekehrt sein können. In Wirklichkeit
ist die Geschichte aber komplizierter.

Die Galapagosinseln entstanden eine nach der anderen, als
sich die tektonische Nazca-Platte über einem bestimmten vulkani-
schen Hotspot, der unter dem Pazifik liegt, mit einer Geschwindigkeit von einigen Zentimetern pro Jahr bewegte. Als die Platte nach
Osten wanderte, brach der Hotspot von Zeit zu Zeit durch und bildete entlang des Fließbandes wieder einmal eine Insel. Deshalb liegen die jüngsten Inseln im Westen und die ältesten im Osten. Aber
während sich die Nazca-Platte weiter nach Osten bewegt, taucht sie
gleichzeitig auch durch Subduktion unter die Südamerikanische
Platte. Die östlichen Inseln versinken mit einer Geschwindigkeit
von bis zu einem Zentimeter pro Jahr im Meer. Wie wir heute wissen, ist die älteste noch existierende Insel nur vier Millionen Jahre
alt; einen Archipel, der sich nach Osten bewegte und dabei absank,
gibt es aber seit mindestens siebzehn Millionen Jahren. Inseln, die
heute unter Wasser liegen, könnten der ursprüngliche Zufluchtsort
für die Leguane gewesen sein, die irgendwann während dieses Zeit-
raums das Land besiedelten und ihre weitere Evolution durchmach-
ten. Sie hätten ausreichend Zeit gehabt, von einer Insel zur anderen
zu hüpfen, bevor ihre ursprüngliche Ausgangsinsel in den Wogen
versank.

Die Meeresschildkröten kehrten schon vor viel längerer Zeit
ins nasse Element zurück. In einer Hinsicht wurden sie dem Wasser weniger vollständig zurückgegeben als Wale oder Seekühe:
Schildkröten legen ihre Eier nach wie vor am Strand ab. Wie alle ins
Wasser zurückgekehrten Wirbeltiere, so atmen auch sie Luft, aber
in diesem Bereich sind sie besser aufgestellt als die Wale. Manche
Meeresschildkröten entziehen dem Wasser mit zwei Kammern am
Hinterende, die reich mit Blutgefäßen ausgestattet sind, zusätzlichen Sauerstoff. Eine australische Flussschildkröte bezieht sogar
den größten Teil ihres Sauerstoffs, indem sie – wie es ein Australier
ohne Zögern ausdrücken würde – durch den Arsch atmet.
Es gibt Anhaltspunkte dafür, dass alle heutigen Meeres-

schildkröten von einem landlebenden Vorfahren abstammen, der früher lebte als die meisten Dinosaurier. Zwei entscheidende Fossilien namens *Proganochelys quenstedti* und *Palaeochersis talampayensis* stammen aus der Zeit der frühen Dinosaurier und stehen offenbar den Vorfahren aller modernen Land- und Meeresschildkröten nahe. Manch einer fragt sich vielleicht, woher wir wissen, ob fossile Tiere, von denen man oftmals nur Bruchstücke gefunden hat, an Land oder im Wasser lebten. Manchmal ist es recht offensichtlich. Die Ichthyosaurier, Reptilien und Zeitgenossen der Dinosaurier, besaßen Flossen und einen stromlinienförmigeren Körper. Die Fossilien sehen aus wie Delfine und lebten sicher auch wie Delfine im Wasser. Bei Meeresschildkröten ist es nicht ganz so leicht zu erkennen. Eine elegante Methode, um es herauszufinden, ist die Vermessung der vorderen Extremitätenknochen.

Walter Joyce und Jacques Gauthier von der Yale University nahmen an den Arm- und Handknochen von 71 heute lebenden Land- und Meeresschildkrötenarten drei entscheidende Messungen vor. Die Ergebnisse zeichneten sie auf Dreiecknetzpapier gegeneinander auf. Und siehe da: Alle Landschildkrötenarten fanden sich im oberen Teil des Dreiecks in einer dichten Ansammlung von Punkten zusammen; alle Wasserschildkröten dagegen häuften sich im unteren Teil des dreieckigen Diagramms. Überschneidungen gab es nicht, außer wenn sie einige Arten hinzunahmen, die ihre Zeit teils im Wasser, teils an Land verbringen. Erwartungsgemäß tauchen solche amphibisch lebenden Arten in dem dreieckigen Diagramm auf halbem Weg zwischen dem »nassen Punkthaufen« und dem »trockenen Punkthaufen« auf. Nun also zu dem naheliegenden nächsten Schritt: In welchen Bereich fallen die Fossilien? Die Hände von *P. quenstedti* und *P. talampayensis* lassen keine Zweifel zu. Ihre Punkte liegen in dem Diagramm mitten in dem trockenen Haufen. Beide Fossilien waren Landschildkröten. Sie stammen aus einer Zeit, bevor unsere Meeresschildkröten ins Wasser zurückkehrten.

Man könnte also meinen, dass die heutigen Landschildkröten

seit jener Frühzeit immer an Land geblieben sind wie die meisten
Säugetiere mit Ausnahme der wenigen, die ins Meer zurückkehrten. Aber offensichtlich war es nicht so. Zeichnet man den Stammbaum aller heutigen Wasser- und Landschildkröten, so lebten die
Vertreter fast aller Zweige im Wasser. Die heutigen Landschildkröten bilden einen einzigen Zweig, der tief zwischen den Zweigen
mit Wasserschildkröten eingebettet ist. Demnach liegt die Vermutung nahe, dass die heutigen Landschildkröten seit der Zeit von
P. quenstedti und *P. talampayensis* nicht ständig an Land geblieben
sind. Ihre Vorfahren gehörten vielmehr zu denen, die wieder zurück ins Wasser gingen, und dann kamen sie erst vor (relativ) kurzer Zeit erneut aufs Trockene zurück.

Die Landschildkröten spiegeln also eine bemerkenswerte
doppelte Rückkehr wider. Wie alle Säugetiere, Reptilien und Vögel
hatten auch sie Meeresfische als entfernte Vorfahren, und davor
waren ihre Ahnen mehr oder weniger wurmähnliche Tiere, die
– ebenfalls im Meer – bis zu den urtümlichen Bakterien zurückrei-
chen. Spätere Vorfahren lebten an Land und blieben dort über eine
große Zahl von Generationen hinweg. Noch spätere Vorfahren entwickelten sich wieder zu Wasserbewohnern und wurden zu Meeresschildkröten. Und schließlich kehrten sie als Landschildkröten
wiederum aufs Trockene zurück, und manche von ihnen – allerdings nicht die Riesen der Galapagosinseln – leben heute in den
trockensten Wüsten.

Ich habe die DNA einmal als »genetisches Totenbuch« bezeichnet (siehe auch Seite 96). Wegen der Funktionsweise der natürlichen
Selektion ist die DNA eines Tieres in einem gewissen Sinn eine in-
haltliche Beschreibung der Welten, in denen die natürliche Selektion seiner Vorfahren stattgefunden hat. Das genetische Totenbuch
eines Fisches beschreibt urzeitliche Meere. Bei uns Menschen und
den meisten anderen Säugetieren spielen die ersten Kapitel des Buches ausnahmslos im Meer und die letzten ausnahmslos an Land.
Das Buch von Walen, Seekühen, Meerechsen, Pinguinen, Robben,
Seelöwen, Meeresschildkröten und bemerkenswerterweise auch

Landschildkröten enthält noch einen dritten Abschnitt, der über ihre historische Rückkehr auf das Testgelände ihrer entfernten Vergangenheit berichtet: das Meer. Aber die Landschildkröten sind vielleicht die Einzigen, in deren Buch ein vierter Abschnitt einem letzten – wirklich letzten? – Wiederauftauchen an Land gewidmet ist. Gibt es noch andere Tiere, deren genetisches Totenbuch ein solches Palimpsest der mehrfachen evolutionären Kehrtwenden ist?

Abschied von einem Digerati-Träumer

Als ich die letzte Chance hatte, Douglas Adams zu sehen,[13] trat er im September 1998 als Vortragender bei der Tagung *Digital Biota* in Cambridge auf. Zufällig träumte ich letzte Nacht von einem ganz ähnlichen Ereignis: von einer kleinen Tagung gleichgesinnter Menschen, Menschen von der Art wie Douglas, Bewohner des wilden »Hier sind die Digerati«-Ödlandes zwischen Zoologie und Informatik, einem von Douglas' Lieblingslebensräumen. Er hielt dort natürlich Hof (so sah ich es, er selbst hätte sich mit seiner großen, immer zu Scherzen bereiten Bescheidenheit über die Formulierung lustig gemacht). Ich hatte das bekannte Traumgefühl – ich wusste, dass er tot war, fand es aber gleichzeitig nicht im Geringsten seltsam, dass er dennoch unter uns war, über Wissenschaft redete und uns mit seinem einzigartigen wissenschaftlichen Scharfsinn zum Lachen brachte. Eifrig erzählte er uns beim Mittagessen von einer bemerkenswerten Anpassung bei einem Fisch, und er setzte uns in Kenntnis, dass nur 27 Mutationen notwendig waren, um sie aus einer Forelle entstehen zu lassen. Leider kann ich mich nicht daran erinnern, um welche bemerkenswerte Anpassung es sich handelte, denn das war genau so eine Sache, über die Douglas woanders etwas gelesen hätte, und »27 Mutationen« ist genau die Art von Detail, über die er entzückt gewesen wäre.

Von Cambridge nach Komodo (von den Digerati zu den Drachen) ist es für einen Träumenden kein großer Schritt, also war Douglas' Fisch vielleicht ein Schlammspringer, der am Ende des Kapitels über die Komodowarane seine Gedanken über die Abstammung auslöste. Mithilfe der Schlammspringer und ihrer dreihundertfünfzig Millionen Jahre alten Vorläufer – die auch unsere sind – das Kapitel über die Drachen abzuschließen und seine quälenden Schuldgefühle zu beschwichtigen, weil er nicht für die unglückliche Ziege eingetreten war, ist eine literarische Tour de Force. Selbst das arme Huhn kommt als Metapher zurück und spielt noch einmal seine tragikomische Rolle als schwierige Vorspeise vor dem Hauptgericht der pathetisch meckernden Ziege.

> Es ist eine unangenehme Erfahrung, während einer langen Boots-
> reise von vier lebenden Hühnern mit tiefem, grauenvollem Arg-
> wohn angestarrt zu werden, ohne diesen irgendwie zerstreuen zu
> können.

So hat seit P. G. Wodehouse niemand mehr geschrieben. Oder wie wäre es hiermit:

> ein gütiger Mann mit dem Gebaren eines Vikars, der für irgend-
> etwas Abbitte leistet.

Oder das hier über ein weidendes Nashorn:

> Es war, als beobachtete man einen Bagger, der in aller Ruhe Un-
> kraut jätete ... Das Tier war an den Schultern ungefähr einen Me-
> ter achtzig hoch, und bis zum Hinterteil und den muskelbepack-
> ten Hinterbeinen nahm seine Höhe gleichmäßig ab. Schon die
> bloße Größe jedes einzelnen seiner Körperteile übte eine erschre-
> ckende Anziehungskraft auf den Verstand aus. Als das Nashorn
> ein Bein leicht bewegte, rollten die mächtigen Muskeln unter sei-
> ner dicken Haut so mühelos wie einparkende Volkswagen ... Das
> Nashorn fuhr zusammen, wandte sich von uns ab und polterte
> wie ein gelenkiger Kleinpanzer über die Ebene davon.

Der letzte Satz ist Wodehouse pur, aber Douglas genoss den Vorteil, dass sein Humor eine zusätzliche, wissenschaftliche Dimension hatte. Zu Folgendem wäre Wodehouse nie fähig gewesen:

> Es war fast, als seien wir Bestandteile eines physikalischen Dreikörperproblems, die im Gravitationssog der Nashörner herumpendelten.

Oder das hier über den philippinischen Affenadler:

> Ein abenteuerlich unwirkliches Stück Fluggerät, das man sich eher im Landeanflug auf einen Flugzeugträger vorstellen kann als nistend in einer Baumkrone.

Die Träumerei über die »Zweig-Technologie« in Kapitel 1 ist so originell, dass sie einen Wissenschaftler zu ernsthaftem Nachdenken anregen kann. Das Gleiche gilt für Douglas' Meditation über das Nashorn als Tier, dessen Welt nicht vom Sehen, sondern vom Geruch beherrscht wird. Douglas kannte sich nicht nur gut in der Wissenschaft aus. Und er machte auch nicht nur Witze über Wissenschaft. Er hatte den Geist des Wissenschaftlers, tauchte tief in die Wissenschaft ein, und was brachte er zum Vorschein? Humor und einen witzigen Stil, der literarisch und wissenschaftlich zugleich, aber auch ganz und gar sein eigener war.

Wahrscheinlich gibt es in diesem Buch keine Seite, die mich nicht laut auflachen lässt, wenn ich sie noch einmal lese – und ich lese sie häufiger als seine Romane. Neben der witzigen Sprache gibt es großartige Passagen mit ununterbrochenen komischen Versatzstücken wie in der langen, abenteuerlichen Suche nach einem Kondom in Schanghai (mit dem er ein Unterwassermikrofon schützen wollte, um den Delfinen im Jangtse zuzuhören). Dann gibt es da den beinlosen Taxifahrer, der immer wieder unter das Armaturenbrett abtaucht und die Kupplung mit den Händen bedient. Oder die schräge Komödie mit den Bürokraten in Mobutos

Zaire mit ihrem korrupten Gehabe – bei Douglas und seinem Kameraden Mark Carwardine deckt sie eine gutmütige Arglosigkeit auf, und die erinnert an den Kakapo, der in einer brutalen, gefühllosen Welt überfordert ist:

> Der Kakapo ist ein Vogel in der falschen Zeit. Wenn man einem von ihnen in sein großes, rundes, grünlich braunes Gesicht sieht, wirkt er auf so heitere, unschuldige Art ahnungslos, dass man ihn am liebsten drücken und ihm sagen möchte, dass alles wieder gut wird, obwohl man weiß, dass das wahrscheinlich nicht stimmt. Der Kakapo ist ein extrem dicker Vogel. Ein durchschnittlicher, ausgewachsener Kakapo wiegt zwischen sechs und sieben Pfund und kann mit seinen Flügeln bestenfalls ein bisschen herumwackeln, wenn er fürchtet, über irgendetwas zu stolpern – aber fliegen ist mit den Dingern vollkommen ausgeschlossen. Traurig ist nur, dass der Kakapo offensichtlich nicht nur vergessen hat, wie man fliegt, sondern zudem vergessen hat, dass er vergessen hat, wie man fliegt. Ein ernstlich beunruhigter Kakapo bringt es zwar fertig, auf einen Baum zu flitzen und von oben abzuspringen, fliegt aber dann wie ein Stein und landet als wenig eleganter Haufen am Boden.

Der Kakapo ist eine von mehreren Tierarten auf Inseln, die nach der hier vertretenen Interpretation schlecht dazu ausgerüstet sind, natürlichen Feinden und Konkurrenten standzuhalten, deren Genpool im unwirtlicheren ökologischen Umfeld des Festlandes zurechtgeschliffen wurde:

> Man kann sich also vorstellen, was passiert, wenn eine Festlandsart auf eine Insel eingeschleppt wird. Das ist, als würde man Al Capone, Dschingis-Khan und Rupert Murdoch auf der Isle of Wight einschleppen – die Einheimischen hätten keine Chance.

Von den bedrohten Tierarten, die Douglas Adams und Mark Carwardine sehen wollten, ist eine anscheinend während der mittlerweile vergangenen zwei Jahrzehnte endgültig von uns gegangen.
Wir haben unsere letzte Chance verpasst, den Jangtse-Flussdelfin
zu sehen. Oder ihn zu hören, was eigentlich interessanter ist, denn
der Flussdelfin lebte in einer Welt, in der das Sehen ohnehin eher
nicht infrage kam: in einem trüben, schlammigen Fluss, in dem
das Sonar hervorragend zur Geltung kam – bis Schiffsmotoren für
massive Lärmverschmutzung sorgten.

Der Verlust des Flussdelfins ist eine Tragödie, und einige weitere großartige Gestalten in dem Buch sind sicher nicht weit davon
entfernt. In seinem »Letzten Wort« denkt Mark Carwardine darüber nach, warum es uns etwas ausmachen sollte, wenn Arten oder
ganze Tier- und Pflanzengruppen aussterben. Er setzt sich mit den
üblichen Argumenten auseinander:

> Jedes Tier und jede Pflanze ist ein unerlässlicher Bestandteil sei-
> ner beziehungsweise ihrer Umgebung: Sogar Komodowarane
> spielen eine bedeutende Rolle für die ökologische Stabilität ihrer
> empfindlichen Inselheimat. Würden sie verschwinden, könnten
> viele andere Arten folgen. Darüber hinaus ist die Erhaltung von
> Arten unerlässlich für unser eigenes Überleben. Tiere und Pflan-
> zen versorgen uns mit lebensrettenden Arznei- und Nahrungs-
> mitteln, sie gewährleisten erfolgreiche Ernten und produzieren
> wichtige Bestandteile diverser industrieller Verfahren.

Ja, ja, so etwas müssen wir sagen, das wird von uns erwartet. Das
Schlimme dabei ist, dass wir es überhaupt *nötig haben*, den Natur-
schutz mit solchen menschenzentrierten, utilitaristischen Begrün-
dungen zu rechtfertigen. Um einen Vergleich zu nennen, den ich in
einem anderen Zusammenhang angestellt habe: Es ist ein wenig
so, als würde man Musik mit der Begründung rechtfertigen, sie sei
ein gutes Training für den rechten Arm des Geigenspielers. Die
wahre Rechtfertigung für die Rettung dieser großartigen Lebe-

wesen ist diejenige, mit der Mark sein Buch beschließt und die er
offensichtlich bevorzugt:

> Es gibt noch einen letzten Grund, sich zu kümmern, und ich
> glaube, dass er allein ausreicht. Jenen Grund, der zweifellos die
> vielen Menschen antreibt, die ihr ganzes Leben damit zubringen,
> sich den Interessen von Nashörnern, Sittichen, Kakapos und Del-
> finen zu widmen. Es ist ein sehr einfacher Grund: Die Welt wäre
> ärmer, dunkler und einsamer ohne sie.

Jawohl!

Die Welt ist ärmer, dunkler und einsamer ohne Douglas
Adams. Immerhin haben wir seine Bücher, seine aufgezeichnete
Stimme, Erinnerungen, lustige Geschichten, liebenswürdige Anekdoten. Ich kann mir buchstäblich keine andere dahingeschie-
dene bekannte Persönlichkeit vorstellen, deren Andenken sowohl
bei denen, die ihn persönlich kannten, als auch bei anderen solche
allgemeine Zuneigung hervorruft. Insbesondere die Wissenschaftler liebten ihn. Er verstand sie und konnte viel besser als sie selbst
in Worte fassen, was ihr Blut in Wallung bringt. Genau diese Formulierung habe ich in einer Fernsehdokumentation mit dem Titel
Break the Science Barrier (»die Wissenschaftsschranke durchbre-
chen«) gewählt, als ich Douglas in einem Interview fragte: »Was
hat die Wissenschaft, was dein Blut wirklich in Wallung bringt?«
Seine aus dem Stegreif gegebene Antwort sollte man einrahmen
und in allen naturwissenschaftlichen Klassenzimmern des Landes
an die Wand hängen:

> Die Welt ist von so schierer, außerordentlicher Komplexität,
> Reichhaltigkeit und Seltsamkeit, dass sie absolut zum Staunen
> ist. Was ich damit meine? Der Gedanke, dass solche Komplexität
> nicht nur aus solcher Einfachheit erwachsen kann, sondern ver-
> mutlich sogar aus dem völligen Nichts, ist der fantastischste, au-
> ßergewöhnlichste Gedanke überhaupt. Und wenn man erst ein-

mal so etwas wie eine Ahnung davon hat, wie sich das abgespielt haben könnte – das ist einfach großartig. Und ... die Gelegenheit, siebzig oder achtzig Jahre des eigenen Lebens in einem solchen Universum zu verbringen, ist, was mich betrifft, gut genutzte Zeit.[14]

Siebzig oder achtzig? Schön wär's.

Die Seiten seines Buches sprühen vor Wissenschaft, wissenschaftlichem Witz, einer Wissenschaft, betrachtet durch das Regenbogenprisma einer »Weltklassefantasie«. Douglas' Blick auf das Fingertier, den Kakapo, das Nördliche Breitmaulnashorn, den Mauritiussittich, den Komodowaran hat nichts Süßliches. Er begriff sehr gut, wie langsam die Mühlen der natürlichen Selektion mahlen. Er wusste, wie viele Megajahre es dauert, bis ein Berggorilla, eine Mauritius-Rosentaube oder ein Jangtse-Flussdelfin entstanden ist. Er hat mit eigenen Augen gesehen, wie schnell solche gewissenhaft errichteten Bauwerke der evolutionären Kunst eingerissen und dem Vergessen anheimgegeben werden können. Er hat versucht, etwas dagegen zu tun. Wir sollten es genauso machen, und sei es auch nur, um das Andenken dieses unwiederholbaren Exemplars der Spezies *Homo sapiens* zu ehren. Hier ist der Artname einmal wirklich verdient.

TEIL VII

Lachen über lebende Drachen

In gewisser Weise ist es eine falsche Einteilung, wenn wir einen Abschnitt dieses Buches speziell dem Humor widmen. Wer die Kapitel bis hierher nacheinander gelesen hat, weiß warum: Selbst bei den gewichtigsten Themen, wo er schon fast den dunklen Ton von schwarzem Humor erreicht, und erst recht in leichteren Zusammenhängen zieht sich Humor wie ein golden glitzernder Faden durch alle dawkinsschen Werke. Wozu also dieser Abschnitt? Für mich war es immer rätselhaft und sogar ein wenig irritierend, dieses oder jenes Interview oder Profil zu lesen und festzustellen, dass der Autor sinngemäß etwa sagte: »Richard Dawkins ist natürlich ein sehr kluger Mann, aber er hat keinen Sinn für Humor« oder »das Schlimme an Atheisten ist, dass sie keinen Humor haben«. Das ist so krass falsch, dass es gerechtfertigt erscheint – und in Einklang mit der naturwissenschaftlichen Methode steht –, ein paar Belege zu liefern.

Die folgenden sieben Texte wurden so gewählt, dass sich in ihnen sowohl Richard Dawkins' Idole der komischen Schriftstellerei als auch sein eigenes beträchtliches Talent in dieser Disziplin widerspiegeln. Das Spektrum reicht von der absolut perfekten Persiflage über überschäumende Fantasie bis zur plakativen Ironie. Allen gemeinsam ist aber der Witz und die sprachliche Beweglichkeit, die sich durch so viele Texte in diesem Buch ziehen; hier tritt der goldene Glitzerfaden an die Oberfläche.

Die Suche nach Gold war es natürlich, die den Drachen in Tolkiens Fantasygeschichte The Hobbit (dt. Der Hobbit) weckte, und der mutige »Durchschnittsmensch« Bilbo ermahnte sich selbst: »Lache nie über lebende Drachen.« Richard hat mit Angst vor feuerspeienden Ungeheuern nichts zu tun; aber seine Lust, alle möglichen Leute zu provozieren – seien es nun Wutbürger oder Schafsköpfe –, könnte bei einem Zauberer durchaus Stirnrunzeln auslösen.

Parodie und Satire erfordern sowohl ein gutes Gespür für den Ton als auch ein Händchen für die sprachliche Form; Parodie *als* Satire erfordert eine besonders sichere Hand, und »Spenden sammeln für den Glauben« ist der Stimme des eifrigen New-Labour-Gefolgsmannes so nahe, dass man sich kaum des Mitgefühls für die erötenden, aufgeweckten jungen Dinger im Büro des früheren Parlamentsabgeordneten erwehren kann, die doch sicher erkennen, wie ihr Jargon auf sie zurückfällt.

Mit ebenso sicherem Gespür und einer leichten Behandlung ihrer gewichtigen Inhalte – die Entlarvung der Theologie der Buße und eine skizzenhafte Darstellung des Mechanismus der Evolution durch natürliche Selektion – sind die beiden Wodehouse-Parodien »Das große Busrätsel« und »Jarvis und der Stammbaum« ein purer Genuss: Sie ehren einen Meister der englischen Literatur bis hinunter zu den Schritten der Tante auf der Treppe.

Natürlich kann Satire nicht nur zum Schreien komisch sein, sondern auch todernst; dies erleben wir hier am eindringlichsten im nächsten Text »*Gerin Oil*«. Angesichts von Richards Engagement für die häufig undankbare Aufgabe, das Banner der Vernunft in Feindesland zu tragen, ist es sicher eine beträchtliche Leistung, sich dabei nicht nur einen lebhaften Sinn für Ironie zu bewahren, sondern auch eine Leichtigkeit des Zugriffs noch auf die trostlosesten Themen.

Aber wir erleben hier auch viel geselligen Humor – wir lachen mit den Drachenjägern und sogar mit den Drachenliebhabern. Von P. G. Wodehouse bis zu Robert Mash, dem »weisen Altmeister der Dinosaurierfantasien«, gibt es ein Erbe des literarischen Wortreichtums, eine Kameradschaft der Liebhaber von Sprache und ihren Möglichkeiten, unter denen Richard zweifellos zu Hause ist. In seinem Vorwort zu *How to Keep Dinosaurs* (dt. *Dinosaurier (nicht nur) für Haus, Hof und Garten*) zeigt er seine Verbundenheit mit literarischem Humor und begibt sich mit offenkundiger Freude und großem Genuss in die Parallelwelt, nimmt den Taktstock auf und fügt seine eigene üppige Coda hinzu.

Schließlich, nach der reichhaltigen Dinosauriermahlzeit, folgt die bissige Kürze zweier knackiger Satiren. »Athorismus: Hoffen wir, dass die Mode von Dauer ist« richtet die Sprache und Argumentation der modernen Theologie mit unverhohlener Schadenfreude und höchster Geschicklichkeit gegen sich selbst, und als Abrundung des Abschnitts kleiden die »Dawkins-Gesetze« ironische Frustration in das Gewand des philosophischen Diskurses und halten eine wichtige Wahrheit mit nadelspitzem Witz fest.

Da wäre sogar Gandalf beeindruckt.

G. S.

Spenden sammeln für den Glauben[1]

Lieber Mensch des Glaubens,
eigentlich schreibe ich als Spendensammler für die großartige neue Tony Blair Foundation, die es sich zum Ziel gesetzt hat, »den Respekt und das Verständnis gegenüber den großen Weltreligionen zu fördern und zu zeigen, dass der Glaube in der modernen Welt eine machtvolle Kraft des Guten ist«. Ich möchte mich mit Ihnen über sechs entscheidende Punkte aus dem kürzlich im *New Statesman* erschienenen Artikel verständigen; er stammt von Tony (wie er sich selbst gern von allen Menschen aller Glaubensrichtungen – oder auch ohne Glauben – nennen lässt, denn so ist er drauf!).

»Mein Glaube war immer ein wichtiger Teil meiner Politik.«
Ja, das stimmt. Allerdings schwieg Tony bescheiden still, als er Parlamentsabgeordneter war. Seinen Glauben von den Dächern zu pfeifen, so sagte er, wäre möglicherweise so interpretiert worden, als würde er moralische Überlegenheit gegenüber denen beanspruchen, die keinen Glauben (und deshalb natürlich auch keine Moral) haben. Außerdem hätte manch einer vielleicht etwas gegen einen Abgeordneten gehabt, der Ratschläge von Stimmen annimmt, die nur er hören kann. Aber hallo, Realität ist doch total von gestern im Vergleich zu privater Offenbarung, oder? Was sonst, außer gemeinsamem Glauben, könnte Tony und seinen Freund und Waffenbruder, George »Mission Accomplished« Bush, zu ihrer lebensrettenden, humanitären Intervention im Irak bewogen haben?
Zugegeben: Da gibt es noch das eine oder andere Problem, was ausgebügelt werden muss, aber das ist doch erst recht ein Grund für

Menschen verschiedenen Glaubens – Christen und Muslime, Sunniten und Schiiten –, sich im sinnvollen Dialog zusammenzutun und nach gemeinsamen Grundlagen zu suchen, genau wie Katholiken und Protestanten es auf so herzerwärmende Weise während der gesamten europäischen Geschichte getan haben. Diese großen Nutzeffekte des Glaubens sind es, die die Tony Blair Foundation fördern will.

»Zunächst konzentrieren wir uns auf fünf große Projekte, bei denen wir mit Partnern der sechs großen Glaubensrichtungen zusammenarbeiten.«
Ja, ich weiß, ich weiß: Es ist bedauerlich, dass wir uns auf sechs beschränken mussten. Aber wir haben auch grenzenlosen Respekt für andere Glaubensrichtungen, die alle in ihrer farbigen Vielfalt das Leben der Menschen bereichern.

In einem sehr realen Sinn können wir vom Zoroastrismus und Jainismus eine Menge lernen. Auch vom Mormonentum, allerdings sagt Cherie, wir müssten mit Polygamie und heiligen Unterhosen sparsam umgehen!! Andererseits dürfen wir auch die alten, vielgestaltigen olympischen und nordischen Traditionen nicht vergessen – selbst wenn unser modernes Über-den-Tellerrand-Hinaus-ins-Blaue-Denken die Grenzen eher in Richtung der Taktik »Angst und Schrecken« verschoben und Zeus' Donnerkeile sowie Thors Hammer locker in den Schatten gestellt hat!!! Wir hoffen, dass wir in der Phase 2 unseres Fünfjahresplans auch Scientology und den Druidischen Mistelzweigkult einbeziehen können, die uns allen in einem sehr realen Sinn etwas zu sagen haben. In Phase 3 wird unsere feste Entschlossenheit, die Vielfalt zu fördern, zum Aufbau neuer Gelegenheiten für Netzwerkpartnerschaften mit den vielen Hundert afrikanischen Stammesreligionen führen. Die Opferung von Ziegen könnte zwar Probleme mit den Tierschutzorganisationen aufwerfen, aber wir werden sie hoffentlich davon überzeugen können, dass sie ihre Prioritäten anders setzen und religiöse Empfindlichkeiten angemessen berücksichtigen.

»Wir arbeiten über Religionsgrenzen hinweg an einem gemeinsamen Ziel: Wir wollen den Skandal der Malariatoten beenden.«
Außerdem dürfen wir natürlich die unzähligen Todesfälle durch Aids nicht vergessen. An dieser Stelle können wir viel von der anregenden Vision des Papstes lernen, die er kürzlich auf seiner Afrikareise erläutert hat. Im Rückgriff auf seine umfassenden wissenschaftlichen und medizinischen Kenntnisse – die durch die *Werte*, die nur der Glaube mit sich bringen kann, bereichert und vertieft wurden – erklärte Seine Heiligkeit, die Geißel Aids werde durch Kondome nicht besser, sondern schlimmer. Sein Einsatz für die Abstinenz dürfte manche medizinischen Experten erschreckt haben (und das Gleiche gilt für seine zutiefst und aufrichtig vertretene Gegnerschaft gegen die Stammzellenforschung). Aber natürlich müssen wir um des guten Ziels willen den Raum für ein Spektrum vielfältiger Meinungen eröffnen. Schließlich sind alle Meinungen gleichermaßen gültig, und es gibt viele Wege des Wissens, spirituelle ebenso wie solche, die auf Fakten gegründet sind. Um nichts anderes geht es letztlich der Stiftung.

»Wir haben Face to Faith eingerichtet, ein bekenntnisübergreifendes Programm für Schulen, mit dem wir Intoleranz und Extremismus entgegenwirken wollen.«
Das Großartige ist, dass die Vielfalt gefördert werden soll, wie Tony selbst 2002 sagte, als ihn ein (ziemlich intoleranter!!!) Parlamentsabgeordneter herausforderte, weil eine Schule in Gateshead den Kindern beibrachte, dass die Welt nur sechstausend Jahre alt ist. Natürlich könnte man denken – was zufällig auch Tony selbst denkt –, dass das wahre Alter der Welt bei 4,6 Milliarden Jahren liegt. Aber – entschuldigen Sie – in dieser multikulturellen Welt müssen wir Raum finden, um alle Meinungen zu tolerieren und sogar aktiv zu fördern: je vielfältiger, desto besser. Wir bemühen uns um Videokonferenz-Dialoge, bei denen wir unsere Meinungsunterschiede austragen. Übrigens kreuzte die Schule in Gateshead

viele Kästchen an, als es um die Ergebnisse der Abschlussprüfungen ging, das allein zeigt es doch schon.

»Kinder aus einem Glaubens- und Kulturkreis bekommen die Gelegenheit, sich mit Kindern aus einem anderen auszutauschen und so ein echtes Gespür für die erlebten Erfahrungen der anderen zu entwickeln.«

Toll! Und dank Tonys Politik, möglichst viele Kinder in Bekenntnisschulen zu stecken, wo sie sich nicht mit Kindern anderer Herkunft anfreunden können, war die Notwendigkeit für einen solchen Austausch und gegenseitiges Verständnis nie so groß wie heute. Sehen Sie, wie alles zusammenhängt? Wirklich genial!

Das Prinzip, dass man Kinder in Schulen schicken sollte, in denen sie mit dem Glauben ihrer Eltern identifiziert werden, unterstützen wir so stark, dass wir hier eine echte Gelegenheit sehen, es auszuweiten. In Phase 2 haben wir vor, die Einrichtung eigener Schulen für postmodernistische Kinder, leavisitische Kinder und saussuristisch-strukturalistische Kinder zu erleichtern. Und in Phase 3 richten wir dann noch mehr getrennte Schulen ein, beispielsweise für keynesianische Kinder, monetaristische Kinder und sogar für neomarxistische Kinder.

»In Zusammenarbeit mit der Coexist Foundation und der Universität Cambridge entwickeln wir das Konzept des Abraham House.«

Ich habe immer geglaubt, dass es ungeheuer wichtig ist, mit unseren Brüdern und Schwestern der anderen abrahamitischen Glaubensrichtungen zu koexistieren. Sind Sie nicht auch meiner Meinung? Natürlich haben wir unsere Unterschiede – ich meine, wer hat die eigentlich nicht? Aber wir müssen alle gegenseitigen Respekt lernen. Zum Beispiel müssen wir lernen, zu verstehen und Mitgefühl mit der tiefen Verletzung und Beleidigung zu haben, die ein Mensch empfinden kann, wenn wir seine traditionellen Glaubensüberzeugungen angreifen, indem wir ihn davon abhalten wollen, seine Frau zu schlagen, seine Tochter in Brand zu setzen oder ihr die Klitoris abzuschneiden (und jetzt bitte keine rassistischen oder islamfeindlichen Einwände gegen diese wichtigen Ausdrucksformen des Glaubens). Wir werden die Einführung von Scharia-Gerichten unterstützen, aber nur auf rein freiwilliger Basis – nur für diejenigen, deren Ehemänner und Väter sich aus freien Stücken dafür entschieden haben.

»Die Blair Foundation wird sich dafür einsetzen, den gegenseitigen Respekt und das Verständnis zwischen scheinbar unverträglichen Glaubenstraditionen voranzubringen.« Immerhin haben wir trotz unserer Unterschiede eine wichtige Gemeinsamkeit: Wir alle in den Bekenntnisgemeinschaften glauben fest an das völlige Fehlen von Belegen, und damit haben wir die völlige Freiheit, alles zu glauben, was wir wollen. Wir können uns also zumindest darauf einigen, dass wir bei der Formulierung staatlicher Politik eine bevorzugte Rolle für alle diese privaten Überzeugungen beanspruchen können.

Ich hoffe, ich habe mit diesem Brief einige Gründe deutlich gemacht, warum Sie in Betracht ziehen sollten, Tonys Stiftung zu unterstützen. Denn hey, sehen wir es doch ein: Eine Welt ohne Religion hat kein Gebet. Wo so viele Probleme auf der Welt durch Religion verursacht werden, welche andere Lösung könnte es dann geben, als noch mehr davon zu fördern?

Das große Busrätsel[2]

Ich schlenderte gerade die Regent Street hinunter und bewunderte die Weihnachtsdekoration, da sah ich den Bus. Es war einer dieser biegsamen Busse, denen Bürgermeister immer wieder mit der Abschaffung drohen. Als er vorüberfuhr, blickte ich auf, und die Botschaft schob sich geradewegs in mein Monokel. Man hätte mich mit einer Feder umhauen können.

Ein anderer Nichtsnutz hätte mich tatsächlich fast umgeworfen, als ich den Weg zum Dregs Club einschlug. Es war meine Absicht, dort ein Feiertagsschnäpschen zu mir zu nehmen, da sah ich das Gleiche von der Seite. Wie meine regelmäßigen Leser wissen, findet man im Dregs einige recht tiefsinnige Denker, aber keiner von ihnen konnte sich auf die quälende Frage auf den Bussen einen Reim machen, als ich sie in ihre Richtung schob. Nicht einmal Swotty Postlethwaite, der handzahme Intellektuelle des Clubs. Also entschloss ich mich, mein Vertrauen in eine höhere Macht walten zu lassen.

»Jarvis«, säuselte ich, als ich den Türdrücker zu der alten Clubzentrale betätigte, Hut und Stock auf meinem Weg durch die Eingangshalle ablegte und das Orakel befragte. Ich sagte: »Jarvis, was ist mit diesen Bussen?«

»Sir?«

»Sie wissen schon, Jarvis, die Busse, die ›Was ist es, was da so brummt‹[3]-Brigade, die biegsamen Busse, die Transportmittel mit dem Knick in der Mitte. Was ist da los? Was kostet die Kampagne mit den biegsamen Bussen?«

»Nun, Sir, soweit ich weiß, gilt Flexibilität zwar häufig als Tugend, doch diese Omnibusse geben keinen Anlass zu vollständiger Zufriedenheit. Bürgermeister Johnson ...«

»Denken Sie nicht an Bürgermeister Johnson, Jarvis. Lassen Sie Boris beiseite, bemühen Sie Ihre Birne lieber zu den Bussen. Mir geht es nicht um ihre Biegsamkeit *per se*, wenn das der richtige Ausdruck ist.«

»Vollkommen richtig, Sir. Den lateinischen Ausdruck könnte man wörtlich übersetzen mit ...«

»Was den lateinischen Ausdruck angeht, reicht das. Denken Sie nicht an ihre Biegsamkeit. Richten Sie die Aufmerksamkeit auf den Slogan auf den Seiten. Die orangerosa Erscheinung, die vorbeisaust ist, bevor Sie eine Chance hatten, sie richtig zu lesen. Etwas wie ›Es gibt keinen verdammten Gott, also halt die Klappe und geh mit deinen Kumpels einen heben.‹ Das war jedenfalls die sinngemäße Aussage, aber das Kleingedruckte habe ich vielleicht verpennt.«

»Oh ja, Sir, ich kenne diesen Satz wohl: ›Es gibt wahrscheinlich keinen Gott. Also machen Sie sich keine Sorgen, und genießen Sie Ihr Leben!‹«

»So heißt das Kind, Jarvis. Wahrscheinlich kein Gott. Was soll das heißen? Gibt es keinen Gott?«

»Nun, Sir, manch einer würde sagen, es hängt davon ab, was man meint. Alle Dinge, die aus der absoluten Natur irgendeines Attributs von Gott folgen, müssen immer existieren und unendlich sein, oder mit anderen Worten: Sie sind durch besagtes Attribut ewig und unendlich. Spinoza.«

»Danke, Jarvis, das stört mich nicht. Von alledem habe ich noch nicht gehört, aber was aus Ihrem Shaker kommt, schmeckt immer gut und haut stärker rein als andere Cocktails. Ich nehme einen großen Spinoza, geschüttelt und nicht gerührt.«

»Nein, Sir, meine Anspielung betraf den Philosophen Spinoza, den Vater des Pantheismus, auch wenn man lieber von Panentheismus sprechen sollte.«

»Ach, *der* Spinoza, ja, ich erinnere mich, er war ein Freund von Ihnen. Haben Sie ihn in letzter Zeit gesehen?«

»Nein, Sir, ich war im 17. Jahrhundert nicht zugegen. Einstein war ein großer Spinoza-Fan, Sir.«

»Einstein? Sie meinen den mit den Haaren und ohne Socken?«

»Ja, Sir, man kann sagen, der größte Physiker aller Zeiten.«

»Na ja, besser kann es ja nicht sein. Hat Einstein an Gott geglaubt?«

»Nicht im üblichen Sinn eines persönlichen Gottes, Sir, in diesem Punkt war er sehr entschieden. Einstein glaubte an Spinozas Gott, der sich in der geordneten Harmonie dessen offenbart, was existiert, aber nicht an einen Gott, der sich mit den Schicksalen und Handlungen der Menschen beschäftigt.«

»Donnerwetter, Jarvis, schon ein bisschen googly⁴, aber ich glaube, ich habe den Dreh verstanden. Gott ist nur ein anderes Wort für das Großartige da draußen, also verschwenden wir unsere Zeit, wenn wir Gebete murmeln und uns in seine Richtung verneigen, was?«

»Genau, Sir.«

»Wenn er wirklich eine Richtung hat«, fügte ich mürrisch hinzu, denn ich kann einen tief gehenden Widerspruch ebenso gut ausmachen wie jeder andere, da kann man im Dregs jeden fragen. »Aber Jarvis«, fuhr ich fort, nachdem mir ein beunruhigender Gedanke gekommen war. »Heißt das nicht auch, dass ich meine Zeit vergeudet habe, als ich in der Schule diesen Preis für die Kenntnis der Heiligen Schrift bekam? Das erste und einzige Mal, dass ich so etwas wie ein gemurmeltes Lob von diesem Oberstinker gehört habe, dem Reverend Aubrey Upcock? Der Höhepunkt meiner akademischen Karriere, und jetzt stellt sich heraus, dass es ein Windei war, eine Luftnummer, eine Kritzelei an der Klotür?«

»Nicht ganz, Sir. Teile der Heiligen Schrift haben große poetische Verdienste, insbesondere in der englischen Übersetzung, die als King-James-Bibel oder ›autorisierte Fassung von 1611‹ bekannt ist. Die Kadenzen im Buch der Prediger und manche Propheten wurden nur selten übertroffen, Sir.«

»Das kann man wohl sagen, Jarvis. Eitelkeit der Eitelkeiten, sagt der Prediger. Wer war der Prediger eigentlich?«

»Das weiß man nicht, Sir, aber es besteht die begründete, übereinstimmende Meinung, dass er weise war. So freue dich, Jüngling, in deiner Jugend und lass dein Herz guter Dinge sein in deinen jungen Tagen. Er verbreitete aber auch eine tief bewegende Melancholie, Sir. Wenn die Heuschrecke sich belädt und die Kaper aufbricht; denn der Mensch fährt dahin, wo er ewig bleibt, und die Klageleute gehen umher auf der Gasse. Auch das Neue Testament, Sir, hat seine Bewunderer. Denn also hat Gott die Welt geliebt, dass er seinen einzigen Sohn gab ...«

»Lustig, dass Sie gerade das erwähnen, Jarvis. Das war genau die Passage, die ich mit dem Reverend Aubrey behandelt habe, und sie provozierte eine ganze Menge Räuspern und Haxenscharren.«

»In der Tat, Sir. Was war im Einzelnen die Natur des Unbehagens des verstorbenen Vorstehers?«

»Das ganze Zeug von wegen Sterben für unsere Sünden, Erlösung und Sühne. Das ganze ›Und mit seinen Striemen sind wir geheilt‹-Tamtam. Da mir in aller Bescheidenheit die Striemen, die vom alten Upcock verabreicht wurden, nicht fremd sind, sage ich es ihm geradeheraus, wenn ich eine ›Übertretung‹ begangen habe – oder eine strafbare Handlung, Jarvis?«

»Beides ist möglich, Sir, je nach der Schwere des Vergehens.«

»Also, wie gesagt, wenn man mich bei einer Übertretung oder einer strafbaren Handlung erwischte, rechnete ich damit, dass die schnelle Abgeltung direktemang auf Woofters Hosenboden landen würde und nicht auf dem unschuldigen Gesäß eines anderen armen Teufels, wenn Sie verstehen, was ich meine?«

»Natürlich, Sir. Das Prinzip des Sündenbocks war immer von zweifelhaftem ethischen und juristischen Wert. Die moderne Theorie des Strafrechts wirft sogar Zweifel auf den Gedanken der Vergeltung als solcher, selbst wenn der Übeltäter derjenige ist, der bestraft wird. Entsprechend schwieriger ist es, die stellvertretende Bestrafung einer unschuldigen Ersatzperson zu rechtfertigen. Ich bin erfreut zu hören, dass Sie eine angemessene Züchtigung erfahren haben, Sir.«

»Ganz recht, Jarvis.«

»Es tut mir leid, Sir, ich hatte nicht die Absicht ...«

»Genug, Jarvis. Das ist kein Groll. Niemand hat Anstoß genommen. Wir Woofter wissen, wann wir schnell weiterziehen müssen. Aber das ist nicht alles. Ich war mit meinem Gedankengang noch nicht zu Ende. Wo war ich stehen geblieben?«

»Ihre Ausführungen hatten gerade das Thema der ungerechten Bestrafung von Stellvertretern berührt, Sir.«

»Ja, Jarvis, das haben Sie sehr gut formuliert. Ungerechtigkeit ist richtig. Ungerechtigkeit trifft die Kokosnuss mit einem Knacken, das durch die Grafschaft widerhallt. Und es kommt noch schlimmer. Folgen Sie mir jetzt wie ein Puma. Jesus war Gott, habe ich recht?«

»Nach der Dreifaltigkeitslehre, die von den frühen Kirchenvätern vertreten wurde, Sir, war Jesus die zweite Person des dreieinigen Gottes.«

»Genau wie ich gedacht hatte. Also konnte sich Gott – derselbe Gott, der die Welt gemacht hatte und mit so viel Grips ausgestattet war, dass er darin abtauchen und Einstein am flachen Ende nach Luft schnappen lassen konnte, Gott, der allmächtige und allwissende Schöpfer aller Dinge, die sich öffnen und schließen, dieser Musterknabe über dem Schlüsselbein, diese Quelle von Weisheit und Macht – keine bessere Methode ausdenken, um uns unsere Sünden zu vergeben, als sich selbst der Polizei zu übereignen und sich auf einem Toast servieren zu lassen. Jarvis, beantworten Sie mir eine Frage. Wenn Gott uns vergeben wollte, warum hat er uns nicht einfach vergeben? Warum die Folter? Wozu die Peitschen und Skorpione, die Nägel und die Qualen? Warum vergibt er uns nicht einfach? Probieren Sie das einmal auf Ihrem Victrola, Jarvis.«

»Wirklich, Sir, Sie übertreffen sich selbst. Das ist höchst feinsinnig formuliert. Und wenn ich mir die Freiheit erlauben darf, Sie hätten sogar noch weiter gehen können. Nach vielen hoch angesehenen Passagen der traditionellen theologischen Schriften war die wichtigste Sünde, für die Jesus sühnte, die Erbsünde Adams.«

»Verdammt, Jarvis, Sie haben recht. Ich weiß noch, dass ich diesen Punkt mit einem gewissen Schwung und Elan vertreten habe. Ich glaube sogar, das könnte die Waagschale zu meinen Gunsten gesenkt und mir den Hauptgewinn in dem Spiel um die Kenntnis der Heiligen Schrift verschafft haben. Aber fahren Sie fort, Jarvis, auf merkwürdige Art fesseln Sie mich. Welche Sünde hat Adam begangen? Vermutlich etwas ziemlich Deftiges? Etwas, das die Fundamente der Hölle erschüttern sollte?«

»Die Überlieferung sagt, dass er festgenommen wurde, weil er einen Apfel gegessen hatte, Sir.«

»Mundraub? Das war alles? Das war die Sünde, die Jesus tilgen musste – oder sühnen, wie man will? Ich habe von Auge um Auge und Zahn um Zahn gehört, aber eine Kreuzigung wegen eines geklauten Apfels? Jarvis, Sie haben wohl was geraucht. Das meinen Sie doch nicht ernst?«

»Das Erste Buch Mose gibt keine genaue Auskunft über die Spezies des entwendeten Lebensmittels, Sir, aber die Überlieferung sagt schon seit Langem, es sei ein Apfel gewesen. Die Frage ist aber nur akademischer Natur, denn die moderne Wissenschaft sagt uns, dass Adam in Wirklichkeit nicht existiert hat und deshalb vermutlich auch nicht in der Lage war zu sündigen.«

»Jarvis, das ist ja nun die Höhe, um nicht zu sagen, es schlägt dem Fass den Boden aus. Dass Jesus gefoltert wurde, um für die Sünden vieler anderer Menschen zu büßen, war schon schlimm genug. Umso schlimmer, wenn Sie mir dann sagen, dass es eigentlich nur so 'n Bursche war. Noch schlimmer, wenn Sie mir anschließend erklären, die Sünde dieses Kerls habe sich als gemopster Boskop entpuppt. Und nun rücken Sie damit raus, der Tunichtgut hätte überhaupt nicht existiert. Jarvis, ich bin nicht gerade wegen meiner Hutgröße bekannt, aber sogar ich kann sehen, dass das völlig bekloppt ist.«

»Ich hätte es nicht gewagt, selbst dieses Beiwort zu verwenden, Sir, aber was Sie sagen, hat viel für sich. Zur Besänftigung sollte ich vielleicht erwähnen, dass moderne Theologen die Geschichte von Adam und seiner Sünde nicht wörtlich, sondern als Symbol interpretieren.«

»Symbol, Jarvis? Symbol? Aber die Peitschen waren keine Symbole. Die Nägel im Kreuz waren keine Symbole. Jarvis, als ich mich im Arbeitszimmer des Reverend Aubrey über diesen Stuhl beugte – wenn ich da protestiert hätte, dass meine Übertretung oder meine strafbare Handlung, wenn Ihnen das lieber ist, nur ein Symbol gewesen sei, was glauben Sie, was er dann gesagt hätte?«

»Ich kann mir leicht vorstellen, dass ein Pädagoge mit seiner Erfahrung ein solches Plädoyer der Verteidigung mit einem großen Maß an Skepsis behandelt hätte, Sir.«

»Da haben Sie allerdings recht, Jarvis. Upcock war ein harter Hund. Bei feuchtem Wetter spüre ich das Zwicken heute noch. Aber vielleicht habe ich den springenden Punkt, die Pointe in Sachen Symbolismus noch nicht richtig begriffen?«

»Nun ja, Sir, manch einer würde Sie vielleicht für ein wenig vorschnell in Ihrem Urteil halten. Ein Theologe würde wahrscheinlich beteuern, dass Adams symbolische Sünde nicht ganz so geringfügig war, denn sie symbolisierte ja alle Sünden der Menschheit, einschließlich jener, die erst noch begangen werden mussten.«

»Jarvis, das ist Quatsch mit Soße. ›Erst noch begangen werden mussten?‹ Ich möchte Sie bitten, Ihren Geist noch einmal auf jene verhängnisvolle Szene im Studierzimmer der Hakennase zu richten. Angenommen, ich hätte, über den Sessel gebeugt, aus meinem Blickwinkel heraus gesagt: ›Herr Direktor, wenn Sie die vorgesehenen sechs von der saftigen Sorte verabreicht haben, darf ich dann in allem Respekt um weitere sechs bitten, in Anbetracht aller weiteren Übertretungen oder kleinen Sünden, die zu begehen ich mich in der fernen und endlichen Zukunft noch entschließen werde oder auch nicht? Ach, und nehmen Sie auch alle zukünftigen Übertretungen hinzu, die nicht nur von mir, sondern auch von allen meinen Kameraden begangen werden.‹ Jarvis, das ergibt einfach keinen Sinn. Es bringt das Boot nicht zum Schwimmen und die Glocke nicht zum Läuten.«

»Ich hoffe, Sir, Sie werden es mir nicht als übermäßige Freiheit auslegen, wenn ich sage, dass ich geneigt bin, Ihnen zuzustimmen. Und wenn Sie mich jetzt bitte entschuldigen würden, Sir, ich würde gern wieder meine Tätigkeit aufnehmen, das Zimmer zur Vorbereitung der alljährlichen Julzeit mit Stechpalmen- und Mistelzweigen zu schmücken.«

»Schmücken Sie, wenn Sie darauf bestehen, Jarvis, aber ich muss sagen, ich kann kaum noch erkennen, worum es eigentlich geht. Ich nehme an, Sie werden mir als Nächstes erzählen, dass Jesus in Wirklichkeit überhaupt nicht in Betlehem geboren wurde und dass es nie einen Stall gab oder Hirten oder weise Männer aus dem Morgenland, die einem Stern folgten.«

»Oh nein, Sir, seit dem 19. Jahrhundert haben Gelehrte das alles als Legenden abgetan, die oftmals nur erfunden wurden, damit die Prophezeiungen aus dem Alten Testament in Erfüllung gingen. Nette Legenden, aber ohne historischen Wahrheitsgehalt.«

»Das hatte ich befürchtet. Na los, heraus damit! Glauben Sie an Gott?«

»Nein, Sir. Ach, ich hätte es zuvor schon erwähnen sollen, Sir, aber Mrs Gregstead hat angerufen.«

Ich erblasste bis unter die Haarwurzeln. »Tante Augusta? Sie kommt doch wohl nicht her?«

»Sie deutete eine solche Absicht an, Sir. Ich folgerte daraus, dass sie vorhatte, Sie zu überreden, sie zu Weihnachten in die Kirche zu begleiten. Sie stellte sich auf den Standpunkt, es könnte erbaulich für Sie sein, äußerte aber auch Zweifel, ob irgendetwas diese Wirkung haben könnte. Ich glaube fast, das sind jetzt ihre Schritte auf der Treppe. Wenn ich den Vorschlag machen darf, Sir ...«

»Was Sie wollen, Jarvis, und bitte schnell!«

»Ich habe vorsorglich die Tür vom Notausgang entriegelt, Sir.«

»Jarvis, Sie hatten unrecht. Es gibt einen Gott.«

»Vielen Dank, Sir! Ich bemühe mich, Sie zufriedenzustellen.«

Jarvis und der Stammbaum[5]

Jarvis, ich sage, scharen Sie sich um mich.«

»Sir?«

»Bei mir sammeln – das ist doch der richtige Ausdruck, oder etwa nicht?«

»Ein militärischer Ausdruck, Sir, angewandt von Offizieren, die die Anwesenheit ihrer Untergebenen verlangen.«

»Ganz recht, Jarvis. Schenken Sie mir Ihr Gehör.«

»Ebenso angemessen, Sir. Mark Anton ...«

»Vergessen Sie Mark Anton. Das hier ist ernst.«

»Sehr gut, Sir.«

»Wie Sie wissen, Jarvis, ist der Stud. B. Woofter, wenn es um die Regionen nördlich des Kragens geht, im Klassenbuch nicht besonders hoch bewertet. Dennoch kann ich mir einen großen gelehrten Triumph als mein Verdienst anrechnen. Und ich wette, Sie wissen nicht, was das war?«

»Sie haben des Öfteren darauf angespielt, Sir. Sie haben an Ihrer Vorbereitungsakademie den Preis für Bibelkenntnis gewonnen.«

»Ja, das habe ich, zu der schlecht verhohlenen Überraschung von Reverend Aubrey Upcock, Inhaber und Oberaufseher dieses berüchtigten Höllenlochs. Und auch wenn ich kein großer Liebhaber von Früh- oder Abendmessen war, hatte ich seither immer eine Schwäche für die Heilige Schrift, wie wir Fachleute sie nennen. Und jetzt kommen wir zum Kernpunkt. Oder zur Crux?«

»Sehr angemessen, Sir, oder heute hört man auch häufig ›zum Eingemachten‹.«

»Worum es geht, Jarvis, als Kenner mochte ich immer vor

allem das Erste Buch Mose, die Genesis. Gott hat die Welt an sechs Tagen gemacht, habe ich recht?«

»Nun ja, Sir ...«

»Gott hat mit dem Licht angefangen und dann schnell hochgeschaltet, Pflanzen gemacht und Viecher, die kriechen können, schuppige Viecher mit Flossen, unsere gefiederten Freunde, die durch die Bäume flattern, die pelzigen Brüder und Schwestern im Untergrund, und schließlich, als krönenden Abschluss, hat er Typen wie uns geschaffen, bevor er sich am siebten Tag zu seiner wohlverdienten Siesta in die Hängematte gelegt hat. Habe ich recht?«

»Ja, Sir, wenn ich so sagen darf, eine sehr plastische Zusammenfassung eines unserer großen Schöpfungsmythen.«

»Aber jetzt, Jarvis, beachten Sie die Fortsetzung. Gestern Abend, bei der Weihnachtsfeier im Dregs Club, hat mir ein Typ die Ohren vollgequatscht, dass es wirklich nicht mehr schön war. Anscheinend gibt es da einen Kerl namens Darwin, der sagt, die Schöpfungsgeschichte sei völliger Quatsch. Auf dem Gebiet würde Gott schlicht überbewertet. Er hat überhaupt nicht alles erschaffen. Es gibt da etwas, das nennt man *Evaluation* ...«

»Evolution, Sir. Die Theorie, die von Charles Darwin 1859 in seinem großartigen Buch *Die Entstehung der Arten* vertreten wurde.«

»Ja, so heißt das Baby. Evolution. Ob Sie's glauben oder nicht, dieser Darwin-Depp will mir weismachen, mein Ururgroßvater sei eine Art behaarter Bananenfresser gewesen, der sich mit den Zehen kratzt und sich durch die Baumkronen hangelt? Nun, Jarvis, beantworten Sie mir folgende Frage. Wenn wir von Schimpansen abstammen, warum sind dann die Schimpansen noch heute quietschlebendig? Erst letzten Monat habe ich im Zoo einen gesehen. Warum haben sie sich nicht alle in Mitglieder des Dregs Club (oder, je nach Geschmack, solche des Athenaeums) verwandelt? Probieren Sie das einmal auf Ihrem Pianola.«

»Wenn ich mir die Freiheit erlauben darf, Sir, es scheint, als würden Sie unter einem Missverständnis leiden. Mr Darwin sagt nicht, dass wir von Schimpansen abstammen. Schimpansen und wir stammen von einem gemeinsamen Vorfahren ab. Schimpansen sind moderne Menschenaffen, und die haben sich seit der Zeit des gemeinsamen Vorfahren genauso weiterentwickelt wie wir.«

»Hm, nun ja, ich glaube, ich weiß, was Sie sagen wollen. So wie mein stinkender Vetter Thomas und ich beide von demselben Großvater abstammen. Aber keiner von uns beiden ähnelt dem alten Zausel mehr als der andere, und keiner von uns trägt Koteletten.«

»Genau, Sir.«

»Aber warten Sie mal, Jarvis. Wir alten Knaben mit dem Bibel-Handicap geben nicht so leicht auf. Der Erziehungsberechtigte von meinem alten Herrn war vielleicht ein behaarter alter Zausel, aber als Schimpansen würde ich ihn nicht bezeichnen. Daran erinnere ich mich ganz genau. Er hat keineswegs die Fingerknöchel über den Boden geschleift, sondern hatte eine militärisch stramme Haltung (außer in seinen späteren Jahren und wenn er schon ein paar Runden Port intus hatte). Und dann die Familienporträts in dem alten Haus unserer Vorfahren, Jarvis. Wir Woofters haben in Azincourt unseren Teil beigetragen, und Affen gab es während dieses ›Gott für Harry, England und St. George‹ ganz sicher nicht. Fahren Sie fort.«

»Ich glaube, Sir, Sie unterschätzen die Zeiträume, um die es hier geht. Seit Azincourt sind erst ein paar Jahrhunderte vergangen. Unser gemeinsamer Vorfahre mit den Schimpansen lebte vor mehr als fünf Millionen Jahren. Wenn ich es wagen darf, der Fantasie freien Lauf zu lassen, Sir?«

»Natürlich dürfen Sie. Nun wagen Sie schon, mit dem Segen des jungen Herrn.«

»Angenommen, Sie marschieren in der Zeit eine Meile zurück und erreichen so die Schlacht von Azincourt ...«

»Ungefähr so, als würde ich von hier zum Dregs gehen?«

»Ja, Sir. Um in dem gleichen Maßstab zu dem Vorfahren zu gelangen, den wir mit den Schimpansen gemeinsam haben, müssten Sie den ganzen Weg von London bis nach Australien gehen.«

»Du liebe Güte, Jarvis, den ganzen Weg bis zu den Aussies mit ihren vom Hutrand baumelnden Korken. Kein Wunder, dass es auf den Familienporträts keine Affen gibt, keine Brustklopfer mit fliehender Stirn beim Noch-mal-bis-zur-Bresche-in-Azincourt.«

»In der Tat, Sir, und um bis zu unserem gemeinsamen Vorfahren mit den Fischen zu gelangen ...«

»Moment, halt mal! Wollen Sie mir jetzt sagen, dass ich von etwas abstamme, das sich auf einer Servierplatte zu Hause fühlt?«

»Wir teilen Vorfahren mit den heutigen Fischen, Sir, und wenn wir sie sehen könnten, hätten wir sie sicher Fische genannt. Sie können mit Sicherheit sagen, dass wir von Fischen abstammen, Sir.«

»Jarvis, manchmal gehen Sie zu weit. Allerdings, wenn ich an manche aufgebrezelten tollen Hechte denke ...«

»Ich hätte es nicht gewagt, den Vergleich selbst anzustellen, Sir. Aber wenn ich darf, verfolge ich meinen fantasievollen Spaziergang in die Vergangenheit weiter, Sir? Um den Vorfahren zu erreichen, den wir mit unseren Vettern im Wasser gemeinsam haben ...«

»Lassen Sie mich raten. Ich müsste um den ganzen Erdball wandern und an die Stelle zurückkommen, von der ich losgegangen bin, und mich von hinten überraschen?«

»Eine beträchtliche Unterschätzung, Sir. Sie müssten bis zum Mond und zurück wandern und sich dann aufmachen und die ganze Reise noch einmal unternehmen, Sir.«

»Jarvis, das ist zu viel für einen unausgeschlafenen Typen wie mich. Gehen Sie und mixen Sie mir einen von Ihren Muntermachern, vorher kann ich nicht mehr ertragen.«

»Ich habe einen auf Vorrat, Sir, den habe ich zubereitet, als ich bemerkt hatte, zu welch später Stunde Sie gestern Abend von Ihrem Club zurückgekehrt sind.«

»Gut gemacht, Jarvis. Aber warten Sie, da ist noch etwas. Dieser schräge Vogel Darwin hat gesagt, es sei alles durch Zufall passiert. Als wenn ich in Le Touquet das Glücksrad drehe. Oder wenn Bufty Snodgrass ein Hole-in-One schafft und dann dem ganzen Club eine Woche lang die Drinks ausgibt.«

»Nein, Sir, das ist unrichtig. Natürliche Selektion ist keine Frage des Zufalls. Mutation ist ein Zufallsprozess. Natürliche Selektion nicht.«

»Nehmen Sie Anlauf, und kegeln Sie mir den noch mal rüber, Jarvis, wenn es Ihnen nichts ausmacht. Und dieses Mal lassen Sie die Kugel ein bisschen langsamer rollen und ohne Spin. Was ist Mutation?«

»Ich bitte um Verzeihung, Sir, ich habe zu viel vorausgesetzt. Vom lateinischen *mutatio*, Femininum, es bedeutet ›Veränderung‹. Eine Mutation ist ein Fehler beim Kopieren eines Gens.«

»Wie ein Druckfehler in einem Buch?«

»Ja, Sir, und wie ein Druckfehler in einem Buch, so führt auch eine Mutation meist nicht zu einer Verbesserung. Nur hin und wieder ist das der Fall, und dann wird sie infolgedessen mit größerer Wahrscheinlichkeit überleben und weitergegeben. Das wäre dann die natürliche Selektion. Mutation, Sir, ist insofern zufällig, da sie keine Vorliebe in Richtung der Verbesserung hat. Selektion dagegen legt das Schwergewicht automatisch auf Verbesserung, wobei Verbesserung eine bessere Überlebensfähigkeit bedeutet. Man könnte fast ein Sprichwort prägen, Sir, und sagen: ›Mutation schlägt vor, Selektion entscheidet.‹«

»Ganz nett, Jarvis. Ist das von Ihnen?«

»Nein, Sir, der nette Satz ist eine anonyme Parodie auf Thomas von Kempen.«

»Also, Jarvis, schau mer mal, ob ich jetzt das Problem am Schlafittchen habe. Wir sehen etwas, was wie eine flotte Konstruktion aussieht, zum Beispiel ein Auge oder ein Herz, und wir fragen uns, wie es so verdammt gut geworden ist.«

»Ja, Sir.«

»Durch bloßen Zufall kann es nicht so geworden sein, das wäre wie Buftys Hole-in-One, wo wir alle eine Woche lang die Drinks umsonst hatten.«

»In mancherlei Hinsicht wäre es sogar noch unwahrscheinlicher als die alkoholisch gefeierte Leistung des höchst ehrenwerten Mr Snodgrass mit dem Schläger, Sir. Dass alle Teile eines menschlichen Körpers durch bloßen Zufall zusammenkommen, wäre ungefähr so unwahrscheinlich wie ein Hole-in-One, wenn man Mr Snodgrass die Augen verbinden und ihn ein paarmal um sich selbst drehen würde, sodass er keine Ahnung von der Lage des Balls auf dem Tee oder von der Richtung des Greens hat. Würde man ihm dann erlauben, einen einzigen Schlag mit einem Holz auszuführen, Sir, wäre seine Chance, ein Hole-in-One zu erzielen, ungefähr so groß wie die Wahrscheinlichkeit, dass ein menschlicher Körper sich spontan zusammenfindet, nachdem alle seine Teile zufällig durcheinandergemischt wurden.«

»Wie wäre es, wenn Bufty vorher ein paar Drinks genommen hat, Jarvis? Was übrigens ziemlich wahrscheinlich ist.«

»Die Zufälligkeit eines Hole-in-One ist ausreichend weit entfernt, Sir, und die Berechnung ausreichend näherungsweise, dass wir die möglichen Effekte alkoholischer Anregungsmittel außer Acht lassen können. Der Winkel, den das Loch zum Tee einnimmt ...«

»Das reicht, Jarvis, denken Sie daran, dass ich Kopfschmerzen habe. Aber durch den Nebel sehe ich ganz klar, dass die Zufallschance ein Rohrkrepierer ist, eine Luftnummer, ein absoluter Glückstreffer. Aber wie bekommen wir denn nun komplexe Dinge, die auch funktionieren, wie den menschlichen Körper?«

»Diese Frage zu beantworten, Sir, war Mr Darwins große Leistung. Evolution spielt sich allmählich und über sehr lange Zeit ab. Jede Generation ist unmerklich anders als die vorherige, und das Ausmaß der Unwahrscheinlichkeit, das in jeder einzelnen Generation benötigt wird, ist kein Hinderungsgrund. Aber nach einer ausreichend großen Zahl von Millionen Generationen kann das Endprodukt in der Tat sehr unwahrscheinlich sein und ganz so aussehen, als wäre es von einem Meisteringenieur konstruiert worden.«

»Aber es sieht nur so aus wie die Arbeit von einem Rechenschieber-schwingenden Alleskönner mit einem Zeichenbrett und einer Reihe von Kugelschreibern in der Brusttasche?«

»Ja, Sir, die Illusion einer schöpferischen Gestaltung ist die Folge, wenn sich eine große Zahl kleiner Verbesserungen in der gleichen Richtung anhäuft, wobei jede von ihnen so klein ist, dass sie durch eine einzige Mutation entstehen kann, aber die ganze Folge von Anhäufungen ist so lang, dass an ihrem Ende ein Ergebnis steht, das durch ein einziges Zufallsereignis nicht hätte entstehen können. Die Metapher, die für dieses langsame Hochsteigen verwendet wurde, wurde etwas überdramatisch als ›Aufstieg zum Gipfel des Unwahrscheinlichen‹ formuliert, Sir.«

»Jarvis, das ist eine Doosra[6] von einer Idee, ich glaube, allmählich bekomme ich Übung darin. Aber ganz so unrecht hatte ich doch nicht, oder, als ich ›Evaluation‹ anstelle von ›Evolution‹ gesagt habe?«

»Nein, Sir. Der Vorgang ähnelt ein wenig der Zucht von Rennpferden. Die schnellsten Pferde werden von den Züchtern *evaluiert*, und die besten werden als Erzeuger für zukünftige Generationen ausgewählt. Mr Darwin erkannte, dass in der Natur das gleiche Prinzip gilt, ohne dass ein Züchter die Evaluierung vornehmen muss. Die Individuen, die am schnellsten laufen, werden automatisch auch mit der geringsten Wahrscheinlichkeit von Löwen geschlagen.«

»Oder von Tigern, Jarvis. Tiger sind sehr schnell. Das hat Inky Brahmapur mir erst letzte Woche im Dregs gesagt.«

»Ja, Sir, auch Tiger. Ich kann mir gut vorstellen, dass seine Hoheit hinreichend Gelegenheit hatte, ihre Geschwindigkeit vom Rücken seines Elefanten aus zu beobachten. Die Pointe oder Crux ist, dass die schnellsten Pferde überleben, sich paaren und die Gene weitergeben, die sie schnell machen, weil sie mit geringerer Wahrscheinlichkeit von großen Raubtieren gefressen werden.«

»Beim Jupiter, das hört sich ganz plausibel an. Und ich nehme an, die schnellsten Tiger paaren sich ebenfalls, weil sie als Erste ihr Medium-Rare mit allem Pipapo schnappen und dann überleben und kleine Tiger bekommen, die ebenfalls schnell sind, wenn sie größer werden.«

»Ja, Sir.«

»Aber das ist ja ganz erstaunlich, Jarvis. Das haut ja wirklich in die Vollen. Und das Gleiche funktioniert nicht nur bei Pferden und Tigern, sondern auch bei allem anderen?«

»Genau, Sir.«

»Aber Moment mal. Mir ist klar, dass die Schöpfungsgeschichte daneben ziemlich alt aussieht. Aber wo bleibt Gott? Nach dem, was dieser Darwin-Blödmann sagt, hört es sich so an, als ob für Gott nicht mehr viel zu tun bleibt. Damit will ich sagen, ich weiß, wie das ist, wenn man unterbeschäftigt ist, und wenn Sie mich fragen, sieht es so aus, als wäre Gott unterbeschäftigt.«

»Sehr richtig, Sir.«

»Nun ja, aber zum Kuckuck, ich will sagen, wenn das so ist, warum glauben wir dann überhaupt an Gott?«

»In der Tat, warum, Sir?«

»Jarvis, das ist erstaunlich. Unglaubwürdig.«

»Unglaublich, Sir.«

»Ja, unglaublich. Ich sehe die Welt jetzt durch ganz neue Augen und nicht nur durch dunkles Glas, wie wir Bibelgelehrten sagen. Machen Sie sich keine Mühe mit diesem Muntermacher. Ich finde, ich brauche ihn nicht mehr. Ich fühle mich irgendwie *befreit*. Bringen Sie mir lieber meinen Hut, meinen Stock und das Fernglas, das Tante Daphne mir beim letzten Pferderennen geschenkt hat. Ich gehe nach draußen in den Park, um die Bäume zu bewundern, die Schmetterlinge, die Vögel und die Eichhörnchen, und ich werde über alles staunen, was Sie mir gesagt haben. Es macht Ihnen doch nichts aus, wenn ich mir für alles, was Sie mir erzählt haben, eine Stelle zum Staunen suche, Jarvis?«

»Nein, wirklich nicht, Sir. Staunen geht durchaus in die richtige Richtung, und andere Gentlemen haben mir gesagt, dass sie das gleiche Gefühl der Befreiung erleben, wenn sie solche Themen zum ersten Mal verstanden haben. Wenn ich noch einen weiteren Vorschlag machen darf, Sir?«

»Schlagen Sie vor, Jarvis, schlagen Sie vor! Wir sind immer bereit, Ihre Vorschläge anzuhören.«

»Nun ja, Sir, wenn Sie sich die Mühe machen wollen, die Angelegenheit weiterzuverfolgen, habe ich hier ein kleines Buch, das
zu überfliegen Sie sich vielleicht die Mühe machen wollen.«

»Sieht für mich nicht gerade klein aus, aber egal, wie heißt
es?«

»Es heißt *Die Schöpfungslüge*, Sir, und es ist von ...«

»Von wem es ist, spielt keine Rolle, Jarvis, jeder Ihrer Freunde
ist auch mein Freund. Schieben Sie es rüber, und wenn ich zurückkomme, werfe ich einen Blick darauf. Jetzt das Fernglas, den Stock
und den nach Maß gefertigten Hut, wenn ich bitten darf. Ich habe
eine Menge intensives Staunen vor mir.«

Gerin Oil[7]

Gerin Oil (oder Geriniol, um ihm den wissenschaftlichen Namen zu geben) ist eine hochwirksame Droge, die unmittelbar auf das Zentralnervensystem wirkt und ein ganzes Spektrum oftmals unsozialer oder selbstschädigender Symptome hervorruft. Es kann das Kindergehirn dauerhaft verändern und lässt dann im Erwachsenenalter verschiedene Störungen entstehen, darunter gefährliche Wahnvorstellungen, deren Behandlung sich schwierig gestaltet. Die vier Katastrophenflüge vom 11. September 2001 waren Gerinioltrips: Alle neunzehn Luftpiraten standen damals unter dem Einfluss der Droge. In der Geschichte war Geriniolismus die Ursache von Gräueltaten wie den Hexenjagden von Salem oder dem Massaker der Eroberer an den Bewohnern Südamerikas. Geriniol war im mittelalterlichen Europa die Triebkraft der meisten Kriege, und in jüngerer Zeit stand es hinter dem Blutbad, das mit der Aufteilung des indischen Subkontinents und Irlands einherging.

Ein Geriniolrausch kann geistig zuvor gesunde Personen dazu veranlassen, vor einem normalerweise erfüllten Leben davonzulaufen und sich in geschlossene Gemeinschaften bestätigter Süchtiger zurückzuziehen. Diese Gemeinschaften sind in der Regel auf ein Geschlecht beschränkt und verbieten nachdrücklich, ja oft sogar fanatisch jede sexuelle Betätigung. Eine Neigung zu gequälten sexuellen Verboten kristallisiert sich sogar als trostloses, immer wiederkehrendes Thema inmitten der farbigen Variationen der Geriniol-Symptomatik heraus. Geriniol scheint die Libido als solche nicht zu vermindern, führt aber häufig zu dem beherrschenden Gedanken, das sexuelle Vergnügen anderer vermindern zu müssen. Ein Beispiel aus jüngerer Zeit ist das lüsterne Vergnügen, mit dem viele gewohnheitsmäßige »Geriniolisten« die Homosexualität verurteilen.

Wie andere Drogen, so ist auch verarbeitetes Geriniol in geringer Dosis mehr oder weniger harmlos, und bei gesellschaftlichen Ereignissen wie Eheschließungen, Trauerfeiern und staatlichen Zeremonien kann es als Schmiermittel dienen. In der Frage, ob solche gesellschaftlichen Auslöser, die für sich genommen harmlos sind, einen Risikofaktor für den Übergang zu härteren, stärker suchtartigen Formen des Drogenkonsums darstellen, gehen die Meinungen der Experten auseinander.

In mittlerer Dosierung ist Geriniol als solches nicht gefährlich, es kann aber die Wahrnehmung der Realität verzerren. Überzeugungen, die keine Grundlage in den Tatsachen haben, werden durch die unmittelbaren Auswirkungen der Droge auf das Nervensystem gegen Belege aus der Realität immunisiert. Man kann hören, wie Geriniolköpfe zur Luft sprechen oder vor sich hin murmeln, offenbar in der Überzeugung, derart zum Ausdruck gebrachte private Wünsche würden selbst auf Kosten des Wohlergehens anderer Menschen und einer geringfügigen Verletzung der physikalischen Gesetze wahr werden. Diese Selbstgesprächsstörung ist häufig von seltsamen Zuckungen und Handbewegungen begleitet, aber auch von manischen Stereotypen wie dem rhythmischen Kopfnicken in Richtung einer Wand oder des Obsessiven Zwangsorientierungssyndroms (*Obsessive Compulsive Orientation Syndrome*, OCOS), bei dem sich die Betroffenen fünfmal am Tag nach Osten wenden.

In hoher Dosis wirkt Geriniol halluzinogen. Hardcore-Anwender hören Stimmen im Kopf oder erleben visuelle Illusionen, die den Betroffenen so real erscheinen, dass es ihnen häufig gelingt, auch andere von deren Wahrheitsgehalt zu überzeugen. Eine Person, die überzeugend von hochklassigen Halluzinationen berichtet, wird unter Umständen verehrt, und andere, die sich selbst für weniger glücklich halten, folgen ihr als einer Art Anführer. Eine solche Gefolgsleute-Pathologie kann lange über den Tod des ursprünglichen Anführers hinaus bestehen bleiben und erweitert sich unter Umständen zu bizarren psychedelischen Symptomen wie der kannibalistischen Fantasie, »das Blut des Anführers zu trinken und sein Fleisch zu essen«.

Chronischer Geriniolmissbrauch kann zu »Horrortrips« führen: Dann erleben die Betroffenen erschreckende Wahnvorstellungen wie die Angst, gefoltert zu werden, und zwar nicht in der Realität, sondern nach dem Tod in einer Fantasiewelt. Solche »schlechten Trips« gehen mit einer krankhaften Bestrafungslegende einher, die für diese Droge ebenso charakteristisch ist wie die bereits erwähnte obsessive Angst vor Sexualität. Die vom Geriniol unterstützte Bestrafungskultur reicht vom »Klaps« über »Geißelung«, »Steinigung« (vor allem bei Ehebrecherinnen und Vergewaltigungsopfern) und »Demanifestation« (Amputation einer Hand) bis hin zur düsteren Fantasie der Fremdbestrafung oder zum »(Über-)Kreuz-Richtfest«, das heißt der Hinrichtung einer Person für die Sünden anderer.

Nun könnte man meinen, eine solche potenziell gefährliche, süchtig machende Droge müsse auf der Liste der verbotenen Suchtmittel ganz oben stehen, und für ihre Verbreitung müssten drakonische Strafen vorgesehen sein. Aber nein, sie ist überall auf der Welt ohne Weiteres erhältlich, und man braucht dafür nicht einmal ein Rezept. Die zahlreichen professionellen Dealer sind in hierarchischen Kartellen organisiert und betreiben ihren Handel offen sowohl an Straßenecken als auch in speziell zu diesem Zweck errichteten Gebäuden. Manche dieser Kartelle neigen dazu, arme Menschen zu übervorteilen, die verzweifelt ihrer Gewohnheit frönen wollen. »Paten« nehmen höheren Orts einflussreiche Positionen ein und finden Gehör im Königshaus, bei Präsidenten und Premierministern. Regierungen verschließen vor dem Handel nicht nur die Augen, sondern sie gewähren ihm sogar Steuervorteile. Und was noch schlimmer ist: Sie subventionieren Schulen, die gezielt mit der Absicht gegründet wurden, Kinder süchtig zu machen.

Der Anlass, diesen Artikel zu schreiben, war für mich das lächelnde Gesicht eines glücklichen Mannes in Bali. Er begrüßte voller Ekstase seine Todesstrafe für den brutalen Mord an einer großen Zahl harmloser Urlauber, die er nie kennengelernt hatte und gegen die er keinen persönlichen Groll hegte. Manche Angehörige des Gerichts waren schockiert über seine mangelnde Reue. Er war weit von Reue entfernt und reagierte mit offenkundigem Entzücken. Er boxte in die Luft und war trunken vor Freude, dass er zum »Märtyrer« werden sollte, um den Sprachgebrauch seiner Gruppe von Süchtigen zu verwenden. Irren wir uns nicht: Das glückselige Lächeln, die unbändige Freude auf die Hinrichtung, ist das Lächeln eines Süchtigen. Hier haben wir das Musterbeispiel für einen Abhängigen, der mit hartem, nicht verwässertem, nicht verunreinigtem, hochklassigem Geriniol aufgeputscht war.

Der weise Altmeister
der Dinosaurierfantasien[8]

Große Humoristen erzählen keine Witze. Sie schaffen neue Arten von Humor und helfen diesen dann beim Wachsen, oder sie lehnen sich zurück und beobachten, wie sie von selbst gedeihen und sich weiter fortpflanzen. Das unvergessene Buch *Gamesmanship* von Stephen Potter aus dem Jahr 1947 bildet mit seinen Nachfolgebänden *Lifemanship* und *One-Upmanship* ein humoristisches Gesamtkunstwerk. Der Witz dieser »Ratgeber für ein glücklicheres Leben in einer modernen Welt« war weit entfernt davon, durch Wiederholung abzustumpfen. Vielmehr gedieh er in der Folge derart prächtig und mit solcher Fruchtbarkeit (etwa in Form von Radio- und Fernsehsendungen), dass er schon bald ein Eigenleben führte. Potter unterstützte diese Entwicklung, indem er schon zu Beginn mögliche Anknüpfungspunkte in seine Texte eingebaut hatte, zum Beispiel pseudoakademische Fußnoten und die fiktiven Mitarbeiter Odoreida und Gattling-Fenn – die womöglich gar nicht so fiktiv waren. Wenn ich heute, dreißig Jahre nach Potters Tod, in seine Fußstapfen treten wollte – etwa mit Wortprägungen wie Postmodernship –, würden Sie seine Form von Humor schon kennen, und ich könnte darauf aufbauen. Auch die meisten Witze der »Jeeves Stories«, einer Sammlung von zahllosen Episoden um den Butler Jeeves, die der Schriftsteller P. G. Wodehouse in den Jahren 1916 bis 1974 veröffentlichte, sind Mutanten einer archetypischen Urform – und zählen ebenfalls zu einer Spezies, die evolviert und reift und mit dem Nacherzählen immer witziger wird. Das Gleiche könnte man auch über die Werke *1066 and All That* und *The Memoirs of an Irish RM* sagen und ganz gewiss von *Lady*

Addle Remembers. Das vorliegende Buch gehört in diese große Tradition.

Schon seit unseren gemeinsamen Studientagen war Robert Mash nicht nur ein witziger Typ, sondern tatsächlich ein fruchtbarer Schöpfer ganz neuer Gattungen von Humor. Wenn er einen Vorgänger hatte, dann Psmith (eine weitere literarische Figur aus der Feder von P. G. Wodehouse): »Dieser tiefe klagende Laut, den Sie da hören, das ist der Wolf, der vor meiner Haustür lauert« – dies war, glaube ich, Mashs Art zu sagen: »Ich bin pleite.« Ganz auf Psmiths' Linie liegt auch Mashs Antwort auf die Frage einer Frau, die ihn gerade auf einer Party kennengelernt hatte. Als sie erfuhr, er sei Lehrer an einer berühmten Schule, stellte sie ihm, um die Konversation fortzusetzen, die unschuldige Frage: »Haben Sie auch Mädchen?« Seine Antwort – »Gelegentlich!« – war messerscharf kalkuliert, um seine Gesprächspartnerin mit stocknüchternem Ernst und nur einem einzigen Wort völlig aus der Fassung zu bringen.

Mashs fantasievolle Umschreibungen hatten einen großen Freundeskreis, der eifrig beschäftigt war, immer neue und bizarrere zu erfinden. Das galt zum Beispiel auch für die Namen englischer Pubs. Unser Lokal war das *Rose and Crown* in Oxford, aber wir nannten es selten so. Ein früher Schritt auf der evolutionären Leiter unseres Studentenhumors wäre etwa gewesen zu sagen: »Treffen wir uns im *Kathedrale und Gallenblase*.« Solche Exemplare (wie auch spätere) entfalten ihren vollen Witz leider nur im Kontext ihrer historischen Entwicklung. Eine andere Entwicklungslinie, die auf Mash zurückgeht, war die schier endlose Variation der Redewendung »Unser … Freund«. So hätte etwa das *Rose and Crown* »Unser königlich floraler Freund« geheißen. Spätere Seitenäste dieser Linie brachten es zu einer geradezu barocken Kryptizität und erforderten zu ihrer Entschlüsselung das geballte Maß unserer klassischen Bildung. Letztendlich könnte man all diese frühen mashianischen Spezies vielleicht in die Kategorie »Weitschweifige Umschreibungen mit besonders trockenem Humor« einordnen.

Doch das Bild des jugendlichen Robert Mash als Humorist täuscht über den ernsthaften Forscher seiner Reifejahre hinweg. Nirgends kommt die seriöse Seite seiner Persönlichkeit stärker zum Vorschein als in diesem Buch, wo er seine lebenslange Erfahrung mit Dinosauriern, ihren Gewohnheiten und ihrer Haltung in Zeiten von Gesundheit und Krankheit zusammenträgt. Sein Name gilt seit Langem schon als Inbegriff des Dinosaurierexperten schlechthin. Von der Leistungsschau bis zum Auktionssaal, von der Rennbahn zum Pterosauriermoor – kein Treffen von Dinophilen ist je vollständig, bevor nicht das ehrfürchtige Flüstern umgeht: »Mash ist da.« Selbst die Carnosaurier scheinen die Anwesenheit des Meisters zu spüren und legen einen zusätzlichen Hüpfer ein, und auf ihren bakterientriefenden Lefzen blinkt ein spöttisch-höhnisches Extralächeln. Mash ist immer bereit zu einem aufmunternden Klaps auf die Hinterbacken eines schüchternen *Compsognathus* oder zu einem passenden Rat für seinen Besitzer.

Hat Ihr Schoßdinosaurier jenes schwierige (um nicht zu sagen unangenehme) Alter erreicht, wo seine Sporen getrimmt werden müssen? Mash wird Sie über das angemessene Vorgehen beraten, bevor Tränen fließen (oder gar Blut). Wird Ihr Jagddinosaurier allzu übereifrig? Rufen Sie Mash, bevor Ihr Dino allzu viele Ihrer Treiber fängt (das Maul Ihres Apportier-Dinos kann so weich sein wie die gedämpften Hilfeschreie Ihres Jagdhelfers, doch beides hat Grenzen). Für jene peinlichen Momente, wenn Ihr *Microraptor* vergisst, dass Sie gerade einen großen Empfang geben, sind Mashs Ratschläge ebenso besonnen und klug wie taktvoll und knapp. Oder suchen Sie nach einer Ladung gut verrottetem *Iguanodon*-Mist für ihren bäuerlichen Kleinstbetrieb? Mash ist Ihr Mann!

Obwohl er heute der Dinosaurier-Fangemeinde eher als *elder statesman* bekannt ist, hat Robert Mash früher selbst zu den Aktivsten gehört. Wenige, die ihn einst unbekümmert auf dem Rücken von »Killer« reiten sahen, werden je vergessen, wie er diesen beispiellosen Jäger über die Sechs-Meter-Hürden scheuchte und dann noch eine Runde ohne Fehler schaffte. Was seine Dressurleistun-

gen betrifft, paradierte unter den begnadeten Zügeln von »RM«
selbst ein *Brachiosaurus*-Bock wie ein Vollblut-*Ornithomimus*. Und der
Anblick, wie er seine Peitsche über jene berühmte Truppe von
zwanzig Velociraptoren schwingt, würde auch heute noch den Puls
eines jeden Sportsmanns schneller schlagen und selbst einem nie-
dergestreckten *Bambiraptor* das schon kalte Blut vollends in den
Adern stocken lassen. Und sogar, als er seine Zügel endgültig an
den Nagel hing, fand er keine Ruhe – tatsächlich ist er seitdem mit
lukrativen Verträgen ein gesuchter Berater arabischer Königshäu-
ser. Es ist nach wie vor grandios zu sehen, wie sein zahmer *Ptero-
dactylus*, meisterhaft aufgelassen, mit dem Wind in seinen Schwin-
gen kreist, bevor er sich auf einen *Archaeopteryx* stürzt und dann mit
glücklich-zufriedenem Kreischen wieder auf seinen Handschuh
zurückkehrt.

Seit Jahren schon hatten viele Freunde und Bewunderer aus
der Dinosaurierszene Mash gedrängt, seine Lebenserfahrung in
Buchform niederzuschreiben, so, wie nur er das konnte. Das Ergebnis war die erste Auflage dieses Werkes, und wie vorauszuse-
hen, war sie schneller ausverkauft als der Schwanzhieb eines *Apa-
tosaurus*. Während der langen, traurigen Jahre, in denen das Buch
nicht mehr lieferbar war, wurden abgegriffene Raubkopien zu einem immer wertvolleren Schatz, gut bewacht in Jagdtaschen oder
Handschuhfächern von Geländewagen. Der Ruf nach einer zweiten Auflage wurde immer drängender, und ich freue mich, dass ich
selbst, wenn auch nur indirekt, zu diesem Ziel beitragen konnte
(»Wer einen Verleger findet, der findet etwas Gutes.« – Sprüche 18,
22). Die zweite Auflage hat selbstverständlich von Mashs ruheloser
Korrespondenz mit Dinosaurierhaltern in aller Welt reichlich profitiert.

Dieses Buch ist nicht nur für Dinosaurierhalter interessant,
obwohl es sich in erster Linie an sie richtet. Mit all seinen fundierten Ratschlägen konnte es nur von einem professionellen Zoologen
geschrieben werden, der sich auf profundes theoretisches Wissen
und lange Erfahrung stützen kann. Viele der hier dargestellten

Fakten sind korrekt. Die Welt der Dinosaurier war immer schon ein Tummelplatz für Mythen und Legenden, und auch insofern fügt sich Mashs Handbuch perfekt in diese Tradition. Um vielleicht noch einen theologischen Seitenaspekt zu erwähnen, dürfte das Buch sicher auch Kreationisten (die heute unter der aufregenderen Flagge der »Intelligent-Design-Theorie« segeln) als unschätzbare Hilfe in ihrem Kampf gegen die ebenso widersinnige wie groteske Behauptung dienen, zwischen Menschen und Dinosauriern läge eine unüberbrückbare geologische Zeitspanne von 65 Millionen Jahren.

Um es mit Robert Mash auszudrücken: Ein Dinosaurier ist nicht nur für Weihnachten, sondern für das ganze Leben (das bei einigen Sauropoden ein sehr langes sein kann). Das Gleiche könnte auch für dieses Buch gelten. In diesem Sinne möge es ein wundervolles Geschenk für Leser jedes Alters sein, und noch für viele Weihnachten der Zukunft.

Athorimus: Hoffen wir, dass die Mode von Dauer ist[9]

Der Athorismus ist gerade ziemlich *en vogue*. Kann es einen produktiven Austausch zwischen Walhallanern und Athoristen geben? Lassen wir die naiven Buchstabengläubigen einmal beiseite: Kluge Thoreologen glauben schon lange nicht mehr an die materielle Substanz von Thors mächtigem Hammer. Aber die spirituelle Wesensform der Hammerigkeit bleibt eine donnernd erleuchtete Offenbarung, und der hammerologische Glaube nimmt in der Eschatologie des Neowalhallismus einen besonderen Platz ein, während er sich in seinem nicht überlappenden Fachbereich eines produktiven Austausches mit der wissenschaftlichen Theorie des Donners erfreut. Militante Athoristen sind ihr eigener schlimmster Feind. Da sie nichts über die Feinheiten der Thoreologie wissen, sollten sie auf ihren intoleranten, lautstarken Kampf gegen Windmühlenflügel verzichten und den Thor-Glauben mit dem einzigartigen, schützenden Respekt behandeln, den man ihm in der Vergangenheit stets entgegengebracht hat. Ohnehin sind sie zum Scheitern verurteilt. Die Menschen brauchen Thor, und nichts wird ihn jemals aus der Kultur verbannen. Was sollte man denn an seine Stelle setzen?

Nachwort

Diesen Scherz könnte man immer und immer weiter treiben. Feministische Thoreologinnen ziehen es vor, die patriarchalisch-harten phallischen Aspekte von Thors Hammer herunterzuspielen, Befreiungsthoreologen finden gemeinsame Grundlagen mit Arbeitern, die unter dem Banner mit Hammer und Sichel marschieren, und für postmoderne Thoreologen ist der Hammer ein mächtiger Sinngeber der Dekonstruktion. Fortsetzung ganz nach Belieben.

Die Dawkins-Gesetze[10]

Das Dawkins-Gesetz der Schwierigkeitserhaltung

Obskurantismus (Aufklärungsfeindlichkeit) breitet sich in einem wissenschaftlichen Gegenstand aus, um das Vakuum der ihm eigenen Einfachheit zu füllen.

Das Dawkins-Gesetz der göttlichen Unverletzlichkeit

Gott kann nicht verlieren.

Lemma 1: Wenn das Verständnis wächst, schrumpfen die Götter – aber dann definieren sie sich neu und stellen den Status quo wieder her.

Lemma 2: Man dankt Gott, wenn alles gut geht. Wenn etwas schiefgeht, dankt man ihm, dass es nicht noch schlimmer gekommen ist.

Lemma 3: Der Glaube an das Jenseits kann sich nur als richtig, aber nie als falsch erweisen.

Lemma 4: Die Hitzigkeit, mit der unhaltbare Überzeugungen verteidigt werden, ist umgekehrt proportional zu ihrer Verteidigungsfähigkeit.

Das Dawkins-Gesetz der Hölle und Verdammnis

$$H \sim 1/P$$

Darin ist H die angedrohte Temperatur des Höllenfeuers und P die wahrgenommene Wahrscheinlichkeit, dass es existiert.

Oder in Worten: »Die Größenordnung einer angedrohten Bestrafung ist umgekehrt proportional zu ihrer Plausibilität.«

Das nachfolgende Gesetz ist vermutlich älter, wird mir aber in verschiedenen Versionen häufig zugeschrieben, und ich formuliere es hier gern als

Gesetz der kontroversen Debatte

Wenn zwei unvereinbare Überzeugungen mit gleicher Intensität vertreten werden, liegt die Wahrheit nicht zwangsläufig in der Mitte. Eine Seite kann auch einfach unrecht haben.

TEIL VIII

Kein Mensch ist eine Insel

Seit Newton »auf den Schultern von Riesen« stand – und auch schon davor –, war Wissenschaft immer ein Gemeinschaftsunternehmen. Es wäre zwar eine sehr undawkinssche Schönrednerei, wenn man leugnen wollte, dass manche ihrer Vertreter nur unzureichend deutlich gemacht haben, was ihre Leistungen den Beiträgen anderer verdanken, aber viel, viel zahlreicher sind Musterbeispiele für Kollegialität, kooperativen Geist und gegenseitigen Respekt, also genau die »Werte der Wissenschaft«, von denen im ersten Text dieser Sammlung die Rede war. Solche Werte, verstärkt durch persönliche Bindungen und moralische Sensibilität, sind natürlich nicht nur Werte von Wissenschaftlern, sondern Werte der gesamten zivilisierten Menschheit. Sie sollen in diesem letzten kurzen Abschnitt gefeiert werden: Er präsentiert eine kleine Auswahl persönlicher Gedanken in Erinnerung an andere und zu ihrer Ehre.

»Erinnerungen an einen Maestro« wurde ursprünglich als Eröffnungsvortrag für eine Tagung konzipiert, die zum Gedenken an den Biologen und Nobelpreisträger Niko Tinbergen stattfand. Darin geht es nicht nur um persönlichen Respekt, sondern auch um das Zugehörigkeitsgefühl, das durch die Beteiligung am Gemeinschaftsunternehmen von Lernen und Forschen entsteht, durch ein Privileg, das sich nicht einfach nur durch die Mitgliedschaft in einer Eliteinstitution ergibt, sondern durch die Zugehörigkeit zu einer Gruppe von Personen, die in der Lehre ebenso befähigt sind wie in ihrer wissenschaftlichen Forschung. Er spricht auch von der tief empfundenen Verpflichtung, diesen Sturzbach des Wissens durch zukünftige Generationen weiterfließen zu lassen: »Wir ...

wollten, dass Menschen die Fackeln aufnehmen, die Niko ihnen übergeben hatte, und mit ihnen in die Zukunft laufen.«

Die nächsten beiden Texte »An meinen geliebten Vater« und »Mehr als nur mein Onkel« glänzen vor Stolz und Liebe zur früheren und heutigen Familie. Wo ein weniger grundehrlicher Sohn und Neffe mit linksliberalen Neigungen vielleicht versucht gewesen wäre, das eisenharte Erbe des Empire herunterzuspielen, zu übertünchen oder zurückzuweisen, hat Richard mit solchen Tendenzen in beiden Richtungen nichts zu tun: »Natürlich war eine ganze Menge schlecht an den Briten in Afrika. Aber das Gute war sehr gut, und Bill war einer der Besten.« Die liebevollen Erinnerungen sind in der Regel mit Humor gewürzt, so in seinen Berichten über Onkel Bill, der entschlossen den Riot Act las (»Ich male mir aus, dass der Text in das Futter seines Tropenhelms eingenäht war«), und über den »Heath-Robinson-artigen« Erfindungsreichtum seines Vaters auf der Farm der Familie. In ihnen klingt Stolz auf die unverhüllte Liebe des Vaters und Onkels ebenso an wie die (beträchtlichen) weltlichen Leistungen seiner vielen Vorfahren: »Zum Teufel mit der Ausstrahlung eines Befehlshabers und militärischem Betragen. Es gibt größere Qualitäten zu bewundern.«

Bis hierher, so hoffe ich, werden die Leser dieser Sammlung die gewaltige Spannbreite von Richard Dawkins' Vorlieben, Leidenschaften und Begabungen einschätzen können – als Wissenschaftler, als Lehrer, als Polemiker, als Humorist, vor allem aber als Autor. Als letzten Artikel des Bandes habe ich mit »Zu Ehren von Hitch« einen Text ausgewählt, der seine atemberaubende Vielseitigkeit in einem einzigen brillanten Punkt zusammenführt. Den Vortrag hielt Richard bei der Verleihung des Preises, dem die Atheist Alliance of America seinen Namen gegeben hatte, an den damals schon todkranken Christopher Hitchens. In ihm hallen, wie er selbst sagt, »Bewunderung, Respekt und Liebe« wider. Es ist eine eigenartige, aber durchaus passende Ironie des Schicksals, dass vieles von dem Lob, das er Hitchens zollt, mit ebenso großer Rechtfertigung auch ihm selbst gezollt werden könnte: »der führende

Kopf und Gelehrte unserer atheistisch/säkularen Bewegung«, ein »sanft ermutigender Freund der Jungen, der Zaghaften«, gleichermaßen fähig zu »durchdringender Logik«, »schneidendem Witz« und »Mutig-Unkonventionellem«. Kein Wunder, dass sie Seelenverwandte waren.

Richard Dawkins wird immer seine Kritiker haben – manche, die seinen Zielen wohlwollend gegenüberstehen, andere zutiefst feindselig. Aber ehrliche Leser aus beiden Lagern werden nach meiner Auffassung kaum leugnen können, dass »eine ganze Menge schlecht war an dem, was in unserer Zeit in Britannien geschrieben wurde. Aber das Gute war sehr gut, und Richard Dawkins war einer der Besten.«

G. S.

Erinnerungen an einen Maestro[1]

Willkommen in Oxford! Für viele von Ihnen ist es ein Wiedersehen mit Oxford. Und für manche von Ihnen ist es vielleicht sogar ein schöner Gedanke, dass es sich anfühlen könnte wie »Willkommen zu Hause in Oxford!«. Und es ist mir eine große Freude, so viele Freunde aus den Niederlanden zu begrüßen.

Letzte Woche, als mit Ausnahme einiger letzter Organisationspunkte alles bereits vorbereitet war, hörten wir, dass Lies Tinbergen gestorben ist. Natürlich hätten wir einen solchen Zeitpunkt nicht für diese Tagung gewählt. Ich bin sicher, dass wir alle unser tiefes Mitgefühl auch auf die Familienmitglieder ausweiten, von denen viele, wie ich zu meiner Freude sagen kann, anwesend sind. Wir besprachen, was zu tun sei, und gelangten zu der Entscheidung, dass unter den gegebenen Umständen nichts anderes infrage kam, als weiterzumachen. Die Mitglieder der Familie Tinbergen, die wir dazu befragen konnten, stimmten völlig mit uns überein. Ich glaube, wir alle wissen, dass Lies für Niko eine enorme Unterstützung war, aber ich glaube auch, dass nur den wenigsten von uns klar ist, wie sie ihn insbesondere während der düsteren Zeiten der Depression tatsächlich unterstützte.

Ich sollte etwas dazu sagen, was dies für eine Gedächtnistagung ist und wie sie zustande kam. Jeder Mensch hat seine eigene Art zu trauern. Lies trauerte, indem sie Nikos charakteristisch bescheidene Anweisung ernst nahm – er wollte weder eine Begräbnisfeier noch irgendwelche Gedächtnisriten. Unter uns gab es diejenigen, die dem Wunsch, auf religiöse Begleitung zu verzichten, mit vollem Verständnis begegneten und dennoch das Bedürfnis nach irgendeinem Übergangsritus für einen Mann verspürten, den wir über so viele Jahre geliebt und respektiert hatten. Wir schlugen verschiedene Formen einer säkularen Feier vor. Die Tatsache, dass es in der Familie Tinbergen so viel musikalische Begabung gibt, veranlasste beispielsweise einige von uns zu dem Vorschlag, ein Gedächtnis-Kammerkonzert zu veranstalten, wobei in den Pausen Nachrufe verlesen werden sollten. Aber Lies machte sehr deutlich, dass sie nichts Derartiges wünschte und dass Niko genauso empfunden hätte.

Also taten wir zunächst gar nichts. Dann, nachdem eine gewisse Zeit verstrichen war, wurde uns klar, dass sich eine Gedächtnistagung von einer Trauerfeier stark genug unterscheidet und deshalb nicht als solche zählt. Lies erklärte sich einverstanden, und dann, während wir die Tagung planten, kam eine Zeit, in der sie sagte, sie hoffe, an der Veranstaltung teilnehmen zu können. Später überlegte sie es sich allerdings anders und glaubte mit der charakteristischen Bescheidenheit und vollkommen irrtümlich erneut, sie würde im Weg stehen.

Es ist mir eine ungeheure Freude, so viele alte Freunde willkommen zu heißen. Dass Sie heute so zahlreich hier sind, ist ein Tribut an Niko und an die Zuneigung, die seine alten Schüler für ihn empfanden. Sie sind – in einigen Fällen von sehr weit her – nach Oxford gekommen. Die Liste derer, die zugesagt haben, ist eine Galaxis alter Freunde, von denen manche sich unter Umständen seit dreißig Jahren nicht zu Gesicht bekommen haben. Schon die Gästeliste zu lesen, war für mich ein bewegendes Erlebnis.

Wir alle haben Erinnerungen an Niko und die Gruppe seiner Mitarbeiter, mit denen wir zufällig zur gleichen Zeit arbeiteten. Für mich bestand der Anfang darin, dass ich als Studienanfänger seine Vorlesung hörte, aber zunächst nicht über Tierverhalten, sondern über Mollusken – denn Alister Hardy hatte die verschrobene Idee, dass alle Dozenten sich an dem Kurs über »Das Tierreich« beteiligen sollten, der in der Zoologie von Oxford eine heilige Kuh ist. Damals war mir noch nicht klar, was für ein angesehener Mann

Niko war. Hätte ich es gewusst, ich glaube, ich wäre ziemlich ent-
geistert darüber gewesen, dass man ihn eine Vorlesung über
Mollusken halten ließ. Es war schon schlimm genug, dass er seine
Professorenstelle in Leiden aufgegeben hatte, um nach der snobis-
tischen Sitte von Oxford zum einfachen »Mr Tinbergen« zu werden.
An besonders viel aus diesen ersten Vorlesungen über Mollusken
kann ich mich nicht mehr erinnern, aber ich weiß noch, wie ich auf
sein wunderbares Lächeln reagierte: Damals kam es mir freundlich, nett und onkelhaft vor, obwohl er kaum älter gewesen sein
kann, als ich jetzt bin.

Ich glaube, Niko und sein intellektuelles System müssen mich
damals geprägt haben, denn ich fragte meinen Tutor im College,
ob ich ein Tutorium bei Niko belegen könne. Ich weiß nicht, wie es
ihm gelang, das zu arrangieren, denn soweit mir bekannt ist, gab
Niko in der Regel keine Tutorien für Studienanfänger. Vermutlich
war ich das letzte Erstsemester, das bei ihm in diesen Genuss kam.
Seine Unterrichtsstunden hatten auf mich gewaltigen Einfluss.
Niko hatte als Tutor einen einzigartigen Stil. Statt uns eine Lektü-
reliste zu geben, mit der ein Thema mehr oder weniger umfassend
abgehandelt wurde, konfrontierte er uns mit einer einzigen, sehr
ins Einzelne gehenden Arbeit, beispielsweise einer Dissertation.
An die erste erinnere ich mich noch: Es war eine Monografie von
A. C. Perdeck, der, wie ich zu meiner Freude sagen kann, heute hier
ist. Ich sollte einfach einen Aufsatz über alles schreiben, was mir
beim Lesen der Doktorarbeit oder Monografie einfiel. In einem gewissen Sinn war das die Methode, mit der Niko dafür sorgte, dass
der Schüler sich gleichberechtigt fühlte – nicht nur wie ein Student,
der ein Thema paukte, sondern wie ein Kollege, dessen Ansichten
über die Forschung es wert waren, dass man sie anhörte. Etwas
Ähnliches hatte ich nie zuvor erlebt, und ich genoss es. Ich schrieb
ellenlange Aufsätze, und sie vorzulesen dauerte einschließlich Nikos häufiger Unterbrechungen so lange, dass wir am Ende der
Stunde nur selten fertig waren. Während ich meinen Aufsatz vor-
las, ging er im Zimmer auf und ab und kam nur gelegentlich auf

einer der Umzugskisten, die ihm damals als Sitzgelegenheit dienten, zur Ruhe. Er drehte sich eine Zigarette nach der anderen und schenkte mir offensichtlich seine ganze Aufmerksamkeit auf eine Art, die ich, wie ich zu meinem Bedauern sagen muss, bei den meisten meiner heutigen Schüler nicht für mich in Anspruch nehmen kann.

Durch diese großartigen Tutorien reifte in mir der Entschluss, unbedingt bei Niko meinen Doktor zu machen. Also schloss ich mich der »Meute des Maestros« an, und das war ein Erlebnis, das ich nie vergessen sollte. Mit besonderer Zuneigung erinnere ich mich an die Freitagabendseminare. Neben Niko selbst war damals Mike Cullen die beherrschende Gestalt. Niko weigerte sich hartnäckig, nachlässige Sprache durchgehen zu lassen, und der Ablauf kam für unbegrenzte Zeit zum Stillstand, wenn der Vortragende nicht in der Lage war, seine Begriffe mit der ausreichenden Strenge zu definieren. An solchen Diskussionen beteiligten sich alle, und alle waren erpicht darauf, einen Beitrag zu leisten. War ein Seminar aus solchen Gründen nach zwei Stunden noch nicht zu Ende, nahmen wir das Thema einfach in der folgenden Woche wieder auf, ganz gleich, was zuvor vielleicht geplant war.

Vermutlich lag es nur an meiner jugendlichen Naivität, aber in der Regel freute ich mich die ganze Woche über mit einer Art sehnsüchtigen Erregung auf diese Seminare. Wir fühlten uns wie Mitglieder einer privilegierten Elite, wie das Athen der Verhaltensforschung. Andere, die zu anderen Gruppen und anderen Jahrgängen gehörten, sprachen darüber in ganz ähnlichen Begriffen, und deshalb bin ich überzeugt, dass dieses Gefühl ein allgemeiner Aspekt dessen war, was Niko für seine jungen Mitarbeiter leistete.

In gewisser Weise stand Niko bei diesen Freitagabendveranstaltungen für eine Art ultrastrengen, logischen gesunden Menschenverstand. So formuliert, hört es sich möglicherweise banal an; vielleicht scheint es sogar auf der Hand zu liegen. Aber ich habe seither gelernt, dass strenger gesunder Menschenverstand für große Teile der Welt keineswegs auf der Hand liegt. Manchmal ist es sogar notwendig, den gesunden Menschenverstand mit nicht nachlassender Wachsamkeit zu verteidigen.

In der Welt der Verhaltensforschung insgesamt stand Niko für eine weit gefasste Sichtweise. Er formulierte nicht nur die »vier Fragen« als Sichtweise der Biologie, sondern er setzte sich auch unablässig für jede der vier ein, wenn er den Eindruck hatte, sie werde vernachlässigt. Da er heute in den Köpfen der Menschen (vor allem) mit Freilanduntersuchungen zur funktionellen Bedeutung von Verhaltensweisen in Verbindung gebracht wird, lohnt es sich, daran zu erinnern, welch große Teile seiner Laufbahn er beispielsweise auf Motivationsstudien verwendete. Und was es auch bedeuten mag, meine eigene, beherrschende Erinnerung an seine Anfängervorlesungen über Verhaltensforschung betrifft seine erbarmungslos mechanistische Haltung gegenüber dem Tierverhalten und dem dahinterstehenden Apparat. Besonders gefesselt war ich von zwei seiner Formulierungen: »Verhaltensmaschinerie« und »Ausrüstung zum Überleben«. Als ich selbst mein erstes Buch schrieb, verband ich beide zu der kurzen Formulierung »Überlebensmaschine«.

Bei der Planung dieser Tagung entschlossen wir uns natürlich, uns auf Fachgebiete zu konzentrieren, in denen Niko eine herausragende Stellung einnahm, aber wir wollten nicht nur rückblickende Vorträge hören. Natürlich wollten wir einen Teil der Zeit darauf verwenden, auf Nikos Leistungen zurückzublicken, aber ebenso sollten andere die Fackeln aufnehmen, die Niko an sie übergeben hatte, und mit ihnen in die Zukunft laufen.

Fackelläufe in neue, spannende Richtungen nehmen in den Ethogrammen von Nikos Studierenden und Mitarbeitern eine so herausragende Stellung ein, dass uns die Planung des Tagungsprogramms ziemliche Kopfschmerzen bereitet hat. »Wie um alles in der Welt«, so fragten wir uns, »können wir den Sowieso weglassen? Andererseits haben wir nur Zeit für sechs Vorträge.« Wir hätten uns auf Nikos eigene Schüler beschränken können, seine wissenschaftlichen Kinder, aber das hätte seinen ungeheuren Einfluss auf die Enkel und andere entwertet. Wir hätten uns auf Personen und wichtige Fachgebiete beschränken können, die in der von Gerard Baerends, Colin Beer und Aubrey Manning herausgegebenen Festschrift nicht auftauchen, aber auch das wäre schade gewesen. Am Ende schien es fast keine Rolle zu spielen, welches halbe Dutzend von Nikos intellektuellen Nachkommen hier steht und uns andere repräsentiert. Und vielleicht ist das ein wahres Maß für seine Größe.

An meinen geliebten Vater:
John Dawkins, 1915–2010[2]

Mein Vater Clinton John Dawkins, der jetzt friedlich und hochbetagt gestorben ist, lebte seine 95 Jahre voll aus und füllte sie mit ungeheuer vielem.

Er wurde 1915 in Mandalay als Ältester von drei begabten Brüdern geboren. Alle drei folgten ihrem Vater und Großvater in den Dienst der Kolonialverwaltung. Johns Kindheitshobby, Blumen zu pressen, wurde durch einen berühmten Biologielehrer (A. G. Lowndes aus Marlborough) gefördert; später studierte er in Oxford Botanik und anschließend in Cambridge sowie an der ICTU in Trinidad tropische Landwirtschaft, um sich so auf eine Stellung als junger Landwirtschaftsbeamter in Njassaland vorzubereiten. Unmittelbar vor seinem Umzug nach Afrika heiratete er meine Mutter Jean Ladner. Sie folgte ihm wenig später, und von nun an führten die beiden ein idyllisches Eheleben auf verschiedenen abgelegenen Landwirtschaftsstationen, bevor er von den King's African Rifles (KAR) zum Militärdienst eingezogen wurde. John verschaffte sich die Erlaubnis, aus eigener Kraft statt mit dem Konvoi des Regiments nach Kenia zu reisen, und damit hatte Jean die Möglichkeit, ihn zu begleiten – illegal (womit vermutlich auch meine Geburt in Nairobi illegitim wird).[3]

Nach dem Krieg war John wieder als landwirtschaftlicher Beamter in Njassaland tätig, aber seine Arbeit wurde unterbrochen, als ihm von einem weit entfernten Cousin ein unerwartetes Erbe zufiel. Das Anwesen Over Norton Park befand sich seit den 1720er-Jahren im Besitz der Familie Dawkins, und als Hereward Dawkins im Familienstammbaum nach einem Erben namens Dawkins

suchte, fand er keinen engeren Verwandten als den jungen Landwirtschaftsbeamten in Njassaland, dem er nie begegnet war und
der nie von ihm gehört hatte.

Herewards Glücksspiel zahlte sich in höchstem Maße aus.
Das junge Ehepaar entschloss sich, Afrika zu verlassen und Over
Norton Park nicht mehr als Anwesen eines Gentlemans zu betreiben, sondern als kommerziellen Landwirtschaftsbetrieb. Gegen
alle Erwartungen (und gegen entmutigende Ratschläge von Angehörigen und dem Familienanwalt) hatten sie Erfolg, und man kann
mit Fug und Recht behaupten, dass sie damit das Familienerbe gerettet hatten.

Das Haupthaus bauten sie zu Wohnungen um, die sie insbesondere an Kolonialbeamte auf Heimaturlaub vermieteten. Traktoren hatten zu jener Zeit kein Führerhaus, und John, der noch
seine alte KAR-Kappe trug (und den man sich wie einen australischen Hinterwäldler vorstellen kann), war über zwei Felder hinweg
zu hören, wenn er auf seinem kleinen Ferguson-Traktor saß und
aus voller Kehle die Psalmen grölte (»Moab ist mein Waschbecken«),
und es war gut, dass der Traktor klein war, denn einmal schaffte er
es, sich selbst damit zu überfahren.

Ebenso klein waren die Jerseykühe, mit denen die Graslandschaft verziert war. Aus ihrer (heute unmodern) reichhaltigen
Milch wurde die Sahne abgetrennt, die einen großen Teil der Colleges in Oxford sowie zahlreiche Geschäfte und Restaurants versorgte, und die Magermilch ernährte in einem Musterbeispiel für
»Musik und Bewegung«, wie John es nannte, die große Schweineherde von Over Norton. Die Apparatur zur Abtrennung der Sahne
zeigte auf virtuose Weise Johns charakteristischen Erfindungsreichtum nach Art eines Heath Robinson[4]: Behelfsmäßige Befestigungen mit Bindegarn gaben die Anregung für einen großartigen
Vers, den der altgediente Schweinezüchter verfasste: »With clouds
of steam and lights that flash,/the scheme is most giganto,/When
churns take wings on nylon slings/Like fairies at the Panto.«
(Deutsch etwa: »Mit Wolken aus Dampf und blinkenden Lichtern

ist es ein Riesensystem/Und Milchkannen fliegen an Nylonfäden wie im Kindertheater die Feen.«)

Johns Bindegarn-Erfindungsreichtum beschränkte sich nicht nur auf seine landwirtschaftliche Tätigkeit. Während seines ganzen Lebens ging er einem kreativen Hobby nach dem anderen nach, und alle profitierten von seiner Findigkeit, mit roten Bindfäden und schmutzigen alten Metallteilen zu basteln. Jedes Jahr zu Weihnachten gab es eine ganze Reihe neuer, selbst gemachter Geschenke – es begann mit den Spielzeugen, die er für meine Schwester und mich in Afrika gebaut hatte, und fand seine Fortsetzung in ebenso betörenden Geschenken für Enkel und Urenkel.

Er wurde zum Mitglied der Royal Photographic Society gewählt. Seine besondere Kunstform bestand darin, Bilder mit zwei Projektoren zu »überblenden« und damit genau ausgeklügelte Bildreihen zu erzeugen. Jede derartige Reihe hatte ein Thema, das Spektrum reichte von Herbstblättern über sein geliebtes Irland bis zu abstrakter Kunst, die er schuf, indem er die Spektralmuster tief im Inneren von Dekanterstopfen aus geschliffenem Glas fotografierte. Den Überblendungsprozess automatisierte er mit selbst gebauten »Irisblenden« für die abwechselnd arbeitenden Projektoren, die durch Gummibänder zusammengehalten wurden. Billig und sehr leistungsfähig.[5]

Mit mehr als neunzig Jahren wurde John langsamer, und die Erinnerungen entglitten ihm. Aber er nahm das hohe Alter mit der gleichen großzügigen Anmut hin, mit der er seine aktiven Jahre gestaltet hatte. Er und Jean, die ihn überlebt hat, begingen letztes Jahr mit einer prächtigen Familienfeier den siebzigsten Hochzeitstag (die Gnadenhochzeit). Er lernte, über seine Schwächen mit einer Heiterkeit zu lachen, die in seiner großen Familie tiefe Liebe weckte – einer Familie mit neun Urenkeln, die in vier getrennten Häusern innerhalb der Trockensteinmauern von Over Norton Park wohnten, dem Heim unserer Vorfahren, das er und Jean[6] gerettet hatten.

Mehr als nur mein Onkel:
A. F. »Bill« Dawkins, 1916–2009[7]

Im Jahr 1972 bemühte sich die britische Regierung, eine Lösung für das Problem des damaligen Rhodesien zu finden. Der Außenminister Sir Alec Douglas-Home setzte eine Arbeitsgruppe unter Leitung von Lord Pearce ein, die eine Rundreise durch die Dörfer und Nebenstraßen Rhodesiens machte und die Meinung der Bevölkerung einfangen sollte. Die Kommissionsangehörigen waren alte Haudegen aus der Kolonialzeit, von denen man zu Recht annahm, dass sie über die notwendige Erfahrung verfügten. Bill Dawkins war für die Pearce-Kommission eine naheliegende Wahl, und entsprechend rief man ihn aus dem Ruhestand zurück.

Mein College in Oxford hatte zu jener Zeit einen altertümlichen, redseligen humanistischen Vorsteher, der bei uns im Haus wohnte und während eines großen Teils seines Lebens eng mit der Kolonialverwaltung verbunden gewesen war. Sir Christopher war geradezu versessen auf die Pearce-Kommission und insbesondere auf Bill, vermutlich weil die BBC dazu übergegangen war, seine gut aussehenden Gesichtszüge jeden Abend in den Nachrichten als Erkennungszeichen für das Thema zu verwenden. Oder, wie Lalla es vielleicht formuliert hätte: Bill war für die Rolle eine ausgezeichnete Besetzung. Sir Christopher hatte Bill zwar nie kennengelernt, er hatte aber eindeutig den Eindruck, meinen Onkel als eine Art Musterbeispiel für die Aufrichtigkeit und Charakterstärke im Empire zu kennen. Das zeigte sich in Bemerkungen wie »Diesem oder jenem hätte Dawkins' Onkel schnell einen Riegel vorgeschoben« oder »Ich möchte mal denjenigen sehen, der Dawkins' Onkel übers Ohr hauen kann. *Ha!*«.

Die Mitglieder der Pearce-Kommission wurden jeweils zu zweit mit einem Gefolge auf Rundreise durch das Land geschickt, und Bills Partner war ein anderer alter Kolonialbeamter namens Burkinshaw. Wegen Bills Stellung als Galionsfigur verfolgten die Nachrichtenkameras der BBC Dawkins und Burkinshaw auf einer ihrer Aufklärungsmissionen, und Sir Christopher saß voller Erwartung vor dem Fernsehschirm. Ich kann mich noch lebhaft daran erinnern, wie er am nächsten Tag mit seiner charakteristischen Geschichtenerzählerstimme das Gesehene zusammenfasste: »Über Burkinshaw will ich gar nichts sagen. Aber *Dawkins* ist es offensichtlich gewohnt, *Männern Befehle zu erteilen.*«

David Attenborough erzählte mir einmal, er habe von Bill genau den gleichen Eindruck gehabt, und um seine Aussage zu verdeutlichen, richtete er sich zu voller Größe auf und machte ein echt gebieterisches Gesicht. Er hatte 1954 während Filmaufnahmen in Sierra Leone eine Zeit lang bei Bill und Diana gewohnt, in dieser Zeit waren sie Freunde geworden.

Ich kann mir nicht vorstellen, dass irgendjemand Bill einmal Arthur oder Francis genannt hätte, auch wenn A. F. ihm gut stand. Während seines ganzen Lebens wurde er nie anders gerufen als Bill; das geht auf seine früheste Kindheit zurück, als er angeblich der Eidechse Bill aus *Alice im Wunderland* ähnelte. Ich blickte zu ihm auf, seit ich zum ersten Mal mit ihm zusammengetroffen bin. Das war 1946, ich war fünf Jahre alt und im Badezimmer des Familienhauses in Mullion. Bill war wohl gerade aus Afrika zurückgekehrt, und mein Vater brachte seinen jüngeren Bruder mit, damit er mich kennenlerne. Ehrfürchtig stand ich vor der großen, gut aussehenden Gestalt mit schwarzen Haaren, Schnauzbart, blauen Augen und dem strammen militärischen Auftreten. Auch während meines ganzen späteren Lebens blickte ich zu ihm auf – er war für mich ein leuchtendes Beispiel für alles, was an den Briten in Afrika gut gewesen war. Natürlich war eine ganze Menge schlecht an den Briten in Afrika. Aber das Gute war sehr gut, und Bill war einer der Besten.

Er war ein ziemlich guter Sportler. Ich kann mich noch gut an meinen Familienstolz erinnern, als ich an der Vorbereitungsschule, die ich rund 25 Jahre nach ihm besuchte, seinen Namen an der Ehrentafel als Schulrekordhalter über hundert Yards las. Die Schnelligkeit kam ihm offenbar auch später zugute, als er im frühen Stadium des Krieges bei der Armee Rugby spielte. Ich konnte einen Bericht des Rugby-Korrespondenten der *Times* vom 22. April 1940 ausfindig machen: Es muss ein spannendes Match zwischen der Armee- und der Nationalmannschaft gewesen sein, das die Armeemannschaft gewann. In einem späten Stadium der Begegnung spielte sich Folgendes ab:

> Das Passspiel der Armee blieb stümperhaft, aber Dawkins und Wooller erinnerten Großbritannien mit ihrer schieren Blitzschnelligkeit und ihrer Fähigkeit, den Ball im Lauf aufzunehmen, schon bald daran, dass diese beiden Spieler allein viele Angriffe stoppen konnten, wenn sie nur die geringste Chance bekamen. Zuerst schickte Dawkins Wooller in hohem Tempo und mit großen Schritten an die Linie, worauf als Abschluss ein gewaltiger Kopfsprung folgte. Als Nächstes schickte Wooller Dawkins nach innen.

Die Lauffähigkeit, mit der sich Bill den Schulrekord über die hundert Yards gesichert hatte, war ihm offensichtlich noch nicht abhandengekommen, und »Blitzschnelligkeit« war sicher immer noch das richtige Wort. »Hohes Tempo«, »schiere Blitzschnelligkeit« und »offensichtlich gewohnt, Männern Befehle zu erteilen ...« So eindrucksvoll solche Formulierungen auch sein mögen, sie repräsentieren möglicherweise nur die geringsten der Qualitäten, an die wir uns heute erinnern. In einem Brief eines zärtlichen, liebenden Vaters an seine sechsjährige Penny steht:

> Erinnerst du dich noch an die Ackerwinde vor dem Haus, und wie wir manchmal auf meinem Weg in mein Büro die Blüten zählten

und wie die höchste Zahl, auf die wir jemals kamen, 54 war? Nun, heute waren es 91 allein auf einer Seite. Hast du das alles ohne Hilfe gelesen, denn ich habe ja keine langen Worte wie ANTIDISESTABLISHMENTARISMUS verwendet, oder? ... Mit ganz viel Liebe XXXX von Papa.

Ich kenne Menschen, die hätten ihren Augenzahn für einen solchen Vater gegeben, von einem Stiefvater ganz zu schweigen.

Bill wurde 1916 in Burma geboren. Während seine Eltern noch dort lebten, wurden er und sein älterer Bruder John nach England ins Internat geschickt, und die Ferien verbrachten sie hier in Devon bei ihren Großeltern. Damals erwachte in ihm vermutlich die Liebe zu dieser wunderschönen Grafschaft.

Durch Zufall befand er sich später während des gesamten Krieges wiederum in Burma. Als Offizier im Sierra-Leone-Regiment kämpfte er gegen die Japaner, denn es war britische Praxis, tropische Soldaten auf tropischen Kriegsschauplätzen einzusetzen. Er stieg bis zum Rang eines Majors auf und wurde in offiziellen Kriegsberichten erwähnt.[8]

Die Angehörigen der Sierra-Leone-Einheit lernte er schätzen, als er sie im Krieg befehligte; und nach dem Krieg, als er der Familientradition der Kakishorts folgte und in die Kolonialverwaltung eintrat, stellte er den Antrag auf Versetzung nach Sierra Leone, wo er 1950 zum Distriktskommissar ernannt wurde.

Es war eine anstrengende Tätigkeit: Immer wieder musste er Unruhen und Aufstände beilegen, und bewaffnet war er mit nichts anderem als der angeborenen Ausstrahlung eines Mannes, der »es gewohnt ist, Männern Befehle zu erteilen«. Die Aufstände richteten sich nicht gegen die Kolonialverwaltung, sondern standen im Zusammenhang mit Kämpfen zwischen rivalisierenden Stämmen. Der Distriktskommissar Bill ging energischen Schritts hin und las den Riot Act vor. Er las das Gesetz nicht im übertragenen Sinn vor, sondern buchstäblich Wort für Wort. (Ich male mir aus, dass der Text in das Futter seines Tropenhelms eingenäht war.) Während eines solchen Aufstandes hob Bill einen verwundeten Mann auf und brachte ihn in Sicherheit. Die Aufständischen wollten ihn überreden, den Mann abzulegen, damit sie ihn weiter zusammenschlagen konnten. Bill lehnte ab: Solange er den Verwundeten trug, das wusste er, würden es die anderen nicht wagen, ihn zu verletzen. Dieser seltsam surreale Umgang mit Aufständen erreichte seinen Höhepunkt, als inmitten der Unruhen plötzlich Ruhe eintrat, nachdem jemand rief: »Der Distriktskommissar ist müde«, während gleichzeitig ein Tisch und ein Stuhl aus einem Fenster im oberen Stockwerk an Seilen heruntergelassen wurden. Nach Angaben von Penny, die mir die Geschichte erzählt hat, wurde feierlich eine Flasche Bier auf den Tisch gestellt, und Bill wurde eingeladen, Platz zu nehmen und das Bier zu trinken. Was er auch tat. Daraufhin wurden Tisch und Stuhl wieder nach oben gezogen, und die Unruhen setzten sich fort, als wäre nichts geschehen.

Während eines anderen Aufstandes hörte man, wie einer der Afrikaner allen, die ihn trotz des Durcheinanders noch hören konnten, folgende beruhigenden Worte zurief: »Leute, es ist alles in Ordnung, alles wird bald in Ordnung kommen, Major Donkins ist eingetroffen.« Vermutlich sagte das einer seiner früheren Soldaten aus Kriegszeiten in Burma, denn Bill selbst hätte in Friedenszeiten nie seine militärische Rangbezeichnung verwendet. Sein Name wurde allerdings tatsächlich in Sierra Leone oftmals fälschlich wie »Donkins« ausgesprochen. Und bei einer späteren Gelegenheit wurde auch ein an den »Colonial Donkey, Freetown« adressierter Brief richtig zugestellt.

Ich habe hier noch einen anderen Brief von Bill aus dieser Zeit. Er ist auf den 22. November 1954 datiert und hat nichts mit Aufständen zu tun, sondern es ist ein Abschiedsbrief eines dankbaren Afrikaners (der auch eigene Interessen hatte). Er lautet folgendermaßen:

22. November 1954
Mein lieber Sir,
Leben Sie wohl, treuer Freund, ich muss diesen Freuden und Vergnügungen, die ich mit Ihnen genossen habe, Lebewohl sagen. Im Herzen vereint, haben wir uns gemüht, aber jetzt müssen wir ein Ende machen, und bald müssen wir uns trennen. Das Herz sinkt in mir, wenn ich Ihnen Adieu sage. Auch wenn ich im Körper abwesend bin, bin ich bei Ihnen im Gebet, dass ich Sie irgendwann irgendwie wiedersehen und bei Ihnen arbeiten werde. Als der liebste Freund der Menschheit, der Jesus ist, seinen Körper und sein Blut als Pfand und Erinnerung an seine Jünger gab, damit sie sich an ihn erinnerten, bitte auch ich Sie um ein Andenken, und das ist eine Genehmigung, eine einläufige Schrotflinte zu kaufen ...
Es ist immer schwer, neue Bekanntschaften zu machen. Wenn ich deshalb die Angelegenheit unberührt lasse, wird sie mehrere Jahre beanspruchen. Aber diese Angelegenheit ist für diese Gelegenheit geeignet, denn es wird eine Erinnerung sein. Ich werde Sie durch die Flinte erinnern.
Mit allem Respekt und aller Ehre an Sie, Sir
Bin ich

Ihr gehorsamer Diener

So eigennützig dieser Brief auch sein mag, so schimmern Zuneigung und Respekt dennoch durch, und wir können sicher sein, dass zumindest dieser Teil ehrlich gemeint war.

Anerkennung fand Bills Erfolg als Distriktskommissar im Jahr 1956, als er in den Genuss einer unerwarteten und recht glamourösen Beförderung kam: Er sollte die Karibikinsel Montserrat verwalten. Die ganze Familie zog in das Gouverneurshaus der winzigen Insel, und dort war Bill – wenn auch nicht ganz buchstäblich – der Herrscher über alle seine Untertanen. Es war damals ein Paradies – erst später legten die Katastrophen des Hurrikans Hugo und des schrecklichen Vulkanausbruchs die Insel in Schutt und

Asche, aber Thomas und Judith halten dort bis heute loyal die Stellung. Bill war der offizielle Vertreter der Königin, deshalb prangte an seinem Auto kein gewöhnliches Nummernschild, sondern eine Krone, und auf der Kühlerhaube stand eine Flagge, die aber nur dann entfaltet wurde, wenn »Seine Ehren« sich tatsächlich in dem Wagen befand. Diana spielte die Rolle der Gefährtin, und wir können sicher sein, dass sie ganz darin aufging: Sie war Schirmherrin der Pfadfinderinnen, eröffnete Feste und Basare und vieles mehr. Es muss ihr ganz anders vorgekommen sein als der Dschungel von Sierra Leone. Und Diana fand sich darin ebenso brillant zurecht wie in allen anderen Aspekten ihres gemeinsamen Lebens. Bill spielte Cricket für Montserrat gegen andere westindische Inseln und wurde einmal recht schwer verletzt, als er die Funktion des Torwächters übernahm.

Nach dem Zwischenspiel in Montserrat, als Bills Entsendung zu Ende ging, bot man ihm Grenada an, eine andere Karibikinsel, aber wie es für ihn typisch war, entschied er sich stattdessen, nach Afrika zurückzukehren, wo die Herausforderung schwieriger und der Bedarf größer war. Er ging wiederum nach Sierra Leone, wo er jetzt den Rang eines Provinzkommissars bekleidete. Am Ende seiner Amtszeit, als Sierra Leone die Unabhängigkeit erhielt, bot man ihm erneut eine westindische Insel an: als Gouverneur von St. Vincent. Als richtiger Gouverneursposten wäre das Amt mit einem Ritterschlag verbunden gewesen. Aber eingedenk der Tatsache, dass sein Vater – mein Großvater – älter wurde und dass sowohl Penny, die damals in Cambridge war, als auch Thomas in Marlborough einen Heimathafen in England brauchten, fassten er und Diana den Entschluss, ihren Abschied von der Kolonialverwaltung zu nehmen. Stattdessen arbeitete er nun als Schulmeister.

Er hatte am Balliol College bereits eine Prüfung in Mathematik abgelegt und verfügte somit über die Voraussetzungen, um das Fach zu unterrichten. Das tat er an der Brentwood School mit großem Erfolg. Sein dunkles, gut aussehendes Gesicht war damals offensichtlich zu etwas noch Beeindruckenderem herangereift, denn in Brentwood trug er den Spitznamen Dracula. Vielleicht war das aber auch nur ein Hinweis auf seine Fähigkeit, im Unterricht für Ruhe und Ordnung zu sorgen, eine Eigenschaft, die unter Schulmeistern nicht allgemein verbreitet ist. Wieder einmal war er »es gewohnt, Männern Befehle zu erteilen«.

Aber zum Teufel mit der Ausstrahlung eines Befehlshabers und militärischem Betragen. Es gibt größere Qualitäten zu bewundern. Bill war ein liebevoller Ehemann, Bruder, Vater, Großvater und ... Onkel. Onkel Bill war mehr als nur mein Onkel, er war mein Pate. Im späteren Leben sagte er lachend, er sei ein *gescheiterter* Pate, aber im Rückblick bin ich überzeugt, dass er mehr als nur das Interesse des Onkels an meinem Wohlergehen hatte. Entweder das, oder er war einfach zu allen ungeheuer freundlich. Bei näherem Nachdenken glaube ich, dass es so war.

Gegen Ende seines Lebens gab er mir einen wirklich patenonkelhaften Rat. Das Gleiche sagte er vermutlich auch zu anderen, aber als er es zu mir sagte, tat er es mit einem durchdringenden Blick aus seinen blauen Augen voller Weisheit und Erfahrung, und damit wusste ich, dass er seinem Patensohn eine ernste Warnung mit auf den Weg geben wollte. »Du weißt es doch, oder? Alt werden ist nix für Feiglinge.«

Nun ja, jetzt ist er davon befreit, und das in Frieden. Er mochte daran gewöhnt sein, Männern Befehle zu erteilen, aber er wurde von ihnen auch geliebt. Er wurde von allen geliebt, die ihn kannten. Er verließ die Welt als besseren Ort, als er sie vorgefunden hatte – und das an mehreren verschiedenen Stellen rund um die Erde. Wir trauern um ihn. Aber gleichzeitig freuen wir uns über ihn und über das, was er zurückgelassen hat.

Nachwort

Colyear, der jüngste Bruder meines Vaters, war von den dreien der beste Schüler. Ich hatte nicht die Gelegenheit, für ihn eine Grabrede zu schreiben, aber ich widmete mein Buch *River Out of Eden* (dt. *und es entsprang ein Fluss in Eden*) dem Gedächtnis an »Henry Colyear Dawkins (1921–1992), der am St. John College in Oxford gelehrt hat und ein Meister in der Kunst war, Dinge zu erklären«. Es lohnt sich, hier zwei Anekdoten anzufügen, um damit seinen Charakter deutlich zu machen. Die eine stammt aus der Grabrede seines Försterkollegen Robert Plumptre. Als sie sich während des Krieges irgendwo auf dem Indischen Ozean auf einem Truppentransporter aufhielten, baute Colyear sich selbst einen Sextanten, um festzustellen, wo sie sich befanden (was die Soldaten aus Sicherheitsgründen nicht wissen durften). Das Instrument wurde beschlagnahmt, und er wurde vorübergehend der Spionage verdächtigt.

Die zweite ruft auf ganz ähnliche Weise die Dundrige-Mentalität der Bürokratie ins Gedächtnis, auf die ich zuvor bereits geschimpft habe.[9] Ich zitiere aus meinen Memoiren *Brief Candle in the Dark* (dt. *Die Poesie der Naturwissenschaften*):

An einem Bahnhof in Oxford war der Parkplatz mit einer automatischen Schranke gesichert, die sich jeweils hob und einem Auto die Ausfahrt gestattete, wenn der Fahrer eine Wertmarke in einen Schlitz steckte. Eines Abends war Colyear mit dem letzten Zug von London nach Oxford zurückgefahren. Der Mechanismus der Schranke funktionierte aus irgendwelchen Gründen nicht, und sie blieb geschlossen. Das Bahnhofspersonal war bereits nach Hause gegangen, und die Eigentümer der festsitzenden Autos fragten sich verzweifelt, wie sie den Parkplatz verlassen könnten. Auf Colyear wartete sein Fahrrad, und so hatte er an der Sache kein persönliches Interesse; dennoch griff er mit beispielhaftem Altruismus nach der Schranke, brach sie ab, trug sie zum Büro des Stationsvorstehers und legte sie vor der Tür ab; auf einem Zettel gab er seinen Namen und seine Adresse an, und er erklärte, warum er es getan hatte. Man hätte ihm einen Orden verleihen sollen. Stattdessen wurde er juristisch belangt und bestraft. Welch entsetzliche Abschreckung für jegliches Gemeinschaftsgefühl! Und wie typisch für die regelversessenen, kleinlichen Paragrafenreiter im heutigen Großbritannien!

Jetzt noch eine kleine Fortsetzung der Geschichte. Viele Jahre später, nach Colyears Tod, lernte ich zufällig den angesehenen ungarischen Wissenschaftler Nicholas Kurti kennen (einen Physiker, der nebenbei auch ein Pionier der wissenschaftlich begründeten Kochkunst war, dem Fleisch mit einer Spritze Injektionen verabreichte, all so etwas). Als ich meinen Namen nannte, leuchteten seine Augen auf.

»Dawkins? Haben Sie Dawkins gesagt? Sind Sie mit dem Dawkins verwandt, der am Bahnhofsparkplatz von Oxford die Schranke abgebrochen hat?«

»Ähm, ja, ich bin sein Neffe.«

»Kommen Sie, ich muss Ihnen die Hand schütteln. Ihr Onkel war ein Held.«

Falls die Beamten, die Colyears Strafe festsetzten, diese Zeilen zufällig lesen: Ich hoffe, Sie schämen sich gebührend. Ach, Sie haben nur Ihre Pflicht getan und dem Gesetz Geltung verschafft? Eben.

Zu Ehren von Hitch[10]

Heute bin ich aufgerufen, einen Mann zu ehren, dessen Name in der Geschichte unserer Bewegung in einer Reihe mit denen von Bertrand Russell, Robert Ingersoll, Thomas Paine und David Hume stehen wird.

Sein Stil als Autor und Redner hat nicht seinesgleichen. Er verfügt über einen größeren Wortschatz und ein größeres Spektrum literarischer und historischer Anspielungen als jeder andere, den ich kenne. Und ich lebe in Oxford, seiner und meiner Alma Mater.

Er liest viel. Das Spektrum seiner Lektüre ist so tief und gleichzeitig so umfassend, dass er das ein wenig angestaubte Attribut »gelehrt« verdient – nur ist Christopher der am wenigsten angestaubte Gelehrte, der Ihnen jemals begegnen wird.

Als Diskussionsteilnehmer kann er sein unglückseliges Opfer zermalmen, aber das tut er mit einer Anmut, die seinen Gegner entwaffnet, während er ihn zerlegt. Er gehört ganz eindeutig nicht der (nur allzu verbreiteten) Denkschule an, die der Ansicht ist, eine Diskussion habe derjenige gewonnen, der am lautesten schreit. Mögen seine Gegner ruhig schreien und kreischen. Das tun sie tatsächlich. Aber Hitch braucht nicht zu schreien. Seine Worte, der unerschöpfliche Vorrat an Tatsachen und Anspielungen aus allen Wissensgebieten, seine überwältigende Beherrschung des Diskussionsschlachtfeldes, der plötzlich einschlagende Blitz seines Witzes … Ich habe mich bemüht, all das in der Londoner *Times* in meiner Rezension seines Buches *God Is Not Great* (dt. *Der Herr ist kein Hirte*) zusammenzufassen:

In den Taubenschlägen der Geblendeten herrscht ein großes Geflatter, und zu denen, die dafür verantwortlich sind, gehört Christopher Hitchens. Ein anderer ist der Philosoph A. C. Grayling. Mit beiden saß ich kürzlich auf einem Podium. Wir sollten mit einem Trio debattieren, das, wie sich herausstellte, aus recht halbherzigen Verteidigern der Religion bestand (»natürlich glaube ich nicht an einen Gott mit einem langen weißen Bart, aber ...«). Ich war vorher noch nie mit Hitchens zusammengetroffen, aber ich hatte eine Vorstellung davon, was mich erwartete, als Grayling mit mir in E-Mails über die Taktik diskutieren wollte. Nachdem er für sich selbst und mich eine Reihe von Argumentationslinien vorgeschlagen hatte, schrieb er zum Schluss: »... und Hitch wird auf seine charakteristische Weise Kalaschnikowmunition auf den Feind verspritzen.«

Mit seiner treffenden Karikatur übersieht Grayling allerdings Hitchens' Fähigkeit, seine Kampfeslust mit altmodischer Höflichkeit zu dämpfen. Und »verspritzen« lässt an einen wahllosen Beschuss denken, womit man die tödliche Zielgenauigkeit seiner Schießkunst unterschätzt. Wenn Sie die Religion verteidigen und eingeladen werden, mit Christopher Hitchens zu diskutieren, sollten Sie ablehnen. Seine scharfsinnigen Repliken, sein griffbereiter Vorrat an historischen Zitaten, seine belesene Beredsamkeit, sein müheloser Strom wohlgesetzter, schön gesprochener Worte würden Ihre Argumente selbst dann bedrohen, wenn Sie gute Argumente anzubringen hätten. Dies musste eine ganze Reihe von Geistlichen und »Theologen« kleinlaut zur Kenntnis nehmen, als Hitchens mit seinem Buch auf Lesereise durch die Vereinigten Staaten war.

Mit seiner charakteristischen Unverfrorenheit unternahm er seine Reise in den Bundesstaaten des »Bible Belt«, des Reptiliengehirns im mittleren und südlichen Nordamerika, und nicht im leichteren Gelände der Großhirnrinde des Landes im Norden und entlang der Küsten. Umso erfreulicher war der Beifall, den er erhielt. Irgendetwas ist in diesem großartigen Land in Bewegung.

Christopher Hitchens ist als Vertreter der Linken bekannt. Nur ist er ein so vielschichtiger Denker, dass man ihn nicht auf einer einzigen Linie zwischen links und rechts einordnen kann. Nebenbei bemerkt, wundert es mich schon lange, dass der Gedanke an ein einziges, von links bis rechts reichendes politisches Spektrum überhaupt funktioniert. Psychologen brauchen viele mathematische Dimensionen, um die Persönlichkeit eines Menschen einzuordnen – warum sollte es mit politischen Meinungen anders sein? Bei den meisten Menschen lässt sich die Schwankungsbreite tatsächlich in erstaunlich großem Umfang mit einer einzigen Dimension erklären, die wir als Links-Rechts bezeichnen. Wenn man beispielsweise die Meinung eines anderen über die Todesstrafe kennt, kann man daraus in der Regel auch seine Meinung über Steuergesetze oder das staatliche Gesundheitswesen ableiten.

Aber Christopher ist einzigartig. Er lässt sich nicht einordnen. Man könnte ihn als Querdenker bezeichnen, nur hat er diesen Titel ganz gezielt und zu Recht abgelehnt. Er besetzt seinen einzigartigen Platz in seinem eigenen vieldimensionalen Raum. Was er über ein Thema sagen wird, weiß man nicht, bis man es gehört hat, und wenn er es sagt, dann so gut und mit so umfassender Begründung, dass man besser auf der Hut ist, wenn man Gegenargumente anbringen will.

Er ist auf der ganzen Welt als einer der führenden Intellektuellen überhaupt bekannt. Er hat viele Bücher und unzählige Artikel geschrieben. Er reist unermüdlich und ist ein Kriegsreporter von höchstem Wagemut.

Aber einen besonderen Platz in unserer Zuneigung nimmt er hier natürlich als führender Kopf und Gelehrter unserer atheistisch-säkularen Bewegung ein. Er ist nicht nur ein Respekt einflößender Gegner für Angeber, Spinner und intellektuell unehrliche Menschen, sondern auch ein sanft ermutigender Freund der Jungen, der Zaghaften und jener, die sich vorsichtig auf den Weg in das Leben der Freidenker begeben und noch nicht sicher sind, wohin er sie führen wird.

Wir schätzen seine Bonmots, und ich möchte nur einige meiner Lieblinge zitieren.

Von den durchdringend logischen ...

> Was ohne Beleg behauptet wird, kann man auch ohne Beleg abtun.

... über die schneidend witzigen ...

> Jeder trägt ein Buch in sich, aber in den meisten Fällen sollte es dort auch bleiben.

... zu den mutig unkonventionellen:

> [Mutter Teresa] war keine Freundin der Armen. Sie war eine Freundin der Armut. Sie sagte, Leiden sei ein Geschenk Gottes. Ihr ganzes Leben lang widersetzte sie sich der einzigen bekannten Heilung der Armen, nämlich der Ermächtigung der Frauen und ihrer Emanzipation von der Rolle als Vieh, das sich zwangsweise fortpflanzen muss.

Das Folgende ist Hitch, wie er leibt und lebt:

> Ich nehme an, ich habe die Religion unter anderem deshalb immer verabscheut, weil sie die hinterhältige Neigung hat, den Gedanken nahelegen zu wollen, dass das Universum mit »dir« im Sinn gestaltet wurde oder, noch schlimmer, dass es einen göttlichen Plan gibt, in den man hineinpasst, ob man es weiß oder nicht. Diese Art der Bescheidenheit ist mir zu arrogant.

Oder wie wäre es hiermit?

> Die organisierte Religion ist gewalttätig, irrational und intolerant, steht im Bund mit Rassismus, Stammesdünkel und Bigot-

terie, lehnt in ihrer Ignoranz die freie Forschung ab, verachtet Frauen und züchtigt Kinder.

Und dieses:

> Alles am Christentum ist in dem mitleiderregenden Bild von »der Herde« enthalten.

Sein Respekt für Frauen und ihre Rechte blitzt hier auf:

> Wer sind Ihre Lieblingsheldinnen im wahren Leben? Die Frauen von Afghanistan, Irak und Iran, die ihr Leben und ihre Schönheit riskieren, die der Verdorbenheit der Theokratie trotzen.

Obwohl er kein Wissenschaftler ist und keine Ambitionen in dieser Richtung hat, begreift er die Bedeutung der Wissenschaft für den Fortschritt unserer Spezies und die Zerstörung von Religion und Aberglauben:

> Man muss es ganz deutlich sagen: Die Religion entstammt der menschlichen Vorgeschichte, in der niemand – nicht einmal der mächtige Demokrit, der zu dem Schluss gelangte, dass alle Materie aus Atomen besteht – auch nur den Hauch einer Ahnung davon hatte, was passierte. Sie kommt aus der lärmenden und verängstigten Kindheit unserer Spezies und entspringt dem infantilen Versuch, unseren Drang nach Wissen und kindliche Bedürfnisse wie das nach Trost und Bestätigung zu stillen. Heute weiß schon das jüngste meiner Kinder mehr über die natürliche Ordnung als irgendein Religionsgründer ...

Er hat uns inspiriert, mit Energie erfüllt und ermutigt. Er hat dafür gesorgt, dass wir ihm fast täglich zujubeln. Er hat sogar ein neues Wort geschaffen: den hitchslap (»Hitchklaps«). Wir bewundern nicht nur seinen Intellekt, sondern auch seine Streitlust, seinen

Geist, seine Weigerung, faule Kompromisse zu tolerieren, seine Aufrichtigkeit, sein unbezähmbares Temperament, seine brutale Ehrlichkeit.

Und gerade in der Art, wie er seiner Krankheit ins Auge sieht, verkörpert er einen Teil der Haltung gegen die Religion. Überlassen wir es den Religiösen, aus Angst vor dem Tod zu Füßen einer imaginären Gottheit zu winseln und zu jammern; überlassen wir es ihnen, ihr ganzes Leben hindurch seine Realität zu leugnen. Hitch blickt ihm geradewegs ins Gesicht: Er leugnet ihn nicht, er gibt ihm nicht nach, sondern stellt sich ihm geradlinig, ehrlich und mit einem Mut, der für uns alle zur Inspiration wird.

Vor seiner Krankheit stand dieser streitlustige Ritter als hochgebildeter Autor und Essayist, als sprühender, wortgewaltiger Redner an vorderster Front gegen die Torheiten und Lügen der Religion. Seit er krank ist, hat er seinem und unserem Arsenal eine weitere Waffe hinzugefügt – vielleicht die gewaltigste und mächtigste von allen: Sein Charakter selbst ist zu einem herausragenden, unverkennbaren Symbol für die Ehrlichkeit und Würde des Atheismus geworden, aber auch für den Wert und die Würde des Menschen, der nicht durch das infantile Geplapper der Religion herabgewürdigt wird.

Jeden Tag zeigt er, wie falsch jene armseligste aller christlichen Lügen ist: dass es in Schützengräben keine Atheisten gebe. Hitch sitzt im Schützengraben, und er stellt sich der Situation mit einem Mut, einer Aufrichtigkeit und einer Würde, auf die jeder von uns stolz wäre und stolz sein sollte. Und dabei zeigt er nur, dass er noch mehr als zuvor unsere Bewunderung, unseren Respekt und unsere Liebe verdient.

Ich wurde gebeten, heute Christopher Hitchens zu ehren. Ich brauche wohl kaum zu erwähnen, dass er mir die viel größere Ehre zuteilwerden lässt, die Auszeichnung in meinem Namen anzunehmen. Meine Damen und Herren, liebe Genossen, ich übergebe das Wort an Christopher Hitchens.

Ein letztes Wort

Dieser unermüdliche Kämpfer für die Wahrheit, dieser kultivierte, zuvorkommende Weltbürger, dieser vernichtende, Funken sprühende Feind von Lügen und Heuchelei – nun ja, vielleicht hat er keine unsterbliche Seele, die hat keiner von uns. Aber in der einzig sinnvollen Bedeutung dieser Worte gehört die Seele von Christopher Hitchens zu den Unsterblichen.

Anmerkungen

I. Wert(e) der Wissenschaft

1   Die Oxford Amnesty Lectures sind eine alljährlich stattfindende Vortragsreihe, die im Sheldonian Theatre zur Unterstützung von Amnesty International stattfindet. Die Vorträge werden jeweils in einem Buch gesammelt, das ein Mitglied des Lehrkörpers von Oxford herausgibt. Im Jahr 1997 wurden sie von Wes Williams zusammengestellt und herausgegeben; das Thema, das man gewählt hatte, waren »die Werte der Wissenschaft«. Unter den Vortragenden waren Daniel Dennett, Nicholas Humphrey, George Monbiot und Jonathan Rée. Mein Beitrag war der zweite in einer Reihe von sieben Vorträgen; sein Text wird hier wiedergegeben.

2   Wäre das nachdenklich machende Buch The Moral Landscape von Sam Harris zur Zeit dieses Vortrages bereits erschienen gewesen, hätte ich das Wort »nachdrücklich« gestrichen. Harris vertritt überzeugend die Ansicht, dass es manche Taten gibt – beispielsweise wenn akutes Leiden zugefügt wird –, bei denen es pervers wäre zu leugnen, dass sie unmoralisch sind, und er erklärt, dass Wissenschaft entscheidend daran mitwirken kann, sie zu erkennen. Man kann mit Fug und Recht behaupten, dass die Unterscheidung zwischen Fakten und Werten übermäßig strapaziert wurde. (Bibliografische Angaben zu den Publikationen, die in Text und Anmerkungen genannt werden, finden Sie im Literaturverzeichnis am Ende des Buches.)

3   Mir gefällt, wie Stephen Jay Gould es formulierte. »In der Wissenschaft kann ›Tatsache‹ nur bedeuten, dass etwas in einem solchen Ausmaß bestätigt ist, dass es widernatürlich wäre, die vorläufige Zustimmung vorzuenthalten. Ich nehme an, dass Äpfel morgen anfangen könnten, nach oben zu schweben, aber diese Möglichkeit rechtfertigt im Physikunterricht nicht den gleichen Zeitaufwand.« (»Evolution as fact and theory« in Hen's Teeth and Horses' Toes, dt. Wie das Zebra zu seinen Streifen kam).

4 Zitiert in Carl Sagan, *The Demon-Haunted World* (dt. *Der Drache in meiner Garage*), S. 234. Auch in *Higher Superstition* von Paul R. Gross und Norman Levitt findet sich eine beängstigende Sammlung und eine zu Recht heftige Verurteilung ähnlichen Geschwafels wie »Kultureller Konstruktivismus«, »Afrozentrische Wissenschaft«, »Feministische Algebra« und »Wissenschaftsstudien«, nicht zu vergessen die aufwühlende Behauptung von Sandra Harding, Newtons *Principia Mathematica Philosophiae Naturalis* seien ein »Vergewaltigungshandbuch«.

5 Professorinnen für »Feminismusstudien« neigen manchmal dazu, die »weibliche Art des Wissens« hochzujubeln, als wäre sie etwas anderes als die logische, wissenschaftliche Art des Wissens oder ihr sogar überlegen. Wie Steven Pinker zu Recht feststellt, ist solches Gerede eine Beleidigung für die Frauen.

6 Winston Churchill natürlich.

7 Diese Wendung habe ich zusammen mit Shakespeares berühmten Worten aus *Macbeth* im Titel des zweiten Bandes meiner Memoiren verwendet: *Brief Candle in the Dark* (dt. *Die Poesie der Naturwissenschaften*).

8 Das folgende Erlebnis ist gang und gäbe: Einmal sprach ich mit einer Anwältin, einer jungen Frau mit hohen Idealen, die sich auf Strafverteidigung spezialisiert hatte. Sie brachte ihre Befriedigung darüber zum Ausdruck, dass ein von ihr engagierter Privatermittler Belege gefunden hatte, die ihren wegen Mordes angeklagten Mandanten entlasteten. Ich gratulierte ihr und stellte die naheliegende Frage: Was hätte sie getan, wenn die Befunde eindeutig belegt hätten, dass ihr Mandant schuldig war? Darauf erklärte sie, ohne zu zögern, sie hätte die Belege in aller Stille unterdrückt. Die Anklage solle doch ihre eigenen Indizien finden. Wenn sie scheiterte – selber schuld. Meine empörte Reaktion auf diese Geschichte hatte sie offensichtlich in Gesprächen mit Nichtjuristen schon öfter erlebt, und ich werfe es ihr nicht vor, dass sie die Diskussion nicht fortsetzte, sondern genervt das Thema wechselte.

9 Am Anfang meines Werkes *The Extended Phenotype* (dt. *Der erweiterte Phänotyp*) hielt ich es für notwendig einzuräumen, dass das Buch ein »unerschrockenes Plädoyer« sei. Dass ich ein Wort wie »unerschrocken« (*unabashed* im englischen Original) verwenden musste, machte deutlich, was ich mit den Werten der Wissenschaft meine. Welcher Anwalt würde sich beim Gericht für sein »unerschrockenes Plädoyer« entschuldigen? Fürsprache, parteiische Fürsprache, ist genau das, was Anwälte gelernt haben – und wofür sie eine ansehnliche Bezahlung erhalten. Das Gleiche

gilt für Politiker und Werbe- oder Marketingprofis. Wissenschaft ist vielleicht der am strengsten ehrliche Beruf überhaupt.

10 Einmal hörte ich von einem Londoner Arzt, der so weit ging, Steuerzahlungen zu verweigern, solange eine örtliche Erwachsenenbildungseinrichtung einen Kurs in Astrologie anbot. Ein australischer Geologieprofessor prozessiert derzeit gegen einen Kreationisten, weil dieser mit der falschen Behauptung Geld verdiente, er habe Noahs Arche gefunden. Siehe den Kommentar von Peter Pockley, *Daily Telegraph*, 23. April 1997.

11 Ich kann nur schwer eine Rechtfertigung dafür finden, Forschungsarbeiten über angebliche Zusammenhänge zwischen Rasse und Intelligenzquotient zu finanzieren. Ich gehöre nicht zu denen, nach deren Ansicht Intelligenz sich nicht messen lässt oder Rasse ein »nicht biologisches soziales Konstrukt« ist (siehe dazu die brillante Demontage dieser Behauptung in »Human genetic diversity: Lewontin's fallacy« des angesehenen Genetikers A. W. F. Edwards). Aber welchen Sinn könnte es haben, angebliche Korrelationen zwischen Intelligenz und Rasse zu untersuchen? Mit Sicherheit sollten sich keinerlei politische Entscheidungen auf solche Forschungsarbeiten stützen. Das war nach meiner Vermutung die Aussage, die Lewontin eigentlich machen wollte, und darin stimme ich ihm vorbehaltlos zu. Aber wie viele ideologisch motivierte Wissenschaftler entschloss er sich, seine Ansicht fälschlich als (falsche) wissenschaftliche statt als (lobenswerte) politische Aussage darzustellen.

12 Bovine spongiforme Enzephalopathie, umgangssprachlich bekannt als »Rinderwahnsinn«. Eine Epidemie, die 1986 in Großbritannien begann, sorgte weltweit für Unruhe, was zum Teil an ihrer Ähnlichkeit mit der gefährlichen Creutzfeldt-Jakob-Krankheit des Menschen lag.

13 Zitiert in Martin Rees, *Before the Beginning* (dt. *Vor dem Anfang*).

14 Mein Lieblingsmoralphilosoph und ein ausgezeichnetes Beispiel dafür, wie wertvoll Philosophen sein können, wenn sie sich um Klarheit ohne hochtrabende Sprache bemühen, ist Jonathan Glover. Sein Buch *Causing Death and Saving Lives* war so weitsichtig, dass es schon nicht mehr gedruckt wurde, als wissenschaftliche Fortschritte es zeitgemäß machten, oder sein *Humanity*, das sich als glühende Verurteilung des Gegenteils erweist. In *Choosing Children* wagt er sich sogar an das Beinahe-Tabuthema der Eugenik und demonstriert damit den intellektuellen Mut, der zum Revier der ehrlichen Moralphilosophie gehört.

15 Julian Huxley stellte seine eigenen Ansichten zu dem Thema und die seines Großvaters in einem Sammelwerk mit dem Titel *Touchstone for Ethics* zusammen.

16 In seinem Aufsatz »Fortschritt, biologischer und anderer«, dem ersten seiner *Essays of a Biologist*, lesen sich manche Passagen fast wie ein Ruf zu den Waffen unter dem Banner der Evolution: »Das Gesicht [des Menschen] weist in die gleiche Richtung wie die schwellende Flut des sich entwickelnden Lebens, und seine höchste Bestimmung, das Ziel, nach dem streben zu müssen er schon so lange spürt, besteht darin, den Prozess um neue Möglichkeiten zu erweitern, einen Prozess, mit dem die Natur während all dieser Jahrmillionen bereits eifrig immer weniger verschwenderische Methoden eingeführt hat, und mittels seines Bewusstseins zu beschleunigen, was in der Vergangenheit das Werk blinder, unbewusster Kräfte war« (Seite 41). Diese Passage zeigt mustergültig, was ich auf Seite 168 als »poetische Wissenschaft« herabwürdige – poetisch im schlechten Sinn und nicht in dem guten. Als ich Huxleys Buch während meiner ersten Semester las, hatte es großen Einfluss auf mich. Heute bin ich davon weniger beeindruckt, und ich würde fast die gewagte Ansicht unterschreiben, die ich einmal von Peter Medawar in einem unbedachten Augenblick hörte: »Das Problem bei Julian ist, dass er die Evolution einfach nicht versteht!«

17 Stephen J. Gould wandte sich in seinem Buch *Full House* (dt. *Illusion Fortschritt*) zu Recht gegen einen »Fortschritt«, wenn man damit das Fortschreiten in Richtung des eingebildeten evolutionären Höhepunktes der Menschheit meint. In meiner kritischen Rezension seines Buches, die 1997 in *Evolution* erschien, verteidige ich aber den »Fortschritt«, wenn man damit eine evolutionäre Bewegung meint, die ausnahmslos in die gleiche Richtung, zum Aufbau der Anpassung dienender Komplexität führt, also die Triebkraft, die häufig aus dem »evolutionären Wettrüsten« erwächst.

18 Die gleiche Haltung vertrete ich in einer früheren Anmerkung zu diesem Aufsatz auch in Bezug auf Rose' marxistischen Koautor Richard Lewontin (siehe Seite 463, Anm. 11).

19 Zwillingsstudien sind ein leistungsfähiges, leicht verständliches Mittel, um den Beitrag der Gene zur Varianz abzuschätzen. Man misst irgendetwas (was man will) bei eineiigen Zwillingen, die bekanntermaßen genetisch genau gleich sind. Nun vergleicht man die Ähnlichkeiten zwischen ihnen mit den Ähnlichkeiten bei zweieiigen Zwillingen (die nicht

mehr Gene gemeinsam haben als gewöhnliche Geschwister). Ähneln sich die eineiigen Zwillinge beispielsweise in ihrer Intelligenz signifikant stärker als die zweieiigen, kann man den Schluss ziehen, dass die Gene dafür verantwortlich sind. Besonders überzeugend ist die Methode der Zwillingsstudien in den seltenen – und ausführlich untersuchten – Fällen, in denen eineiige Zwillinge kurz nach der Geburt getrennt wurden und getrennt aufgewachsen sind.

20 Jede staatlich aufgezwungene Politik der Eugenik, durch die positiv bestimmte national erwünschte Eigenschaften wie Laufgeschwindigkeit oder Intelligenz herangezüchtet werden sollen, wäre viel schwieriger zu rechtfertigen als eine freiwillige Version. Bei der künstlichen Befruchtung (IVF) werden Frauen hormonell stimuliert und produzieren anschließend durch einen mehrfachen Eisprung bis zu zwölf Eizellen. Von denen, die dann in der Petrischale künstlich befruchtet werden, pflanzt man nur zwei oder vielleicht drei der Frau wieder ein und hofft, dass eine davon »anspringt«. Die Auswahl wird normalerweise nach dem Zufallsprinzip getroffen. Es ist aber möglich, einem Embryo im Achtzellstadium eine Zelle zu entnehmen, ohne ihn zu schädigen, und deren Gene zu beurteilen. Dann ist die Entscheidung, welche Eizellen man wieder einpflanzt und welche man verwirft, im Hinblick auf die Gene nicht mehr zufällig. Die wenigsten würden Einwände dagegen erheben, wenn diese Methode zum Ausschluss einer Krankheit wie Hämophilie oder Huntington verwendet wird – also gegen »negative Eugenik«. Dagegen schrecken viele Menschen vor der Vorstellung zurück, das gleiche Verfahren für »positive Eugenik« einzusetzen und in der Petrischale beispielsweise nach Musikalität zu suchen, wenn dies eines Tages möglich wäre. Die gleichen Menschen haben aber nichts dagegen, wenn ehrgeizige Eltern ihren Kindern Musikunterricht und Klavierüben aufzwingen. Für diesen doppelten Maßstab mag es gute Gründe geben, aber man muss darüber diskutieren. Zumindest ist es wichtig, freiwillige Eugenik, die von einzelnen Elternpaaren praktiziert wird, von einer staatlich aufgezwungenen Eugenik zu unterscheiden, wie sie von den Nazis auf so brutale Weise umgesetzt wurde.

21 S. Rose, L. J. Kamin und R. C. Lewontin, *Not in Our Genes* (dt. *Die Gene sind es nicht*). Seltsamerweise ist die Reihenfolge der Autoren in der amerikanischen Ausgabe eine andere: Hier haben Rose und Lewontin die Plätze getauscht. Meine Rezension des Buches im *New Scientist* (Bd. 105, 1985, S. 59–60) enthält eine umfassende Kritik und setzte mich wie auch den

New Scientist vorübergehend der Gefahr einer Klage aus. Ich stehe zu jedem Wort darin.

22 Edward O. Wilson, Autor von *Sociobiology*.

23 Eine Ansicht zu dem Thema, in der viele Wissenschaftler sich wiederfinden werden, vertritt Daniel C. Dennett in *Elbow Room* (dt. *Ellenbogenfreiheit*). Dennett kam auch in späteren Büchern auf die Frage zurück, so in *Freedom Evolves* und in *From Bacteria to Bach and Back*. Allerdings sind nicht alle Wissenschaftler und Philosophen mit Dennetts Version des »Kompatibilismus« einverstanden. Zu denen, die anderer Ansicht sind, gehören Jerry Coyne und Sam Harris. Nach meinen öffentlichen Vorträgen fürchte ich mittlerweile die nahezu unausweichliche Frage »Glauben Sie an den freien Willen?«. Manchmal flüchte ich mich dann in die charakteristische geistreiche Antwort von Christopher Hitchens: »Ich habe keine andere Wahl.« Was ich, mit mehr Zuversicht und als Erwiderung auf Rose und Lewontin sage, ist, dass das Hinzufügen des Wortes »genetisch« vor »Determinismus« ihn in keiner Weise noch deterministischer macht.

24 In *Anticipations of the Reaction of Mechanical and Scientific Progress upon Human Life and Thought*. Mein Vortrag enthielt ein längeres Zitat aus Wells' Buch.

25 Dies ist für die Zahl der heute lebenden Arten die höchste Schätzung, die mir bekannt ist. Die wirkliche Zahl ist unbekannt und könnte beträchtlich niedriger liegen, aber wenn man ausgestorbene Arten mitzählt, ist sie mit Sicherheit höher. Um ein baumförmiges Diagramm des gesamten Lebensstammbaums zu zeichnen, bräuchte man ein Blatt Papier von der sechsfachen Größe der Insel Manhattan. Das bewog James Rosindell, die ausgezeichnete Software »OneZoom« zu schreiben, die den gesamten Lebensstammbaum als Fraktale darstellt. Man kann auf dem Computerbildschirm darüberfliegen wie über eine Art taxonomisches Google Earth und dann zu jeder beliebigen einzelnen Art »hinunterstoßen«. OneZoom wird derzeit in Zusammenarbeit mit Yan Wong, meinem Koautor des Buches *The Ancestor's Tale* (dt. *Geschichten vom Ursprung des Lebens*), mit Inhalt gefüllt; in der zweiten Auflage greifen wir in großem Umfang darauf zurück. Rosindell und Wong laden alle Begeisterten (ich bin einer davon) ein, Patenschaften für Lieblingsarten zu übernehmen und so die Kosten für die Aufnahme der Einzelheiten in den (elektronischen) Stammbaum zu decken.

26 Im 19. Jahrhundert natürlich ohne Anspielungen auf Gene.

27 Gesagt von wem? Das weiß offensichtlich niemand. Der Verdacht, die Parabel könnte von Nicholas Humphrey selbst stammen, schmälert ihre Bedeutung nicht. Und Ford selbst hätte vermutlich nichts dagegen gehabt. Ich habe Humphreys Geschichte so oft zitiert, dass mein Freund, der rätselhaft-humorvolle Fischforscher David Noakes, sich die Mühe der Beschaffung machte: Er schickte mir aus heiterem Himmel den Achsbolzen eines Modells T, und ich muss sagen, das Teil ist in so makellosem Zustand und so robust, dass es tatsächlich etwas überkonstruiert wirkt.

28 Mit seinem altehrwürdigen Aussehen, dem vollen Haar und dem dazu passenden weißen Bart soll er (da haben wir es wieder – siehe Anm. 27) seine Ähnlichkeit mit Gott ausgenutzt haben, wenn er bei reichen älteren Damen um Spenden warb.

29 Marian Stamp Dawkins, die Autorin von *Animal Suffering* (dt. *Leiden und Wohlbefinden bei Tieren*) und unsere führende Expertin für das Thema, erörterte mit mir die Möglichkeit, dass eine derartige selektive Züchtung theoretisch eine Lösung für manche ethischen Probleme der Massentierhaltung darstellen könnte. Wenn beispielsweise heutige Hühner unter den beengten Bedingungen der Batteriehaltung unglücklich sind, warum sollte man dann nicht eine Rasse züchten, die sich unter solchen Bedingungen wirklich wohlfühlt? Nach ihren Feststellungen nehmen Menschen solche Vorschläge mit Abscheu auf (oder auch mit Humor wie in Douglas Adams' ausgezeichnetem Roman *The Restaurant at the End of the Universe* [dt. *Das Restaurant am Ende des Universums*], in dem ein großer Vierbeiner in Gestalt eines Rindes an den Tisch kommt und sich selbst als »Tagesgericht« ankündigt, wobei er erklärt, seinesgleichen sei so gezüchtet worden, dass man gegessen werden wolle). Vielleicht steht der Gedanke im Widerspruch zu manchen tief verwurzelten menschlichen Werten, möglicherweise zu einer Version des »Igitt-Faktors«, wie er genannt wurde. Man kann sich aber nur schwer vorstellen, dass er in Konflikt mit leidenschaftslosen utilitaristischen Überlegungen gerät, vorausgesetzt, wir können sicher sein, dass die selektive Züchtung tatsächlich das Schmerzempfinden des Tieres verändert hat und nicht nur – entsetzlicher Gedanke – seine Art, auf Schmerzen zu reagieren, während die Schmerzempfindung intakt bleibt.

30 In diesem Sinn wählte ich den Titel »Der vierzigfache Weg zur Erleuchtung« in meinem Buch *Climbing Mount Improbable* (dt. *Gipfel des Unwahrscheinlichen*) als Überschrift für das Kapitel über die Evolution der Augen.

Ein ganzes Kapitel war dort notwendig, weil das Auge seit den Zeiten von William Paley ein Lieblingsobjekt für Kreationisten ist, die es als »Argument aus persönlichem Unglauben« anwenden wollen, wie ich es genannt habe. Selbst Darwin räumte ein, die Evolution des Auges erscheine auf den ersten Blick nicht plausibel. Aber sein Eingeständnis war nur ein rhetorischer Trick, denn im weiteren Verlauf zeigte er, wie einfach es ist, die allmähliche Evolution der Augen zu erklären. Es ist fast so, als wäre das Leben geradezu erpicht darauf, Augen auf Grundlage verschiedener optischer Prinzipien entstehen zu lassen. Mit der Sprache verhält es sich anders, und darum geht es mir in diesem Essay.

31 Über diese Aussage kann man streiten, je nachdem, welche Definition für Sprache man anwendet. Honigbienen teilen einander mit quantitativer Genauigkeit mit, in welcher Entfernung und in welcher Richtung relativ zur Sonne Futter zu finden ist. Grüne Meerkatzen (eine Affenart) haben drei verschiedene »Worte« für Gefahr, je nachdem, ob es sich bei der Bedrohung um eine Schlange, einen Vogel oder einen Leoparden handelt. Ich würde so etwas nicht als Sprache bezeichnen, denn es hat nicht die rekursive, hierarchische Möglichkeit der Einbettung, die der Sprache der Menschen ihre unendliche Vielseitigkeit verleiht. Nur Menschen können beispielsweise sagen: »Der Leopard, der Junge hat und normalerweise in dem Baum neben dem Fluss in Richtung des Berges sitzt, schleicht jetzt durch das hohe Gras hinter der Hütte, die dem Vater des Häuptlings gehört.« Theoretisch gibt es keine Begrenzung für die Tiefe der Einbettung von Relativ- und Präpositionalsätzen; die tiefe, mehrfache Einbettung zu verfolgen stellt allerdings hohe Ansprüche an die Rechenfähigkeit des Gehirns. Eine ausgezeichnet geschriebene, evolutionstheoretisch orientierte Einführung in solche Themen bietet das Buch The Language Instinct (dt. Der Sprachinstinkt) von Steven Pinker.

32 Das Standardwerk über Evolutionspsychologie mit Kapiteln vieler ihrer führenden Vertreter ist der von J. H. Barkow, L. Cosmides und J. Tooby herausgegebene Band The Adapted Mind. Nicht lange nachdem ich diesen Vortrag gehalten hatte, erschien Steven Pinkers Meisterwerk How the Mind Works (dt. Wie das Denken im Kopf entsteht). Aus Gründen, die ich nicht verstehe, weckt die Evolutionspsychologie in Kreisen, von denen ich es nicht erwartet hätte, glühende Feindseligkeit. Im Mittelpunkt der Einwände stehen offenbar bestimmte Studien, die schlecht geplant oder durchgeführt wurden. Aber die Tatsache, dass es einzelne schlechte Beispiele gibt, ist kein Grund, ein ganzes Fachgebiet zu diskreditieren.

Die besten Vertreter der Evolutionspsychologie, Leda Cosmides, John Tooby, Steven Pinker, David Buss, Martin Daly, die verstorbene Margot Wilson und andere, sind nach allen Kriterien gute Wissenschaftler.

33 Die derzeitigen Vorstellungen sprechen für mehrere Auswanderungswellen aus Afrika, und genetische Befunde lassen in einer Zeit vor weniger als hunderttausend Jahren auf ein Nadelöhr schließen, das heißt auf einen vorübergehenden, dramatischen Rückgang der Population, von der alle Nichtafrikaner abstammen. Yan Wong, mein Koautor in der zweiten Auflage von *The Ancestor's Tale* (dt. *Geschichten vom Ursprung des Lebens*), konnte anhand meines Genoms (das zufällig aus einem anderen Grund, der mit einer Fernsehdokumentation zu tun hatte, bereits vollständig sequenziert war) die Populationsgröße zu verschiedenen Zeitpunkten in der Vergangenheit abschätzen. Dazu verglich er meine mütterlichen und meine väterlichen Gene und schätzte für jedes Paar ab, welche Zeit vergangen war, seit sie sich von einem gemeinsamen Vorläufergen abgespalten hatten. Für eine signifikante Mehrheit meiner Genpaare war dies vor ungefähr sechzigtausend Jahren der Fall. Dies lässt darauf schließen, dass die Population vor sechzigtausend Jahren für kurze Zeit sehr klein war – eben ein »Nadelöhr«. Vermutlich entspricht dieses Nadelöhr einer bestimmten Wanderungsbewegung aus Afrika in andere Kontinente.

34 Und durch das größte aller Vorbilder bestätigt wird: »Denn ich, der Herr, dein Gott, bin ein eifernder Gott, der die Missetat der Väter heimsucht bis ins dritte und vierte Glied an den Kindern derer, die mich hassen.« (2. Mose 20, 5)

35 In dem Vortrag hatte ich nicht genügend Zeit, um zu erklären, warum es zu einfach ist. Es liegt daran, dass andere Dorfbewohner in der Regel nicht nur unsere nächsten Verwandten sind, sie sind auch unsere engsten Konkurrenten um Nahrung, Paarungspartner und andere Ressourcen. In Berechnungen zur Verwandtenselektion wird der Verwandtschaftsgrad deshalb nicht als absolute Zahl angegeben, sondern als Zunahme oberhalb einer Grundlinie der Verwandtschaft mit Zufallsmitgliedern der Population. In einem eng zusammengehörigen, von Inzucht geprägten Dorf ist jeder, den man trifft, wahrscheinlich ein Vetter. Die Theorie der Verwandtenselektion sagt Altruismus gegenüber Individuen voraus, die uns näher stehen als der Durchschnitt, und das auch dann, wenn im Durchschnitt bereits eine recht enge Verwandtschaft herrscht. Unter solchen Umständen – wenn ein Dorf aus Vettern besteht – sagt die Theorie

der Verwandtenselektion eine Feindseligkeit gegenüber Fremden von außerhalb des Dorfes voraus. Mein Kollege Alan Grafen entwickelte in seinem 1985 erschienenen Buch *Oxford Surveys in Evolutionary Biology* ein wunderschönes geometrisches Modell; dieses eignet sich nach meiner Ansicht mit Abstand am besten dazu, um die eigentliche Bedeutung des Verwandtschaftskoeffizienten r zu erklären, der das Kernstück der Theorie der Verwandtenselektion bildet. Wer nur populärwissenschaftliche Darstellungen von Hamiltons Theorie kennt, ist häufig verwirrt durch das scheinbare Missverhältnis zwischen den Werten für r (0,5 für Geschwister, 0,125 für Cousins ersten Grades) und der Tatsache, dass wir alle mehr als neunzig Prozent unserer Gene gemeinsam haben. Ein Beispiel dafür nenne ich später in dem Artikel » Verwandtenselektion: zwölf Missverständnisse« (Seite 182). Grafens geometrisches Modell vermittelt die eigentliche Aussage auf eine intuitiv verständliche Weise. r ist die zusätzliche Nähe oberhalb der Grundlinie, die der gesamten Population gemeinsam ist.

36 In meinem Vorwort zu der 2006 erschienenen Penguin-Ausgabe von *The Evolution of Cooperation* berichte ich, wie ich Axelrod mit Hamilton bekannt machte. Ich bin ziemlich stolz darauf, die fruchtbare Zusammenarbeit der beiden in Gang gebracht zu haben, in der sich die Evolutionstheorie mit der Gesellschaftswissenschaft verbindet.

37 An dieser Stelle zitiere ich gern den angesehenen Molekulargenetiker Sydney Brenner. Er stellt sich satirisch einen naiven Biologen vor, der darüber spekuliert, wie ein bestimmtes Gen während des Kambriums begünstigt wurde, weil es »in der Kreidezeit gelegen kommen könnte« (was man in seinem sarkastisch-witzigen südafrikanischen Akzent und begleitet von einem boshaften Augenzwinkern hören muss).

38 Eine längere Version dieser Liste unangenehmer Eigenschaften bildet den Einleitungsabsatz in Kapitel 2 meines Buches *The God Delusion* (dt. *Der Gotteswahn*), und dort ist sie ein wenig in den Geruch geraten, eine »Beleidigung« zu sein. Dass sich jedes dieser Adjektive in der Heiligen Schrift belegen lässt, zeigte mein Kollege Dan Barker. Sein brillantes Buch *God: the most unpleasant character in all fiction* greift alle meine abscheulichen Adjektive nacheinander auf und dokumentiert sie peinlich genau mit Zitaten aus der Bibel – die er als ehemaliger Prediger, der heute zur Erleuchtung gelangt ist, sehr gut kennt.

39 5. Mose 20, 16–17. Mir wurde mitgeteilt, mein Gebrauch des deutschen Wortes *Lebensraum* sei in diesem Zusammenhang beleidigend oder »un-

angemessen« (um das scheinheilige Wort zu verwenden). Ich kann mir aber absolut kein anderes Wort vorstellen, das den Nagel gezielter auf den Kopf trifft.

40 Die alljährlichen Reith-Vorlesungen wurden anfangs nur im Hörfunk, später auch im Fernsehen übertragen. Gesponsert werden sie von der BBC im Andenken an ihren Gründungsgeneraldirektor Lord Reith, einen asketischen Schotten, dessen hohe Ideale die BBC schon seit Langem aufgegeben hat. In Großbritannien gilt es nach wie vor als große Ehre, wenn man eingeladen wird, eine Reith-Vorlesung zu halten. Die Vorlesungsreihe des Jahres 2000 zum Thema »Respekt für die Erde« war ungewöhnlich: Sie wurde auf fünf Vortragende aufgeteilt, und einer davon war Prinz Charles. Meine Antwort darauf in diesem offenen Brief erschien erstmals am 21. Mai 2000 im *Observer*.

41 Der Ausspruch wird häufig mir zugeschrieben, aber so gerne ich ihn auch für mich beanspruchen würde, ich bin ziemlich sicher, dass ich ihn von jemand anders habe.

42 Die Sorgen des Prinzen sind in den Jahren, seit er seine Vorlesung hielt, noch drängender geworden. Die Anzeichen für einen drastischen Klimawandel sind immer weniger zu verkennen, und mittlerweile ist ernsthaft die Rede davon, dass wir möglicherweise einen Punkt überschritten haben, von dem es kein Zurück mehr gibt. Gleichzeitig hat der neue US-Präsident öffentlich seine Ansicht kundgetan, der Klimawandel sei ein »chinesischer Schwindel«. Es ist immer noch (gerade eben) möglich, eine (zunehmend weniger plausible) Argumentation zu vertreten, wonach Menschen für Trends wie das Verschwinden des Polareises nicht verantwortlich sind. Die Realität eines gefährlichen, sich verschlimmernden Klimawandels als solche ist aber heute für alle zu erkennen, die nicht an Wahnvorstellungen leiden. Angesichts der drohenden Katastrophe, einschließlich der weltweiten Überflutung niedrig gelegener Gebiete, ist es umso wichtiger, angesichts weniger bedeutender Probleme nicht in Alarmgeschrei auszubrechen, wie Prinz Charles es leider zu tun geneigt ist.

43 Ich gab zu jener Zeit zu Protokoll, dass ich die Hinrichtung von Saddam Hussein bedaure, und zwar nicht nur aus allgemeiner Ablehnung der Todesstrafe heraus, sondern aus wissenschaftlichen Gründen. Ich hätte auch Hitlers Leben verschont, wenn er es sich nicht selbst genommen hätte. Wir brauchen alle nur denkbaren Informationen, um die Mentalität solcher Ungeheuer zu verstehen; und – da Soziopathen gar nicht

so selten sind – um zu verstehen, wie es Hitler und anderen Ausnahme-
gestalten gelingen konnte, die Macht über andere Menschen zu gewinnen und zu behalten und sogar Wahlen zu gewinnen. War Hitler wirklich ein fesselnder Redner mit hypnotisch eindringlichem Blick, wie
manche behaupteten, die ihn kannten? Oder war das eine Illusion, der
die Atmosphäre der Macht im Nachhinein Vorschub leistete? Wie hätte ein Häftling Hitler auf andere Versuche reagiert, ihn zu Verstand zu
bringen und beispielsweise mit ruhigen, nüchternen Argumenten seinen pathologischen Judenhass infrage zu stellen? Hätten wir Kenntnisse über die Psychopathologie der Macht gewinnen können, die für die
Zukunft nützlich gewesen wären? Gab es in der Kindheit oder frühen Jugend von Hitler oder Saddam Hussein irgendetwas, das sie auf den Weg
zu ihrem erwachsenen Ich lenkte? Könnte irgendeine Bildungsreform
ähnlichen Schrecken in Zukunft verhindern? Solche abscheulichen Exemplare zu töten mag einen primitiven Rachedurst befriedigen, aber es
verschließt uns Wege der Forschung, die helfen könnten, Wiederholungen vorzubeugen.

44 Darwins Formulierung *A Devil's Chaplain* habe ich als Titel für meine
2003 erschienene erste Anthologie übernommen.

45 In *Unweaving the Rainbow* (dt. *Der entzauberte Regenbogen*).

46 Gegen Ende des 20. Jahrhunderts brachte die BBC auf Radio 3 eine
Vortragsreihe mit dem Thema »Widerhall des Jahrhunderts: Was wird
das 20. Jahrhundert seinen Erben hinterlassen?«. Mein Beitrag wurde
am 24. März 1998 ausgestrahlt; weitere Vortragende waren Gore Vidal,
Camille Paglia und George Steiner. Ich war mir auf unbehagliche Weise
bewusst, dass ich als einziger Naturwissenschaftler auf der Liste stand –
daher meine einleitenden Sätze. Teile des Vortrages fanden den Weg in
mein Buch *Unweaving the Rainbow* (dt. *Der entzauberte Regenbogen*), das ich
ungefähr zur gleichen Zeit schrieb.

47 Schon gegenüber der Vorstellung von »normalen Menschen« bin ich
skeptisch. Der große Francis Crick ließ sich einmal von einem Verleger
überreden, ein Buch »für normale Menschen« zu schreiben. Über den
Auftrag verständlicherweise verblüfft, soll er seinen Kollegen, den angesehenen Neurologen V. S. Ramachandran, gefragt haben: »Sag mal,
Rama, kennst du irgendwelche normalen Menschen?«

48 An dieser Stelle war ich vielleicht unangemessen pessimistisch. Ich bin
immer und war auch im 20. Jahrhundert ermutigt durch das große, begeisterte Publikum für Wissenschaftsautoren bei den Festivals von Hay

und Cheltenham; das Gleiche sagen auch Kollegen wie Steve Jones und Steven Pinker.

49 Diese Formulierung wurde zu einer Kapitelüberschrift in meinem Buch *Unweaving the Rainbow* (dt. *Der entzauberte Regenbogen*), wo ich das Thema ausführlicher erörtere. Dort vertrete ich die Ansicht, dass ein gut informierter Biologe der Zukunft beim Anblick eines Tieres – oder seiner DNA – in der Lage sein sollte, das Tier »auszulesen« und die Umwelt zu rekonstruieren, in der seine Vorfahren überlebt und sich fortgepflanzt haben. Damit meine ich nicht nur die physikalische Umwelt – Wetter, chemische Zusammensetzung des Bodens und so weiter –, sondern auch das biologische Umfeld, die natürlichen Feinde und Beutetiere, Parasiten oder Wirtsorganismen, mit denen die Abstammungslinie seiner Vorfahren in einem evolutionären »Rüstungswettlauf« stand.

50 Der schottische Ingenieur Fleeming Jenkin wies 1867 darauf hin, dass eine Vererbung durch Vermischung die Variationen in jeder Generation aus einer Population entfernen würde. Zum Vergleich: Wenn man schwarze und weiße Farbe mischt, erhält man Grau, und dann kann man Grau noch so oft mit Grau mischen, das ursprüngliche Schwarz und Weiß wird nie wieder hergestellt. Deshalb würde die natürliche Selektion sehr schnell keine Variationen mehr vorfinden, unter denen sie wählen kann, und deshalb, so Jenkin, habe Darwin unrecht. Was Jenkin übersah: Dass jede Generation tatsächlich grauer wäre als ihre Eltern, ist eindeutig falsch. Er glaubte, er habe Argumente gegen Darwin, in Wirklichkeit argumentierte er aber entgegen einer offenkundigen Tatsache. Die Variation verläuft eindeutig nicht im Sande, wenn eine Generation auf die andere folgt. Hätte Jenkin das gewusst, er hätte keineswegs Darwin widerlegt, sondern die Theorie der Vererbung durch Vermischung. Er hätte die mendelschen Gesetze intuitiv aus der Tiefe seines Lehnstuhls heraus formulieren können, ohne sich die Mühe zu machen, Erbsen in einem Klostergarten zu züchten.

51 Tatsächlich wurde es 2003 offiziell für abgeschlossen erklärt, danach blieben allerdings noch einige Aufräumarbeiten.

52 Und ein knappes Jahrzehnt später tat die Wissenschaft des 21. Jahrhunderts genau das, wenn auch für einen anderen Kometen. Die Europäische Raumfahrtagentur startete 2004 die Raumsonde Rosetta. Zehn Jahre und sieben Milliarden Kilometer später, nachdem sie den Vorbeischwungeffekt des Mars und der Erde (letzteren zweimal) ausgenutzt hatte und nahe an zwei großen Asteroiden vorübergeflogen war, ge-

langte Rosetta schließlich in eine Umlaufbahn um ihr Ziel, den Kometen 67P/Tschurjumow-Gerassimenko. Dort setzte Rosetta die Sonde Philae ab, die erfolgreich auf dem Kometen landete, wobei Harpunen sie auf der Oberfläche verankern und ein Wiederabprallen verhindern sollten, weil das Gravitationsfeld des Kometen sehr schwach ist.

53 Einen Kommentar zu solch herablassendem Gewäsch habe ich bereits im ersten Kapitel dieser Sammlung abgegeben. Siehe Anmerkung 5 auf Seit 462).

54 Derartigen Schikanen sind auch nicht nur Frauen ausgesetzt. In der Anmerkung 57 auf Seite 473 habe ich geschildert, wie es der Europäischen Raumfahrtagentur 2014 gelang, einen Kometen abzufangen. Einer der Helden dieser atemberaubenden Leistung menschlichen Erfindungsgeistes war der Engländer Dr. Matt Taylor (es war die glücklichere Zeit, als Großbritannien noch mit ganzem Herzen als Partner an europäischen Unternehmungen mitarbeitete). Als er die Leistung vor der Presse bekannt gab, trug Dr. Taylor ein buntes Hemd, ein Geschenk seiner Freundin, das wegen seines Musters als sexistisch bezeichnet wurde. Der aufgeblähte Skandal einer »Beleidigung für die Frauen« stellte die Nachricht über die größte technische Leistung aller Zeiten in den Schatten und zwang Matt Taylor zu Tränen und einer erbärmlichen Entschuldigung. Ein treffenderes Bild für den Jammer-Teil meines Vortrags hätte ich mir kaum vorstellen können.

55 Dieses Glück hatten aber andere, unter anderem sein Sohn, der Mathematiker und Geophysiker Sir George Darwin. Drei von Charles Darwins Söhnen wurden zum Ritter geschlagen, ihr Vater aber nie.

56 Mittlerweile stehen auch andere Methoden zum Nachweis von Planeten zur Verfügung, unter anderem die Messung der geringfügigen Lichtstärkeschwankungen, wenn ein Planet an dem Stern vorüberzieht. Die Liste der »Exoplaneten« wird stetig länger, ihre Zahl liegt mittlerweile bei über dreitausend.

57 Im Jahr 2004 lud der Literaturagent und Wissenschaftsimpresario John Brockman seinen konkurrenzlosen Kreis intellektueller Autoren ein, Beiträge für eine Aufsatzsammlung mit dem Titel *When We Were Kids* zu schreiben: Es ging um die Frage, »wie ein Kind zum Wissenschaftler wird«. Da ich vorhatte, eines Tages eine richtige Autobiografie zu schreiben (am Ende bestand sie aus zwei Teilen: *An Appetite for Wonder* und *Brief Candle in the Dark* [auf Deutsch in einem Band: *Die Poesie der Naturwissenschaften*]), machte ich es in meinem Aufsatz für Brockmans Sammlung

anders. Ich entschloss mich, einen bestimmten Kinderbuchautor zu preisen, der mich, wie ich glaube, beeinflusst hat.

58 Dryden, trotz seiner Ausbildung in Cambridge.

59 Ich weiß noch, wie ich dieses Bild in einem Schulaufsatz schamlos plagiierte, als ich ungefähr neun Jahre alt war. Mein Englischlehrer lobte meine Fantasie und prophezeite, ich würde zu einem berühmten Schriftsteller heranwachsen. Natürlich wusste er nicht, dass ich es von Hugh Lofting geklaut hatte.

60 Allerdings war ich sicher nicht das einzige Kind, das sich fragte, wie Stoßmich-Ziehdich sich der Abfallprodukte aus der Nahrung entledigte, die sie mit ihren beiden Mündern aufnahm.

61 Manche frühen Agatha-Christie-Romane sind noch schlimmer, aber soweit ich weiß, wurden sie nicht verboten. Und *Bulldog Drummond*, in den 1920er-Jahren die Entsprechung zu James Bond, hatte einmal die Gelegenheit, sich als Afrikaner zu verkleiden. Die Worte, mit denen er dem Bösewicht schließlich und auf dramatische Weise seine wahre Identität enthüllte, lauteten: »Nicht jeder Bart ist falsch, aber jeder Nigger stinkt. Dieser Bart ist nicht falsch, mein Lieber, und dieser Nigger stinkt nicht. Ich glaube also, dass irgendwo etwas nicht stimmt.« Im Vergleich dazu erscheint der Ehrgeiz des Prinzen Bumpo, ein weißer Märchenprinz zu sein, relativ harmlos.

II. All ihre gnadenlose Pracht

1 Im Vorwort zu David P. Hughes, Jacques Brodeur und Frédéric Thomas, *Host Manipulation by Parasites*.

2 Im Jahr 1858 erhielt Charles Darwin zu seiner Verblüffung ein Manuskript aus den damaligen Föderierten Malaiischen Staaten. Sein Autor war ein wenig bekannter Naturforscher und Sammler namens Alfred Russel Wallace. Dieser legte in allen Einzelheiten die Theorie der Evolution durch natürliche Selektion dar, an die Darwin zwanzig Jahre zuvor zum ersten Mal gedacht hatte. Aus Gründen, über die bis heute diskutiert wird, hatte Darwin seine Theorie nicht veröffentlicht, er hatte sie aber bereits 1844 ausführlich zu Papier gebracht. Wallace' Brief stürzte Darwin in einen Strudel der Ängste. Erst glaubte er, er müsse Wallace die Priorität einräumen. Seine Freunde, der Geologe Charles Lyell und der Botaniker Joseph Hooker, zwei Altmeister der britischen Wissenschaft, überzeugten ihn jedoch von einem Kompromiss. Wallace'

Aufsatz von 1858 und zwei frühere Artikel von Darwin sollten bei der Linnean Society in London verlesen werden und sich so das Verdienst teilen. Im Jahr 2001 entschloss sich die Linnean Society, an der Stelle eine Gedenktafel anzubringen, die an das historische Ereignis erinnert. Ich war eingeladen, an der Enthüllung teilzunehmen, und dies ist eine geringfügig gekürzte Version der Ansprache, die ich bei dieser Gelegenheit hielt. Es war ein feierlicher Moment. Ich hatte die Freude, mehrere Mitglieder der Familien Darwin und Wallace kennenzulernen und sie in einigen Fällen überhaupt erst miteinander bekannt zu machen.

3 Ich meine hier insbesondere Alan Grafen, der qualitative Argumente wie die von Amotz Zahavi auf kluge Weise in mathematische Begriffe fasste. Mein eigener Versuch, die Angelegenheit in der zweiten Auflage von The Selfish Gene (dt. Das egoistische Gen) zu erklären, schrieb ich im Geist der Buße, nachdem ich Zahavis Ideen in der ersten Auflage ungerechtfertigterweise lächerlich gemacht hatte.

4 Siehe den nachfolgenden Aufsatz in dieser Sammlung: »Universeller Darwinismus«.

5 Im Jahr 1982, hundert Jahre nach Charles Darwins Tod, veranstaltete seine alte Universität in Cambridge eine Jubiläumstagung. Der folgende Text ist eine geringfügig bearbeitete Version der Ansprache, die ich auf der Tagung hielt. Sie erschien auch als Kapitel in dem Konferenzband mit dem Titel Evolution from Molecules to Men.

6 Zu meinem Erstaunen treffe ich manchmal Biologen, denen die Bedeutung dieser Aussage nicht bewusst zu sein scheint. Der große japanische Genetiker Motoo Kimura war beispielsweise der Hauptarchitekt der Theorie der neutralen Evolution. Er hatte vermutlich recht damit, dass die Mehrzahl aller Veränderungen der Genhäufigkeit in Populationen (das heißt der evolutionären Veränderungen) nicht durch natürliche Selektion verursacht werden, sondern neutral sind: Neue Mutationen gewinnen in der Population nicht deshalb die Vorherrschaft, weil sie vorteilhaft sind, sondern durch zufällige Gendrift. In der Einleitung zu seinem großartigen Buch The Neutral Theorie of Molecular Evolution (dt. Die Neutralitätstheorie der molekularen Evolution) macht er das Zugeständnis, seine Theorie leugne nicht, dass die natürliche Selektion für die Verlaufsrichtung der anpassungsorientierten Evolution eine Rolle spiele. Aber nach Angaben von John Maynard Smith empfand Kimura einen emotionalen Widerwillen dagegen, auch nur dieses bescheidene Zugeständnis zu machen – der Widerwille war sogar so groß, dass er

es nicht ertragen konnte, diesen Satz selbst zu schreiben; stattdessen bat er seinen amerikanischen Kollegen James Crow, es für ihn zu tun! Kimura und einige andere begeisterte Anhänger der Neutraltheorie empfinden offenbar keine Wertschätzung für die Bedeutung der funktionellen Beinahe-Perfektion der biologischen Anpassung. Es ist, als hätten sie nie eine Gespenstschrecke, einen fliegenden Albatros oder ein Spinnennetz gesehen. Für sie ist die Illusion einer Gestaltung ein trivialer, ziemlich zweifelhafter Nebenschauplatz, während die komplexe Perfektion der biologischen Gestaltung für mich und die Naturforscher, von denen ich gelernt habe (darunter Darwin selbst), Kern und Mittelpunkt der Biowissenschaften darstellt. Für uns sind die evolutionären Veränderungen, für die Kimura sich interessierte, vergleichbar mit der Umformatierung eines Textes in eine andere Schriftart. Für uns ist nicht das Wichtigste, ob der Text in Times New Roman oder Helvetica geschrieben ist. Kimura hat vermutlich recht damit, dass nur eine Minderheit der evolutionären Veränderungen der Anpassung dienen. Aber bitte, gerade um diese Minderheit geht es!

7   Wissenschaftliche Experimente haben insbesondere in den Biowissenschaften ständig mit dem Verdacht zu kämpfen, das erzielte Ergebnis könne reiner Zufall sein. Angenommen, hundert Patienten erhalten einen experimentellen Wirkstoff, und man vergleicht sie mit hundert weiteren Patienten, die als »Kontrolle« Pseudopillen erhalten, die genauso aussehen, aber nicht den aktiven Bestandteil enthalten. Wenn es anschließend neunzig Patienten aus der experimentellen Gruppe und nur zwanzig aus der Kontrollgruppe besser geht – woher wissen wir dann, dass der Effekt auf das Medikament zurückzuführen ist? Könnte es auch schieres Glück sein? Mit statistischen Tests kann man ausrechnen, mit welcher Wahrscheinlichkeit das erzielte Ergebnis (oder ein noch »besseres« Ergebnis) ausschließlich durch Zufall (»Glück«) zustande gekommen ist. Diese Wahrscheinlichkeit ist der »P-Wert«, und je niedriger er ist, desto geringer ist die Wahrscheinlichkeit, dass es sich um ein Zufallsergebnis handelt. Befunde mit P-Werten von einem Prozent oder weniger werden gewöhnlich als Beleg anerkannt, aber die Grenze ist willkürlich festgelegt. P-Werte von fünf Prozent können als »mit hoher Wahrscheinlichkeit« zutreffend interpretiert werden. Für Ergebnisse, die sehr erstaunlich erscheinen, beispielsweise wenn scheinbar telepathische Kommunikation nachgewiesen wurde, würde man einen P-Wert von deutlich weniger als einem Prozent fordern.

8 Das gilt in freier Wildbahn, wo raffinierter Zucker mit Ausnahme des seltenen, nur unter Schmerzen zu beschaffenden Honigs nicht existiert. Eigentlich war die Vorliebe für Süßes ein unglückliches Beispiel, weil der Geschmack für Zucker in unserer domestizierten Welt die Überlebenschancen nicht verbessert.

9 Später habe ich mich bemüht, diesen Gedanken noch anschaulicher zu machen, indem ich die Formulierung »Genetisches Totenbuch« verwendet habe, die in mehreren anderen Aufsätzen dieser Sammlung vorkommt.

10 Die gleiche Aussage wurde auch sehr eifrig von dem Psychologen B. F. Skinner vertreten.

11 In meinem Vortrag in Cambridge hatte ich nicht die Zeit, diese beiden historischen Vorstellungen über die Vorgänge bei der Embryonalentwicklung zu definieren, und das Publikum in Cambridge, das seinen Darwin kannte, hätte die Definition ohnehin nicht gebraucht. Die Präformationisten gehen davon aus, dass jede Generation die Form der nächsten enthält, und zwar entweder buchstäblich (ein winziger Körper, der in Samen- oder Eizelle zusammengerollt ist) oder in codierter Form als eine Art Blaupause. Epigenese bedeutet, dass jede Generation die Anweisungen zur Herstellung der nächsten enthält, und zwar nicht als Blaupause, sondern als etwas Ähnliches wie ein Rezept oder Computerprogramm. Einen Planeten mit präformationistischer Embryologie könnte man sich ungefähr folgendermaßen vorstellen: Der Körper eines Elternteils wird Scheibe für Scheibe eingescannt, und daraus werden Anweisungen entnommen, die an die Entsprechung zu einem 3-D-Drucker weitergeleitet werden. Dieser »druckt« dann das Kind als Kopie des elterlichen Körpers; wenn notwendig, wird die Kopie anschließend zur endgültigen Größe »aufgeblasen«. Auf unserem Planeten funktioniert die Embryonalentwicklung nicht so, aber bei dem hypothetischen Außerirdischen mit den Tigerstreifen müsste sie so funktionieren. Auf unserem Planeten ist die Embryonalentwicklung epigenetisch; anders als die meisten Biologielehrbücher behaupten, ist DNA keine Blaupause, sondern eine Reihe von Instruktionen nach Art eines Computerprogramms, eines Kochrezepts oder einer Reihe von Origami-Papierfaltanweisungen, und wenn man sie befolgt, kommt ein Körper heraus. Eine Embryonalentwicklung aufgrund einer Blaupause wäre, wenn es sie gäbe, reversibel – genau wie man die ursprünglichen Pläne eines Architekten rekonstruieren kann, indem man Messungen

an einem Haus vornimmt. Der Körper des Elternteils wird aber in keiner Hinsicht kopiert, wenn das Kind entsteht. Vielmehr werden die Gene kopiert, die den Körper des Elternteils aufbauen (genauer gesagt, die Hälfte von ihnen, zusammen mit der Hälfte des anderen Elternteils), und als Anweisungen weitergegeben, sodass der Körper der nächsten Generation aufgebaut werden kann, während die unveränderten Anweisungen wiederum für die Enkelgeneration weitergegeben werden. Körper bringen keine Körper hervor. DNA bringt Körper hervor, und DNA bringt DNA hervor.

12 Mittlerweile habe ich dazu einen Versuch unternommen. Zunächst einmal wäre sie anfällig für das bereits erwähnte Problem mit der Abnutzung. Ein »Scan« des elterlichen Körpers würde neben den »guten« Neuerwerbungen wie kräftigere Fußsohlen und erlernte Kenntnisse auch jede Narbe, jede gebrochene Extremität und jede fehlende Vorhaut originalgetreu reproduzieren. Auch hier bestünde ein Bedarf für eine selektive Auswahl »guter« erworbener Eigenschaften im Gegensatz zu Narben und Ähnlichem. Und wer könnte die Auswahl treffen außer irgendeiner Version dessen, was Darwin formuliert hat?

13 Später, in meinem Buch Climbing Mount Improbable (dt. Gipfel des Unwahrscheinlichen), habe ich die Metapher des Aufstiegs auf einen Berg verwendet. Ein komplexer, gut gestalteter Apparat wie das Auge befindet sich in großer Höhe auf einem Gipfel des Unwahrscheinlichen. Eine Seite des Berges ist eine steile Felswand, die sich unmöglich mit einem einzigen Sprung – durch Saltation – erklimmen lässt. Auf der Rückseite des Berges dagegen befindet sich ein sanfter Abhang, über den man leicht emporsteigen kann, indem man einfach einen Fuß vor den anderen setzt.

14 Das unterbrochene Gleichgewicht (punctuated equilibrium), das in kurzer Zeit allgemein bekannt und dann liebevoll mit »punk eek« abgekürzt wurde, war eine Theorie, mit der die angesehenen Paläontologen Niles Eldredge und Stephen Jay Gould die scheinbare Sprunghaftigkeit der Fossilfunde erklären wollten. Teilweise begünstigt durch Goulds überzeugende, aber irreführende Wortwahl, diente der Begriff später leider dazu, drei vollkommen unterschiedliche Formen von Sprüngen durcheinanderzubringen: erstens die Makromutationen oder Saltationen (Mutationen mit großen Wirkungen, die im Extremfall »Monstrositäten« oder »hoffnungsvolle Monster« hervorbringen), zweitens Ereignisse von Massenaussterben (wie das plötzliche Verschwinden der

Dinosaurier, das die Bühne für die Säugetiere frei machte) und drittens einen *schnellen Gradualismus* (die Bedeutung, die Eldredge und Gould mit ihrem ursprünglichen Beitrag im Sinn hatten). Zusammen mit einigen anderen Paläontologen äußerten Eldredge und Gould die durchaus plausible Vermutung, dass die Evolution während langer Zeiträume stillsteht (»Stasis«) und dass diese Phasen durch plötzliche Schübe, die sogenannten »Artbildungsereignisse«, unterbrochen werden. Dazu beriefen sie sich auf die Theorie der »allopatrischen Artbildung«.

Allopatrische Artbildung bedeutet, dass sich eine Spezies aufgrund einer ursprünglichen geografischen Trennung in zwei Arten aufspaltet – beispielsweise weil sie sich auf Inseln oder verschiedenen Seiten eines Flusses oder Gebirges befinden. Während der Trennung haben die beiden Populationen Gelegenheit, sich auseinanderzuentwickeln; wenn sie dann nach längerer Zeit wieder zusammentreffen, können sie keine fruchtbaren Nachkommen mehr zeugen und werden deshalb als getrennte Arten definiert. Wenn eine Unterpopulation auf einer Insel vor der Küste von der Population auf dem Festland getrennt wird, kann der evolutionäre Wandel unter den Lebensbedingungen der Insel so schnell ablaufen, dass eine neue Spezies nach den gemächlichen Maßstäben der geologischen Zeitrechnung nahezu augenblicklich entsteht. Bei einer »Insel« muss es sich, wie ich in »Die Geschichte der Riesenschildkröte« (Seite 374) genauer erörtere, nicht um ein von Wasser umgebenes Stück Land handeln. Für einen Fisch ist ein See eine Insel. Für ein Alpenmurmeltier ist ein hoher Gipfel eine Insel. Der Anschaulichkeit halber werde ich aber weiterhin unterstellen, dass Land von Wasser umgeben ist.

Wenn Angehörige der Inselspezies zurück zum Festland wandern, wo die Ausgangsart unverändert weiterlebt, wird es für einen Paläontologen, der sich auf dem Festland durch das Gestein gräbt, so aussehen, als wäre sie mit einem Schlag aus der Ausgangsart entstanden. Der Sprung ist aber eine Illusion. In Wirklichkeit hat graduelle – wenn auch schnelle – Evolution stattgefunden, allerdings vor der Küste, wo der Paläontologe nicht gegraben hat. Wie man leicht erkennt, ist ein solcher »schneller Gradualismus« meilenweit von echter Saltation entfernt. Dennoch trug Goulds Rhetorik dazu bei, Generationen von Studierenden und Laien in die Irre und zur Verwechslung mit echtem Saltationismus zu führen, ja sogar zur Verwechslung mit Massenaussterben und dem nachfolgenden »plötzlichen« Aufstieg neuer evolutionärer Gruppen wie der Säugetiere nach dem Ende der Dinosaurier. Dies ist ein Beispiel für »poetische Wissenschaft«, wie ich sie nenne – eine Formulierung, auf die ich im Nachwort zu diesem Aufsatz zurückkommen werde.

15 »Die Natur macht keine Sprünge.« Zu Huxleys Zeit hatten seine Leser (auch Darwin, an den er sich unmittelbar in einem Brief wandte, als er sich dieser Formulierung bediente), wenn auch widerwillig (was insbesondere für Darwin galt) in der Schule Latein gelernt.

Stephen Gould war bei meinem Vortrag in Cambridge anwesend. Danach sprang er auf und erwähnte den Saltationismus als eine von mehreren historischen Alternativen zur darwinistischen Selektion. Verstand er wirklich nicht, dass es unmöglich ist, die komplexe Illusion einer Gestaltung durch Saltation zu erklären – durch einen einzigen Sprung vom Boden zum Gipfel des Unwahrscheinlichen? Man mag es kaum glauben. Gould war zutiefst an Geschichte interessiert und wusste viel darüber. Er hatte recht mit seiner historischen Behauptung, dass manche Wissenschaftler zu Beginn des 20. Jahrhunderts den Saltationismus als vermeintliche Alternative zum Gradualismus betrachtet hatten. Aber er machte den wissenschaftlichen und sogar logischen Fehler, zu behaupten, der Saltationismus könne durchaus eine stichhaltige Alternative zum Gradualismus als Erklärung für komplexe Anpassungen sein. Mit anderen Worten: Die historischen Gestalten, die er richtig zitierte, hatten wissenschaftlich unrecht; das war immer klar. Es hätte selbst zu ihrer Zeit bereits klar sein müssen, dass sie unrecht hatten, und Gould hätte das sagen sollen.

16 Der amerikanische Botaniker Stebbins wird als einer der Gründerväter der neodarwinistischen Synthese der 1930er- und 1940er-Jahre verehrt.

17 Heute würde ich zögern, diese beiden Begriffe zu gebrauchen, denn sie wurden von den stets eifrigen Kreationisten dazu benutzt, mit wissenschaftlichen Begriffen zu betrügen. Genetiker, die Populationen im Freiland studieren, beschäftigen sich mit Mikroevolution. Paläontologen, die Fossilien aus verschiedenen Erdzeitaltern studieren, haben es mit Makroevolution zu tun. Makroevolution ist eigentlich nichts anderes als das, was herauskommt, wenn Mikroevolution sich sehr lange fortsetzt. Kreationisten erheben diese Unterscheidung mit unabsichtlicher Hilfe einiger Biologen, die besser auf der Hut sein müssten, in qualitative Höhen. Sie erkennen die Mikroevolution an, beispielsweise den Ersatz hell gefärbter Birkenspanner durch dunkle Mutanten in der Population. Die Makroevolution jedoch halten sie für etwas qualitativ grundsätzlich anderes. Um-

fassender behandle ich die tatsächlichen und angeblichen Unterschei-
dungen in »Der Einleger von Alabama« in Teil IV dieser Sammlung.

18 Die hinzugekommene Komplexität – Sitze, Trennwände, Rufknöpfe,
Clubtische und so weiter – entstand einfach durch Verdoppelung aus
der Standardversion des Flugzeuges. Die biologische Parallele wäre
eine gewachsene Zahl von Wirbeln mit den zugehörigen Rippen, Nerven, Blutgefäßen und so weiter, durch die eine mutierte Schlange mehr
Segmente hat als ihre Eltern. Solche evolutionären Veränderungen nach
Art der »gestreckten DC-8« müssen sich sehr oft abgespielt haben, denn
verschiedene Schlangenarten unterscheiden sich beispielsweise stark in
der Zahl ihrer Segmente. Dabei müssen Kinder mit einer von den Eltern
abweichenden ganzen Zahl von Segmenten geboren worden sein, denn
eine Schlange mit einem Bruchteil eines Wirbels gibt es nicht.

19 Wir kennen sogar eine Zwischenform: das wunderschöne Okapi, einen
Vetter der Giraffen mit einem Hals von mittlerer Länge. Aber lassen wir
das um des Beispiels willen einmal beiseite.

20 Diese Ansicht vertrat ich später, nämlich 1989, als ich (in dem von
Christopher Langton herausgegebenen Band *Artificial Life*) den Begriff
»Evolution der Evolutionsfähigkeit« prägte. Dort äußerte ich die Vermutung, dass – wenn auch nur in seltenen Fällen – entscheidende Schlüs-
selstadien der Evolution, so die Entstehung des segmentierten Körper-
bauplans, durch plötzliche Sprünge eingetreten sein könnten. Das erste
segmentierte Tier könnte ohne Weiteres aus zwei Segmenten bestanden
haben. Aber eineinhalb Segmente hatte es nicht.

21 Sewall Wright war der Amerikaner in dem großen Triumvirat – die anderen waren R. A. Fisher und J. B. S. Haldane –, das die Populationsge-
netik begründete und den Darwinismus mit der mendelschen Genetik
versöhnte. Wright bezog die zufällige Gendrift in die Evolution ein,
sah in ihr aber einen Weg, auf dem die Anpassung indirekt verbessert
werden kann. Ein Problem der starken Selektion kennen Ingenieure
aus ihren »Bergsteigeralgorithmen«: Man gerät in die Falle lokaler Optima – kleine Hügel in Sichtweite eines unerreichbaren Berges. Wrights
Version der zufälligen Gendrift versetzt eine Abstammungslinie in die
Lage, von einem Hügel den Abhang hinunter ins Tal zu driften, woraufhin dann die Selektion wieder die Führung übernimmt und sie den
Abhang eines viel höheren Berges hinauftreibt. Für Wright ermöglicht
der Wechsel von Gendrift und Selektion eine perfektere Anpassung als
die Selektion allein. Eine hervorragende, scharfsinnige Annahme.

22 Der Einbahnstraßenfluss vom Genotyp zum Phänotyp – von den Genen zum Körper – wird deutlicher, wenn man den Effekt einer Genmutation (der Körper zukünftiger Generationen verändert sich) mit einer rein körperlichen »Mutation« vergleicht, beispielsweise wenn ein Tier ein Bein verliert. Die zweite Veränderung fließt nicht in zukünftige Generationen ein. Der kausale Pfeil weist nur in einer Richtung von den Genen zum Körper, eine Umkehrung gibt es nicht. Ich war erstaunt, dass Gould dies in seiner »Buchhalter-Metapher« nicht erkannte. Der Vergleich mit »Buchhaltung« geht auf tief greifende Weise an der Sache vorbei.

23 Diesen Vorschlag vertrat sehr überzeugend der schottische Chemiker Graham Cairns-Smith. Ich habe seine Theorie in The Blind Watchmaker (dt. Der blinde Uhrmacher) ausführlich dargelegt, aber nicht weil ich unbedingt an sie glaube, sondern weil sie so augenfällig deutlich macht, welch grundlegende Bedeutung die Replikation für die Entstehung des Lebens hat.

24 Im Nervensystem liegt das Problem beim zufälligen »Rauschen«, wie Ingenieure es nennen. Durch jeden Prozess der Informationsübertragung oder -verstärkung kommt eine gewisse Menge an Rauschen hinzu. Neuronen sind wegen ihrer Funktionsweise anfälliger für Rauschen als beispielsweise Telefonkabel. Und genau wie moderne Telefonnetze zunehmend von der analogen zur digitalen Übertragung übergegangen sind, so vermitteln auch Neuronen die Information durch die zeitlichen Muster von Spannungsspitzen, nicht aber durch die (analoge) Höhe der Spitzen. Ausführlicher erörtere ich den Gegensatz von analog und digital in meinem Vergleich mit Leuchtfeuern und der spanischen Armada in dem Essay »Wissenschaft und Sensibilität« im ersten Teil dieser Sammlung (siehe Seite 88).

25 Der gefeierte deutsch-amerikanische Biologe Ernst Mayr war in den 1930er- und 1940er-Jahren einer der Gründerväter der neodarwinistischen Synthese. Man könnte ihn sogar als den großen alten Mann der Synthese bezeichnen, nicht zuletzt, weil er tatsächlich sehr alt wurde. Als ich ihn kennenlernte, zählte er bereits hundert Jahre, und er war bis zum Schluss hellwach und aktiv. Unter den vielen Ehrungen, die ihm zuteilwurden, und den vielen Veröffentlichungen zu seinen Ehren war auch eine Festschrift der Zeitschrift Ludus vitalis, die von dem angesehenen spanisch-amerikanischen Genetiker Francisco Ayala herausgegeben wurde. Ich wurde aufgefordert, zu diesem Band den Artikel beizutragen, der hier (geringfügig gekürzt) wiedergegeben ist. Ich widmete

ihn »mit tiefstem Respekt Professor Ernst Mayr FRS, Hon. D. Sc. (Oxford) aus Anlass seines 100. Geburtstages«.

26 Siehe »Universeller Darwinismus«, den vorherigen Aufsatz in dieser Sammlung.

27 Das macht es umso erstaunlicher, dass Aristoteles, der kein Dummkopf war, ernsthaft einen solchen Gedanken hegen konnte. Er gehört zu den vielen hochintelligenten Denkern, von denen man annehmen könnte, dass sie auf das Prinzip der Evolution durch natürliche Selektion hätten stoßen können, was aber nicht geschah. Warum nicht? Evolution durch natürliche Selektion, so könnte man meinen, gehört zu den Ideen, auf die jeder große Denker und Naturforscher in jedem beliebigen Jahrhundert hätte kommen können. Anders als bei Newtons Physik ist hier schwer zu erkennen, warum es der Schultern aus zwei Jahrtausenden bedurfte, auf denen man stehen konnte. Und doch war es offensichtlich so, also muss meine Intuition schlicht und einfach falsch sein.

28 Seinen Höhepunkt erreichte derartiger Mystizismus in den frühen Versionen der Gaia-Hypothese von James Lovelock. In späteren Versionen bemühte Lovelock selbst sich darum, der mystischen Grundhaltung abzuschwören, aber sie kam immer noch zum Tragen, als John Maynard Smith auf einer Tagung mit einem angesehenen Anhänger der »Ökologie« (im politischen, nicht im wissenschaftlichen Wortsinn) zusammentraf. Irgendjemand erwähnte die Theorie, ein großer Meteorit habe die Erde getroffen und damit die Dinosaurier getötet. »Natürlich nicht«, erklärte der leidenschaftliche »Ökologe« nach dem Bericht von Maynard Smith. »Das hätte Gaia nicht zugelassen.«

29 Der Ökologe Lawrence Slobodkin, der den Begriff einführte, fühlte sich später bewogen, den Vorwurf einer Verteidigung der Gruppenselektion empört zurückzuweisen (*American Naturalist*, Bd. 108, 1974). Er dürfte recht damit haben, dass eine ordentliche darwinistische Verteidigung »kluger Raubtiere« – mit ein wenig gutem Willen – zu vertreten wäre. Der Begriff war aber schlecht gewählt. Er schreit danach, dass man ihn entsprechend den Grundzügen der Großen Ökologischen Versuchung interpretiert – denn darüber vergisst man, auf welcher Ebene die natürliche Selektion in Wirklichkeit wirksam wird und individuelle Anpassungen hervorbringt, und vertritt stattdessen den Gesichtspunkt des Nutzens für die Gruppe oder sogar die Lebensgemeinschaft.

30 Damit provozierte er J. B. S. Haldane zu seiner geistreichen »Verteidigung der Bohnensack-Genetik«. Bohnensack-Genetik bedeutet in die-

sem Zusammenhang, dass man Veränderungen der Genhäufigkeit in Populationen quantitativ betrachtet und Gene damit als teilchenförmige mendelsche Gebilde behandelt.

31 Die Theorie der Verwandtenselektion – danach begünstigt die natürliche Selektion Gene für die Unterstützung von Verwandten, weil sie statistisch mit einiger Wahrscheinlichkeit in den unterstützten Verwandten vorhanden sind – wurde von W. D. Hamilton entwickelt, der später in Oxford mein Kollege und Freund wurde. Sie war eines der zentralen Themen in meinem ersten Buch The Selfish Gene (dt. Das egoistische Gen). Nachdem sie während der ersten zehn Jahre nach 1964, als Hamiltons wichtige Aufsätze erschienen waren, im Wesentlichen unbeachtet blieb, entwickelte sich die Theorie der Verwandtenselektion Mitte der 1970er-Jahre unter Biologen und in der größeren Öffentlichkeit zu einem viel diskutierten Thema. Ihre Beliebtheit führte zu einer Fülle von Missverständnissen; einige besonders bizarre Varianten gingen von angesehenen Sozialwissenschaftlern aus, die sich – so wage ich zu vermuten – durch dieses plötzliche Eindringen in ein Fachgebiet, welches sie für das ihre hielten, bedroht fühlten. Die plötzliche Welle abwegiger Kommentare wurde für mich zum Anlass, zwölf solche Missverständnisse in einem Artikel zu sammeln, der (auf Englisch) in der Zeitschrift für Tierpsychologie erschien, der führenden deutschen Fachzeitschrift für Tierverhaltensforschung. Wie es in einem wissenschaftlichen Aufsatz üblich ist, enthielt er viele Literaturhinweise. Diese wurden hier weggelassen. Außerdem habe ich drei Missverständnisse – Nummer 8, 9 und 11 – herausgenommen. Sie sind zwar wichtig, betreffen aber fachliche Einzelheiten, die man nur dann erläutern könnte, wenn man eine Fülle platzraubender Hintergrundinformationen mitliefert.

32 Diese Theorie ist sehr prägnant in der »Hamilton-Regel« zusammengefasst. Ein Gen für Altruismus verbreitet sich dann im Genpool, wenn rB > C, das heißt, wenn die Kosten C für den Altruisten mehr als aufgewogen werden durch den Nutzen B für den Empfänger, multipliziert mit einem Faktor r, der die Nähe der genetischen Verwandtschaft zwischen beiden darstellt. Dass Brutfürsorge häufiger vorkommt als die Versorgung echter Geschwister, hat einen einfachen Grund: Obwohl r für beide Verwandtschaftsbeziehungen gleich ist (nämlich 0,5), begünstigen die Werte B und C die Brutpflege.

33 Leider wurden beide Verbesserungen von Wilson in neueren Veröffentlichungen wieder rückgängig gemacht, so unter anderem auch in sei-

nem Buch *The Social Conquest of Earth* (dt. *Die soziale Eroberung der Erde*). Die Art, wie er dies tat, lässt für mich darauf schließen, dass er die Verwandtenselektion von vornherein nie richtig verstanden hatte.

34 Hamilton nahm für *inclusive fitness* eine genauere mathematische Definition vor, die man ein wenig umständlich auch in Worte fassen kann, aber er erklärte sich mit meiner informellen Definition einverstanden: »Gesamtfitness ist die Größe, die ein Individuum scheinbar maximiert, wenn in Wirklichkeit das Überleben seiner Gene maximiert wird.«

35 Viele Gene haben mehrere Effekte, die oftmals scheinbar nicht miteinander in Verbindung stehen; dieses Phänomen bezeichnet man als Pleiotropie.

36 Der Grünbarteffekt ist unrealistisch und hypothetisch – eine Parabel. Realistisch ist aber – und darum geht es in der Parabel –, dass Verwandtschaft wie eine Art statistischer grüner Bart wirken kann. Ein Tier, das beispielsweise aufgrund einer genetischen Veranlagung seine echten Geschwister versorgt, versorgt mit einer Chance von fünfzig Prozent auch Kopien seiner selbst. Ein Geschwisterverhältnis ist ebenso eine Markierung wie ein grüner Bart. Wir können nicht erwarten, dass sich Tiere ihrer Geschwister kognitiv bewusst sind. In der Praxis handelt es sich bei der Markierung wahrscheinlich um so etwas wie »derjenige, der im selben Nest sitzt wie du«.

37 Marshall Sahlins ist ein angesehener amerikanischer Anthropologe. Einige andere Anthropologen haben die Mühe auf sich genommen, etwas Biologie zu lernen. Um ehrlich zu sein, würde ich wahrscheinlich ähnliche Unkenntnis und einen Mangel an Verständnis zu erkennen geben, wenn ich mich auf das Fachgebiet der Anthropologie begeben würde. Aber dorthin begebe ich mich nicht.

38 »Allele« sind Alternativformen eines Gens, die miteinander um eine bestimmte Stelle oder einen »Locus« auf einem Chromosom wetteifern. Bei Lebewesen, die sich sexuell fortpflanzen, kann man die natürliche Selektion als Wettbewerb zwischen den Allelen im Genpool um diese Stelle betrachten. Die Waffen ihres Wettbewerbs sind normalerweise die »phänotypischen« Auswirkungen, die sie auf den Körper haben.

39 Siehe auch die Anmerkung 35 auf Seite 469f.

40 Die »evolutionär stabile Strategie« oder ESS, eine Formulierung von John Maynard Smith, ist im Zusammenhang mit der Evolution ein leistungsfähiges Konzept, dessen ich mich in *The Selfish Gene* (dt. *Das egoistische Gen*) in großem Umfang bedient habe. Eine »Strategie« ist ein Teil

eines unbewussten Verhaltens-»Uhrwerks« wie beispielsweise »Lasse Nahrung in piepsende aufgesperrte Schnäbel in deinem Nest fallen«. Eine ESS kann dann, wenn die Mehrheit der Population sie übernommen hat, nicht mehr durch eine andere Strategie verbessert werden. Wenn sie verbessert werden kann, ist sie »instabil«. Eine Population, die von einer instabilen Strategie beherrscht wird, wird eine »Invasion« der überlegenen Alternativstrategie erleben. Überlegungen zur ESS gehen in der Regel von einer Aussage aus, wie beispielsweise »Stelle dir eine Strategie P vor, bei der alle Mitglieder der Population P praktizieren. Jetzt stelle dir vor, dass durch Mutation eine neue Strategie Q entsteht. Würde die natürliche Selektion für eine ›Invasion‹ von Q sorgen?« Genau das tun wir in unseren Überlegungen zu den Strategien U und K.

41 »Fixierung« ist der Fachausdruck der Populationsgenetiker für die Ausbreitung eines Gens in der Population, bis schließlich jeder oder fast jeder es besitzt. Ein Gen kann sich durch Fixierung entweder wegen einer positiven natürlichen Selektion (der interessante Grund) ausbreiten oder auch durch die zufällige »Gendrift«.

42 Deshalb habe ich in meiner vorherigen Anmerkung in der Definition der ESS das Wort »Uhrwerk« verwendet.

43 *Parthenos* ist das griechische Wort für »Jungfrau«. Parthenogenetische Echsen pflanzen sich ohne Mitwirkung von Männchen fort und bringen »klonale« Töchter hervor, die eineiigen Zwillingen ihrer selbst entsprechen.

44 Heranwachsende Insekten machen abgegrenzte Entwicklungsstadien durch. Diese sind nicht kontinuierlich, sondern lassen sich unterscheiden, weil das Insektenskelett anders als unseres nicht aus Knochen im Körperinneren besteht, sondern aus einem Außenpanzer. Wenn dieser einmal ausgehärtet ist, kann er im Gegensatz zu Knochen nicht mehr wachsen; das Insekt muss ihn also in regelmäßigen Abständen ablegen, dann größer werden und den nächstgrößeren Panzer anlegen. Jede dieser aufeinanderfolgenden Stufen bezeichnet man als Larven- oder Nymphenstadium.

45 Aokis spektakulärer Fehler erwächst wie die von Sahlins und Washburn daraus, dass er Hamiltons Theorie nicht vollständig verstanden hat. Hamilton fügte in seiner Darlegung einen kurzen Abschnitt über die »Haplodiploidie« ein, ein besonderes genetisches System der Hymenopteren – Ameisen, Bienen und Wespen. Ihre Weibchen sind diploid wie wir, ihre Chromosomen bilden Paare. Die Männchen dagegen sind haploid.

Sie besitzen nur halb so viele Chromosomen wie die Weibchen. Deshalb sind alle Samenzellen, die ein einzelnes Männchen produziert, identisch. Scharfsinnig wies Hamilton darauf hin, welche aufschlussreiche Folgerung sich daraus ergibt: Die Verwandtschaft r zwischen Vollgeschwistern beträgt nicht die üblichen 0,5, sondern 0,75, weil der väterliche Anteil ihrer Gene stets identisch ist. Ein Ameisenweibchen ist also mit seiner Schwester enger verwandt als mit seiner Tochter! Das könnte, wie Hamilton deutlich machte, die Hymenopteren zu überragenden sozialen Kooperationsleistungen disponieren. Seine Idee ist so schlau und geradezu *bestechend*, dass viele Leser glaubten, sie sei die zentrale Aussage seiner Theorie und nicht nur eine Reihe hingeworfener Absätze, also gewissermaßen das Sahnehäubchen auf dem Kuchen. Ein solcher Leser war offenbar auch Aoki. Hätte er nicht nur die wenigen bestechenden Absätze verstanden, sondern die gesamte Grundlage von Hamiltons Theorie mit der Genselektion, er hätte nie den bedauernswerten Lapsus mit den altruistischen Blattläusen begangen. Er glaubte, sie seien ein »schwerwiegendes Problem« für Hamiltons Theorie. In Wirklichkeit würde Hamiltons Theorie für klonale Blattläuse sogar noch größere soziale Kooperationsleistungen vorhersagen als für Ameisen, Bienen und Wespen. Die Verwandtschaft r zwischen Aokis Blattläusen beträgt nicht nur 0,75 wie bei den Hymenopterenschwestern, sondern 1,0. Termiten sind übrigens nicht haplodiploid, aber auch für sie hatte Hamilton eine scharfsinnige Theorie: Er erklärte ihre soziale Kooperation mit Inzucht. Eigentlich ist dazu nicht einmal besonderer Scharfsinn notwendig. Es gibt viele Kombinationen von B und C, die in Kombination mit einem r von 0,5 die soziale Kooperation und sogar die Unfruchtbarkeit der Arbeiterinnen fördern.

46 Ein Männchen, viele Weibchen: Fortpflanzung im Stil eines Harems. Dies kommt viel häufiger vor als das Gegenteil, die Polyandrie; die Gründe sind interessant, es ist aber nicht notwendig, sie hier darzulegen.

47 Ich hätte sagen sollen: »Unter ansonsten gleichen Bedingungen erhalten Geschwister mit sechzehnmal größerer Wahrscheinlichkeit Altruismus als Cousins zweiten Grades.«

III. Bedingte Zukunft

1 Der Literaturagent John Brockman hat die schöne Angewohnheit, jedes Jahr um die Weihnachtszeit in seinem gut gefüllten Adressbuch zu blättern und um Antworten auf die »Edge-Jahresfrage« zu bitten. Die des Jahres 2011 lautete zeitgemäß: »Wie hat das Internet Ihr Denken verändert?« Dies war mein Beitrag zu dem Buch, das daraus entstand.

2 Solche Einfügungen sind manchmal eher von Eitelkeit und Selbstgefälligkeit getrieben als von Bosheit. Bei meiner »Kalibrierungslektüre« (siehe oben) des Artikels über natürliche Selektion fiel mir auf, dass das sehr übersichtliche Literaturverzeichnis ein Buch enthielt, das ich kannte und von dem ich wusste, dass es für das Thema kaum von Bedeutung war. Also griff ich ein und entfernte es. Eine halbe Stunde später war es wieder da – eingefügt, so vermute ich, vom Autor. Ich strich es noch einmal. Es kam wieder, und ich gab mich geschlagen. In dem viel längeren und gründlicheren Artikel aus neuerer Zeit wird es übrigens nicht mehr aufgeführt.

3 Insbesondere heute, wo Computer von Eitelkeit getriebene Veröffentlichungen ohne redaktionelle Kontrolle so billig und einfach machen.

4 Dies ist mein Beitrag zu einem anderen von John Brockman herausgegebenen Buch. Dieses erschien 2006 und trägt den Titel *Intelligent Thought: Science versus the Intelligent Design Movement*.

5 Diese Unehrlichkeit bleibt häufig unbemerkt. Der Intelligent-Design-»Theoretiker« (Theoretiker ist ein zu schmeichelhaftes Wort) spricht davon, als wäre es ein unwichtiges Detail, ob es sich bei dem Gestalter um Gott oder einen Außerirdischen handelt. In Wirklichkeit ist der Unterschied, wie dieser Aufsatz zeigen wird, riesig.

6 Streng genommen bedeutet es zwar das Gleiche, aber ich würde heute lieber sagen: »womit es deutlich in dem Bereich liegt, den wir als unmöglich einstufen würden«, oder noch besser: »unter allen praktischen Gesichtspunkten unmöglich«. Wenn es um derart große Zahlen geht, muss man Wörter wie »möglich«, »unmöglich« und »praktische Gesichtspunkte« auf unpraktische Weise verstehen.

7 Eukaryontenzellen sind die Zellen, aus denen wir bestehen – und mit »wir« meine ich alle Lebensformen mit Ausnahme der Bakterien und der Archaea. Ihre charakteristischen Kennzeichen sind ein membranumhüllter Zellkern, der DNA enthält, und »Organellen« wie die Mitochondrien, die, wie wir heute wissen, ihren Ursprung in symbiontischen Bakterien haben und sich noch heute innerhalb der Zelle selbstständig

und mit ihrer eigenen DNA fortpflanzen. Mit seiner Ansicht, dass solche symbiontischen Vereinigungen sehr unwahrscheinliche, glückliche Ereignisse sind, hat Ridley vermutlich recht. Dennoch hat es mindestens zwei davon gegeben: Bei dem einen sind grüne Bakterien zu dem Club hinzugekommen und haben – als Chloroplasten – das Know-how über die Photosynthese beigesteuert, das alle Pflanzen bis heute nutzen; ein zweites hat stattgefunden, als die Vorfahren der Mitochondrien in die Zellen kamen. Lynn Margulis (die dafür bekannt war, dass sie manchmal recht und manchmal unrecht hatte) glaubte, dass es noch mehr derart folgenschwere Vereinigungsereignisse gegeben hat.

8   Lebensformen auf unserem derzeitigen Niveau verfügen nicht über ausreichende technische Mittel, um ungeheure Entfernungen zu überbrücken. Die Barriere muss also von Wesen mit weit überlegener Wissenschaft und Technik überwunden werden.

9   Um zu einer früheren Anmerkung zurückzukehren (siehe Seite 484, Anm. 27): Dies könnte der Grund sein, warum vor Darwin und Wallace niemand, nicht einmal die größten Denker wie Aristoteles oder Newton, über die natürliche Selektion stolperten.

10 Mein Freund, der Philosoph Daniel Dennett, vertritt beispielsweise in seinem Buch *From Bacteria to Bach and Back* sehr nachdrücklich die Ansicht, dass wir das Wort »Illusion« aufgeben und einfach alles, was die natürliche Selektion tut, als »Gestaltung« bezeichnen sollten. In seiner Formulierung können wir sagen: Die natürliche Selektion gestaltet, und unter den Gebilden, die sie gestaltet, sind auch solche wie das Gehirn, die ihrerseits gestalten können. Ich habe nicht die Absicht, wegen der Semantik ein Fass aufzumachen.

11 Eigentlich dürfte das sogar eine zu nachsichtige Erklärung für das Missverständnis sein. Es könnte auch aus einer armseligen Fantasie erwachsen, einer, die glaubt, dass Zufall definitionsgemäß die automatische Alternative zu bewusster Gestaltung darstellt.

12 Im Rahmen eines Dokumentarfilms, bei dem es sich – was mir damals nicht klar war – um kreationistische Propaganda handelte, wurde ich einmal gefragt, ob ich mir irgendeinen Weg vorstellen könne, auf dem das Leben auf der Erde intelligent gestaltet wurde. Darauf erwiderte ich, der einzige Weg (an den ich allerdings nicht glaubte) sei die Gestaltung durch einen außerirdischen Einfluss, der seinerseits letztlich das Produkt einer allmählichen Evolution sein müsse. Das Ende habe ich nie gehört: »Richard Dawkins glaubt an kleine grüne Männchen.«

13 Dieser Artikel erschien erstmals am 26. Dezember 2011 auf der Website
der Richard Dawkins Foundation for Reason and Science.

14 23. Dezember 2011.

15 Die Außerirdischen in der Geschichte von Arthur C. Clarke installierten
ihren aufschlussreichen »Grabstein« als Signalgeber auf dem Mond,
damit er nur von einer Zivilisation entdeckt werden konnte, die weit genug fortgeschritten und seiner würdig war.

16 Blicke in die Kristallkugel sind ein berüchtigt fehleranfälliges Vergnügen, aber sei's drum, dieser Aufsatz war mein Beitrag zu dem 2008 erschienenen, von Mike Wallace herausgegebenen Buch The Way We Will
Be Fifty Years from Today.

17 Zitiert in Martin Rees, Before the Beginning (dt. Vor dem Anfang), S. 103. Das
gleiche Zitat habe ich schon im ersten Aufsatz dieser Sammlung verwendet – aber es verträgt die Wiederholung.

IV. Denkverbote, dummes Zeug und Durcheinander

1 Die einzige Ausnahme ist vielleicht der angesehene Wissenschaftler
Paul Davies (siehe Seite 229): Er räumt ein, es bestehe die entfernte
Möglichkeit, dass das Leben mehr als einmal entstanden sein könnte
und dass Überlebende, die an ihrem abweichenden genetischen Code
zu erkennen wären, vielleicht noch unter uns leben. Diese vorstellba-
re Ausnahme verändert meine Behauptung in keiner Weise. Puristen
könnten sie zu »sämtliche bekannten Tiere, Pflanzen ...« ergänzen.

2 Oder noch zugespitzter: Hätte sich die Sonne so verhalten, wie es von
siebzigtausend Augenzeugen in Fatima beschrieben wurde, wäre unser
Planet und vielleicht auch das ganze Sonnensystem zerstört worden.
Mit Augenzeugenberichten ist es oft nicht weit her – nebenbei bemerkt,
eine Tatsache, die auch Gerichte und Geschworene besser verstehen
müssten.

3 Die Plattwürmer aus der Gruppe der Turbellaria sind eine große, wunderschöne, blühende Klasse von Tieren. Es gibt ungefähr ebenso viele Turbellaria- wie Säugetierarten, und doch hat man nie ein einziges
Fossil eines solchen Plattwurms gefunden. Kreationisten glauben vermutlich, dass die Turbellaria ebenso lange auf der Erde leben wie alle
anderen Tiere, nämlich seit dem Oktober 4004 v. Chr. oder ein paar Tage
mehr oder weniger. Wenn also eine umfangreiche Tierklasse kein einziges Fossil hinterließ, kann man es den Wirbeltieren sicher nachsehen,

wenn sie bei den Fossilien, zu denen sie geworden sind, ein paar »Lücken« hinterlassen haben.

4 Genau diese Fehleinschätzung wurde von dem angesehenen (und alles andere als dummen) theoretischen Biologen Stuart Kauffman formuliert: Er stellte sich vor, dass »Arten, die systematische Gruppen begründeten, anscheinend die höheren systematischen Gruppen von oben nach unten aufgebaut haben. Das heißt, zuerst waren Exemplare der großen Stämme vorhanden, und dann folgte allmählich die Füllung mit Klassen, Ordnungen und den niedrigeren taxonomischen Ebenen.« Dieses tief greifende Missverständnis wurde durch das Übermaß an »poetischer Wissenschaft« genährt, die Stephen Jay Gould so liebte – insbesondere durch Goulds Buch *Wonderful Life* (dt. *Zufall Mensch*). Ich habe im Nachwort zu dem Essay über den »universellen Darwinismus« in Teil II dieser Sammlung davor gewarnt.

5 Das ist erstaunlich, aber wahr. Was noch überraschender ist: Bevor die Vorfahren zweier beliebiger heutiger Stämme zu getrennten Arten wurden, waren sie Nachkommen derselben Mutter. Betrachten wir beispielsweise einmal einen Menschen und eine Schnecke. Verfolgt man sowohl unsere Vorfahren als auch die der Schnecke weit genug zurück, treffen die Linien schließlich bei einem einzigen Individuum zusammen, dem gemeinsamen Vorfahren beider Arten. Ein Kind dieses Elternteils war dazu bestimmt, uns hervorzubringen (und auch alle anderen Wirbeltiere sowie Seesterne und manche Würmer). Ein anderes Kind dieses Elternteils war dazu bestimmt, die Schnecken hervorzubringen (und auch die Insekten, die meisten Würmer, Krebse, Tintenfische usw.).

6 Selbst ein Mitarbeiter der Behörden von Alabama sollte in der Lage sein zu begreifen, dass eine solche Erklärung in jedem Fall immer nur *statistisch* und nicht absolut gelten kann. Die Theorie »rauf auf die Berge« mag vielleicht erklären, warum höher entwickelte Tiere in den höheren Schichten statistisch häufiger anzutreffen sind. Es kann sich aber immer nur um einen statistischen Trend handeln. In Wirklichkeit gibt es aber keine einzige Ausnahme von der Regel, keinen einzigen Fall, in dem beispielsweise ein Säugetierfossil in einer zu tiefen Schicht gelegen hätte.

7 Das religiös motivierte Verbrechen, das heute allgemein unter der Bezeichnung 11. September oder 9/11 bekannt ist, rief eine Vielzahl leidenschaftlicher Reaktionen hervor, einige davon auch von mir. Dies war die erste: Sie erschien im *Guardian* nur vier Tage nach dem Ereignis.

8 Mittlerweile habe ich die gute Angewohnheit – leider, muss ich sagen –

schleifen lassen, aber mehrere Jahre lang habe ich regelmäßig eine Kolumne in Free Inquiry geschrieben, einer von zwei ausgezeichneten Zeitschriften, die vom Center for Inquiry herausgegeben werden. (Und zu meiner Freude kann ich mitteilen, dass das CFI sich dieses Jahr mit meiner eigenen Stiftung zusammengeschlossen hat.) Dies ist eine meiner Kolumnen; sie erschien 2005 kurz nach dem schrecklichen Tsunami vom zweiten Weihnachtstag 2004, der in den Küstengebieten rund um den Indischen Ozean gewaltige Zerstörungen anrichtete.

9   Reichliche Rechtfertigung für dieses Urteil findet sich in God: the most unpleasant character in all fiction von Dan Barker.

10 Weitere Hinweise darauf, wie dieses Gefühl für »natürliche Gerechtigkeit« entstanden sein könnte, finden sich im ersten Essay dieser Sammlung »Die Werte der Wissenschaft und die Wissenschaft der Werte«, und zwar insbesondere auf Seite 66 ff.

11 Im November 2011 forderte der Guardian eine Reihe von Personen auf, Fragen an den damaligen Premierminister David Cameron zu stellen, die dieser dann in einer nachfolgenden Ausgabe der Zeitung beantwortete. Ich war einer der Eingeladenen, und ich stellte eine ernsthafte, höfliche Frage nach Bekenntnisschulen. Mr Camerons unhöflich-abschätzige Antwort, in der er mir vorwarf, ich hätte »es nicht verstanden«, war für mich der Anlass, in der Weihnachtsausgabe 2011 der Zeitschrift New Statesman, bei der ich Gastredakteur war, eine offene Antwort zu schreiben. Mein ursprünglicher Titel lautete »Verstehen Sie es jetzt, Herr Premierminister?«, aber hier habe ich einen neuen, freundlicheren Titel gewählt.

12 Anmerkung für Leser außerhalb Großbritanniens: David Cameron war der Parlamentsabgeordnete des Wahlkreises West Oxfordshire, zu dem auch mein Heimatort Chipping Norton gehört. Er und mehrere andere prominente Angehörige der Politiker- und Journalistenklasse von London besitzen Landhäuser in der Region und wurden in den Klatschkolumnen als »Chipping-Norton-Fraktion« bekannt. Die Kirche ist bis unter die Architrave mit Memorabilien der Dawkins-Familie angefüllt – und unfreundlicherweise wollte ich nahelegen, dass ihm das hätte auffallen müssen, wenn er wirklich so fromm wäre, wie er vorgibt.

13 26. November 2011.

14 Sayeeda Warsi, die nur dadurch bekannt wurde, dass sie die Parlamentswahl verlor, wurde von David Cameron als jüngstes Mitglied des Oberhauses in den Adelsstand erhoben sowie zur Mitvorsitzenden der

Konservativen Partei und zur Ministerin ernannt. Ob zu Recht oder zu Unrecht, wurde dies als dreifache Alibifunktion interpretiert: Sie war das erste weibliche, nicht weiße und muslimische Mitglied des britischen Kabinetts. Meine Stichelei war vielleicht unfair (was ich allerdings bezweifle), aber ich hatte ohnehin den Eindruck, es Lesern außerhalb Großbritanniens mit einer Anmerkung erklären zu müssen, weil sie es ansonsten nicht verstanden hätten. Mr Cameron hätte es mit Sicherheit begriffen, falls er (woran ich wiederum meine Zweifel habe) die Zeit aufgebracht hätte, meinen offenen Brief zu lesen. Die Formulierung »den Gott geben« ist eine Anspielung auf die Vorgängerregierung von Tony Blair, dessen oberster Meinungsmacher Alastair Campbell, dem die Neigungen seines Chefs zur Frömmigkeit peinlich waren, eine religiöse Frage in einem Interview mit dem Ausspruch »Wir geben nicht den Gott« unterbrach.

15 Mittlerweile ist sie veröffentlicht; die Ergebnisse habe ich in der Jubiläumsausgabe zum zehnten Jahrestag von *The God Delusion* (dt. *Der Gotteswahn*) zusammengefasst. Kurz gesagt, ist der Anteil der Menschen, die sich selbst als Christen bezeichnen, zwischen 2001 und 2011 drastisch gesunken, und wie sich in unserer Umfrage zeigte, waren selbst diejenigen, die es 2011 noch taten, nur sehr dem Namen nach Christen. Auf die Frage, was Christsein für sie bedeutete, lautete beispielsweise die häufigste Antwort: »Ich bemühe mich, ein guter Mensch zu sein.« Auf die Frage, ob sie die Religion einbeziehen, wenn sie vor einer ethischen Entscheidung stehen, sagten nur zehn Prozent Ja. Nur 39 Prozent derer, die sich als Christen bezeichneten, konnten angeben, welches der folgenden vier Bücher im Neuen Testament an erster Stelle steht: Matthäus, Genesis, Psalmen, Apostelgeschichte.

16 Ich habe mich bemüht, auf dieses Thema im Nachwort zum ersten Artikel der vorliegenden Sammlung etwas genauer einzugehen (siehe Seite 75).

17 Wie ich später erfahren habe, wurde Mr Camerons Rede mit Beratung des bewundernswerten Maajid Nawaz von der Quilliam Foundation verfasst. Deshalb ist es kein Wunder, dass sie so gut war.

18 Die Tanner Lectures on Human Values wurden 1978 in Cambridge mit der ungewöhnlichen Maßgabe begründet, dass sie reihum an einer Reihe verschiedener Universitäten stattfinden sollten. Ich habe Tanner-Vorlesungen in Edinburgh und Harvard gehalten. Die beiden Harvard-Vorträge, die ich 2003 hielt, waren ein symmetrisches Paar mit

den Überschriften »Die Wissenschaft der Religion« und »Die Religion der Wissenschaft«. Der erste ist hier in gekürzter Form wiedergegeben.

19 Mein Selbstvertrauen liegt eindeutig nicht in irgendeiner bestimmten Hypothese wie der, dass schmutzige Flügel das Fliegen beeinträchtigen. Ich bin mir nur sicher, dass das Putzen auf irgendeine Weise das genetische Überleben der Fliegen verbessern muss, einfach weil sie so viel Zeit darauf verwenden.

20 Ein großartiges Beispiel dafür – wie Bienenarbeiterinnen ihren Kolleginnen unter Bezugnahme auf die Sonne sagen, wo Nahrung zu finden ist – findet sich in dem Aufsatz »Von der Zeit« in Teil VI dieser Sammlung (siehe Seite 363).

21 Das Komplexauge kann man sich als halbkugelförmiges Nadelkissen vorstellen, das dicht mit Nadeln besetzt ist. Jede »Nadel« ist in Wirklichkeit eine Röhre, die als Ommatidium bezeichnet wird und an ihrem unteren Ende eine winzige Fotozelle enthält. Die Lage eines Objekts, beispielsweise der Sonne oder eines Sterns, »erkennt« ein Insekt daran, welche dieser Röhren das Licht des Objekts einfangen. Es ist ein ganz anderes Prinzip als bei unserem »Kameraauge«, dessen Bild auf dem Kopf steht, wobei auch noch links und rechts vertauscht sind. Wenn man überhaupt davon sprechen kann, dass ein Komplexauge ein Bild erzeugt, steht dieses richtig herum.

22 Diese Familie von Hypothesen könnte man »Nebenprodukt-Hypothesen« nennen. Genau wie das Selbstaufopferungsverhalten der Motten, das ein Nebenprodukt des nützlichen Lichtkompasses ist, so ist auch religiöses Verhalten – jedenfalls in meinem speziellen Beispiel – ein Nebenprodukt des Gehorsams von Kindern. Wovon könnte die Religion sonst noch das Nebenprodukt sein? Eine andere Lieblingsvermutung von mir ist die »Vakuumdankbarkeit«, die das Thema meines Nachworts zu einem anderen Aufsatz in diesem Teil war (siehe Seite 270, »Die Theologie des Tsunamis«). Dankbarkeit ist eine Ausdrucksform der Neigung unseres Gehirns zur Reziprozität (Gegenseitigkeit). Vakuumdankbarkeit ist ein Nebenprodukt davon, und Religion ist ein Nebenprodukt der Vakuumdankbarkeit.

23 Im Jahr 1996 wurde ich von der American Humanist Association in Atlanta mit der Auszeichnung »Humanist of the Year« geehrt. Dies ist der geringfügig gekürzte Text meiner Dankesrede.

24 Siehe den ersten Artikel in diesem Buch »Die Werte der Wissenschaft und die Wissenschaft der Werte«.

25 Auch dies war eine meiner Kolumnen in Free Inquiry (Dezember 2004/
Januar 2005).

26 Bei den Juden ist das anders. Viele Menschen bezeichnen sich selbst
stolz als jüdische Atheisten und halten die Feste, die heiligen Tage und
sogar die Ernährungsvorschriften ein. Als christlicher Atheist bezeichnet sich dagegen kaum jemand, obwohl viele Atheisten (einschließlich
meiner selbst) mit Vergnügen Weihnachtslieder singen. Andere täuschen zumindest in Großbritannien religiösen Glauben vor und gehen
zur Kirche, um mit dieser List die Aufnahme ihrer Kinder in christliche
Schulen zu ermöglichen – denn wie ich 2010 auf Channel 4 in der Fern-
sehsendung Faith School Menace belegt habe, glauben sie, dass die Schul-
noten an konfessionellen Schulen besser sind. Diese Überzeugung wird
zu einer sich selbst erfüllenden Prophezeiung, denn sie stärkt die Nach-
frage nach den Bekenntnisschulen, und infolgedessen können sich diese Schulen unter den Bewerbern die besten aussuchen.

27 Zyniker könnten darin einen vielversprechenden Ansatz zur Ausbildung republikanischer Politiker sehen, die sich darum bemühen, die
Behandlung der Evolution in den Schulen zu untergraben. Vielleicht
sollte ich bei dem Abgeordneten Todd Thomsen aus Oklahoma beginnen: Er brachte 2009 im Parlament ein Gesetz ein, das mir verbieten
sollte, Vorlesungen an der State University zu halten. Seine Begründung
(die, gelinde gesagt, eine eigenwillige Interpretation der Funktion von
Universitäten beinhaltet): Meine »Aussagen über die Evolutionstheorie«
seien »nicht repräsentativ für das Denken der Mehrheit der Bürger von
Oklahoma«.

28 Er meinte mit Singularität nicht das Gleiche wie der transhumanisti-
sche Futurist Ray Kurzweil, sondern vertrat eine andere metaphorische
Weiterentwicklung des Begriffs aus der Physik.

29 Eine Begründung für dieses negative Urteil findet sich in The Missionary
Position von Christopher Hitchens.

V. Leben in der Wirklichkeit

1 Ich wurde von der Zeitschrift New Statesman eingeladen, an der Weihnachts-Doppelausgabe 2011 als Gastredakteur mitzuwirken. Dieser Artikel stammt zum größten Teil aus »The Tyranny of the Discontinuous
Mind«, meinem Beitrag zu dieser Ausgabe, enthält aber auch Teile meines Kapitels über den Essentialismus in dem von John Brockman he-

rausgegebenen Band This Idea Must Die: Scientific Theories That Are Blocking Progress (dt. Welche wissenschaftliche Idee ist reif für den Ruhestand? Die führenden Köpfe unserer Welt über die Ideen, die uns am Fortschritt hindern).

2 Um die unsterblichen Worte von Monty Pythons Michael Palin zu zitieren: »Du bist Katholik in dem Augenblick, in dem Papa gekommen ist.«

3 Auch das Herumlaufen wäre dann ziemlich schwierig: Wir würden bei jedem Schritt über Fossilien stolpern.

4 Einige Ausnahmen gibt es insbesondere bei Pflanzen: Hier kann eine Spezies, die durch das Kriterium der Kreuzungsunfähigkeit definiert ist, manchmal tatsächlich in einer einzigen Generation entstehen.

5 Das war die Zahl im Jahr 2000. Sie schwankt von Jahr zu Jahr.

6 Wenn das Wahlmännergremium jemals abgeschafft werden sollte, könnte dies nur durch einen Zusatzartikel zur Verfassung geschehen, und das ist schwierig. Es erfordert eine Zweidrittelmehrheit in beiden Häusern des Kongresses und muss von drei Vierteln aller Bundesstaatenparlamente ratifiziert werden. Das Schlimmste aus beiden Welten wäre eine fragmentarische Reform in diesem oder jenem Bundesstaat, der dann möglicherweise dem Beispiel von Maine und Nebraska folgt und die Wahlmänner entsprechend dem Stimmenverhältnis zuteilt. Eine idealistische, aber vermutlich nicht praktikable Alternative würde darin bestehen, zu einem echten Wahlmännergremium zurückzukehren, wie es ursprünglich vorgesehen war. Es wäre das Gleiche wie bei dem Kardinalskollegium, das den neuen Papst wählt, nur mit dem Unterschied, dass die Wahlmänner nicht ernannt, sondern gewählt würden: ein Gremium aus angesehenen Bürgern, die von den Wählern bestimmt werden und sich treffen, um alle (möglicherweise viele) Präsidentschaftskandidaten zu beurteilen – sie könnten Referenzen einholen, die Veröffentlichungen der Kandidaten lesen, sie befragen, sie auf Sicherheit und Gesundheitszustand untersuchen, am Ende abstimmen und ihre Entscheidung der Welt mit einer Rauchfahne bekannt machen: habemus praesidem. Ungefähr so arbeitete das Wahlmännergremium in den Vereinigten Staaten in seinen Anfängen. Der Verfall setzte ein, als die Delegierten in dem Gremium nur noch Zahlen waren, die gelobt hatten, bestimmte Kandidaten zu unterstützen. Leider wäre meine Vorstellung wahrscheinlich nicht praktikabel, und sei es auch nur, weil sie anfällig für Korruption wäre; deshalb würden sich wahrscheinlich wieder Vorausfestlegungen einschleichen.

7 Ich besitze keine juristische Ausbildung, das wird für diejenigen, die eine haben, zweifellos auf der Hand liegen. Aber ich war dreimal als

Geschworener tätig, und dort wurde mir gesagt, der Beweis der Schuld müsse »über jeden vernünftigen Zweifel erhaben« sein. Über die Bedeutung von »vernünftiger Zweifel« könnte ein Wissenschaftler durchaus etwas zu sagen haben. Dies hier habe ich am 23. Januar 2012 im *New Statesman* gesagt.

8 Andrew Marvells Zusammenhang war ein anderer, aber seine Klage ist auch hier angebracht.

9 Erstmals erschienen 2011 auf boingboing.net.

10 Leser außerhalb Großbritanniens müssen wissen, dass der *Gunpowder Plot* vom 5. November 1605 ein katholischer Plan war, das Parlament und den protestantischen König James I. in die Luft zu sprengen. Ein übereifriger katholischer Konvertit namens Guy Fawkes wurde festgenommen, als er am Vorabend der geplanten Explosion die Fässer mit dem Schießpulver bewachte. Bis heute werden jedes Jahr am 5. November überall in Großbritannien große Feuer angezündet, oben auf jedem Feuer wird ein »guy« (eine ausgestopfte Stoffpuppe eines Mannes mit Schnauzbart und hohem Hut) verbrannt, und man schießt Feuerwerk ab. In den Wochen vor der »Bonfire Night« tragen traditionell Kinder ihren »guy« durch die Straßen und betteln um Geld, um damit Feuerwerkskörper zu kaufen: »Penny for the Guy, Mister?« (Allerdings könnte man heute mit einem Penny nicht viel Feuerwerk kaufen.) Die meisten britischen Kinder können einen Kinderreim aufsagen, der mit den Worten »Remember, remember the fifth of November, gunpowder, treason and plot« (»Erinnere dich an den fünften November, an Pulver, Verrat und Komplott«) beginnt. Den Rest des Verses kenne ich nicht, also schlug ich ihn nach. Er enthält die Zeilen »A rope, a rope, to hang the Pope; A penn'orth of cheese to choke him. A pint of beer to wash it down, And a jolly good fire to burn him« (»Ein Seil, um den Papst zu hängen; Käse für einen Penny, um ihn zu ersticken. Ein Pint Bier, um ihn runterzuspülen, und ein fröhliches Feuer, um ihn zu verbrennen«). Die protestantische Feindseligkeit in dem Reim findet ihren Widerhall heute in den Slogans der nordirischen Oranier, aber wir müssen die beschönigenden Worte »Loyalisten« und »Nationalisten« anstelle von »Protestanten« und »Katholiken« verwenden. Dass Religion ein Mordmotiv ist, kann man nicht eingestehen. Eine Version dieses Artikels erschien am 4. November 2014, dem Vorabend des Guy Fawkes' Day, in der *Daily Mail*.

11 Man hat mir berichtet, die gleiche »Verbreiterung« finde auch in Amerika rund um den 4. Juli statt.

12 Weil die Polizei den Unterschied zwischen lautem Feuerwerk und Bom-
ben nicht hören konnte.

13 Wie ich im vorangegangenen Artikel dieser Sammlung dargelegt habe.

14 Die Reason Rally auf der National Mall in Washington wurde erstmals
am 24. März 2012 veranstaltet. In seiner ursprünglichen Form veröffentlichte ich diesen Essay in der *Washington Post*, um die Menschen zur
Teilnahme zu ermuntern. Die Demonstration war ein großer Erfolg.
Schätzungsweise dreißigtausend Menschen standen im strömenden Regen und hörten Rednern und Unterhaltungskünstlern, Wissenschaftlern und Musikern zu. Vier Jahre später gab es an dem gleichen ungeheuer eindrucksvollen Schauplatz eine Wiederholungsveranstaltung.
Ihr musste ich leider aus gesundheitlichen Gründen fernbleiben, aber
ich veröffentlichte (am 31. Mai 2016 auf RichardDawkins.net) eine über-
arbeitete Version meines Demonstrationsaufrufs aus der *Washington
Post*. Diese aktualisierte Fassung ist hier wiedergegeben.

15 Siehe meine Einleitung zu diesem Buch.

16 In dem britischen Referendum von 2016 gaben prominente Politiker
aus dem Lager der EU-Austrittsbefürworter Bemerkungen von sich wie
»Ich glaube, die Menschen in diesem Land haben genug von Experten«
und »Es gibt nur einen Experten, der von Bedeutung ist, und das sind
Sie, die Wähler«. Diese Beispiele wurden von Michael Deacon (*Telegraph*,
10. Juni 2016) zitiert, und dann fuhr er satirisch fort: »Das mathematische Establishment hat aus der Vorstellung, dass 2 + 2 = 4 ist, eine
Menge gemacht, vielen Dank. Wer zu behaupten wagt, dass 2 + 2 = 5
ist, wird sofort niedergebrüllt. Das Ausmaß des Gruppendenkens in der
Mathematikergemeinde ist wirklich beunruhigend. Ehrlich gesagt, sind
die normalen britischen Schüler dieser Form der mathematischen Kor-
rektheit überdrüssig.«

17 Solchen Unannehmlichkeiten sind insbesondere amerikanische Mittelschullehrer (deren Schüler zehn bis vierzehn Jahre alt sind) ausgesetzt. Im Gegensatz zu Highschoollehrern haben die meisten von ihnen
kein Examen in Naturwissenschaften und wissen unter Umständen zu
wenig darüber, welche überwältigenden Belege für die Evolution sprechen. Verständlicherweise fühlen sie sich für Diskussionen schlecht ge-
wappnet, und deshalb schränken sie die Behandlung der Evolution ein
oder vermeiden sie ganz. Meine gemeinnützige Stiftung gründete als
eines ihrer Vorzeigeunternehmen das Teacher Institute for Evolutionary
Sciences (TIES). Dort sollen Mittelschullehrer mit dem Selbstvertrauen

ausgestattet werden, mit dem sie Evolution unterrichten können. Das Institut wird von Bertha Vazquez geleitet, einer Mittelschullehrerin von wahrhaft herausragenden Qualitäten. Sie weiß, vor welchen Problemen ihre Kollegen stehen, und sie kennt sich in der Evolutionsforschung aus. Zu der Zeit, da ich diese Zeilen schreibe (Dezember 2016), haben sie und ihre ehrenamtlichen Mitarbeiter am TIES bereits 27 Workshops für Mittelschullehrer in verschiedenen US-Bundesstaaten abgehalten, darunter Arkansas, North Carolina, Georgia, Texas, Florida und Oklahoma. Und die Zahl wächst weiter. Die Teilnehmer haben anschließend das Selbstvertrauen, das aus zuverlässigen Kenntnissen erwächst, und sind mit Unterrichtsmitteln ausgestattet, unter anderem mit Power-Point-Präsentationen, die von Bertha und ihrem Team ausgearbeitet wurden.

18 Damals war mir noch nicht klar, als wie prophetisch sich dieser Satz erweisen sollte.

19 Dieser Essay lässt eine Biene frei, die schon seit Langem unter meiner Mütze brummt. Aus Empörung veröffentlichte ich ihn schließlich im August 2016 in der Zeitschrift Prospect. Die Redakteure taten, was Redakteure häufig tun: Sie kürzten ihn ein wenig. Dies hier ist die ungekürzte Fassung.

20 Gestern saß ich mit einem angesehenen Altphilologen beim Mittagessen. Er faszinierte mich mit der Aussage, er könne zwar Latein und Griechisch ebenso schnell und fließend lesen wie Englisch, sei aber nicht in der Lage, in einer der beiden antiken Sprachen eine Unterhaltung zu führen. Gesprochenes Latein verstehe er nicht, weil der ununterbrochene Strom der Phoneme die Wörter verbindet, die auf dem Papier durch Leerräume getrennt sind. Das gleiche Problem, so fügte er hinzu, habe er auch mit dem Französischen, und er führte es wie ich darauf zurück, dass moderne Sprachen auf die gleiche Weise unterrichtet werden, wie britische Schulen immer das Lateinische unterrichtet haben.

21 Meine Hommage an Kipling war eine der Kürzungen, die man bei Prospect vorgenommen hatte. Wie ich in dem Essay über »Universellen Darwinismus« erläutert habe (siehe Seite 143 ff.), ist die falsche Vorstellung von der Vererbung erworbener Merkmale ein zentraler Bestandteil der lamarckistischen Theorie. Ich habe manchmal mit dem Gedanken gespielt, eine darwinistische Version der Just So Stories zu schreiben, aber ich bezweifle, dass ich (oder auch irgendjemand anderes mit Ausnahme Kiplings) so etwas zustande bringen könnte. Man sollte sich hier nicht

dadurch verwirren lassen, dass manche Biologen den Begriff »Just-so Stories« als abwertende Charakterisierung für die rückblickende darwinistische Rationalisierung natürlicher Phänomene benutzt haben. Diese Autoren bezogen sich vor allem auf einen anderen Aspekt von Kiplings Erklärungen, nämlich auf die Tatsache, dass sie rückblickender Natur sind. Mir geht es um etwas anderes – nämlich darum, dass sie lamarckistisch sind.

22 Steven Pinker erinnert uns in *The Language Instinct* (dt. *Der Sprachinstinkt*) daran, dass kleine Kinder in einem Alter, in dem sie sich noch nicht die Schnürsenkel zubinden können, wahre Sprachgenies sind.

23 Und deutsche Filmemacher können das äußerst gut – das merkte ich, als ich mir im Rahmen meiner Bemühungen, mein Deutsch zu verbessern, synchronisierte Filme ansah, die ich auf Englisch bereits sehr gut kenne, wie *Jeeves and Wooster* oder *Das Leben des Brian*.

24 Nachdem ich diesen Satz geschrieben hatte, traf ich zufällig tatsächlich bei einem gesellschaftlichen Ereignis einen sehr hochrangigen BBC-Manager, und er sagte es in fast genau den gleichen Worten. Schamlos setzte ich meinen Schlag. Ich traf ihn einige Monate später wieder, und er sagte mir, er habe sich meine Worte zu Herzen genommen und könne hoffentlich etwas ändern. Offenbar glaubte er, die schnelle Herstellung von Untertiteln erfordere irgendwelche technische Zauberei. Ich bin da skeptisch, denn wie ich bereits erwähnt habe, sind die meisten Aufnahmen in den Nachrichtensendungen ständige Wiederholungen, sodass für menschliche Übersetzer viel Zeit bleibt, Untertitel zu produzieren.

25 Die Redakteure der Zeitschrift *Prospect* kamen auf die Idee, mehrere Autoren über das Thema »If I ruled the world ...« nachdenken zu lassen. Mein Beitrag erschien im März 2011.

26 Später hatte ich selbst ein ähnliches Erlebnis, als ich ein winziges Gefäß, dessen Inhalt offensichtlich Honig war, mit in ein Flugzeug nehmen wollte. Mein Tweet zu dem Thema wurde leider weithin als egoistisches Jammern über meinen kostbaren Honig interpretiert, im Gegensatz zum Altruismus meiner Fürsorge für die junge Mutter mit der Salbe. In Wirklichkeit ging es mir in beiden Fällen um eine allgemeine, altruistische Aussage, und das ist genau die Aussage des vorliegenden Aufsatzes. Nebenbei bemerkt, esse ich keinen Honig.

27 Für dieses Wort setze ich mich ein, damit es – so hoffe ich – eines Tages in das *Oxford English Dictionary* aufgenommen wird. Ich prägte es auf-

grund des Romans *Blott on the Landscape* (dt. *Klex in der Landschaft*) von Tom Sharpe, der von Malcolm Bradbury hervorragend für die BBC inszeniert wurde; unter den Mitwirkenden waren Geraldine James, David Suchet und George Cole. Eine der Gestalten namens »J. Dundridge« war das Musterbeispiel des humorlosen, Vorschriften befolgenden Bürokraten. Damit eine neue Wortschöpfung wie »dundridge, Subst.« für die Aufnahme ins OED infrage kommt, muss es bei einer nennenswerten Zahl von Gelegenheiten ohne Definition oder nähere Erläuterung verwendet werden. Meine Anmerkung verletzt diese Anforderung, aber der Artikel in *Prospect* tat es nicht, deshalb hoffe ich, dass er zählt. Es gibt bereits ein gutes Wort mit der gleichen Bedeutung; es lautet »jobsworth«, aber ich bevorzuge den Klang von »dundridge«.

28 Ein achtjähriger Junge aus meinem Bekanntenkreis bat seine Eltern um die Erlaubnis, bei einem Zehn-Kilometer-Lauf mitmachen zu dürfen. Sie hatten Bedenken, stand doch im Regelbuch, dass er zu jung war. Er war aber so enttäuscht, dass sie sich doch einverstanden erklärten, ihn starten zu lassen. Sie nahmen an, er werde ehrenvoll schon zu Beginn des Rennens ausscheiden und einer der Eltern würde mit ihm zusammen abbrechen. In Wirklichkeit aber brach er nicht ab, sondern hielt die ganze Strecke mit seinem Vater durch und war sogar schneller als seine Mutter – die auch keine Niete war. Aber als er die Ziellinie erreichte, ließen die Offiziellen ihn nicht passieren. Er lag unter der Altersgrenze und musste außen herumgehen. Vielleicht hätten sie ihn schon an der Startlinie herausholen sollen. Aber einem Kind im Augenblick des Triumphes beim Erreichen der Ziellinie so etwas anzutun, war – nun ja – da fällt einem wieder das Zudecken des Brunnens ein, nachdem das Kind hineingefallen ist.

29 Ein weiteres Beispiel dafür, wie Beamte sich nach den Vorschriften verhielten, obwohl sie schon bei kurzem Nachdenken erkannt hätten, wie lächerlich es war, ist die Geschichte über meinen Onkel Colyear Dawkins und die Schranke am Bahnhof von Oxford – Näheres im Nachwort zu meinem Nachruf auf Onkel Bill (Seite 452).

VI. Die heilige Wahrheit der Natur

1 Das Ashmolean Museum ist das führende Museum für Kunst und Altertümer in Oxford. Es veranstaltete 2001 eine Ausstellung mit dem Titel »About Time«, in der Uhren und Zeitmesser aus den verschiedensten

Epochen gezeigt wurden. Ich fühlte mich geehrt, dass man mich gebeten hatte, sie zu eröffnen, und tat es mit diesem Vortrag. Der Text wurde anschließend im *Oxford Magazine* (2001) veröffentlicht.

2 Auch in der englischsprachigen wissenschaftlichen Literatur wird das deutsche Wort »Zeitgeber« verwendet; darin spiegelt sich die Tatsache wider, dass die klassischen Forschungsarbeiten auf diesem Gebiet größtenteils in Deutschland stattfanden.

3 Interessant ist die Frage, wie es in der Evolution entstanden ist. Von Frisch und seine Kollegen verglichen den Tanz mit verschiedenen primitiveren Entsprechungen bei anderen Bienenarten. Manche nisten im Freien und geben die Richtung der Nahrungsquelle bekannt, indem sie in der horizontalen Ebene einen »Startlauf« vorführen, der unmittelbar in Richtung der gefundenen Nahrungsquelle zeigt. Diese Geste kann man als »Folge mir in dieser Richtung« deuten, und sie wird mehrmals wiederholt, damit weitere Nachfolgerinnen gewonnen werden. Aber wie wurde das in den Code auf der vertikalen Wabe übersetzt, bei dem »aufwärts« (gegen die Schwerkraft) in der Senkrechten für »Richtung der Sonne« in der Waagerechten steht? Einen Hinweis liefert eine seltsame Besonderheit im Nervensystem der Insekten, die bei weit entfernten Arten wie Käfern und Ameisen nachgewiesen wurde. Zunächst ein wenig Hintergrundinformation (und nicht die Besonderheit): Wie ich auf Seite 288 erwähnt habe, nutzen viele Insekten die Sonne als Kompass und fliegen in gerader Linie, indem sie einen festen Winkel zur Sonne einhalten. Dies lässt sich mit einem elektrischen Licht, das die Sonne nachahmt, leicht demonstrieren. Nun kommt die Besonderheit: Wissenschaftler sahen zu, wie ihr Insekt über eine horizontale Oberfläche lief und dabei einen festen Winkel zu einer künstlichen Lichtquelle einhielt. Dann schalteten sie das Licht aus und kippten die horizontale Fläche gleichzeitig so, dass sie senkrecht stand. Das Insekt lief weiter, änderte seine Richtung aber so, dass der Winkel zur senkrechten Richtung der gleiche war wie zuvor der Winkel zum Licht. Ich spreche von einer Besonderheit, weil dieser Umstand in der Natur normalerweise nicht eintritt. Es ist, als würden sich im Nervensystem der Insekten irgendwelche Drähte kreuzen, was dann in der Evolution leicht für den Bienentanz ausgenutzt werden konnte.

4 Es würde mich auch sehr wundern, wenn man einen finden würde.

5 In meinem Vortrag erwähnte ich eine hypothetische astronomische Uhr, mit der man dies erklären könnte, aber die Bemerkung habe ich in

dem vorliegenden Nachdruck weggelassen, weil moderne Astronomen sie meist abtun und es dafür keine unmittelbaren Belege gibt. Kurz gesagt, lautete die Vermutung: Die Sonne kreist mit einer Periodizität von ungefähr 26 Millionen Jahren in einem Doppelsternsystem um einen Begleiter namens Nemesis. Der Gravitationseffekt von Nemesis soll angeblich die Oort-Wolke mit ihren Planetesimalen verzerren, sodass mit größerer Wahrscheinlichkeit eines davon die Erde trifft.

6 Man kann auch etwas weniger Drastisches tun, um den Verlauf der Geschichte so zu verändern, dass man selbst nie geboren wurde. Angesichts der Tatsache, dass eine von Milliarden Samenzellen nur mit sehr geringer Wahrscheinlichkeit eine Eizelle befruchtet, würde schon ein Niesen ausreichen.

7 The Ancestor's Tale (dt. *Geschichten vom Ursprung des Lebens*), das jetzt in der zweiten Auflage mit Yan Wong als Koautor vorliegt, erschien, kurz bevor ich mich als dankbarer Gast von Victoria Getty auf eine denkwürdige Reise zu den Galapagosinseln begab. Das zentrale Motiv des Buches ist eine »Pilgerreise« in die Vergangenheit. Die Hommage an Chaucer erstreckt sich auf »Geschichten«, die von bestimmten Tieren erzählt werden, wobei jede Geschichte eine allgemeine biologische Erkenntnis vermittelt. Der Impuls, solche »Geschichten« zu erzählen, blieb auch während meines Besuchs auf den Galapagosinseln erhalten: Ihre Tierwelt bewegte mich während der Schiffsreise so, dass ich drei weitere Geschichten schrieb, die im *Guardian* veröffentlicht wurden. Diese hier erschien am 19. Februar 2005.

8 Verwirrenderweise kommt auch Insel-Zwergwuchs häufig vor. Auf mehreren Mittelmeerinseln gab es Zwergelefanten, und von der kleinen indonesischen Insel Flores kennt man den *Homo floresiensis*, eine Spezies kleiner Homininen.

9 Riesenschildkröten kennt man auch von der Insel Aldabra im Indischen Ozean. Darüber hinaus gab es weitere, bis Seeleute sie im 19. Jahrhundert zusammen mit dem Dodo und seinen Vettern auf Mauritius und den Nachbarinseln ausrotteten. An den Riesenschildkröten aus dem Indischen Ozean erkennt man das gleiche Phänomen des Insel-Riesenwuchses wie auf den Galapagosinseln, aber ihre Evolution spielte sich unabhängig ab; ihre kleineren Vorfahren waren von Madagaskar angetrieben worden.

10 Allerdings ohne das zweite Stadium – sie sind nach der Auseinanderentwicklung nicht mehr auf derselben Insel zusammengetroffen.

11 Dies war die zweite meiner zusätzlichen Geschichten. Sie entstand auf

dem Schiff im Galapagos-Archipel und erschien am 26. Februar 2005 im *Guardian*.

12 Bei meinem letzten Besuch auf den Galapagosinseln erzählte mir unser ecuadorianischer Fremdenführer eine amüsante Geschichte. Ein früherer Gast auf dem Schiff hatte von dem Erlebnis geschwärmt – von der Landschaft, der Naturgeschichte, dem Essen, dem Boot. Er hatte nur eine Beschwerde: die Galapagospinguine seien zu klein.

13 Dies ist ein Wortspiel: Der vorliegende Essay erschien erstmals als Vorwort zu dem Buch *Last Chance to See* (dt. *Die Letzten ihrer Art*) von Douglas Adams und Mark Carwardine (2009).

14 Die Dokumentation wurde für Channel 4 produziert und 1996 ausgestrahlt. In dem Interview hatte Douglas gerade gesagt, im 19. Jahrhundert habe man sich an Romane gehalten, wenn man »ernsthaft über das Leben reflektieren wollte«, aber heute, so fuhr er fort, »sagen uns die Naturwissenschaftler eigentlich viel mehr über solche Themen, als man von Romanschriftstellern jemals erfahren könnte«. Daraufhin fragte ich: »Was an der Wissenschaft bringt dein Blut eigentlich in Wallung?« Und dies war seine Antwort.

VII. Lachen über lebende Drachen

1 Tony Blair rutschte von äußerst hoher Popularität ins genaue Gegenteil, und das lag ausschließlich an seiner starken Ergebenheit gegenüber George W. Bush und dem katastrophalen Krieg der beiden im Irak. Die Geschichte wird beiden gegenüber gnädiger sein, und sei es auch nur durch den Vergleich mit dem, was wir 2017 und in den nächsten vier Jahren erleben werden. Ich habe sogar gehört, wie amerikanische Freunde düster verkündeten: »Komm zurück, Bush, alles ist vergeben.« Und Tony Blair kommt im Brexit-besessenen Britannien als Stimme der Vernunft wieder aus der Versenkung. Aber unmittelbar nachdem er sein Amt niedergelegt hatte, bestand Blairs Tätigkeit darin, eine lächerliche gemeinnützige Einrichtung zur Förderung des religiösen Glaubens zu gründen. Welchem Glauben man anhing, schien keine Rolle zu spielen. Glaube selbst galt als etwas Gutes, was zu fördern sei. Ich veröffentlichte diese Satire über seine Stiftung in dem Stil, der heute zum Mediensprech geworden ist, am 2. April 2009 im *New Statesman*. Es ist Punkt für Punkt eine verballhornende Antwort auf einen Artikel, den Blair selbst in derselben Zeitschrift geschrieben hatte.

2 Die Journalistin und Komikerin Ariane Sherine ergriff 2009 die Initiative für eine Werbekampagne für den Atheismus auf britischen Bussen. Meine Stiftung (RDFRS UK) half gemeinsam mit der British Humanist Association bei der Finanzierung, und wir waren auch an der Planung beteiligt. Der Wortlaut des Slogans auf den Bussen stammte von Ariane selbst, und ich hielt ihn für ausgezeichnet: »There's probably no God. Now stop worrying and enjoy your life.« (»Es gibt wahrscheinlich keinen Gott. Also machen Sie sich keine Sorgen, und genießen Sie Ihr Leben.«) Das Wort »wahrscheinlich« sorgte für eine gewisse Kritik, aber nach meiner Auffassung erfüllte es seinen Zweck hervorragend: Es war faszinierend genug, um Diskussionen zu provozieren, wandte sich aber gegen ungerechtfertigte Zuversicht. Am Ende des gleichen Jahres gab Ariane eine liebenswürdige Weihnachtsanthologie mit dem Titel The Atheist's Guide to Christmas (etwa »Weihnachten für Atheisten«) heraus. Mit meinem Beitrag zollte ich ihrer Buskampagne in Form einer Parodie auf meinen Lieblingshumoristen meine Anerkennung. Aus urheberrechtlichen Gründen erhielt ich von einem fachkundigen Freund den Rat, die Namen der Gestalten zu verändern.

3 »What is this that roareth thus?« ist die erste Zeile eines berühmten komischen Gedichts von A. D. Godley, dessen viele auf Lateinisch gereimte Scherze ihren Reiz auf Engländer aus Bertis Klasse ausüben sollten, die Latein in der Schule gelernt hatten: http://latindiscussion.com/forum/latin/a-d-godleys-motor-bus.10228/. »Bendy buses« (»biegsame Busse«) war der Spitzname für die Gelenkbusse, die Anfang der 2000er-Jahre in Dienst gestellt und später durch eine umstrittene Entscheidung des Bürgermeisters Boris Johnson wieder ausgemustert wurden.

4 Cricket natürlich. Ein Googly ist ein Ball mit Effet, wobei der Bowler mit einer Handbewegung den Schlagmann über die Drehrichtung täuscht. Listige Bowler streuen Googlys manchmal zwischen andere Bälle mit konventionellerem Effet ein.

5 Die vorangegangene Parodie zu schreiben, hatte mir so viel Spaß gemacht, dass ich ein Jahr später zu Weihnachten einen weiteren Anlauf nahm. Dieser ist bisher unveröffentlicht.

6 Noch einmal Cricket: Ein anderer Ball mit täuschendem Effet, erfunden von dem pakistanischen Bowler Saqlain Mushtag. Das Thema ist etwas für Spezialisten, und ich muss gestehen, dass ich mich in der Frage, wie er sich genau von einem Googly unterscheidet, bewusst vage ausdrücke.

7 Erstmals erschienen im Dezember 2003 in *Free Inquiry* und später in gekürzter Form unter der Überschrift »Opiate of the Masses« in *Prospect*,
Oktober 2005. Ich glaube, es wurde auch ins Schwedische übersetzt,
aber ich finde die Literaturangabe nicht mehr. Ebenso bin ich nicht
sicher, wie man die Übersetzung von »Gerin Oil« so gestaltete, dass
das Wesentliche an dem Namen erhalten blieb. Vermutlich wurde die
Schwierigkeit gelöst, indem man das Wort auf Englisch beließ.

8 Robert Mash ist ein Freund aus Doktorandenzeiten in Oxford. Wir gehörten beide zur »Bande des Meisters«, der Arbeitsgruppe von Niko
Tinbergen. Jahre später schrieb Robert ein liebenswürdiges Buch mit
dem Titel *How to Keep Dinosaurs*. Als 2003 auf meine Anregung hin eine
zweite Auflage erschien (deutscher Titel *Dinosaurier (nicht nur) für Haus,
Hof und Garten: ein praktischer Ratgeber für den modernen Tierfreund*), schrieb
ich dieses Vorwort.

9 Die *Washington Post* hatte früher eine regelmäßige Rubrik namens »On
Faith« (»Über den Glauben«), die von Sally Quinn moderiert wurde.
Ich schrieb darin zahlreiche Beiträge. Dieser hier ist der Einleitungsab-
schnitt zu einem Artikel, der am 1. Januar 2007 erschien; ich antwortete
damit auf eine Frage nach der derzeitigen Atheismus-Mode.

10 Dies war meine Antwort auf die Frage »Welches ist Ihr Gesetz?«, die
John Brockman 2004 als Jahresaufgabe an die Mitglieder seines Online-Salons *The Edge* schickte: https://www.edge.org/annual-question/
whats-your-law.

VIII. Kein Mensch ist eine Insel

1 Niko Tinbergen, der 1973 zusammen mit Konrad Lorenz und Karl von
Frisch den Nobelpreis für Physiologie erhielt, musste 1949 von seiner
niederländischen Heimat nach Oxford gelockt werden. Er akzeptierte die
Einladung teilweise (aber nur teilweise, wenn man der höchst einfühlsa-
men, ehrlichen Biografie von Hans Kruuk glaubt) deshalb, weil er Oxford
für ein Sprungbrett hielt, von dem aus er die niederländische und deutsche Verhaltensforschung in die englischsprachige Welt tragen konnte.
Der Umzug war mit beträchtlichen persönlichen Opfern verbunden. Er
nahm freiwillig große Gehaltseinbußen in Kauf und ließ sich von einem
ordentlichen Professor in Leiden zu einem »demonstrator« zurückstufen,
dem niedrigsten Rang in der akademischen Hierarchie von Oxford, seine
Kinder mussten in einem Schnellkurs Englisch lernen, um in den (teu-

ren) neuen Schulen zurechtzukommen, und das Collegesystem von Oxford sagte ihm nie zu. Die britische biologische Wissenschaft war froh, ihn gewonnen zu haben. Ich kam 1962 in seine Arbeitsgruppe, vielleicht ein wenig zu spät, um von seiner Blütezeit in vollem Umfang zu profitieren, aber vieles davon erfuhr ich aus zweiter Hand von Mitgliedern der großen, florierenden Gruppe, die er gegründet und beeinflusst hatte. Der Wichtigste war Mike Cullen, den ich in *An Appetite for Wonder* (dt. *Die Poesie der Naturwissenschaften*) gewürdigt habe. Ein Jahr nach Nikos Tod organisierten Marian Stamp Dawkins, Tim Halliday und ich in London eine Gedächtnistagung. Der hier folgende Text ist mein Eröffnungsvortrag und diente als Einleitung zu den weiteren Tagungsbeiträgen, die wir als Buch unter dem Titel *The Tinbergen Legacy* herausbrachten.

2 Ich hoffe, man wird es mir nicht als Selbstgefälligkeit auslegen, wenn ich zwei Familienerinnerungen in diese Sammlung aufnehme. Sie stehen in keinem unmittelbaren Zusammenhang mit der Wissenschaft, aber soweit man sagen kann, dass sie eine Seele haben, sind sie mit der meinen verbunden. Mein Vater und seine beiden Brüder beeinflussten mich auf unterschiedliche Weise. Der erste Artikel ist ein Nachruf, den ich am 11. Dezember 2010 im *Independent* veröffentlichte.

3 Ihr Tagebuch von dieser Reise und ihr nachfolgendes Leben als Begleiterin des Militärcamps in Kenia und Uganda ist eine unterhaltsame Lektüre; Abschnitte daraus habe ich im ersten Band meiner Memoiren *An Appetite for Wonder* (dt. *Die Poesie der Naturwissenschaften*) zitiert.

4 Als amerikanische Entsprechung kann man an Rube Goldberg denken.

5 Heute würde man dazu natürlich einen Computer benutzen.

6 Vor wenigen Tagen hat sie ihren 100. Geburtstag gefeiert.

7 Bill, der mittlere Bruder meines Vaters, starb ein Jahr früher als er. Diese Trauerrede auf meinen Onkel (und Patenonkel) hielt ich am Mittwoch, dem 11. September 2009, bei seiner Bestattungsfeier in der St Michaels and All Angels Church in Stockland (Devon). Da es sich um eine Feier im Familienkreis handelte, nannte ich seine Angehörigen natürlich ohne weitere Erklärungen bei ihren Vornamen.

8 Meine Mutter, die ihrem Schwager sehr nahestand (und zwar auf zweierlei Weise, denn die beiden Brüder heirateten zwei Schwestern), erzählte mir kürzlich, Bill würde nie über seine Kriegserlebnisse sprechen. Kein Wunder, wenn man sich überlegt, wo und wie er in diesen Jahren gelebt hatte.

9 Wenn es nach mir ginge ... (Seite 352).

10 Christopher Hitchens starb im Dezember 2011 an Krebs. Zwei Monate vorher war ich nach Houston in Texas gereist und hatte mit ihm ein
langes Interview für den *New Statesman* geführt. Soweit ich weiß, war es
das letzte Interview, das er gab. Man hatte mich eingeladen, die Weihnachtsausgabe des Magazins herauszugeben, und dieses Interview war
in »meiner« Ausgabe einer der wichtigsten Artikel (ein anderer war
»The Tyranny of the Discontinuous Mind«, siehe Seite 319). Einen Tag
nach dem Gespräch nahm er an der Texas Freethought Convention in
Houston teil. Die Atheist Alliance of America hatte 2003 den Richard
Dawkins Award als alljährliche Auszeichnung ausgelobt; damit sollten
diejenigen geehrt werden, die in der Öffentlichkeit das Bewusstsein für
den Atheismus stärken. An der alljährlichen Auswahl des Preisträgers
bin ich nicht beteiligt, aber in der Regel lädt man mich ein, ihn persönlich oder per Video auf einer Tagung zu verleihen. Ich selbst fühlte mich
durch jeden der bekannten Namen auf der Liste – mittlerweile sind es
vierzehn – gewaltig geehrt. Im Jahr 2011 ging der Preis an Christopher
Hitchens und sollte während der Texas Freethought Convention verliehen werden. Christopher war zu schwach und konnte dem größten Teil
der Tagung nicht beiwohnen, aber gegen Ende des Banketts betrat er
unter donnerndem, höchst emotionalem stehenden Applaus den Saal.
Anschließend hielt ich die Ansprache, die hier wiedergegeben ist. Am
Ende kam er auf das Podium, wir umarmten uns, und er hielt selbst
eine Rede. Seine Stimme war schwach und von Hustenanfällen unterbrochen, aber es war der Rundumschlag eines tapferen Kämpfers und
des besten Redners, den ich jemals gehört habe. Er hatte sogar so viel
Durchhaltevermögen, dass er danach noch eine lange Reihe von Fragen
beantworten konnte. Es ist ein Privileg, ihn gekannt zu haben. Es wäre
mir lieb, ich hätte ihn besser gekannt.

Quellen

Autor, Herausgeberin und Verlag danken den Rechteinhabern für die Genehmigung, die in diesem Band abgedruckten Texte zu verwenden.

I. Wert(e) der Wissenschaft

»Die Werte der Wissenschaft und die Wissenschaft der Werte«, im Original »The Values of Science and the Science of Values«: bearbeitete Version des Amnesty-Vortrages, gehalten im Sheldonian Theatre, Oxford, am 30. Januar 1997, anschließend erschienen als Kapitel 2 in Wes Williams (Hrsg.), *The Values of Science: Oxford Amnesty Lectures 1997* (Boulder, Colo., Westview Press, 1998). Abdruck mit Genehmigung von Westview Press.

»Eintreten für die Wissenschaft: ein offener Brief an Prinz Charles«, im Original »Speaking up for Science: an open letter to Prince Charles«: ursprünglich erschienen in John Brockmans Online-Salon *The Edge* (www. edge.org) und in *The Observer*, 21. Mai 2000.

»Wissenschaft und Sensibilität«, im Original »Science and Sensibility«: ursprünglich als Vortrag gehalten in der Queen Elizabeth Hall, London, am 24. März 1998, und ausgestrahlt auf BBC Radio 3 im Rahmen der Reihe »Sounding the Century: what will the twentieth century leave to its heirs?«

»Dolittle und Darwin«, im Original »Dolittle and Darwin«: gekürzte Version eines Textes für John Brockman (Hrsg.), *When We Were Kids: how a child becomes a scientist* (London, Cape, 2004).

II. All ihre gnadenlose Pracht

»Darwinistischer als Darwin: die Vorträge von Darwin und Wallace«, im Original »›More Darwinian than Darwin‹: the Darwin-Wallace Papers«: geringfügig gekürzte Version eines Vortrages, gehalten am 26. November 2001 an der Royal Academy of Arts, London, veröffentlicht in *The Linnean*, Ausgabe 18, 2002, S. 17–24.

»Universeller Darwinismus«, im Original »Universal Darwinism«: geringfügig gekürzte Version eines Vortrages, gehalten 1982 bei der Darwin Centenary Conference in Cambridge, später veröffentlicht als Kapitel mit dem gleichen Titel in D. S. Bendall (Hrsg.), *Evolution from Molecules to Men* (Cambridge, Cambridge University Press, 1986). Abdruck mit freundlicher Genehmigung.

»Eine Ökologie der Replikatoren«, im Original »An Ecology of Replicators«: geringfügig gekürzter Text eines Aufsatzes, erstmals veröffentlicht in einer Sonderausgabe von *Ludus Vitalis* zum hundertsten Geburtstag von Ernst Mayr: Francisco J. Ayala (Hrsg.), *Ludus Vitalis: Journal of Philosophy of Life Sciences*, Ausgabe 12, Nr. 21, 2004, S. 43–52.

»Verwandtenselektion: zwölf Missverständnisse«, im Original »Twelve Misunderstandings of Kin Selection«: gekürzte Version eines Artikels, erstmals erschienen in der *Zeitschrift für Tierpsychologie*, Ausgabe 51, 1979, S. 184–200 (Verlag Paul Parey, Berlin und Hamburg).

III. Bedingte Zukunft

»Netzgewinn«, im Original »Net Gain«: erstmals erschienen in John Brockman (Hrsg.), *Is the Internet Changing the Way You Think? The net's impact on our minds and future*, Edge Question series (New York, Harper Perennial, 2011) [dt. *Wie hat das Internet Ihr Denken verändert? Die führenden Köpfe unserer Zeit über das digitale Dasein*. Üb. v. J. Schröder; Frankfurt am Main: Fischer TB 2011].

»Intelligente Außerirdische«, im Original »Intelligent Aliens«: erstmals erschienen in John Brockman (Hrsg.), *Intelligent Thought: science versus the Intelligent Design movement* (New York, Vintage, 2006), S. 92–106.

»Suche unter der Straßenlaterne«, im Original »Searching under the Lamp-Post«: erstmals erschienen auf der Website der Richard Dawkins Foundation for Reason and Science, 26. Dezember 2011.

»In fünfzig Jahren: Töten wir die Seele?«, im Original »Fifty Years on: Killing the Soul?«: erstmals erschienen unter dem Titel »The future of the Soul« in Mike Wallace (Hrsg.), *The Way We Will Be Fifty Years from Today* (Nashville, Tenn., Thomas Nelson, 2008), S. 206–210. Copyright © 2008 Mike Wallace und Bill Adler. Abdruck mit freundlicher Genehmigung von Thomas Nelson (www.thomasnelson.com).

IV. Denkverbote, dummes Zeug und Durcheinander

»Der Einleger von Alabama«, im Original »The ›Alabama Insert‹«: erstmals erschienen im Journal of the Alabama Academy of Science, Ausgabe 68, Nr. 1, 1997, S. 1–19. Eine bearbeitete Version erschien unter dem Titel »The ›Alabama Insert‹ by Richard Dawkins« in Charles Darwin: a Celebration of his Life and Legacy, hrsg. v. James Bradley und Jay Lamar (Montgomery, Ala., NewSouth Books, 2013).

»Die Marschflugkörper des 11. September«, im Original »The Guided Missiles of 9/11«: erstmals erschienen im Guardian, 15. September 2001.

»Die Theologie des Tsunamis«, im Original »The Theology of the Tsunami«: erstmals erschienen in Free Inquiry, April/Mai 2005.

»Frohe Weihnachten, Herr Premierminister!«, im Original »Merry Christmas, Prime Minister!«: erstmals erschienen unter dem Titel »Do You Get It Now, Prime Minister?«, im New Statesman, 19. Dezember 2011–1. Januar 2012.

»Die Wissenschaft der Religion«, im Original »The Science of Religion«: gekürzter Text des ersten von zwei Vorträgen, gehalten 2003 an der Harvard University im Rahmen der Reihe »Tanner Lectures on Human Values« und erschienen in G. B. Peterson (Hrsg.), The Tanner Lectures on Human Values (Salt Lake City, University of Utah Press, 2005).

»Ist Wissenschaft eine Religion?«, im Original »Is Science a Religion?«: bearbeiteter Text einer Rede vor der American Humanist Association in Atlanta, Georgia, im Jahr 1996, anlässlich der Auszeichnung als »Humanist of the Year«, und veröffentlicht in The Humanist, 1. Januar 1997.

»Atheisten für Jesus«, im Original »Atheists for Jesus«: erstmals erschienen in Free Inquiry, Dezember 2004–Januar 2005.

V. Leben in der Wirklichkeit

»Die tote Hand Platons«, im Original »The Dead Hand of Plato«: Dieser Beitrag geht zum (großen) Teil auf den Artikel »The Tyranny of the Discontinuous Mind« zurück, der in der Weihnachts-Doppelausgabe 2011 des New Statesman veröffentlicht wurde, und zum Teil auf den Essay »Essentialism«, der in John Brockman (Hrsg.), This Idea Must Die: scientific theories that are blocking progress, Edge Question series (New York, HarperCollins, 2015) veröffentlicht wurde.

»Über jeden vernünftigen Zweifel erhaben?«, im Original »»Beyond Reasonable Doubt?«: erstmals erschienen unter dem Titel »O J Simpson Wouldn't Be so Lucky again« im *New Statesman*, 23. Januar 2012.

»Aber können sie leiden?«, im Original »But Can They Suffer?«: erstmals erschienen auf der Internetseite boingboing.net, 30. Juni 2011.

»Ich mag Feuerwerk, aber ...«, im Original »I Love Fireworks, but ...«: Eine Version dieses Artikels erschien in der *Daily Mail*, 4. November 2014.

»Wer würde gegen die Vernunft demonstrieren?«, im Original »Who Would Rally against Reason?«: erstmals erschienen in der *Washington Post*, 21. März 2012; mit sehr geringfügigen Veränderungen nochmals veröffentlicht auf der Website der Richard Dawkins Foundation for Reason and Science am 31. Mai 2016 (https://richarddawkins.net/2016/05/who-would-rally-against-reason/).

»Lob der Untertitel«, im Original »In Praise of Subtitles; or, a Drubbing for Dubbing«: eine geringfügig gekürzte Version erschien in *Prospect*, August 2016.

»Wenn es nach mir ginge ...«, im Original »If I Ruled the World ...«: erstmals erschienen in *Prospect*, März 2011.

VI. Die heilige Wahrheit der Natur

»Von der Zeit«, im Original »About Time«: Redemanuskript zur Eröffnung der Ausstellung »About Time« des Ashmolean Museum in Oxford 2001, erschienen im *Oxford Magazine*, 2001.

»Die Geschichte der Riesenschildkröte: Inseln auf Inseln«, im Original »The Giant Tortoise's Tale: Islands within Islands«: erstmals erschienen im *Guardian*, 19. Februar 2005.

»Die Geschichte der Meeresschildkröte: hin und zurück (und wieder hin?)«, im Original »The Sea Turtle's Tale: there and back again (and again?)«: erstmals erschienen im *Guardian*, 26. Februar 2005.

»Abschied von einem Digerati-Träumer«, im Original »Farewell to a Digerati Dreamer«: erstmals erschienen als Vorwort zur Neuauflage von Douglas Adams und Mark Carwardine, *Last Chance to See* (London, Arrow, 2009).

VII. Lachen über lebende Drachen

»Spenden sammeln für den Glauben«, im Original »Fundraising for Faith«: erstmals erschienen im *New Statesman*, 2. April 2009.

»Das große Busrätsel«, im Original »The Great Bus Mystery«: erstmals erschienen in Ariane Sherine (Hrsg.), *The Atheist's Guide to Christmas* (London, HarperCollins, 2009). Abdruck des Beitrags mit freundlicher Genehmigung von HarperCollins Publishers Ltd., © Richard Dawkins 2009.

»Jarvis und der Stammbaum«, im Original »Jarvis and the Family Tree«: verfasst 2010, bisher unveröffentlicht.

»Gerin Oil«: erstmals erschienen in *Free Inquiry*, Dezember 2003, und dann gekürzt als »Opiate of the Masses« in *Prospect*, Oktober 2005.

»Der weise Altmeister der Dinosaurierfantasien«, im Original »Sage Elder Statesman of the Dinosaur Fancy«: erstmals erschienen als Vorwort zur zweiten Auflage von Robert Mash, *How to Keep Dinosaurs* (London, Weidenfeld & Nicolson, 2003). [dt. *Dinosaurier (nicht nur) für Haus, Hof und Garten: ein praktischer Ratgeber für den modernen Tierfreund.* Üb. v. D. Zimmer; Heidelberg: Spektrum Akademischer Verlag, 2004].

»Athorism: Hoffen wir, dass die Mode von Dauer ist«, im Original »Athorism: Let's Hope it's a Lasting Vogue«: erstmals erschienen in *Washington Post*, 1. Januar 2007.

»Die Dawkins-Gesetze«, im Original »Dawkins' Laws«: Antwort auf die Edge-Jahresfrage 2004 »What is your Law?«: https://www.edge.org/annual-question/whats-your-law.

VIII. Kein Mensch ist eine Insel

»Erinnerungen an einen Maestro«, im Original »Memories of a Maestro«: Text des Eröffnungsvortrages der Tagung zu Ehren von Niko Tinbergen, 20. März 1990, später erschienen als Einleitung zu M. S. Dawkins, T. R. Halliday und R. Dawkins (Hrsg.), *The Tinbergen Legacy* (London, Chapman & Hall, 1991).

»An meinen geliebten Vater: John Dawkins, 1915–2010«, im Original »O My Beloved Father: John Dawkins, 1915–2010«: erstmals erschienen als »Lives Remembered: John Dawkins«, *Independent*, 11. Dezember 2010. © *The Independent*, www.independent.co.uk.

»Mehr als mein Onkel: A. F. ›Bill‹ Dawkins, 1916–2009«, im Original »More than My Uncle: A. F. ›Bill‹ Dawkins, 1916–2009«: Trauerrede, gehalten in der St Michael and All Angels Church, Stockland, Devon, 11. November 2009.

»Zu Ehren von Hitch«, im Original »Honouring Hitch«: Rede zur Verleihung des Richard Dawkins Award der Atheist Alliance of America an Christopher Hitchens während der Texas Freethought Convention, 8. Oktober 2011.

Literatur

Die nachfolgende Liste nennt die bibliografischen Angaben zu den im Text und den Fußnoten erwähnten Werken.

Adams, Douglas, The Restaurant at the End of the Universe (London, Pan, 1980) [dt. *Das Restaurant am Ende des Universums*. Üb. v. B. Schwarz; München: Heyne 2009].

Adams, Douglas und Carwardine, Mark, *Last Chance to See*, Neuausgabe (London, Arrow, 2009) [dt. *Die Letzten ihrer Art*. Üb. v. S. Böttcher; München: Heyne 1996].

Axelrod, Robert, *The Evolution of Cooperation*, Neuausgabe (London Penguin, 2006) [dt. *Die Evolution der Kooperation*. Üb. v. W. Raum u. T. Voss; München: Oldenbourg 2006].

Barker, Dan, *God: the most unpleasant character in all fiction* (New York, Sterling, 2016).

Barkow, J. H., Cosmides, L. und Tooby, J., Hrsg., *The Adapted Mind* (Oxford, Oxford University Press, 1992)

Cartmill, Matt, »Oppressed by evolution«, *Discover*, März 1998.

Cronin, Helena, *The Ant and the Peacock: altruism and sexual selection from Darwin to today* (Cambridge, Cambridge University Press, 1991).

Dawkins, Marian Stamp, *Animal Suffering* (London, Chapman & Hall, 1980) [dt. *Leiden und Wohlbefinden bei Tieren: ein Beitrag zu Fragen der Tierhaltung und des Tierschutzes*. Üb. v. B. u. L. Peitz; Stuttgart: Ulmer 1982].

Dawkins, Marian Stamp, *Why Animals Matter: animal consciousness, animal welfare, and human well-being* (Oxford, Oxford University Press, 2012).

Dawkins, Richard, *The Ancestor's Tale: a pilgrimage to the dawn of life* (London, Weidenfeld & Nicolson, 2004; 2. Ausgabe herausgegeben mit Yan Wong, 2016) [1. Aufl. dt. *Geschichten vom Ursprung des Lebens*. Üb. v. S. Vogel; Berlin: Ullstein 2008].

Dawkins, Richard, An Appetite for Wonder: the making of a scientist (London, Bantam, 2013) und Brief Candle in the Dark: my life in science (London, Bantam, 2015) [dt. Die Poesie der Naturwissenschaften. Üb. v. S. Vogel; Berlin: Ullstein 2016].

Dawkins, Richard, The Blind Watchmaker (London, Longman, 1986) [dt. Der blinde Uhrmacher. Üb. v. K. Sousa de Ferreira; München: Kindler 1987].

Dawkins, Richard, Climbing Mount Improbable (London, Viking, 1996) [dt. Gipfel des Unwahrscheinlichen. Üb. v. S. Vogel; Reinbek: Rowohlt 1999].

Dawkins, Richard, A Devil's Chaplain (London, Weidenfeld & Nicolson, 2003).

Dawkins, Richard, The Extended Phenotype (London, Oxford University Press, 1982) [dt. Der erweiterte Phänotyp. Üb. v. W. Meyer; Heidelberg: Spektrum Akad. Verlag 2010].

Dawkins, Richard, The God Delusion (London, Bantam, 2006; Ausgabe zum 10. Jahrestag, London, Black Swan, 2016) [dt. Der Gotteswahn. Üb. v. S. Vogel; Berlin: Ullstein 2007].

Dawkins, Richard, The Greatest Show on Earth: the evidence for evolution (London, Bantam, 2009) [dt. Die Schöpfungslüge: warum Darwin recht hat. Üb. v. S. Vogel; Berlin: Ullstein 2010].

Dawkins, Richard, River Out of Eden (London, Weidenfeld & Nicolson, 1994) [dt. Und es entsprang ein Fluß in Eden. Üb. v. S. Vogel; München: Bertelsmann 1996].

Dawkins, Richard, The Selfish Gene (Oxford, Oxford University Press, 1976) [dt. Das egoistische Gen. Üb. v. K. Sousa de Ferreira; Heidelberg: Springer 1978].

Dawkins, Richard, Unweaving the Rainbow (London, Allen Lane, 1998; Penguin, 1999) [dt. Der entzauberte Regenbogen. Üb. v. S. Vogel; Reinbek: Rowohlt 2000].

Dennett, Daniel C., Elbow Room: the varieties of free will worth wanting (Oxford, Oxford University Press, 1984) [dt. Ellenbogenfreiheit. Üb. v. U. Müller-Koch; Frankfurt/M.: Hain bei Athenäum 1986].

Dennett, Daniel C., Freedom Evolves (New York, Viking, 2003).

Dennett, Daniel C., From Bacteria to Bach and Back (London, Allen Lane, 2017) [dt. Von den Bakterien zu Bach – und zurück: Die Evolution des Geistes. Üb. v. J.-E. Strasser; Berlin: Suhrkamp 2018].

Edwards, A. W. F., »Human genetic diversity: Lewontin's fallacy«, BioEssays, Ausgabe 25, Nr. 8, 2003, S. 798–801.

Glover, Jonathan, Causing Death and Saving Lives (London, Penguin, 1977).

Glover, Jonathan, Choosing Children: genes, disability and design (Oxford, Oxford University Press, 2006).

Glover, Jonathan, Humanity: a moral history of the twentieth century (London, Cape, 1999).

Gould, Stephen J., Full House (New York, Harmony, 1996) [dt. Illusion Fortschritt. Üb. v. S. Vogel; Frankfurt a. M.: S. Fischer 1998].

Gould, Stephen J., Hen's Teeth and Horse's Toes (New York, Norton, 1994).

Gross, Paul R. und Levitt, Norman, Higher Superstition: the academic left and its quarrels with science (Baltimore, Johns Hopkins University Press, 1994).

Haldane, J. B. S., »A defence of beanbag genetics«, Perspectives in Biology and Medicine, Ausgabe 7, Nr. 3, Frühling 1964, S. 343–360.

Harris, Sam, The Moral Landscape: how science can determine human values (London, Bantam, 2010).

Hitchens, Christopher, The Missionary Position: Mother Teresa in theory and practice (London, Verso, 1995).

Hoyle, Fred, The Black Cloud (London, Penguin, 2010; zuerst veröffentlicht Heinemann, 1957) [dt. Die schwarze Wolke. Üb. v. H. Degner; Frankfurt: Ullstein 1977].

Hughes, David P., Brodeur, Jacques und Thomas, Frédéric, Host Manipulation by Parasites (Oxford, Oxford University Press, 2012).

Huxley, Julian, Essays of a Biologist (London, Chatto & Windus, 1926) [dt. Ich sehe den neuen Menschen. Üb. v. P. Kamnitzer; München: List 1965].

Huxley, T. H. und Huxley, J. S., Touchstone for Ethics (New York, Harper, 1947).

Kimura, Motoo, The Neutral Theory of Molecular Evolution (Cambridge, Cambridge University Press, 1983) [dt. Die Neutralitätstheorie der molekularen Evolution. Üb. v. M. Sperlich u. D. Sperlich; Berlin: Parey 1987].

Langton, C., ed., Artificial Life (Reading, Mass., Addison-Wesley, 1989).

Mayr, Ernst, Animal Species and Evolution (Cambridge, Mass., Harvard University Press, 1963) [dt. Artbegriff und Evolution. Üb. v. G. Heberer; Hamburg: Parey 1967].

Mayr, Ernst, The Growth of Biological Thought: diversity, evolution and inheritance (Cambridge, Mass., Harvard University Press, 1982) [dt. Die Entwicklung der biologischen Gedankenwelt. Üb. v. K. Sousa de Ferreira; Berlin: Springer 1984, Nachdr. 2002].

Orians, G. und Heerwagen, J. H., »Evolved responses to landscapes«, in Barkow et al., Hrsg., The Adapted Mind, Kap. 15.

Pinker, Steven, The Better Angels of our Nature: why violence has declined (London, Viking, 2009) pb, subtitled A history of violence and humanity, London,

Penguin, 2012) [dt. *Gewalt: eine neue Geschichte der Menschheit*. Üb. v. S. Vogel; Frankfurt a. M.: S. Fischer 2011].

Pinker, Steven, *How the Mind Works* (London, Allen Lane, 1998) [dt. *Wie das Denken im Kopf entsteht*. Üb. v. M. Wiese u. S. Vogel; München: Kindler 1998; Neuaufl. Frankfurt a. M.: Fischer Taschenbuch Verlag 2011].

Pinker, Steven, *The Language Instinct* (London, Viking, 1994) [dt. *Der Sprachinstinkt*. Üb. v. M. Wiese; München: Kindler 1996].

Rees, Martin, *Before the Beginning* (London, Simon & Schuster, 1997) [dt. *Vor dem Anfang*. Üb. v. A. Ehlers; Frankfurt a. M.: S. Fischer 1998].

Ridley, Mark, *Mendel's Demon: gene justice and the complexity of life* (London, Weidenfeld & Nicolson, 2000; in den USA erschienen als *The Cooperative Gene*, New York, Free Press, 2001).

Ridley, Matt, *The Origins of Virtue: human instincts and the evolution of cooperation* (London, Penguin, 1996) [dt. *Die Biologie der Tugend: warum es sich lohnt, gut zu sein*. Üb. v. A. Johansen u. A. Weiland; Berlin: Ullstein 1997].

Rose, S., Kamin, L. J. und Lewontin, R. C., *Not in our Genes* (London, Penguin, 1984) [dt. *Die Gene sind es nicht ...: Biologie, Ideologie und menschliche Natur*; Üb. v. H. Skowronek u. K. Juhl; München: Psychologie-Verlags-Union 1987].

Sagan, Carl, *The Demon-Haunted World* (London, Headline, 1996) [dt. *Der Drache in meiner Garage oder Die Kunst der Wissenschaft, Unsinn zu entlarven*. Üb. v. M. Schmidt; München: Droemer Knaur 1997].

Sagan, Carl, *Pale Blue Dot* (New York, Ballantine, 1996) [dt. *Blauer Punkt im All: unsere Zukunft im Kosmos*. Üb. v. S. Bunzel; München: Droemer Knaur 1996].

Sahlins, Marshall, *The Use and Abuse of Biology: an anthropological critique of sociobiology* (Ann Arbor, Mich., University of Michigan Press, 1977).

Shermer, Michael, *The Moral Arc: how science and reason lead humanity toward truth, justice and freedom* (New York, Holt, 2015).

Singer, Charles, *A Short History of Biology* (Oxford, Oxford University Press, 1931).

Wallace, Alfred Russel, *The Wonderful Century: its successes and failures* (New Jersey, Dodd, Mead & Co, 1898).

Washburn, S. L., »Human behavior and the behavior of other animals«, *American Psychologist*, Ausgabe 33, 1978, S. 405–418.

Weinberg, Steven, *Dreams of a Final Theory: the search for the fundamental laws of nature* (London, Hutchinson, 1993) [dt. *Der Traum von der Einheit des Universums*. Üb. v. F. Griese; München: Bertelsmann 1993].

Weiner, Jonathan, The Beak of the Finch: a story of evolution in our time (New York, Vintage, 2000) [dt. Der Schnabel des Finken oder Der kurze Atem der Evolution. Üb. v. M. Reiss; München: Droemer Knaur 1994].

Wells, H. G., Anticipations of the Reaction of Mechanical and Scientific Progress upon Human Life and Thought (London, Chapman & Hall, 1902).

Williams, George, Adaptation and Natural Selection: a critique of some current evolutionary thought (Princeton, 1966).

Williams, George C., Natural Selection: domains, levels and challenges (Oxford, Oxford University Press, 1992).

Wilson, Edward O., On Human Nature (Cambridge, Mass., Harvard University Press, 1978) [dt. Biologie als Schicksal: die soziobiologischen Grundlagen menschlichen Verhaltens. Üb. v. F. Griese; Frankfurt a. M.: Ullstein 1980].

Wilson, Edward O., The Social Conquest of Earth (New York, Liveright, 2012) [dt. Die soziale Eroberung der Erde: eine biologische Geschichte des Menschen. Üb. v. E. Ranke; München: Beck 2013].

Wilson, Edward O., Sociobiology (Cambridge, Mass., Harvard University Press, 1975).

Winston, Robert, The Story of God: a personal journey into the world of science and religion (London, Bantam, 2005).

Personenregister

Richard Dawkins

Die Poesie der Naturwissenschaften

Autobiographie

Hardcover.
Gebunden mit Schutzumschlag.
www.ullstein-buchverlage.de

»Dawkins ist eine faszinierende Persönlichkeit, die das Denken der Menschen verändert hat. Seine Geschichte muss gelesen werden.« The Times

Die Autobiographie eines der weltweit einflussreichsten Intellektuellen verbindet großen Erkenntnisgewinn mit großem Lesegenuss. Richard Dawkins erzählt die Geschichte seines Lebens — von der Kindheit im kolonialen Afrika über sein Studium in Oxford bis zur Karriere als einer der bedeutendsten Wissenschaftler weltweit. Er berichtet von seiner Ankunft im Flower-Power-Kalifornien der 60er Jahre, von der Party zum 42. Geburtstag seines Freundes Douglas Adams, den freundschaftlichen Streitgesprächen mit dem Erzbischof von Canterbury, von bahnbrechenden Erkenntnissen in der Evolutionsbiologie und seiner großen Liebe zur Lyrik.

Richard Dawkins

Der Zauber der Wirklichkeit

Die faszinierende
Wahrheit hinter den
Rätseln der Natur

Hardcover.
Gebunden mit Schutzumschlag.
www.ullstein-buchverlage.de

Richard Dawkins erzählt die Mythen der Menschheit und erklärt die wissenschaftliche Wahrheit, die hinter ihnen steckt.

Seit jeher hat die Menschheit versucht, sich die rätselhafte Natur durch Mythen begreiflich zu machen. Auf den Herbst folgt der Winter, weil Hades, der Gott der Unterwelt, Persephone in sein Reich entführt hat und die blühende Natur mit ihr; in Wirklichkeit gibt es unterschiedliche Jahreszeiten, weil die Erdachse geneigt ist. Und die Welt entstand auch nicht, weil der indische Gott Vishnu seinem Diener Brahma ihre Erschaffung auftrug, sondern durch den Urknall. Dies beweist: So wunderbar die Mythen sind, weitaus spannender werden die Phänomene, wenn man sie wissenschaftlich betrachtet. Dawkins erklärt in diesem faszinierenden, üppig illustrierten Buch die Wahrheit hinter den Rätseln.